中国城市近现代工业遗产保护体系研究系列

Comprehensive Research on the Preservation
System of Modern Industrial Heritage Sites in China

从工业遗产保护到文化产业转型研究

Research on the Shift from Industrial Heritage
Conservation towards Cultural Industries

第五卷

丛书主编
徐苏斌

编 著
徐苏斌
【日】青木信夫
王 琳

中国城市出版社

图书在版编目（CIP）数据

从工业遗产保护到文化产业转型研究 = Research on
the Shift from Industrial Heritage Conservation
towards Cultural Industries / 徐苏斌，（日）青木信
夫，王琳编著. —北京：中国城市出版社，2020.12
（中国城市近现代工业遗产保护体系研究系列 / 徐
苏斌主编；第五卷）
ISBN 978-7-5074-3320-3

Ⅰ. ①从… Ⅱ. ①徐… ②青… ③王… Ⅲ. ①工业建
筑－文化遗产－保护－中国 ②文化遗产－产业发展－研究
－中国 Ⅳ. ①TU27 ②G124

中国版本图书馆CIP数据核字（2020）第246309号

丛书统筹：徐冉
责任编辑：易娜　徐冉　许顺法　何楠　刘静
版式设计：锋尚设计
责任校对：李美娜

中国城市近现代工业遗产保护体系研究系列
Comprehensive Research on the Preservation System of
Modern Industrial Heritage Sites in China
丛书主编　徐苏斌
第五卷　从工业遗产保护到文化产业转型研究
Research on the Shift from Industrial Heritage Conservation towards Cultural Industries
编著　徐苏斌　【日】青木信夫　王琳
*
中国城市出版社出版、发行（北京海淀三里河路9号）
各地新华书店、建筑书店经销
北京锋尚制版有限公司制版
北京富诚彩色印刷有限公司印刷
*
开本：787毫米×1092毫米　1/16　印张：22½　字数：487千字
2021年4月第一版　2021年4月第一次印刷
定价：108.00元
ISBN 978-7-5074-3320-3
　　　（904310）

《第五卷 从工业遗产保护到文化产业转型研究》是针对中国工业遗产转型文化创意产业的各种问题的实证研究。本研究通过中国的文化产业调研，展示了中国目前的创意产业的实况，包括工业遗产与文化产业融合的理论和背景研究、工业遗产保护与文化产业融合的区域发展概况、文化产业选择工业遗产作为空间载体的动因分析、工业遗产选择文化产业作为再利用模式的动因分析、工业遗产保护与文化产业融合的实证研究、北京文化创意产业园调查报告、天津棉三创意街区调查报告等，探讨了中国如何将工业遗产可持续利用并与文化创意产业结合，实现保护和发展双赢，并走向创意城市的问题。

　　The fifth volume "Research on the Shift from Industrial Heritage Conservation towards Cultural Industries" is an empirical study on the problems of cultural and creative industries in regards to the transformation of China's industrial heritage sites. This study shows the current situation of China's creative industries through a survey of China's cultural industries, including theoretical and background research on the integration of industrial heritage and such industries, and the general situation of regional development for the integration of industrial heritage protection and cultural industry in general. It includes a motivation analysis of the cultural industry for choosing industrial heritage as its spatial container, as well as a motivation analysis of industrial heritage sites for choosing the cultural industry as a valid reuse model. There is also an empirical research on the integration of industrial heritage protection and cultural industry, a survey report of Beijing's cultural and creative industries, and a survey report on the Creative District of No.3 Cotton Textile Factory in Tianjin. This work explores how to combine the sustainable utilization of industrial heritage with the cultural and creative industries in China, so as to realize win-win outcomes that facilitate the protection and development of such sites, and finally to help us move towards the goal of the 'creative city'.

执笔者

（按姓氏拼音排序）

陈恩强　　郝　博　吕志宸　孟璠磊

青木信夫　孙淑亭　王　琳　徐苏斌

薛冰琳　　曾　程　张晶玫　仲丹丹

协助编辑：张晶玫　仲丹丹

序一

　　工业遗产是一种新型的文化遗产。在我国城市化发展以及产业转型的关键时期，工业遗产成为十分突出的问题，是关系到文化建设和中华优秀文化传承的大问题，也是关系到城市发展、经济发展、居民生活的大问题。近年来，工业遗产在国内受到的关注度逐渐提高，研究成果也逐渐增多。天津大学徐苏斌教授是我国哲学社会科学的领军人才之一，她带领的国家社科重大课题团队推进了国家社科重大课题"我国城市近现代工业遗产保护体系研究"，该团队经历数年艰苦的调查和研究工作，终于完成了课题五卷本的报告书。

　　该套丛书是根据课题报告书改写的，其重要特点是系统性。丛书五卷构建了中国工业遗产的系统的逻辑框架，从技术史、信息采集、价值评估、改造和再利用、文化产业等一系列工业遗产的关键问题着手进行研究。进行了中国工业近代技术历史的梳理，建设了基于地理信息定位的工业遗产数字化特征体系和工业遗产空间数据库；基于对国际和国内相关法规和研究，编写完成了《中国工业遗产价值评价导则（试行）》；调查了国内工业遗产保护规划、修复和再利用等现状，总结了经验教训。研究成果反映了跨学科的特点和国际视野。

　　该套丛书"立足中国现实"，忠实地记录了今天中国社会主义体制下工业遗产不同于其他国家的现状和保护机制，针对中国工业遗产的价值、保护和再利用以及文化产业等问题进行了有益的理论探讨。也体现了多学科交叉特色的基础性研究，为目前工业遗产保护再利用提供珍贵的参考，同时也可以作为政策制定的参考。

　　此套著作是国家社科重大课题的研究成果。课题的设置反映了国家对于中国社会主义国家工业遗产的研究和利用的重视，迫切需要发挥工业遗产的文化底蕴，并且要和国家经济发展结合起来。该研究中期获得滚动资助，报告书获得免鉴定结题，反映了研究工作成绩的卓著。因此，该套丛书的出版正是符合国家对于工业遗产研究成果的迫切需求的，在此推荐给读者。

东南大学建筑学院　教授

中国工程院　院士

2020年9月

序二

　　中国的建成遗产（built heritage）研究和保护，是践行中华民族优秀文化传承和发展事业的历史使命，也是受到中央和地方高度重视的既定国策。而工业遗产研究是其中的重要组成部分。由我国哲学、社会科学领军人物，天津大学徐苏斌教授主持的"我国城市近现代工业遗产保护体系研究"，属国家社科重大课题，成果概要已多次发表并广泛听取专家意见，并于2018年1月在我国唯一的建成遗产英文期刊《BUILT HERITAGE》上刊载。

　　此套系列丛书由《第一卷 国际化视野下中国的工业近代化研究》《第二卷 工业遗产信息采集与管理体系研究》《第三卷 工业遗产价值评估研究》《第四卷 工业遗产保护与适应性再利用规划设计研究》《第五卷 从工业遗产保护到文化产业转型研究》等五卷构成。特别是丛书还就突出反映工业遗产科技价值的十个行业逐一评估，精准定位，在征求专家意见的基础上，提出了《中国工业遗产价值评价导则（试行）》，实已走在中国工业遗产研究的前沿。

　　本套丛书着力总结中国实践，推动理论创新，尝试了历史学、地理学、经济学、规划学、建筑学、环境学、社会学等多学科交叉，涉及冶金、纺织、化工、造船、矿物等领域，是我国首次对工业遗产的历史与现况开展的系统调查和跨学科研究，成果完成度高，论证严谨，资料翔实，图文并茂。本人郑重推荐给读者。

同济大学建筑与城市规划学院 教授

中国科学院 院士

2020年9月

前言

1. 工业遗产保护的国际背景

工业遗产是人类历史上影响深远的工业革命的历史遗存。在当代后工业社会背景下，工业遗产保护成为世界性问题。对工业遗产的关注始于20世纪50年代率先兴起于英国的"工业考古学"，20世纪60年代后西方主要发达国家纷纷成立工业考古组织，研究和保护工业遗产。1978年国际工业遗产保护协会（TICCIH）成立，2003年TICCIH通过了保护工业遗产的纲领性文件《下塔吉尔宪章》（*Nizhny Tagil Charter for the Industrial Heritage*）。国际工业遗产保护协会是保护工业遗产的世界组织，也是国际古迹遗址理事会（ICOMOS）在工业遗产保护方面的专门顾问机构。该宪章由TICCIH起草，将提交ICOMOS认可，并由联合国教科文组织最终批准。该宪章对工业遗产的定义、价值、认定、记录及研究的重要性、立法、维修和保护、教育和培训等进行了说明。该文件是国际上最早的关于工业遗产的文件。

近年来，联合国教科文组织世界遗产委员会开始关注世界遗产种类的均衡性、代表性与可信性，并于1994年提出了《均衡的、具有代表性的与可信的世界遗产名录全球战略》（*Global Strategy for a Balance, Representative and Credible World Heritage List*），其中工业遗产是特别强调的遗产类型之一。2003年，世界遗产委员会提出《亚太地区全球战略问题》，列举亚太地区尚未被重视的九类世界遗产中就包括工业遗产，并于2005年所做的分析研究报告《世界遗产名录：填补空白——未来行动计划》中也述及在世界遗产名录与预备名录中较少反映的遗产类型为："文化路线与文化景观、乡土建筑、20世纪遗产、工业与技术项目"。

2011年，ICOMOS与TICCIH提出《关于工业遗产遗址地、结构、地区和景观保护的共同原则》（*Principles for the Conservation of Industrial Heritage Sites, Structures, Areas and Landscapes*，简称《都柏林原则》，*The Dublin Principles*），与《下塔吉尔宪章》在工业遗产所包括的遗存内容上高度吻合，只是后者一方面从整体性的视角阐述工业遗产的构成，包括遗址、构筑物、复合体、区域和景观，紧扣题目；另一方面后者更加强调工业的生产过程，并明确指出了非物质遗产的内容，包括技术知识、工作和工人组织，以及复杂的社会和文化传统，它塑造了社区的生活，对整个社会乃至世界都带来重大组织变革。从工业遗产的两个定义可以看出，工业遗产研究的国际视角已从"静态遗产"走向"活态遗产"。

2012年11月，TICCIH第15届会员大会在台北举行，这是TICCIH第一次在亚洲举办会员大会，会议通过了《台北宣言》。《台北宣言》将亚洲的工业遗产保护和国际理念密切结合，在此基础上深入讨论亚洲工业遗产问题。宣言介绍亚洲工业遗产保护的背景，阐述有殖民背景的亚洲工业遗产保护独特的价值与意义，提出亚洲工业遗产保护维护的策略与方法，最后指出倡导公众参与和建立亚洲工业遗产网络对工业遗产保护的重要性。《台北宣言》将为今后亚洲工业遗产的保护和发展提供指导。

截至2019年，世界遗产中的工业遗产共有71件，占各种世界遗产总和的6.3%，占世界文化遗产的8.1%（世界遗产共计1121项，其中文化遗产869项）。从数量分布来看，英国居于首位，共有9项工业遗产；德国7项（包括捷克和德国共有1项）；法国、荷兰、巴西、比利时、西班牙（包括斯洛伐克和西班牙共有1项）均为4项；印度、意大利、日本、墨西哥、瑞典都是3项；奥地利、智利、挪威、波兰是2项；澳大利亚、玻利维亚、加拿大、中国、古巴、芬兰、印度尼西亚、伊朗、斯洛伐克、瑞士、乌拉圭各有1项。可以看到工业革命发源地的工业遗产数量较多。

在亚洲，中国的青城山和都江堰灌溉系统（2000年）被ICOMOS网站列入工业遗产，准确说是古代遗产。日本共有3处工业遗产入选世界遗产，均是工业系列遗产。石见银山遗迹及其文化景观（2007年）是16世纪至20世纪开采和提炼银子的矿山遗址，涉及银矿遗址和采矿城镇、运输路线、港口和港口城镇的14个组成部分，为单一行业、多遗产地的传统工业系列遗产；富冈制丝场及相关遗迹（2014年）创建于19世纪末和20世纪初，由4个与生丝生产不同阶段相对应的地点组成，分别为丝绸厂、养蚕厂、养蚕学校、蚕卵冷藏设施，为单一行业、多遗产地的机械工业系列遗产；明治日本的产业革命遗产：制铁·制钢·造船·煤炭产业（2015年）见证了日本19世纪中期至20世纪早期以钢铁、造船和煤矿为代表的快速的工业发展过程，涉及8个地区23个遗产地，为多行业布局、多遗产地的机械工业系列遗产。

2. 中国工业遗产保护的发展

1）中国政府工业遗产保护政策的发展

中国正处在经济高速发展、城市化进程加快、产业结构升级的特殊时期，几乎所有城市都面临工业遗产的存留问题。经济发展的核心是产业结构的高级化，即产业结构从第二产业向第三产业更新换代的过程，标志着国民经济水平的高低和发展阶段、方向。在这一背景下，经济发展成为主要被关注的对象。近年来，工业遗产在国内受到关注。2006年4月18日国际古迹遗址日，中国古迹遗址保护协会（ICOMOS CHINA）在无锡举行中国工业遗产保护论坛，并通过《无锡建议——注重经济高速发展时期的工业遗产保护》。同月，国家文物局在无锡召开中国工业遗产保护论坛，通过《无锡建议》。2006年6月，鉴于工业遗产保护是我国文化遗产保护事业中具有重要性和紧迫性的新课题，国家文物局下发《加强工业遗产保护的通知》。

2013年3月，国家发改委编制了《全国老工业基地调整改造规划（2013—2022年）》并得到国务院批准（国函〔2013〕46号），规划涉及全国老工业城市120个，分布在27个省（区、市），其中地级城市95个，直辖市、计划单列市、省会城市25个。

2014年3月，国务院办公厅发布《关于推进城区老工业区搬迁改造的指导意见》，积极有序推进城区老工业区搬迁改造工作，提出了总体要求、主要任务、保障措施。2014年国家发改委为贯彻落实《国务院办公厅关于推进城区老工业区搬迁改造的指导意见》（国办发〔2014〕9号）精神，公布了《城区老工业区搬迁改造试点工作》，纳入了附件《全国城区老工业区搬迁改造试点一览表》中21个城区老工业区进行试点。

2014年3月，中共中央、国务院颁布《国家新型城镇化规划（2014—2020年）》，其中"第二十四章 深化土地管理制度改革"提出了"严格控制新增城镇建设用地规模""推进老城区、旧厂房、城中村的改造和保护性开发"。2014年9月1日出台了《节约集约利用土地规定》，使得土地集约问题上升到法规层面。2014年9月13～15日，由中国城市规划学会主办2014中国城市规划年会自由论坛，论坛主题为"面对存量和减量的总体规划"。存量和减量目前日益受到城市政府的重视，其原因有：国家严控新增建设用地指标的政策刚性约束；中心区位土地价值的重新认识和发掘；建成区功能提升、环境改善的急迫需求；历史街区保护和特色重塑等。于是工业用地以及工业遗产更成为关注对象。

2018年，住房和城乡建设部发布《关于进一步做好城市既有建筑保留利用和更新改造工作的通知》，提出：要充分认识既有建筑的历史、文化、技术和艺术价值，坚持充分利用、功能更新原则，加强城市既有建筑保留利用和更新改造，避免片面强调土地开发价值。坚持城市修补和有机更新理念，延续城市历史文脉，保护中华文化基因，留住居民乡愁记忆。

2020年6月2日，国家发展改革委、工业和信息化部、国务院国资委、国家文物局、国家开发银行联合颁发《关于印发〈推动老工业城市工业遗产保护利用实施方案〉的通知》（发改振兴〔2020〕839号），明确地说明制定通知的目的："为贯彻落实《中共中央办公厅 国务院办公厅关于实施中华优秀传统文化传承发展工程的意见》（中办发〔2017〕5号）、《中共中央办公厅国务院办公厅关于加强文物保护利用改革的若干意见》（中办发〔2018〕54号）、《国务院办公厅关于推进城区老工业区搬迁改造的指导意见》（国办发〔2014〕9号），探索老工业城市转型发展新路径，以文化振兴带动老工业城市全面振兴、全方位振兴，我们制定了《推动老工业城市工业遗产保护利用实施方案》。"五个部门联合出台实施方案标志着综合推进工业遗产保护的政策诞生。

2）中国工业遗产保护研究和实践的回顾

近代工业遗产的研究可以追溯到20世纪80年代。改革开放以后中国近代建筑的研究出现了新的契机，开始进行中日合作调查中国近代建筑，其中《天津近代建筑总览》（1989年）中有调查报告"同洋务运动有关的东局子建筑物"，记载了天津机器东局的建筑现状和测绘图。当时工业建筑的研究所占比重并不大，研究多从建筑风格、结构类型入手，未能脱离近代建筑史的研究范畴，但是研究者从大范围的近代建筑普查中也了解到了工业遗产的端倪。从2001年的第五批国保开始，近现代工业遗产逐渐出现在全国重点文物保护单位名单中。2006年国际文化遗产日主题定为"工业遗产"，并在无锡举办第一届"中国工业遗产保护论坛"，发布《无锡建议——注重经济高速发展时期的工业遗产保护》，同年5月国家文物局下发《关于加强工业遗产保护的通知》，正式启动了工业遗产研究和保护。2006年在国务院公布的第六批全国重点文物保护单位中，除了一批古代冶铁遗址、铜矿遗址、汞矿遗址、陶瓷窑址、酒坊遗址和古代造船厂遗址等列入保护单位的同时，引人瞩目地将黄崖洞兵工厂旧址、中东铁路建筑群、青岛啤酒厂早期建筑、汉冶萍煤铁厂矿旧址、石龙坝水电站、个旧鸡街火车站、钱塘江大桥、酒泉卫星发射中心导弹卫星发射场遗址、南通大生纱厂等一批近现代工业遗产纳入保护之列。加上之前列入的大庆第一口油井、青海第一个核武器研制基地旧址等，全国近现代工业遗产总数达到18处。至2019年公布第八批全国重点文物保护单位为止，全国共有5058处重点文物保护单位，其中工业遗产453处，占总量的8.96%，比前七批占比7.75%有所提升。由于目前工业遗产的范围界定还有待进一步统一认识，因此不同学者统计的数字存在一定差异，但是基本可以肯定的是目前工业遗产和其他类型的遗产相比较还需要较强研究和保护的力度。

近年来，各学会日益重视工业遗产的研究和保护问题。2010年11月中国首届工业建筑遗产学术研讨会暨中国建筑学会工业建筑遗产学术委员会会议召开，并签署了《北京倡议》——"抢救工业遗产：关于中国工业建筑遗产保护的倡议书"。以后每年召开全国大会并出版论文集。2014年成立了中国城科会历史文化名城委员会工业遗产学部和中国文物学会工业遗产专业委员会。此外从2005年开始自然资源部（地质环境司、地质灾害应急管理办公室）启动申报评审工作，到2017年年底全国分4批公布了88座国家矿山公园。工业和信息化部工业文化发展中心从2017年开始推进了"国家工业遗产名录"的发布工作，至2019年公布了三批共102处国家工业遗产。中国科学技术协会与中国规划学会联合在2018年、2019年公布两批"中国工业遗产保护名录"，共200项。2016年～2019年中国文物学会和中国建筑学会分四批公布"中国20世纪建筑遗产"名录，共396项，其中工业遗产79项。各种学会和机构的成立已经将工业遗产研究推向跨学科的新阶段。

各地政府也逐渐重视。2006年，上海结合国家文物局的"三普"指定了《上海第三次全国普查工业遗产补充登记表》，开始近代工业遗产的普查，并随着普查，逐渐展开保护和再利用工作。同年，北京也开始对北京焦化厂、798厂区、首钢等北京重点工业遗产进行普查，确定了《北京工业遗产评价标准》，颁布了《北京保护工业遗产导则》。2011年，天津也开始全面展开工业遗产普查，并颁布了《天津市工业遗产保护与利用管理办法》。2011年，南京历史文化名城研究会组织南京市规划设计院、南京工业大学建筑学院和南京市规划编制研究中心，共同展开了对南京市域范围内工矿企业的调查，为期4年。提出了两个层级的标准，一个是南京工业遗产的入选标准，另一个是首批重点保护工业遗产的认定标准。2007年，重庆开展了工业遗产保护利用专题研究。同年，无锡颁布了《无锡市工业遗产普查及认定办法（试行）》，经过对全市的普查评定，于当年公布了无锡市第一批工业遗产保护名录20处，次年公布了第二批工业遗产保护名录14处。2010年，中国城市规划学会在武汉召开"城市工业遗产保护与利用专题研讨会"，形成《关于转型时期中国城市工业遗产保护与利用的武汉建议》。2011年武汉市国土规划局组织编制《武汉市工业遗产保护与利用规划》。规划选取从19世纪60年代至20世纪90年代主城区的371处历史工业企业作为调研对象，其中有95处工业遗存被列入"武汉市工业遗存名录"，27处被推荐为武汉市的工业遗产。

关于中国工业遗产的具体研究状况分别在每一卷中叙述，这里不再赘述。

3．关于本套丛书的编写

1）国家社科基金重大课题的聚焦点

本套丛书是国家社科基金重大课题《我国城市近现代工业遗产保护体系研究》（12&ZD230）的主要成果。首先，课题组聚焦于中国大陆的工业遗产现状和发展设定课题。随着全球性后工业化时代的到来，各个国家和地区都开展了工业遗产的保护和再利用工作，尤其是英国和德国起步比较早。中国在工业遗产研究早期以介绍海外的工业遗产保护为主，但是随着中国产业转型和城市化进程，中国自身的工业遗产研究已经成为迫在眉睫的课题，因此立足中国现状并以国际理念带动研究是本研究的出发点。其次，中国的工业遗产是一个庞大的体系，如何在前人相对分散的研究基础上实现体系化也是本研究十分关注的问题。最后，工业遗产保护是跨学科的研究课题，在研究中以尝试跨学科研究作为目标。

课题组分析了目前中国工业遗产现状，认为在如下几个方面值得深入探讨。

（1）需要在国际交流视野下对中国工业技术史展开研究，为工业遗产价值评估奠定基础的体现真实性和完整性的历史研究；

（2）需要利用信息技术体现工业遗产的可视化研究，依据价值的普查和信息采集以及数据库建设的研究；

（3）需要在文物价值评价指导下针对中国工业遗产的系统性价值评估体系进行研究；

（4）需要系统的中国工业遗产保护和再利用的现状调查和研究，需要探索更加系统化的规划和单体改造利用策略；

（5）亟需探索工业遗产的再生利用与城市文化政策、文化事业和文化产业的协同发展。

针对这些问题我们设定了五个子课题，分别针对以上五个关键问题展开研究，其成果浓缩成了本套丛书的五卷内容。

《第一卷 国际化视野下中国的工业近代化研究》试图揭示近代中国工业发展的历史，从传统向现代的转型、跨文化交流的研究、近代工业多元性、工业遗产和城市建设、作为物证的技术史等几个典型角度阐释了中国近代工业发展的特征，试图弥补工业史在物证研究方面的不足，将工业史向工业遗产史研究推进，建立历史和保护的物证桥梁，为价值评估和保护再利用奠定基础。

《第二卷 工业遗产信息采集与管理体系研究》分为两部分。第一部分从历史的视角研究近代工业的空间可视化问题，包括1840～1949年中国近代工业的时空演化与整体分布模式、中国近代工业产业特征的空间分布、近代工业转型与区域工业经济空间重构。第二部分是对我国工业遗产信息采集与管理体系的建构研究，课题组对全国近1540处工业遗产进行了不同精度的资料收集和分析，建立了数据库，为全国普查奠定基础；建立了三个层级的信息采集框架，包括国家层级信息管理系统建构及应用研究、城市层级信息管理系统建构及应用研究、遗产本体层级信息管理系统建构及应用研究，最后进行了遗产本体层级BIM信息模型建构及应用研究。

《第三卷 工业遗产价值评估研究》对工业遗产价值理论进行了梳理和再建构，包括工业遗产评估的总体框架构思、关于工业遗产价值框架的补充讨论、文化资本的文化学评估——《中国工业遗产价值评估导则》的研究、解读工业遗产核心价值——不同行业的科技价值、文化资本经济学评价案例研究。从文化和经济双重视角考察工业遗产的价值评估，提出了供参考的文化学评估导则，深入解析了十个行业的科技价值，并尝试用TCM进行支付意愿测算，为进一步深入评估工业遗产的价值提供参考。

《第四卷 工业遗产保护与适应性再利用规划设计研究》主要从城市规划到城市设计、建筑保护等一系列与工业遗产相关的保护和再利用内容出发，调查中国的规划师、建筑师的工业遗产保护思想和探索实践，总结了尊重遗产的真实性和发挥创意性的经验。包括中国工业遗产再利用总体发展状况、工业遗产保护规划多规合一实证研究、中国主要城市工业遗产设计实证研究、中国建筑师工业遗产再利用设计访谈录、中国工业遗产改造的真实性和创意性研究等，为具体借鉴已有的经验和教训提供参考。

《第五卷 从工业遗产保护到文化产业转型研究》对我国工业遗产作为文化创意产业的案例进行调查和分析，探讨了如何将工业遗产可持续利用并与文化创意产业结合，实现保护和为社会服务双赢。包括工业遗产与文化产业融合的理论和背景研究、工业遗产保护与文化产业融合的区域发展概况、文化产业选择工业遗产作为空间载体的动因分析、工业遗产选择文化产业作为再利用模式的动因分析、工业遗产保护与文化产业融合的实证研究、北京文化创意产业园调查报告、天津棉三创意街区调查报告、从工业遗产到文化产业的思考，研究了中国工业遗产转型为文化产业的现状以及展示了走向创意城市的方向。

课题组聚焦于中国工业遗产的调查和研究，并努力体现如下特点：

（1）范围广、跨度大。目前中国大陆尚没有进行全国工业遗产普查，这加大了本课题的难度。课题组调查了全国31个省（市、自治区）的1500余处工业遗产，并针对不同的课题进行反复调查，获得研究所需要的资料。同时查阅了跨越从清末手工业时期到1949年后"156工程"时期中国工业发展的资料，呈现近代中国工业为我们留下的较为全面的遗产状况。

（2）体系化研究。中国工业遗产研究经过两个阶段：第一个阶段主要以介绍国外研究为主；第二个阶段以个案或者某个地区工业遗产为主的研究较多，缺乏针对中国工业遗产的、较为系统的研究。本研究对第一到第五子课题进行序贯设定，分别对技术史、信息采集、价值评估、再利用、文化产业等不同的侧面进行跨学科、体系化研究，实施中国对工业遗产再生的全生命周期研究。

（3）强调第一线调查。本研究尽力以提供第一线的调查报告为目标，完成现场考察、采访、问卷、摄影、测绘等信息采集，努力收录中国工业遗产的最前线的信息，真实地记录和反映了中国产业转型时代工业遗产保护的现状。

（4）理论化。本研究并没有仅仅满足于调查报告，而是根据调查的结果进行理论总结，在价值评估部分建立自己的导则和框架，为今后调查和研究提供参考。

但是由于我们的水平有限，还存在很多不足。这些不足表现在：

（1）工业遗产保护工作近年来发展很快，不仅不断有新的政策、新的实践出现，而且随着认识的持续深入和国家对于工业遗产持续解密，工业遗产内容日益丰富，例如三线遗产、军工遗产等内容都成为近年关注的问题。目前已经有其他社科重大课题进行专门研究，故本课题暂不收入。

（2）中国的工业遗产分布很广，虽然我们进行了全国范围的资料收集，但是这只是为进一步完成中国工业遗产普查奠定基础。

（3）棕地问题是工业遗产的重要课题。本研究由于是社科课题，经费有限，因此在课题设定时没有列入棕地研究，但是并不意味着棕地问题不重要，希望将棕地问题作为独立课题深入研究。

（4）我们十分关注工业遗产的理论探讨，例如士绅化问题、负面遗产的价值、记忆的场所等和工业遗产密切相关的问题。这些研究是十分重要的工业遗产研究课题，我们在今后的课题中将进一步研究。

2）国家社科重大课题的推进过程

本套丛书由天津大学建筑学院中国文化保护国际研究中心负责编写。2006年研究中心筹建的宗旨就是通过国际化和跨学科合作推进中国的文化遗产保护研究和教学，重大课题给了我们一次最好的实践机会。

在重大课题组中青木信夫教授是中国文化保护国际研究中心主任，也是中国政府友谊奖获得者。他作为本课题核心成员参加了本课题的申请、科研、指导以及报告书编写工作，他以海外学者的身份为课题提供了不可或缺的支持。课题组核心成员南开大学经济学院王玉茹教授从经济史的角度为关键问题提供了跨学科的指导。另外一位核心成员天津社会科学院王琳研究员从文化产业角度给予课题组成员跨学科的视野。时任天津大学建筑学院院长的张颀教授在建筑遗产改造和再利用方面有丰富的经验，他的研究为课题组提供了重要支持。建筑学院吴葱教授对工业遗产信息采集与管理体系研究给予了指导。何捷教授、VIEIRA AMARO Bébio助理教授在GIS应用于历史遗产方面给予支持。左进教授在遗产规划方面给予建议。中国文化遗产保护国际研究中心的教师郑颖、张蕾、胡莲、张天洁、孙德龙等参加了研究指导。研究中心的博士后、博士、硕士以及本研究中心的进修教师都参加了课题研究工作。一些相关高校和设计院的相关学者也参与了课题的研究与讨论。在研究过程中课题组不断调整、凝练研究目标和成果，在出版字数限制中编写了本套丛书，实际研究的内容超过了本套丛书收录的范围。

此重大课题是在中国整体工业遗产保护和再利用的大环境中同步推进的。伴随着产业转型和城市化发展，工业遗产的保护和再利用成为被广泛关注的课题。我们保持和国家的工业遗产保护的热点密切联动，课题组首席专家有幸作为中国建筑学会工业建筑遗产学术委员会、中国城科会历史文化名城委员会工业遗产学部、中国文物学会工业遗产专业委员会、中国建筑学会城乡建成遗产委员会、中国文物保护技术协会工业遗产保护专业委员会、住房和城乡建设部科学技术委员会历史文化名城名镇名村专业委员会等学术机构的成员，有机会向全国文化遗产保护专家请教，并与之交流。同时从2010年开始，在清华大学刘伯英教授的带领下，每年组织召开中国工业遗产年会，在这个平台上我们的研究团队有机会和不同学科的工业遗产研究者、实践者们互动，不断接近跨学科研究的理想。我们采访了工业遗产领域具有代表性的规划师、建筑师，在他们那里我们不断获得了对遗产可持续性的新认识。

在课题进行中，我们和法国巴黎第一大学前副校长MENGIN Christine教授、副校长GRAVARI-BARBAS Maria教授，东英吉利亚大学的ARNOLD Dana教授，联合国教科文组织世界遗产中心LIN Roland教授，巴黎历史建筑博物馆GED Françoise教授，东京大学西村幸夫教授，东京大学空间信息科学研究中心濑崎薰教授，新加坡国立大学何培斌教授，香港中文大学伍美琴教授、TIEBEN Hendrik教授，成功大学傅朝卿教授，中原大学林晓薇教授等进行了有关工业遗产相关问题的学术交流并获得启示。还逐渐和国际工业遗产保护协会加强联系，导入国际理念。2017年我们主办了亚洲最大规模的建筑文化国际会议International Conference on East Asian Architectural Culture（简称EAAC，2017），通过学者之间的国际交流，促进了重大课题的研究。我们还通过国际和国内高校工作营形式增强学生的交流。这些都促进了我们从国际化的视角对工业遗产保护相关问题的认识。

本课题组也希望通过智库的形式实现研究成果对于国家工业遗产保护工作的贡献。承担本重大课题的中国文化遗产保护国际研究中心是中国三大智库评估机构（中国社会科学院评价研究院AMI、光明日报智库研究与发布中心　南京大学中国智库研究与评价中心CTTI、上海社会科学院智库研究中心CTTS）认定智库，本课题的部分核心研究成果获得2019年CTTI智库优秀成果奖，2020年又获得CTTI智库精品成果奖。

长期以来团队的研究承蒙国家和地方的基金支持，相关基金包括国家社科基金重大项目（12&ZD230）及其滚动基金、国家自然科学基金面上项目（50978179、51378335、51178293、51878438）、国家出版基金、天津市哲学社会科学规划项目（TJYYWT12-03）、天津市教委重大项目（2012JWZD 4）、天津市自然科学基金项目（08JCYBJC13400、18JCYBJC22400）、高等学校学科创新引智计划（B13011）。天津大学学校领导及建筑学院领导对课题研究提供了重要支持。我们无法一一列举参与和支持过重大课题的同仁，谨在此表示我们由衷的谢意！

国家社科重大课题首席专家

天津大学 建筑学院 中国文化保护国际研究中心副主任、教授

Adjunct Professor at the Chinese University of Hong Kong

徐苏斌

2020年10月10日

目录

1

第 1 章 ————————————

工业遗产与文化产业融合的理论和背景研究①

① 本章执笔者：仲丹丹、徐苏斌。

1.1 国内外对工业遗产与文化产业融合的研究

1.1.1 工业遗产与文化产业的交叉研究

"工业遗产"、"文化产业"概念在其本身的发展过程中有被多次定义或演绎出相近的名称。"工业遗产"是英文Industrial heritage的译文之一，而Industrial作为形容词还可译为"产业的"，因此，也有学者将其译为"产业遗产"；通过翻阅已有文献，发现国内建筑设计领域较早涉及工业遗产再利用的研究并未将对工业遗存的理解上升到"遗产"的高度，因而许多文献在探讨这一问题时常用"工业建筑"或"产业建筑"来表达与现今"工业遗产"近似的含义。所以，虽然在不同文献中"工业遗产"、"文化产业"常以不同的名称出现，但研究的主体并无本质差别。所以，本研究在进行文献查阅时对所使用的检索词进行了必要的拓展（表1-1-1），以求得到较全面的检索结果。

文献主题及检索用词   表1-1-1

主题 用词	工业遗产	工业遗产再利用	工业遗产与文化产业
工业遗产	●	●	●
产业遗产	●	●	●
工业建筑	●	●	●
产业建筑	●	●	●
再利用		●	
文化产业			●
创意产业			●

国内1999年才开始对工业遗产相关概念进行关注[①]，到2002年，开始有真正涉入工业遗产领域的研究，经过2002～2005年三年的蓄势，直到2005年，相关研究的数量才出现大幅的增长，开始了持续至今的蓬勃发展期。"再利用"研究的发展也伴随着工业遗产整体研究的进展呈现相同的趋势，研究论文成果同期数量上占到工业遗产研究领域的22.4%，而其中，工业遗产与文化产业的交叉研究又占到"再利用"研究的一半（图1-1-1）。

从2006年开始，有关工业遗产保护的问题开始受到社会公众和地方政府的关注，并迅速升温，工业遗产研究也得到了国内学界的认同，相关论文数量迅速增加。2010年开始，对工业遗产的研究开始进入稳定发展期，再利用的相关研究也紧随工业遗产的整体研究趋势呈上

[①] 国内期刊文献最早论及"工业遗产"的文章是：陆邵明. 是废墟，还是景观?——城市码头工业区开发与设计研究 [J]. 华中建筑，1999（2）. 这是一篇有关城市码头工业区再开发的文章，此文首次提及"工业遗产"一词。

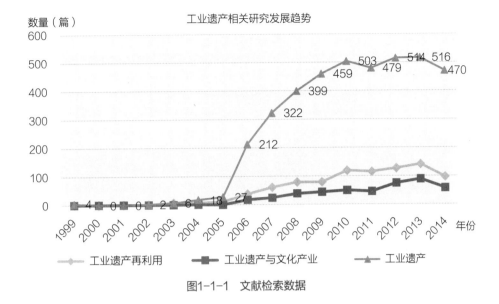

图1-1-1　文献检索数据

升态势。从图1-1-1中我们可以发现，在工业遗产再利用的相关研究中，与文化产业有关的研究文献占到一半，尤其从2012年开始，这一比例甚至占到总体数量的2/3。

我国工业遗产保护再利用与文化产业发展相结合的实践迄今已有十几年的历程，现有文献所体现的研究热点总结为如下几个方面：工业遗产旅游、工业遗产价值评估、保护与改造再利用工程案例、再利用开发模式等。以"工业遗产"与"文化产业"为主题词进行交叉检索，从查阅所得的现有文献的主题内容可以发现，大部分依然是建筑学、城市规划专业领域的文章，绝大部分的研究内容所探讨的主题偏重于工业遗产与文化产业结合后所呈现的物质形态方面的成果。截至目前，尚无以专著形式探讨工业遗产与文化产业之关系者，只有相关学术学位论文通过设置局部章节进行探讨，现将相关研究现状进行综述。

作为理论研究必要基础的实际案例研究，对国内外工业遗产保护与改造再利用实践中的建筑规划设计手法、改造再利用类型进行了分析及归纳。尤以东南大学王建国院士2008年的专著《后工业时代产业建筑遗产保护更新》为代表，系统梳理了国际、国内产业历史建筑及地段保护和改造再利用的经验和趋势。

一类研究在对发展现状进行叙述后从策略层面给出结论，建议将文化创意产业引入工业用地更新。例如，2010年，黄翊的硕士学位论文通过对国内外几个代表性案例的介绍，指出建筑空间特征、工业文化特征、地区人才科技基础、市场动力、政府干预是共同作用于文化创意产业聚集于城市工业遗产上的因素。

一部分研究以文化产业与工业遗产保护再利用相结合的实际项目后期运营为主要研究对象。例如，2009年潘天佑在其硕士学位论文中针对"在什么样的产业建筑内、发展什么样的创意产业、如何布局"这一问题，给出"园区发展模式""产业建筑区位与文脉""产业建筑结构与空间特点"这三个因素对文化创意产业园的影响模型。

也有相关研究对工业遗产保护再利用与文化产业结合发展趋势作出了更深层次的思考。2004年，阮仪三、张松通过对上海较成功案例的推介，较早表达出工业遗产保护再利用与城市文化产业发展可以相互促进的观点。尤其值得关注并有与本文相似动机的研究有2006年经济管理学科领域的学者周政、仇向洋对创意产业集聚区的形成机制作出的分析，将创意产业集聚区的形成机制分为三种类型：自上而下的政府引导推动型、自下而上的自发形成型、自发形成与政府推动的相互促进型。其后的许多相关研究都引用或借鉴这种分类方法。同年，吕梁的硕士学位论文第一次对文化创意产业与产业类历史地段各自的文化特征、物质特征进行分析归纳，进而发掘出它们之间一一对应的需求关系，得出两者结合发展是必然结果的结论。

1.1.2 文化产业空间集聚相关研究

国内1988年就出现了"文化产业"的提法，但直到2000年左右，才开始呈现以数量级为单位的迅速发展（图1-1-2），到2011年，整体研究呈现出最蓬勃的状态，其后开始出现持续的降温态势。这些文献主要集中于文化学（38457篇）、经济学（378931篇）相关研究领域。2005年的文化产业研究更加显现出学科交叉的研究趋势，与文化产业发生互动的学科领域有很多，诸如旅游（2630篇）、金融（1064篇）、艺术（1022篇）、管理（930篇）、贸易（649篇）、政治（579篇）、传媒（476篇）等，相比之下，建筑科学与工程领域输出的研究成果数量并不多，只有450篇。

多数相关学科领域将研究重点放在探讨文化与经济之间的无形关系，研究成果多体现在文化贸易理论、文化产业国际竞争力、文化产业战略等方面；而建筑科学与工程领域的研究基本是对文化产业与有形资源发生的联系进行剖析，对中国文化产业发展的外在表现形式给

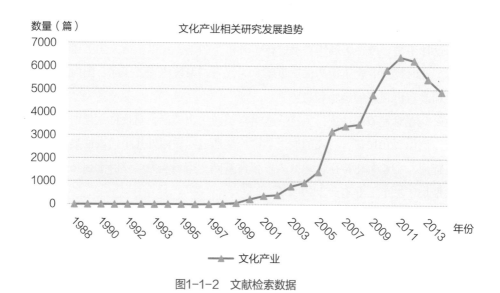

图1-1-2 文献检索数据

予最直观的呈现，相对明显地体现了学科交叉的方法论意义。

在进行文化产业空间集聚这个研究方向的文献查阅时，以CNKI为数据库检索到的文献共计182篇，与前一研究方向所检索到的文献有部分重合，研究数量上呈现出与工业遗产研究相近的发展趋势，即都以2005年为拐点，相关研究出现大幅增长（图1-1-3）。值得关注的是，在2010年工业遗产研究开始呈现相对平稳的发展态势、2011年文化产业研究开始降温的形势下，文化产业空间集聚的学科交叉类相关研究却呈现强劲的整体上升态势。这说明对文化产业的研究越来越多地将关注点转移到其与区域、城市、空间整体协调发展的关系上，更加注重经济理论、文化理论与工程学科的整合研究，更加注重理论对现实的实际指导。

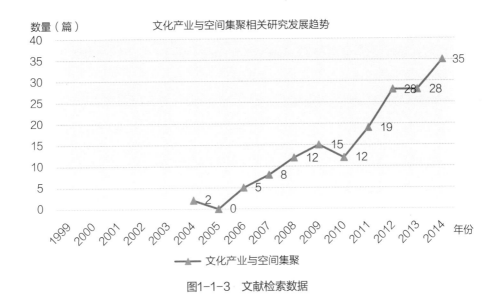

图1-1-3　文献检索数据

"文化产业"其外延是经济活动，而经济活动的区位选择及其原因常作为新经济地理[①]的研究对象，所以本节在进行文化产业空间集聚的探讨时更多地借鉴新经济地理的相关研究结论。

文化产业的空间集聚，是在"后工业时代"到来、第三产业成为产业结构重要组成后才出现，所以，其重的理论支撑都产生自经济领域对第一、第二产业发展过程中发生的产业集聚现象的研究。早在19世纪，产业集聚现象就引起了西方经济学家的关注，最早可以追溯到马歇尔（Alfred Marshall，1920）的产业区理论，他将地域相近的企业和产业的集中区域称为"产业区"（Industrial District）。[②]1956年，沃尔特·艾萨德（Walter Isard）将20世纪初

---

① 20世纪90年代以来，经济地理学与经济学研究领域的交织更加明显，以克鲁格曼（Paul Krugman）等为代表的主流派经济学家重新审视了空间因素，以全新的视角，把以空间经济现象作为研究对象的区域经济学、城市经济学等传统经济学科统一起来，构建了"新经济地理学"。

② 马歇尔. 经济学原理（中译本）[M]. 北京：商务印书馆，1997. 在研究早期工业的地域分布时，马歇尔察觉到专用机械和专业人才在产业集聚区具有较高的使用效率，并指出产业集群形成的原因在于为了获取外部规模经济提供的好处。

至中叶的研究成果整合为一个统一的框架，在其著作《区位与经济空间》中，把区位问题重新表述为："厂商可以被看作是在权衡运输成本与生产成本，正如它们做出其他任何成本最小化或利润最大化的决策一样。"空间经济学研究的是资源的空间配置和经济活动的空间区位问题，但由于空间经济学本身的一些特征，使得它从本质上就成为主流经济学家掌握的那种建模技术无法处理的领域，长久以来没有能够成功地纳入经济学主流。经济活动发生在何处且为什么发生在此处？世界著名经济学专家[①]的合著《空间经济学——城市、区域与国际贸易》清晰地表明了运输成本、收益递增和关联效应对空间集聚的重要作用（虽然它忽略了空间集聚的其他因素）。

直到21世纪初，国内经济学界开始关注到经济活动的空间区位对经济发展和国际经济关系的重要作用，自此，空间经济理论成为国内经济学、社会学以及地理学等不同学科领域的研究热门，它们都针对产业集群（industry clustering）现象，从不同侧面展开了研究。但总体来看，迄今为止的国内外针对文化产业集群现象的研究主要从产业的集群形成、演进机理、组织理论以及案例分析等方面展开。

作为中国为促进文化产业发展正式引介进来的专著之一，艾伦·J·斯科特的《城市文化学》讨论了文化经济发生的空间逻辑，展现了文化与经济的关系在空间组织的本土层面与全球层面上如何呈现出历史与地理外貌。上海师范大学的褚劲风对作为中国文化产业发展标杆——上海的创意产业集聚进行了持续性的研究。2006年她的研究团队即开始从地理学角度对上海创意产业集聚的空间特征进行探讨，2008年其博士论文及其研究团队形成的硕士论文对上海创意产业空间集聚的规律、影响因素进行了分析，得到了后续研究不断引用并将其作为理论支撑的研究体系和结论成果。

2009年西北大学蒋慧的硕士论文在城市文化产业空间集聚模式的探讨中较早提出以旧厂房改造再利用作为空间集聚模式之一。2012年，北京大学黄斌的博士论文整合构建了文化产业组织演化和空间演化相互作用的理论框架，认为产业集群将决定空间集聚，系统梳理了北京文化产业的发展条件，及其在此条件作用下的产业发展特征和空间分布特征。多位学者（崔元琪，2008；姚瑶，2009；安悦，2012）通过整理上海市创意产业园的空间分布状况，分析得到其空间集聚的特征及原因（交通、经济、政策、人才）。

吴海宁从经济管理视角首次关注到上海市纺织业产业升级可以依托原厂所有的土地资产，通过对有形资源的历史、文化、经济价值的认知和挖掘，建设时尚产业园，进而发展时尚产业，为企业跨越资金缺口、形成独特的发展路径提供了物质基础。

孙洁（2014）通过对来自上海的百家园区的观察，对创意产业空间集聚的演化升级趋势、固化与耗散进行了从容的论述，其对国内外针对文化产业空间集聚的研究作了准确的概

---

① 日本京都大学的藤田昌久（Masahisa Fuita）、美国麻省理工学院的保罗·克鲁格曼（Paul Krugman）和英国伦敦政经学院的安东尼·J·维纳布尔斯（Anthony J·Venables）。

括和对比：国外针对文化产业空间集聚的研究是聚焦于"旧区改造"（Reconstruction）和"城市复兴"（Urban Regeneration）的，并不局限于固定产业；而国内学者多立足于园区本身，从共生、复杂系统、演化博弈、模块化等视角展开论证。

1.1.3 中国工业用地更新相关研究

20世纪80年代中期，世界范围内的产业结构调整开始波及我国先进城市，城市中心区工业用地更新的实践在80年代末、90年代初几乎同期开始的土地使用权制度的改革和国有企业改革的双重作用下高速推进，但在缺乏科学化、体系化研究的情况下，对这项工作的认识缺乏高度，实践缺乏指导，城市工业用地更新并没有上升到国家、区域、城市的复兴战略层面。至于工业遗产再利用的相关研究，更是局限在旧工业建筑再利用和后现代工业景观等表象层面上，缺乏与城市工业用地更新理论的关联性、整体性研究。

2005年，李东生的《大城市老工业区工业用地的调整与更新——上海市杨浦区改造实例》通过对上海市杨浦区老工业区用地更新案例的深入研究，从城市规划层面给出更新调整策略，将产业规划与工业用地更新进行统筹。2009年，刘伯英、冯钟平的《城市工业用地更新与工业遗产保护》作为国内最早将城市工业用地更新与工业遗产保护的关联性展开进行论述的专著，使中国工业遗产研究开始正视工业遗产保护、工业用地更新与产业结构调整之间的密切关系，努力摆脱建筑规划专业的学科局限性，重新定位中国城市工业用地更新的战略视角。聂武钢、孟佳的《工业遗产与法律保护》对现阶段我国工业遗产的保护再利用在现有法律框架下推进时出现的问题及相关进展进行了探讨。

1.2 我国新经济下文化产业的崛起与关联性研究的不足

"后工业时代"的到来使世界主要经济中心城市到20世纪60年代即完成了产业结构的升级，新的经济结构促使这个新时期内实践的工业遗产保护再利用项目有很大一部分与服务型经济的相关产业相结合，由于工业遗产本身所具有的特点，使得它尤其与这种经济结构中的文化产业产生了更多的互动。从文化产业兴起的过程我们可以看到，世界范围内，20世纪40年代即开始了旧工业建筑再利用与文化创意产业结合的探索，以美国纽约曼哈顿的苏荷区（SoHo，South of Houston Street）的保护再利用为始。

中国的文化产品在进入21世纪后才开始越来越多地由分散市场中的营利性组织供给，文化与经济之间的融合在很短时间内成为中国当代先进城市，尤其是一线城市发展的显著特征之一。中国的实践不断证明文化产业园区是文化产业中相对非常具有活力与竞争力的市场主体，能在较短时间内促成品牌和价值链，所以文化产业发展在这些城市中最明显的表现形式就是形成了一批规模较大、影响力较高的文化创意产业园。其中，通过对旧工业厂区进行改造再利用的园区占据了相当的比例。以上海为例（图1-2-1），据统计，2008年共有75个文化创意产业聚集区，其中有三分之二是对旧工业建筑的保护性开发，形成了城市鲜明的区域空间特色。2005年后，随着国家从政策层面上大力推进产业结构的调整，全面提高服务业比重，促进服务业快速发展，[①]工业遗产再利用与产业的升级结合发展开始获得了更多的结合机会和更强劲的地区发展驱动力。

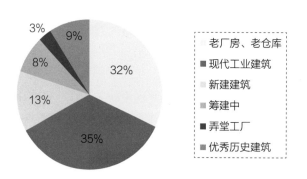

图1-2-1　上海创意产业园空间载体比例图

　　与文化产业相结合的工业遗产保护再利用发展迅速，但与之未能同步的是，相关的基础性理论研究相对不足，尤其是对工业遗产与产业经济发展进行关联性研究。长时间以来，工业遗产保护领域的研究大多将关注重点放在历史研究、价值评估、工程技术三个方面，虽然"充分认识遗产保护的必要性不是因为它拥有客观的经济利用价值，而是遗产曾经拥有的历史、技术、社会价值及这些价值的不可再生性"。《下塔吉尔宪章》也并没有将工业遗产的这种最显而易见的经济价值列入工业遗产固有的价值体系，但这正是工业遗产作为一种新类别的文化遗产区别于其他文化遗产共同价值取向的最大特点——工业遗产保护的特殊性体现在其内在属性脱离不了产业经济、外在运营——也脱离不了企业管理，所以其发展模式势必以产业经济的发展为导向。其次，经济领域的研究又大多将重点放在工业结构调整、企业改革和生产技术突破等方面，并未投入足够的精力去发掘工业用地更新带来的重要副产物——包括工业遗产在内的工业有形资源的再利用价值。互为因果，本应具备整体性、系统性的研究由于所涉及的专业领域难有交集而分裂开来。

　　面对现实中国经济体制下的市场环境，在诸多动因汇聚的交点，更好地解读现状及其发展趋势的唯一途径，就是清晰地分析各因素之间的联系与作用，认真回答造就种种现象的复杂成因，重构工业遗产保护再利用理论的制度基础。这也是制定下一步发展战略的必然要求。

---

① 2005年12月，国务院发布《促进产业结构调整暂行规定》。

第 2 章

工业遗产保护与文化产业融合的区域发展概况①

---

① 本章执笔者：仲丹丹、徐苏斌。

不同地域、不同机构、不同的关注侧重点都会以自身为出发点对工业遗产的范畴作出既相互联系又相互区别的解释；对文化产业的界定或分类，各国也是根据各自的文化背景、产业发展水平、政策运用特点来调整的。通常理解的工业遗产保护范围与本文所探讨的文化产业的再利用对象并非完全一致，文化产业的界定或分类也随时空转变而纷繁重叠，因此，本章首先对研究主题关键词"工业遗产"、"文化产业"在本文中的定义、范围、类型进行了界定。

因本研究以国内8个城市为分析样本，覆盖了除东北以外的五个地理区，针对这些城市样本的选择，本章在提交了清晰的选取依据的基础上，根据调研所见、所得结合各种渠道的信息对每个城市工业遗产保护与文化产业发展相结合的状况与特征进行概括的铺陈，以期读者于本章结束之时形成对本课题研究对象的总览影像。

2.1　本卷内容对研究对象的范畴界定

2.1.1　工业遗产

2.1.1.1　类型范围

自1955年迈克尔·里克斯（Michael Rix）提出标志着专业化工业遗产保护诞生的概念"工业考古"[①]（Industrial Archaeology）开始，经过近半个世纪的发展实践，才有了目前世界遗产保护领域较公认的对"工业遗产"概念的界定，即2003年由国际工业遗产保护协会（TICCIH）[②]通过《有关产业遗产的下塔吉尔宪章》[③]（以下简称《宪章》）给出的。[④]

标志我国工业遗产保护研究工作进入正规阶段的是在2006年首届中国建筑遗产保护论坛[⑤]上通过的《无锡建议——注重经济高速发展时期的工业遗产保护》（简称《无锡建议》），

[①] 1955年，英国伯明翰大学的迈克尔·里克斯发表名为"产业考古学"的文章，呼吁各界保存英国工业革命时期的机械与纪念物。

[②] 1973年第一届国际工业纪念物大会（FICCIM）召开，引起国际社会对工业遗产的关注，1978年，在瑞士召开的第三届会议上成立了致力于促进工业遗产保护的国际性组织——国际工业遗产保护协会（TICCIH）。

[③] 《宪章》在2003年7月在俄罗斯召开的第12届国际工业纪念物大会（FICCIM）上通过。

[④] 工业遗产由工业文化的遗留物组成，这些遗留物拥有历史的、技术的、社会的、建筑的或者是科学上的价值。这些遗留物具体由建筑物和机器设备、车间、制造厂和工厂，矿山和处理精炼遗址，仓库和储藏室，能源生产、传送、使用和运输以及所有的地下构造所在的场所组成，与工业相联系的社会活动场所，比如住宅，宗教朝拜地或者是教育机构都包含在工业遗产范畴之内。译文根据：刘伯英，冯钟平. 城市工业用地与工业遗产保护 [M]. 北京：中国建筑工业出版社，2009：156.

[⑤] 2006年4月18日在无锡召开，以"重视并保护工业遗产"为主题。

这份行业共识性文件在《宪章》的基础上，对工业遗产的定义[1]有了新的拓展，增加了审美价值，增加了工艺流程、数据记录、企业档案和非物质遗产的内容，弱化了相关社会活动场所中的宗教朝拜地等内容。遗憾的是，《无锡建议》的具体内容并没有突出对"经济高速发展"进行解读，忽略了对工业遗产保护与经济发展的关系研究的引导。

同在2006年，标志着中国官方的工业遗产保护事业正式启动的《关于加强工业遗产保护的通知》[2]由国家文物局下发。其中，将对工业遗产概念的理解简化为"……工厂旧址、附属设施、机器设备等"。

由此可见，不同地域、不同机构、不同的关注侧重点都会以自身为出发点对工业遗产的范畴作出既相互联系又相互区别的解释。通常理解的工业遗产保护范围与本文所探讨的文化产业的再利用对象并非完全一致。前者更多地强调工业遗产无形的历史文化价值，后者则更多地关注其有形的使用价值。所以，按工业遗产的构成，本研究主要涉及其中的物质资源[3]，对其中非物质资源[4]的保护再利用不作探讨；按工业遗产的类型[5]，本研究仅涉及工业、仓储、能源设施中的个别工厂；按工业行业范围，主要涉及制造业、电力、燃气及水的生产和供应行业。

2.1.1.2　时期范围

刘伯英给出的狭义工业遗产的范畴是根据欧洲发达国家工业遗产的形成情况给出的，主要指18世纪60年代后从英国开始的以采用钢铁等新材料、煤炭和石油等新能源、以机器生产为主要特点的近现代工业遗存。[6]中国工业遗产研究的时期划分，与中国历史研究中使用的年代分期一样，都以1840和1949两个年份为界，划分为古代、近代与现代三个历史时期。所以，中国工业遗产既包括1840年以来的近现代部分，也包括鸦片战争以前的古代（或传统）工业遗产。[7]国家文物局局长单霁翔给出的中国工业遗产历史时期的初步界定与《无锡建议》对于工业遗产时间范围的说明较为统一，可能更符合中国工业发展进程，主要是指鸦片战争

---

① 《无锡建议》："具有历史学、社会学、建筑学和科技、审美价值的工业文化遗存。包括建筑物、工厂车间、磨坊、矿山和相关设备，相关加工冶炼场地、仓库、店铺、能源生产和传输及使用场所、交通设施、工业生产相关的社会活动场所，以及工艺流程、数据记录、企业档案等物质和非物质遗产。"

② 国家文物局，文物保发〔2006〕10号，2006年5月12日下发。

③ 物质资源包括工业生产的物质要素、自然要素和文化要素。其中物质要素包括建筑（厂房、库房）、构筑物（水池、水塔、烟囱、储柜、储罐、煤仓、传输、管廊）、场地、设施设备、产品、原料、废弃物，作为工业生产状态和生产变化的见证。

④ 非物质资源包括与历史、生产、管理相关的各种记录、事件、组织、工艺、制度、企业文化等。

⑤ 产业建筑遗存的建筑类型包括工业建筑、仓储建筑和交通建筑。其中：工业建筑指用于工业生产、加工、维修的厂房，以及为之服务的仓库、服务建筑、构筑物、工业设施及其基础设施等；仓储建筑指服务于城市的工业、商业性仓库及设施等；交通运输建筑指服务于运输的码头、车站的站房、仓库、船坞、货柜、装卸设备及其一些辅助建、构筑物等。王建国，戎俊强. 城市产业类历史建筑及地段的改造再利用［J］. 世界建筑，2001（6）：17-22.

⑥ 刘伯英，冯钟平. 城市工业用地与工业遗产保护［M］. 北京：中国建筑工业出版社，2009：156-157.

⑦ 阙维民. 世界遗产视野中的中国传统工业遗产［J］. 经济地理，2008（11）：1041.

以后，尤其是19世纪末、20世纪初以后中国近现代工业建设进程中留下的各类工业遗存。

与文化产业相结合的工业遗产保护再利用项目大多是20世纪以后的近现代建筑，特别是1949年以后的现代工业建筑占了很大的比重（图2-1-1），而这些构筑物是中国这一时期历史的重要物质载体，反映了国家工业发展历程，以及中华人民共和国成立后至改革

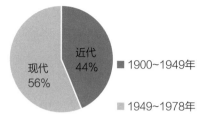

图2-1-1　86处调研对象的时期占比

开放期间中国的工业经济建设理念，同时折射出那一阶段的政治、经济、文化的特征和变化，在很大程度上造就了国人对于20世纪50～80年代中国大多数城市的意象，具有重要的社会历史价值。但目前这一时期的工业遗存由于"年代不够久远"而大多没有被提升到"遗产"的高度加以重视，大多没有经过系统、权威的工业遗产价值评估及鉴定，加上自身产业技术升级的要求，它们在城市更新进程中往往被作为拆迁的目标，即使有幸被"保护"下来，也是以"再利用"为首要目的的。

综上，本研究将19世纪末、20世纪初以后至今形成的工业遗存作为研究范围，然而由于本研究的重心不在于探讨工业遗产的本体价值，所以不再纠结于其是否具有或具备多少遗产价值，而将它们与那些在历史、社会、技术、建筑等方面具备更突出遗产价值的工业遗存一视同仁，暂且统一理解为"工业遗产"，虽然在这个研究中对它们确切的定义应当为"工业有形资源"。

2.1.2　文化产业

以文化产业与工业遗产产生的交集作为研究对象，需要界定在研究主题中占重要位置的"文化产业"的概念。在产业经济学（Industrial Economics）的框架下，"产业"（Industry）概念属于微观经济细胞与宏观经济单位之间的一个"集合"概念[①]。从本质上讲，文化产业并不是"新兴"的产业，它仍然是传统产业的升级，只是注入了知识产权、技术创新与文化理念[②]。

对文化产业的界定或分类，各国是根据各自的文化背景、产业发展水平、政策运用特点来调整的；个人的研究观点也都以各自的研究角度为出发点。这里仅对比较有代表性的说法进行综述。本文在引用原著或针对其观点进行阐述时使用原著称谓，在进行论文本体的撰写时统称为"文化产业"。

2.1.2.1　国外的界定

目前，国际上未有对文化产业明确的界定，也没有形成一个公认的分类标准，它在不同

---

① 它是具有某种同一属性的、国民经济中各种生产企业或组织的集合，又是国民经济以某一标准划分的部分的总和。

② 毛少莹. 中国文化政策30年［EB/OL］. http://www.ccmedu.com/bbs35_75790.html.2008.11.11/2015.1.22.

的时期、国度、语境中，有不同的内涵和外延。

早在20世纪40年代，德国哲学家、法兰克福学派的霍克海默和阿道尔诺合著的《启蒙辩证法》①（1947）在探讨文化进步走向其对立面的各种趋势时从哲学的批判角度提出了对"文化工业"（Culture Industry单数）的悲观性思考，提出文化产品的批量生产对独创性、超功利性的文化价值产生破坏。但在世纪末经济全球化和国际竞争日益激烈的大背景下，人们对文化产业的理解则完全从经济学的角度出发，对其理解风向急转。

目前，世界各国常用Cultural Industries，也即"文化产业"的复数形式，更准确的译法其实应当是"文化行业"。据说是法国人第一次使用。联合国教科文组织关于文化产业的定义是：按照工业标准，生产、再生产、存储以及分配文化产品和服务的一系列活动。这是以工业标准化流程为视角来界定的，显然是将文化产业作为工业框架体系下的一个门类来理解的。

1996年，欧盟在《信息社会2000计划》中将内容产业的内涵进一步明确。②这一范围相对下文的"创意产业"小很多，更多强调数字内容产业的核心地位，但这应是其后英国提出的"创意产业"、美国的"版权产业"的前身。

英国是在已经实现了城市化和工业现代化的基础上，将文化产业作为创新功能的拓展来发展的。在英国，文化产业被称为创意产业（Creative Industries），这个概念是由英国人约翰·霍金斯（John Howkins）于1997年在其论著《人们怎样用想法挣钱》中首次提出的，使用industry的复数形式（可能有回避cultural industry贬义理解的用意）。他对创意产业做的界定较为狭窄。③1998年英国政府创立了"创意产业工作小组"（Creative Industries Task Force，CITF）④，企图通过发展创意产业来提振英国经济，迅速形成更具活力的产业形态。该组织在《英国创意产业路径文件》中正式提出Creative Industries的概念⑤，指出创意产业是那些"源于个体创造力、技能和才华的活动，而通过知识产权的生成和取用，这些活动可以发挥创造财富和就业的潜力"。⑥⑦这份文件的内容被英国政府采纳，这使得英国政府成为第一个从国家层面推动创意产业发展的政府，第一个根据创意经济理论来调整产业结构的国家。他们把科学、工程和技术领域的研发过程也纳入了这个范围，这相较其他国家或个人提出的定义范围更广。英国曼彻斯特大学大众文化研究所执行主任贾斯廷·奥康纳（Justin

① 马克斯·霍克海默，西奥多·阿道尔诺. 启蒙辩证法 [M]. 渠敬东，曹卫东，译. 上海：上海人民出版社，2006.
② 制造、开发、包装和销售信息产品及其服务的产业，其产品范围包括各种媒介的印刷品、电子出版物和音像制品。周毅，白文琳. 欧美信息内容产业的发展：内涵、路径及启示 [J]. 国外社会科学，2010（5）：44.
③ 仅包括版权、专利、商标和设计，四个产业的总和，构成了创意产业和创意经济。霍金斯. 创意经济：人们怎样用想法挣钱 [M]. 洪庆福，孙薇薇，刘茂玲，等，译. 上海：上海三联出版社，2006.
④ 1997年，布莱尔改组内阁，文化部、媒体部和体育部（Department for Culture，Media and Sport，DCMS，简称"文体部"）合并成立了"创意产业工作小组"。
⑤ 斯图亚特·坎宁安. 从文化产业到创意产业：理论、产业和政策的涵义 [M]. 北京：社会科学文献出版社，2004
⑥ Those industries which have their origin in individual creativity, skill and talent and which have a potential for wealth and job creation through the generation and exploitation of intellectual property（DCMS.Creative Industries Mapping Document 1998 [R]. http://www.culture.gov.uk）.
⑦ 佟贺丰. 英国文化创意产业发展概况及其启示. [J]. 科技与管理，2005（1）：30.

Oconnor）进一步指出了这种产业的经济价值来源和范畴——文化产业是"指以经营符号性商品为主的活动，这些商品的基本经济价值源自他们的文化价值"①。

美国国际知识产权联盟早在1990年提出了"版权产业"（Copyright Industries）的概念。所以，美国的文化产业是以知识产权的保护作为核心的，他们没有进行详细的分类，涵盖的几个核心行业是信息服务业和文化娱乐业及康乐业。这种对文化产业的理解影响到澳大利亚、加拿大等国家。美国哈佛经济学家理查德·E·凯夫斯（Richard E. Caves）从文化经济学的角度作出了以"版权"为核心的较为狭义的定义。②

20世纪80年代末，早于英国贾斯廷·奥康纳的类似描述，日本学者日下公人从经济学角度出发对文化产业作出了诠释，"文化产业的目的就是创造一种文化符号，然后销售这种文化和文化符号"③。在日本的影响下，包括韩国、新加坡、中国台湾等在内的东亚国家和地区一般将制造业作为文化产业的发生基础，将能够以文化为价值核心形成物质产品的行业，例如科技、时尚消费、动漫等，视作文化产业的范畴。

2.1.2.2　国内的界定

就国外的情况来看，除了政府文化机构及其管理工作外，其他文化工作都具有产业经济的特征。在我国，最早是将所有涉及文化的单位均称为"文化事业"；1984年文化体制改革开始后，出现"文化产业"和"文化事业"的表述，当时是把艺术演出团体的市场化改革作为文化产业的初始内容；1990～2000年，随着文化体制改革在更大范围的推进，文化产业开始形成一定体系；2004年，国家文化部和国家统计局联合推出"中国文化及相关产业统计标准"，第一次对文化产业进行官方定义。毛少莹（2008）对此状态有较深入的见解④：在我国，有"文化事业"⑤一说，它与"文化产业"形成二分的格局。因此，在中国，"事业"与"产业"是一对相对的、动态的概念，界限难以划清。文化产业的内涵，是否可以这样理解：国外是在"文化产业"的大概念下，包括文化企业和非营利机构；我国是在"文化事业"的大概念下，包括文化企业和事业单位。

至今我国各层面、各部门、各地区对文化产业的内涵、范畴以及发展文化产业的目的都

---

① 贾斯廷·奥康纳. 欧洲的文化产业和文化政策［EB/OL］. http://www.mmu.ac.uk/h-ss/mipc/iciss/reports/.
② 定义：创意产业提供结合着文化、艺术或仅仅是娱乐价值的产品和服务，它包括书刊出版、视觉艺术（绘画与雕刻）、表演艺术（戏剧、歌剧、音乐会、舞蹈）、录音制品、电影电视，甚至时尚、玩具和游戏。理查德·E·凯夫斯. 创意产业经济学：艺术的商业之道［M］. 孙绯，等，译. 北京：新华出版社，2004.
③ 日下公人. 新文化产业论［M］. 范作申，译. 北京：东方出版社，1989.
④ 毛少莹. 中国文化政策30年［EB/OL］. http://www.ccmedu.com/bbs35_75790.html.2008.11.11/2015.1.22.
⑤ 所谓"文化事业"具有三个层次的含义：一是泛指整个文化，通常说"发展文化事业"，就是指发展整个文化；二是指与文化产业相对区别的整个文化事业，具体包括公益文化和部分的准公益性文化事业，其特点是以国家投资为主、社会投入为辅，主要目的是满足公众的文化需求而非营利；三则是指文化事业单位，指接受各级文化行政部门直接管理的、为社会全体公众生产文化产品和提供文化服务的独立的社会组织，具体包括高雅艺术团体、图书馆、博物馆、文物保护单位、人文社科理论研究机构等，承载着宣传主流意识形态的重任，它既不同于文化行政机关，也不同于文化企业单位，没有营利的任务。

有各自的、不同高度、不同深度的理解。党代会的报告和政府的工作报告中涉及文化产业的部分，集中体现了国家的核心文化价值理念、文化主张和文化意志，是我国文化政策最权威的组成部分，这些文件的精神实质确定了中国文化政策的根本价值取向和发展方向，是"关于政策的政策"；政府各部门根据其自身的功能定位和工作目标，对文化产业有不同的称谓和定义，如文化部力推"文化产业"，国家统计局则称为"文化及相关产业"；上海和香港则称为"创意产业"，北京、台湾将其称作"文化创意产业"。综合来看，中国大陆对文化产业的理解整体上是以产业服务为主体，强调物质产品层面的理解[1]；具体到部分地方城市，因它们各自的发展水平和产业目标迥然有别，导致对文化产业的理解不尽相同，这里将从国家层面到地方层面对文化产业的定义梳理如下（表2-1-1），并总结出每种定义的特点，辅以中国两家较权威的文化产业研究机构——中国创意产业研究中心[2]、中国社会科学院文化研究中心——的相关研究内容作为比较对象共同参与分析。

从国家层面到地方层面对文化产业的定义　　　　　　　表2-1-1

	部门/地区	时间	文件/文献	定义	特点
国家	文化部	2001	《文化产业发展第十个五年计划纲要》（文政法发〔2001〕44号）	本纲要所称文化产业，是指文化部门所管理和指导的从事文化产品生产和提供文化服务的经营性行业	仍将其放在精神文明建设的范畴内，以繁荣社会主义文化为中心
		2003	《关于支持和促进文化产业发展的若干意见》（文产发〔2003〕38号）	从事文化产品的生产、流通和提供文化服务的经营性活动的行业总称。其特征是以产业作为手段来发展文化事业	强调其目的是发展文化事业，提供公共文化服务，具有社会主义特色。具有一定意识形态性[3]
	国家统计局	2004	《文化及相关产业分类》（国统字〔2004〕24号）	为社会公众提供文化娱乐产品和服务的活动，以及与这些活动有关联的活动的集合	强调其是一种"活动"，似乎未将其看作产业经济；突出其文化娱乐作用，区别于文化事业
地区	北京市统计局	2006	《北京市文化创意产业分类标准》	本分类标准规定的文化创意产业是指以创作、创造、创新为根本手段，以文化内容和创意成果为核心价值，以知识产权实现或消费为交易特征，为社会公众提供文化体验的具有内在联系的行业集群	从产业链角度研究制订的分类标准，范围上跨越了二、三产业的传统分类
	上海市经济委员会、上海创意产业中心	2005	《创意产业》[4]	以创新思想、技巧和先进技术等知识和智力密集型要素为核心，通过一系列创造活动，引起生产和消费环节的价值增值，为社会创造财富和提供广泛就业机会的产业	立足于城市功能转型，为城市产业结构升级服务

---

① 上海市经济委员会，上海创意产业中心．创意产业［M］．上海：上海科学技术文献出版社，2005：11.

② 从2006年开始，由张京成主编、中国创意产业研究中心出品的《中国创意产业报告》是对中国文化产业的一个较为系统的综述，至今已出版10本。

③ 王琳．文化创新视角下的中国文化产业战略［M］．天津：天津社会科学院出版社，2002：16-18.

④ 上海市经济委员会，上海创意产业中心．创意产业［M］．上海：上海科学技术文献出版社，2005.

	部门/地区	时间	文件/文献	定义	特点
地区	广州市统计局创意产业课题组	不详	《发展广州创意产业研究》	"文化、创意、科技"三者深度结合形成的产业集群，它既联系于文化，是各行各业都可以用来提升行业价值、树立行业特色的元素，又区别于文化，强调更多的是创造、创新、创作	强调文化可提升行业价值，树立行业特色
机构	中国创意产业研究中心	2006	《中国创意产业发展报告（2006）》	创意产业是以人的创造性和智慧作为生产要素的产业	强调生产要素的特征
	中国社会科学院文化研究中心、文化部、上海交通大学国家文化产业创新与发展研究基地	不详	《中国文化产业发展报告》	就所提供产品的性质而言，文化产业可以被理解为向消费者提供精神产品或服务的行业；就其经济过程的性质而言，文化产业可以被理解为按照工业生产标准生产、再生产、储存以及分配文化产品和服务的一系列活动	分别从产品性质和经济过程两个角度定义文化产业

　　从文化产业类型来看：一方面是传统意义上的文化产业的复兴，如歌舞娱乐、新闻出版等；另一方面是新兴文化产业的崛起，如动漫游戏、创意设计等。2004年4月由国家统计局印发的《文化及相关产业分类》是我国内地第一个较为系统的文化产业分类标准，它将文化产业分为六大类。然而由于这一分类标准的类型概念模糊，与企业的经营范围脱节，实际的可操作性不强，于是各地方纷纷拟定了各自的文化产业分类标准（表2-1-2）。

　　综上，根据我国构建的社会主义市场经济特点，参考外国、联合国及中国部分城市（北京、上海）的文化产业统计管理实践，笔者赞同我国文化部和国家统计局对文化产业的界定，但更加认同艾伦·J·斯科特在其论著《城市文化经济学》中的解释，因其更加通俗直观、易于理解：

　　有些时候，文化产品来自传统制造部门（例如服装、家具或者珠宝），这些部门将投入的物质材料转化成最终产品；也有些时候，文化产品更确切地说是一种服务，因为它涉及某种人格化交易（personalized transaction）或信息的生产和传播（例如旅游服务、现场剧院、广告），还有些时候，文化产品可被认为是一种混杂形式（例如音乐录制、图书出版或者电影制作）。即对消费者来说，它是符号价值与实用目的的密切相关的人工制品（Bourdieu，1971）[①]。

　　至于文化行业类型，因明确其分类并不会对本研究产生明显影响，在此暂且不进行讨论，前文的分析仅是为呈现中国文化产业发展概况而必须做的全局性的了解。因不是个案研究，本研究并未对具体案例中文化产业行业类型进行鉴别，而是将具备"文化"元素的项目所容纳的

---

① 艾伦·J·斯科特. 城市文化经济学 [M]. 董树宝，张宁，译. 北京：中国人民大学出版社，2010：4.

英国	国家统计局	上海	北京	广州	中国创意产业研究中心
《英国创意产业路径文件》	《文化及相关产业分类》	《创意产业》	《北京市文化创意产业分类标准》	《发展广州创意产业研究》	《中国创意产业发展报告（2007）》
13类	6大类	5大类	9大类	4大类	8大类
1 广告 2 建筑 3 艺术和古董交易 4 手工艺 5 工业设计 6 时装设计 7 电影 8 互动休闲软件 9 表演艺术 10 出版 11 电视广播 12 软件开发 13 音乐	1 文化产品制作和销售活动 2 文化用品生产和销售活动 3 文化设备生产和销售活动 4 文化休闲娱乐服务 5 文化传播服务 6 相关文化产品制作和销售活动	1 咨询策划 2 建筑设计 3 文化传媒 4 时尚消费 5 研发设计	1 广告会展 2 艺术品交易 3 旅游、休闲娱乐 4 设计服务 5 文化艺术 6 广播、电影、电视 7 新闻出版 8 软件、网络及计算机服务 9 其他辅助服务	1 研究设计 2 文化传媒 3 信息软件 4 咨询推广	1 咨询策划 2 电信软件 3 展演出版 4 工艺时尚 5 设计服务 6 影视文化 7 休闲娱乐 8 科研教育

产业统统看作文化产业。

    行文至此，需要着重补充说明的是：本研究也将部分公益性文化机构作为调研对象，并获得相关数据。

2.2 调研地点的选择

2.2.1 参考各地文化产业发展程度

    本研究调研对象的主要特征，是文化产业发展以工业遗产为空间物质载体的外在呈现，第一步的地点筛选是要从全国范围内筛选出具有发展代表性的城市。近现代工业到当代工业在中国的发展已有百年的历史，留下的产业发展印记遍布全国各个级别、各种规模、各种发展程度的大量城市，难以通过缩小工业遗产的分布范围来筛选我们要调研的样本城市。而文化产业以文化创意产业园的发展方式在中国的迅猛发展是从2000年以后才开始的，在各城市的发展水平差异巨大，所以，想选取出发展趋势良好的城市相对容易得多，可以通过较权威的城市文化产业发展评价指标体系作出的分析进行筛选。下面针对那些建构相对完整并取得实际数据评价结果的评价指标进行综述，以说明调研地点选取的依据。

    美国经济学家理查德·佛罗里达（Richard Florida）构建的"3T"创意指数是首个文化创

意产业发展程度评价指标体系，其三项一级指标分别为人才（Talent）、技术（Technology）以及包容性（Tolerance）[①]。欧洲创意指数[②]（ECI）相比美国创意指数，沿用了其一级指标框架，而在二级指标和测量变量的选取上更加全面、细化，成为目前全球影响最大的创意指数。

许多学者也提出个人对于建立文化产业指标体系的构想。比如王琳（2003）[③]等在总结已有体系的基础上提出了我国指标体系应该遵循的基本原则；叶丽君和李琳（2009）采用因子分析法对评价指标进行了量化，对省级地区文化产业竞争力进行了综合评价；文嫭、胡兵（2014）[④]采用Global Moran's I[⑤]对省域文化产业发展进行了空间相关性分析。也有一些由正规研究机构给出的较权威的文化产业发展评价体系，但尚未统一运用。这些由不同城市、不同机构提出的文化产业评价体系主要有：借鉴了美国"3T"指数体系的香港"5C"创意指数模型[⑥]；借鉴了美国、欧洲和中国香港的评价体系的"上海创意指数体系"[⑦]；南京航空航天大学国家文化产业研究中心[⑧]（以下简称"南航"）基于"文化竞争力"考虑构建的"城市文化竞争力指标体系"；中国人民大学文化产业研究院（以下简称"人大"）从指标框架、测度变量、产业链结构三方考虑构建的"中国省市文化产业发展评价体系"；中国社会科学院文化研究中心在《文化蓝皮书——2001-2002年中国文化产业发展报告》中提出的侧重于经济效益描述的"我国城市文化产业综合评价指标体系"[⑨]；北京市科学技术研究院中国创意产业研究中心（以下简称"北京科研"）在《中国创意产业发展报告2007》、《中国创意产业发展报告2011》中分析比较我国创意产业发展情况时使用的创意产业发展数据[⑩]。

香港、上海的指标体系虽然具有一定的全面性和细化意义，但具有很强的地域性，对城市发展水平的要求过高，很多无形指标难以量化；南航构建的三个层级的指标体系由于低级测度变量太过细化，对数据的采集难以在全国范围内针对各城市展开；人大提出的评价体系

[①] 美国经济学家理查德·佛罗里达是研究区域经济发展的学者，他在《创意阶层的崛起》（*The Rise of Creative Class*）一书中首次提出创意资本论，对美国创意经济发展特色与趋势进行了描述，同时也构建出一套创意产业发展衡量指标，即"3T"理论。

[②] 理查德·佛罗里达在"3T"理论的基础上，与卡内基梅隆大学博士艾琳·泰内格莉（Irence Tinagli）合作，在《创意时代的欧洲》（*Europe in The Creative Age*）中构建了"欧洲创意指数"（ECI）。

[③] 王琳. 中国大城市文化产业综合评价体系研究［M］. 长沙：湖南人民出版社，2003.

[④] 文嫭，胡兵. 中国省域文化创意产业发展影响因素的空间计量研究［J］. 经济地理，2014（2）：102.

[⑤] 全局莫兰指数，一般是用来度量空间相关性的重要指标。Moran's I >0表示空间正相关性，其值越大，空间相关性越明显，Moran's I <0表示空间负相关性，其值越小，空间差异越大，否则，Moran's I = 0，空间呈随机性。

[⑥] 2004年，香港特别行政区政府委托香港大学文化政策研究中心作了一项数量化衡量香港城市创意的研究，用于评价城市中经济活力和竞争力之间的动态关系，它们借鉴了美国"3T"指数体系，结合香港的实际情况进行调整，拟定了自己的"5Cs"模型，即创意效益（成果/产出）、结构/制度资本、人力资本、社会资本与文化资本。

[⑦] 上海是我国内地第一个发表创意指数的城市。由上海创意中心参考统计局公布的数据而编制。它借鉴了美国、欧洲和中国香港的创意指数体系，通过2006年制定的《上海城市创意指数》建立了包括产业规模、科技研发、文化环境、人力资源和社会环境五大指标的评价体系。

[⑧] 南京航空航天大学国家文化产业研究中心前身为成立于2002年12月的学校文化产业研究中心，是我国最早成立的三家文化产业研究机构之一，2006年12月经文化部批准命名为国家文化产业研究中心。

[⑨] 该体系由天津市社会科学研究院王琳教授提出，包括了政府投入、总量、发展水平、经济效益、市场化程度以及对国民经济贡献等指标，是我国最早提出的关于文化产业的评价指标体系。

[⑩] 该数据体系包括企业数量、就业人数、资产总额、营业收入。

集几百家之长，但得出的是针对省级地区的评价结果，难以在本研究市级地区中采用；中国社会科学院的评价体系较为系统，但它是2001～2002年的数据报告，对现今的指导意义有限；北京科研的评价指标与前者相似，同样偏重于文化产业经济效益的有形体现，但其数据覆盖面较广，在《中国创意产业发展报告2007》的基础上，扩大了评价城市的范围，将评价城市从15个增加到60个，涵盖了直辖市、副省级城市、省会城市等不同规模和级别的城市，并且数据来源于国家权威统计部门（国家统计局），其分析深度和范围恰巧符合本研究在进行调研地点选取时所需的数据基础，具有现实指导意义。

综上，本研究在进行调研地点的选取时，以北京科研在《中国创意产业发展报告2011》中的部分评价结果（表2-2-1）为依据。

中国部分城市创意产业发展水平 表2-2-1

梯队分布	发展程度	城市		
		直辖市	副省级城市	其他城市
第一集团	快速发展、遥遥领先	北京、上海		
第二集团	优势明显、稳步发展	天津、重庆	广州、深圳、杭州、武汉、成都、南京、青岛、济南	苏州
第三集团	成长阶段、具备增长潜力		大连、沈阳、西安、宁波、哈尔滨、长春、厦门	福州、合肥、昆明、长沙、无锡、郑州、泉州、佛山、太原、南宁
第四集团	基础相对薄弱、萌芽阶段	石家庄、乌鲁木齐、绍兴、珠海、贵阳、南昌、呼和浩特、海口、兰州、洛阳、唐山、包头、桂林、济宁、芜湖、大庆、西宁、宜昌、秦皇岛、银川、咸阳、大同、湘潭、景德镇、通化、宝鸡、三亚、张家界、丽江、拉萨		

第一集团城市北京、上海是以建设现代国际化大都市为目标的。以它们为中心的经济圈和城市群（长三角、环渤海）已经形成。它们的城市产业结构已经渐趋优化，城市结构因此已发生剧烈的重构。城市中心区的工业企业搬迁从20世纪80年代中期就已开始，包括文化产业在内的新兴产业迅猛发展，城市中心区产业结构已进入后工业时代，它们的文化空间集聚已非常明显，文化产业依附的工业建筑遗存也得到了保护，例如北京朝阳区，甚至形成了线状的文化产业传媒走廊。第二集团城市作为区域性中心城市，在进一步强化城市自身支柱产业发展的同时，城市中心产业布局尚未稳定，文化产业集聚还处于随机分布阶段。第三集团城市的文化产业发展虽具备一定的基础，有较大的增长潜力，但尚未形成规模化的空间集聚，仅呈现出散点状态的发展形态。第四集团城市的文化产业基础相对薄弱，处于萌芽阶段，自发的集聚未能形成，需要必要的政策意志和资源投入才显现出一定的发展前景。

这种金字塔结构整体上呈现了我国60个主要城市创意产业总体排名和梯级划分。由于第四集团的30余个城市的文化产业发展基础相对薄弱，根据各种文献资料的了解，尚未出现较有影响力的文化产业与工业遗产保护再利用结合发展的典型案例，所以暂不纳入本研究的调研范围。

此外，文化产业从根本上需要经济、文化两方面的支持，在经济中心城市，聚集效应、文化消费市场、配套的现代服务业（如知识产权保护、金融、保险、通信、技术服务等）等都相对容易实现。所以，各个城市文化产业的发展状况与所在城市的经济社会发展水平以及地域分布有很大的关联，反映在城市的分类上，则具有我国行政管理的特点，与城市的行政级别关联度较大，这里将初步圈定的调研范围——30个城市，结合它们的城市行政级别进一步缩小为19个城市（如表2-2-1中虚线所示），尽量将它们圈定在直辖市、副省级城市这样的文化产业发展水平相对较高的城市。

2.2.2 考虑调研地点地域分布广度

上一小节初步圈定了调研范围，结合考虑本研究所能覆盖的调研对象需要具有代表性，因此需将调研地点数量缩小到10个城市以内；结合考虑这些城市的地域分布广度，进一步选取了8个代表性城市作为本研究的调研地点，分别为北京、上海、广州、天津、重庆、青岛、西安、福州（表2-2-2），它们不同程度辐射到了在中国传统六大地理分区^①中的5个，分别是华北、西北、华东、中南、西南。调研项目数量总计86个（表2-2-3）。

这里需要进行两项解释，一是为何本研究没有将旧中国工业比较集中、中华人民共和国成立后作为重点建设的国家重工业基地的东北地区划入研究范围？二是作为华东地区的代表城市的副省级城市厦门为何替换为福州？

中国部分城市创意产业发展水平 表2-2-2

城市	年份	增加值（亿元）	占全市GDP比重
北京	2014	2749.3	13.1%
上海	2014	2820.0	12.0%
广州	2014	900.0	5.0%
天津	2013	1070.0	7.5%
重庆	2014	710.0	4.9%
青岛	2013	722.0	9.0%
西安	2013	437.0	8.9%
福州	2014	248.4	6.2%

---

① 1949年10月1日中华人民共和国成立，全国先后设立华北、东北、西北、华东、中南、西南六大行政区，简称"大区"。这种划分方式影响比较深远。

调研城市项目分布　　　　　　　　　　　　　　　　表2-2-3

顺序	城市	项目数量（个）
1	北京	10
2	上海	21
3	广州	12
4	天津	13
5	重庆	5
6	青岛	14
7	西安	4
8	福州	7

首先，东北三省工业发展自成体系。东北工业经历了百余年的发展历史，包括清末民初、奉系集团统治时期、日伪统治时期和中华人民共和国成立后工业化建设时期四个阶段。[1]尤其是1949年10月之后的"一五"期间，"156项目"中东北占了58项，围绕这些"156项目"，又配套建设了上千个项目，加上"南厂北迁"的几十家企业，共同奠定了东北作为新中国主要工业基地的地位。[2]东北的工业化是以优先发展重工业为特点的，百余年的发展始终没有离开"机船矿路"[3]，形成一种具有内向发展逻辑的工业体系，留下的大量工业遗产也自成一个完整的学术区域，值得投入专门的研究力量进行发掘。

其次，东北地区是中国仍然没能走出计划经济体制藩篱的大区域。在当代中国经济史上，作为我国最大的工业基地，东北地区是率先向传统的计划经济体制过渡的地区，1949年10月之后市场即迅速退出社会经济资源领域，所有制结构上由中央直属的国有经济比重过大，限制了东北地区自然资源优势、经济优势的发挥。[4]"二五"计划以后，东北地区农业、轻工业、重工业比例失调，产业结构渐趋不合理，改革开放30多年，至今它仍然没能走出计划经济的发展模式，经济发展速度远远落后于中国大部分地区。所以，东北的工业遗产相比其他地区的工业遗产承载着更多、更沉重的发展要求，对它们的保护要在完成东北三省的经济转型、产业结构调整、城市更新等宏观目标的前提下进行考虑，否则，容易舍本逐末地提出激进的保护要求，将工业遗产再利用独立于区域整体发展之外，引起经济要求的"发展"与保护要求的"停顿"两者之间的矛盾。

是以未将东北地区纳入本研究范围的缘故，这亦为本研究体系架构遗憾之处。谨望上述的两点解释能作为对东北地区工业遗产保护再利用研究的一得之见。

---

① 韩福文，佟玉权. 东北地区工业遗产保护与旅游利用 [J]. 经济地理，2010（1）：135.
② 陈永杰. 东北老工业基地基本情况调查报告 [J]. 经济研究参考，2003（77）.
③ 石建国. 东北工业化研究综述 [J]. 党史研究与教学，2005（10）：87-92.
④ 衣保中. 建国以来东北地区产业结构的演变 [J]. 长白学刊，2002（3）.

按照2.2.1小节对调研地点的圈定（表2-2-1），应提取厦门市作为华东地区的代表城市之一，因其符合副省级及以上城市的调研目标。但由于福州文化产业介入下的工业遗产保护再利用项目数量颇多，其发展势头甚至强于厦门，具有作为东南地区的代表城市的研究价值；而且能够取得较多资料及项目踏勘过程中的具体支持，遂将此代表此地区的调研城市由厦门更改为福州。这是更改华东地区代表城市的缘故。

2.3 我国城市以工业遗产为载体的文化产业分布特征——以8个城市为例

各个城市、同一城市不同区域所具备的优势资源与发展目标各不相同，不同地方政府对文化产业的理解定位、发展文化产业的行业偏好、资源整合上的策略手段差异巨大，对于城市发展中工业用地更新与产业升级的理解深度参差不齐，如果再具体到工业遗产保护再利用与文化产业发展相结合的认识层面，可以说罕见有针对性的策略措施，两者结合发展的过程及现状的呈现在不同城市或同一城市不同区域各有特点。下面将根据调研所见、所得结合各种渠道的信息对每个城市工业遗产保护与文化产业发展相结合的状况与特征进行概括的铺陈，以期读者于本节结束之时形成对本课题研究对象的总览印象（表2-3-1）。

调研城市的区域功能定位　　　　　　　　　　　　　　　表2-3-1

城市	定位
北京	首都、全国中心城市、中国政治、文化、科教以及国际交往中心；中国经济、金融的决策中心和管理中心，建设为世界城市
上海	建设为国际经济、金融、贸易、航运中心和国际大都市
广州	国家中心城市、综合性门户城市、区域文化教育中心，建设为国际大都市
天津	国际港口城市、生态城市、北方经济中心、先进制造业和技术研发转化基地
重庆	西部地区重要的经济中心，全国重要的金融、商贸物流中心和综合交通枢纽、制造加工基地
青岛	航运中心，建设为区域性经济中心、国际化城市
西安	区域性商贸物流会展中心、国际一流旅游目的地、先进制造业基地
福州	海峡西岸经济区中心城市、国家历史文化名城和高新技术产业研发制造基地

2.3.1 北京

2.3.1.1 文化产业相关概要

根据2010年底国务院印发的《全国主体功能区规划》[1]，北京的功能定位为：全国中心城市，建设为世界城市。它在文化生产要素、文化需求、文化企业结构、文化经济政策等各方面具备绝对的优势[2]，拥有其他城市无法企及的文化产业发展条件。作为中国的首都，作为国家党、政、军最高指挥机关所在地，国务院各部委、行业最高协会的聚集地，北京无可比拟的政治地位优势为它带来一种世界级的巨大的吸引力和影响力，这为北京带来巨量的消费人流、国内外投资，并赋予北京一个代表整个中国的、具有无限经济价值的象征符号[3]。这是北京发展文化产业的特殊优势。

近3500年的建城史、850年的建都史为北京留下数量居全国首位的文物古迹：截至2014年，全市拥有世界文化遗产6处、全国重点文物保护单位128处、市级文物保护单位357处、区级文物保护单位756处。[4]北京市有博物馆171座，其中免费开放的79个；公共图书馆25个，档案馆18个；群众艺术馆、文化馆20个。[5]除了其所具备的文化硬件，北京云集了全国最前沿的文化艺术机构团体、科研机构、高等院校[6]，以及不计其数的独立文化人等智力优势，从文化生产方面对文化产业发展产生巨大的推动作用。以新闻传媒行业为例，我国规模最大的新闻传媒集团——中国广播影视集团[7]即位于北京，2013年总收入635.53亿元，占据全国广播电视总收入17.02%的份额；北京广播影视集团[8]2013年收入稳居全国第一，达到360.95亿元。[9]由这样一个行业结构主体拉动的相关产业内容不计其数，占有集全国之精华的历史、文化资源，是北京文化产业发展的根本优势。

在北京文化产业的发展中，初级生产要素[10]的作用已经越来越小，高级生产要素[11]的作用越来越大。高级要素需要在人力和资本上进行大量而持续的投资。2009年，北京城镇居

---

① 《国务院关于印发全国主体功能区规划的通知》（国发〔2010〕46号），2010年12月21日。
② 彭翊. 中国城市文化产业发展评价体系研究［M］. 北京：中国人民大学出版社，2011：66-72.
③ 王树林. 软实力：北京发展经济的比较优势［J］. 新视野，2005（5）：24-26.
④ 数据来源：北京市文物局官方网站http://www.bjww.gov.cn/wbsj/bjwbdw.htm，浏览时间2015年4月16日.
⑤ 数据来源：《北京市2014年国民经济和社会发展统计公报》。
⑥ 根据2009年的《中国统计年鉴》，2008年北京市有高等学校85所，根据《北京市2014年国民经济和社会发展统计公报》，2014年全市共有56所普通高校、15所民办高校和80个科研机构培养研究生。
⑦ 集团2001年12月6日在北京成立，主要成员包括中央电视台、中央人民广播电视台、中国国际广播电视台、中国电影集团公司、中国广播电视传播网和中国广播电视互联网等，拥有广告、电视、电影、传输网络、互联网站、报刊出版、影视艺术、节目制作销售、科技开发、广告经营、物业管理等多领域行业资质。
⑧ 成立于2001年5月28日，下属有北京人民广播电台、北京电视台等10家事业单位和北京歌华文化发展集团等5家企业单位。
⑨ 国家新闻出版广电总局发展研究中心编，杨明品主编. 中国广播电视发展报告［M］. 北京：社会科学文献出版社，2014.
⑩ 初级生产要素包括天然资源、气候、非技术工人与半技术工人、地理位置等。
⑪ 高级生产要素包括现代化通信的基础设施、高等教育人力和高等研究所等。

民恩格尔系数①为33.8%，农村居民恩格尔系数为34.3%，接近发达国家水平，北京市居民消费结构②已逐渐迈入高级阶段，在满足物质生活条件的基础上，对出行、通信、休闲、娱乐以及文化教育等精神需求方面提出了更高的要求。③消费结构的反作用力是北京文化产业发展的巨大动力。

在这三方面优势的促动下，北京已经形成了较为完善的文化产业促进政策和相关支撑体系，呈现出文化与科技融合发展、初步形成大型企事业单位和众多中小企业集群网络发展的特征。④2012年，北京全年文化产业实现增加值2189.2亿元，占地区生产总值的比重12.3%，文化产业增加值占本市GDP比重已超过5%，这表明文化产业已经成为北京的支柱产业。⑤2013年北京市文化产业实现增加值2406.7亿元，增速为9.1%，高于GDP总体增速将近1.5个百分点；全市规模以上文化创意企业实现收入10022亿元，同比增长7.6%，文化产业作为北京市支柱产业排到了第二位。⑥

2.3.1.2 项目特点

进入21世纪，北京的城市更新的整体布局和结构调整又恰好迎合了这种新兴产业的空间需求。北京798艺术区使旧工业厂房在新功能、新产业的刺激下获得了新生，在对本地区经济和文化产生巨大影响的同时，由于北京无与伦比的示范作用，也使其工业遗产改造再利用模式备受关注，迅速成为全国工业遗产保护再利用的范本。工业化时期形成的工业遗存与文化产业的联姻由此席卷全国。

本研究在北京选取的调研项目整体呈现出较明显的时空分布特点。

1）以20世纪50年代的现代工业建筑为主

北京在元、明、清三代都作为帝都，其特殊的城市功能决定其长期以来都是一座物质消费城市，近代工业发展基础薄弱。清末，近代工业在北京开始萌芽，发展到民国时期虽有一定进步，但总量较少⑦，遗留下来的工业建筑本就不多，而且未受到重视和保护，较难与上海、天津、武汉等中国近代工业重点布局的城市相比，大量现存的工业项目都是1949年以后

---

① 恩格尔系数是指居民的食物支出占家庭消费总支出的比重，用公式表示：恩格尔系数（%）=（食品支出总额÷家庭或个人消费支出总额）×100%。它是联合国粮农组织提出的一个判定生活发展阶段标准的数据指示，它标明60%以上为贫困，50%～60%为温饱，40%～50%为小康，30%～40%为富裕，30%以下为最富裕。目前欧美发达国家为20%左右。
② 消费结构反映人们各类消费支出在消费总支出中所占的比重。它会随着经济的发展、收入的变化而不断变化。
③ 陈海燕，张海林. 北京居民消费结构不断升级［N］. 人民日报海外版，2009-8-81.
④ 黄斌. 北京文化创意产业空间演化研究［D］. 北京：北京大学，2012.
⑤ 彭翔. 中国省市文化产业发展指数报告—2014［M］. 北京：中国人民大学出版社，2014.
⑥ 2013年北京市文化创意产业实现增加值2406.7亿元.［EB/OL］.（2004-3-4）［2015-5-10］. http://www.cnwhtv.cn/show-72549-1.html.
⑦ 延续至今的重点工业企业有通兴煤矿、度支部印刷局、石景山钢铁厂、北平发电厂、长辛店铁路工厂、琉璃河水泥厂、京师自来水股份有限公司等。

建设的，它们的历史文化价值不突出，但具有较高的经济再利用价值，具有独特的新中国经济建设时代的工业风貌特征。

1949～1952年是国民经济恢复期；1953～1957年执行"一五"计划的时期，北京开始独立发展生产，努力实现由消费城市向生产城市的转变；1958～1962年执行"二五"计划的时期，北京掀起大办工业的热潮，北京重要的工业企业都是在这一阶段形成并发展的，包括以北京新华印刷厂（1949年）、北京第二棉纺织厂（1953年）、北京市葡萄酒厂（1955年）为代表的与人民生活密切相关的轻工业，苏联援建的5项重点工程——北京热电厂、738厂、744厂、768厂和211厂，前东德援建的两项重点工程——北京华北无线电联合器材厂（1954年）和北京玻璃仪器厂。[①]20世纪末，北京开始重新审视作为首都的应有的城市功能，重新进行城市定位，这一时期形成的工厂企业占据的大片城市中心区用地成为此轮城市建设的不二选择，有幸得以保全的厂址成为工业遗产保护再利用的主要对象。

2）以20世纪50年代的现代工业建筑为主

北京文化产业整体上呈现空间集聚的特征，主要集中于朝阳区（企业个数占28.79%）和海淀区（25.25%），这两个区2006年即能占到城八区文化产业产值的60%。年产值千万元以上的广告业企业、体育企业，朝阳区分别占到41.2%、53.8%。[②]在笔者进行调研的10个项目中，有8个位于朝阳区（表2-3-2）。这与文化产业生产要素、工业有形资源在北京的分布息息相关。中华人民共和国成立后，北京的城市定位是建设成为一座"大工业城市"，而北京的古代历史文化资源集中分布于中心城区（三环以内）和城区西北部，作为重要历史文化遗产分布区，这片区域不适宜作为当时北京发展工业的重点区域。朝阳区在中华人民共和国成立前是一片荒野，拥有可供开发利用的成片土地，由于其所拥有的工业经济发展所需的地理空间条件，从20世纪50、60年代起，逐渐发展出机械、纺织、电子、化学等几大传统工业区。改革开放后，随着北京城市定位的提升，这些工业区相继完成产业结构调整及区域功能上的转变，在原来各大工业区的地址上，中央商务区（CBD）、文化产业集聚区、"传媒走廊"迅速崛起。北京CBD[③]是在对区域内42家工业企业进行拆除后建设的，第一机床厂、第二印染厂、雪花冰箱厂、北京吉普车厂等北京人脱口叫得出名字的工厂，几乎都坐落于此区域内；从前的电子工业区，以七星华电科技集团有限责任公司所在片区为代表，发展成为以北京798艺术区为辐射中心的文化聚集区；纺织工业区，以北京第二棉纺织厂为代表，发展成为朝阳区传媒走廊上的重要节点——莱锦文化创意产业园等。

---

① 刘伯英，李匡. 北京工业建筑遗产保护与再利用体系研究 [J]. 建筑学报，2010（12）：2.

② 周尚意，姜苗苗，吴莉萍. 北京城区文化产业空间分布特征分析 [J]. 北京师范大学学报（社会科学版），2006（11）：130-131.

③ 1998年，北京市规划局在《北京市中心地区控制性详细规划》中，把北京CBD的范围确定为朝阳区内西起东大桥路、东至西大望路、南起通惠河、北至朝阳路之间约3.99平方公里的区域。

表2-3-2

北京市项目调研信息整理

序号	原厂厂名	建厂时间	地址	改造项目名称	开发时间	业态类型	当前用地性质	占地面积（平方米）	保留建筑面积（平方米）	投资方	产权方	产权方企业属性
1	北京华北无线电联合器材厂	1956	朝阳区酒仙桥街道大山子地区	798艺术区大山子艺术区	1995	文化产业	工业用地	60多万	28.6万	个体租赁	北京七星华电科技集团有限责任公司	国有
2	751厂	1954	朝阳区酒仙桥路4号	751D·PARK北京时尚设计广场	2006	文化产业	工业用地	22万	16.7万	北京正东电子动力集团	北京正东电子动力集团	国有
3	北京第二棉纺织厂	1955	朝阳区八里庄东里	莱锦文化创意产业园	2011	文化产业	工业用地	13万	11万	北京国棉文化发展有限公司	北京京棉纺织集团有限责任公司	国有
4	北京电线电缆总厂	1958	朝阳区郎家园8号院	北京尚8-CBD文化园	2007	文化产业	工业用地	4万	4万	尚巴（北京）文化有限公司（租赁）	北京京城机电控股有限责任公司	民营
5	北京新华印刷厂	1949	西城区车公庄大街4号	新华1949文化创意设计产业园	2013	文化、金融产业	工业用地	4万	4.5万	中国印刷集团公司	中国印刷集团公司	国有
6	北京朝阳（二锅头）酿酒厂	1975	朝阳区安外北苑北湖渠辛店路	中国北京酒厂ART国际艺术园区	2005	文化产业	工业用地	4.7万	3万	北京英诚科贸发展有限公司（租赁）	北京市朝阳区酿酒厂	民营
7	北京第一机床厂	1949	东城区安定门内方家胡同11号	方家胡同46号	2008	文化产业	工业用地	9000	1.3万	个体租赁	北京第一机床厂	国有控股
8	北京供销合作总社棉麻公司百子湾仓库	不详	朝阳区南磨房厂渠路3号	竞园·北京图片产业基地	2007	文化产业	工业用地	10万	6万	东方信捷物流文化公司	东方信捷物流有限责任公司	国有
9	北京市（夜光杯）葡萄酒厂	1955	朝阳区建国路15号	金地国际花园	2001	综合性业业中心	商业用地	6.1万	30万	金地集团	金地集团、北京一轻控股有限责任公司	国有参股
10	北京焦化厂	1958	朝阳区化工路	北京焦化厂工业遗址公园	2014	文化产业 工业旅游	工业用地	147万	12处遗址	未定不详	北京焦化厂	国有

2.3.2 上海

2.3.2.1 文化产业相关概要

长三角一直是中国经济发展最快的地区之一。作为长三角密度、质量最高的一极，上海具有发展文化产业的诸多有利条件，包括高端文化人才、资本、文化消费市场等。2010年的上海世博会，更是广泛涉及会展经济、文化艺术传媒、策划咨询、城市规划、建筑设计、环境艺术、生态科技、时尚消费这些文化产业的重点领域。[①] 统计显示，2012年上海文化产业实现总产出逾7695亿元，占地区生产总值的6.2%，对本地经济增长做出20.2%贡献率，增加值达1247亿元，增幅高出同期地区生产总值增幅2个百分点。[②] 时隔仅两年，2014年，上海文化产业实现增加值翻番，达2820亿元，占本市GDP比重12%左右。[③]

上海拥有耀眼的文化结晶——"海派[④]文化"。上海是一块缺少历史重负、地理位置又极其优越的文化地带，1843年开始，被开辟为通商口岸的上海在中西方文化相互撞击、交汇、渗透、吸引、兼容的文化气候中迅速发展建设，逐渐形成了以时效性、兼容性、多元性、商业性、市民性等为特点的文化现象——海派文化，其中尤以开创性为其精髓，表现为不墨守成规、能迎合时代潮流、敢于吸纳新事物来变革传统文化。这种文化精神体现在文化产业的发展上，则表现为"商"与"文"的紧密结合，笔者认为这是上海在短时间内促成新兴产业蓬勃发展态势的文化基础。

2.3.2.2 项目特点

本研究在上海选取的21个调研项目，整体呈现出较明显的时空分布特点（表2-3-3）。

1）以中华人民共和国成立以前，尤其是20世纪20、30年代的近代工业建筑为主

上海的工业遗产保护再利用所呈现的特征与上海工业经济的历史成长过程息息相关。1895～1913年，如今成为上海重要文物保护单位的工厂企业，都是在这一时期开办的。到1931年[⑤]，形成了杨树浦、闸北、沪南、沪西四大工业区，并初步构建了以轻纺工业为主、较为齐全的工业门类，包括8大类54个行业。上海的近代工业经济大致占到全国近代工业的50%左右。[⑥]

① 历无畏，于雪梅. 关于上海文化创意产业基地发展的思考 [J]. 上海经济研究，2005（8）：48-53.
② 彭翔. 中国省市文化产业发展指数报告—2014 [M]. 北京：中国人民大学出版社，2014（11）：3.
③ 根据2015年4月8日召开的"2015年上海文化创意产业工作推进会议"上发布的相关数据。
④ "海派"一词，是20世纪20年代北京一些作家的创造，用于批判上海某些文人和某种文风，海派的对立面是京派，海派和京派象征着中国两种风格迥异的文化。京派是传统的正宗，海派则是叛逆的标新立异、中西结合的产物，充满浓郁的商业色彩和民间色彩。上海的曹聚仁先生对之有一个生动点评："京派如大家闺秀，海派则如摩登女郎。"
⑤ 上海市社会局编. 上海之工业 [M]. 上海：中华书局，1930.
⑥ 张忠民. 上海经济的历史成长：机制、功能与经济中心地位之消长（1843—1956）[J]. 社会科学，2009（11）：127-128.

表2-3-3

上海市项目调研信息整理

	原厂厂名	建厂时间	地址	改造项目名称	开发时间	业态类型	当前用地性质	占地面积（平方米）	保留建筑面积（平方米）	投资方	产权方	产权方企业属性
1	工部局宰牲场	1933	虹口区沙泾路10号、29号地块	1933老场坊创意产业集聚区	2006	文化产业综合体	工业用地	1.5万	3.17万	上海创意产业投资有限公司、上海锦江国际实业发展有限公司	上海食品（集团）有限公司	国有
2	"茅堂小工厂"①	20世纪20~60年代	静安区余姚路60号	同乐坊	2005	文化产业商业办公	工业用地	1.13万	1.93万	上海同乐坊文化发展有限公司	多家企业	不详
3	春明粗纺厂	1937	普陀区莫干山路50号	M50创意园	2000	文化产业	工业用地	2.36万	4.1万	上海纺织时尚产业发展公司[上海纺织控股（集团）公司旗下]	天安中国投资有限公司	民营
4	上海电站辅机厂	1923	杨浦区杨树浦路2218号	上海滨江创意产业园	2004	文化产业（设计）	工业用地	1.4万	8000	登琨艳	上海电气电站设备有限公司电站辅机厂（属上海电气集团）	国有
5	上海钢厂十厂原轧钢厂	1919	淮海西路570号	新十钢上海创意产业集聚区（上海红坊国际文化艺术社区）	2008	文化产业	工业用地	5万	1.8万	红坊文化发展有限公司与十钢公司联手	宝钢集团上海十钢有限公司	国有
6	上海汽车制动器厂，旧属法租界七栋旧厂房	20世纪70年代	卢湾区建国中路8~10号	上海8号桥创意园区一期	2003	文化产业商务办公	工业用地	7000多	1.2万	香港时尚生活策划咨询（上海）有限公司	上海汽车制动器公司（属上汽集团）	国有

① 根据1947年的英制地图记载，包括中国钢铁工厂、中国钢品厂、马宝山糖果饼干制造厂、增泰纺织染厂、友联建筑公用电机制造厂、三元橡皮印刷厂、兴业化学工厂、公司工场、新恒泰铁工厂、兴昌漆作、上海锡纸厂等，后作为上海街道工厂。

序号	原厂厂名	建厂时间	地址	改造项目名称	开发时间	业态类型	当前用地性质	占地面积（平方米）	保留建筑面积（平方米）	投资方	产权方	产权企业属性
7	上海复印机厂①	1960	卢湾区局门路436号	8号桥二期	2006	文化产业商务办公	工业用地	5326	1.3万	香港时尚生活策划咨询（上海）有限公司	上申贝（集团）股份有限公司	国有相对控股
8	上海白象天鹅电池厂	20世纪50年代	卢湾区局门路550号	8号桥三期	2009	文化产业商务办公	工业用地	不详	1.4万	香港时尚生活策划咨询（上海）有限公司	上海制皂（集团）有限公司	国有
9	江南造船厂②	20世纪30年代	高雄路2号	上海世博园旧工业遗产改造	2010	博展馆创意办公商业	工业用地	63.9万	35.9万	江南造船（集团）有限责任公司	江南造船（集团）有限责任公司（属中国船舶工业集团）	国有
10	吴淞大中华纱厂、上海第八棉纺织厂	1919	淞兴西路258号	M50半岛（BAND）1919文化创意产业园	2008	文化产业	工业用地	14.2万	14万	上海红坊文化发展有限公司联合上海申达③	上海纺织控股（集团）	国有
11	裕丰纱厂、上海第十七棉纺织厂	1922	杨浦区杨树浦路2866号	上海国际时尚中心	2010	时尚创意产业	工业用地	12.08万	13万	上海纺织控股（集团）公司	上海纺织控股（集团）公司	国有
12	上海针织九厂、三枪针织厂	20世纪80年代	徐汇区建国西路283号	尚街Loft时尚生活园区	2007	时尚创意产业	工业用地	不详	3.88万	上海尚街投资发展有限公司	上海三枪（集团）有限公司	国有
13	上海华丰第一棉纺织厂、上海第五化学纤维厂	1946	杨浦区军工路1436号	尚街Loft上海婚纱艺术产业园	2007	创意产业	工业用地	7.79万	6.67万	上海纺织时尚产业发展有限公司	上海第五化学纤维厂［属上海纺织控股（集团）公司］	国有
14	四行仓库光二分库	1932	闸北区苏州河北岸光复路195号	创意仓库	1999	文化产业	商业用地	3000	2万	刘继东设计事务所	百联集团	国有

① 上海轻工业志 第一编行业 第十六章办公机械、电影机械 第四节 1990年上海申贝办公机械公司企业一览表（一）。

② 实际还包括求新造船厂、上海溶剂厂、上钢三厂、和兴仓库。这里以江南造船厂为代表。信息来源：黄翔. 工业遗产上的文化创意产业园区建设研究［D］. 北京：中央美术学院, 2010: 39.

③ 前身系上海申达纺织服装集团公司1986年成立, 1992年改制为股份制企业, 十大股东, 上海市国有资产监督管理委员会持股31%, 进行开发和管理。

	原厂厂名	建厂时间	地址	改造项目名称	开发时间	业态类型	当前用地性质	占地面积（平方米）	保留建筑面积（平方米）	投资方	产权方	产权方企业属性
15	四行仓库光一分库	1929	闸北区苏州河北岸光复路1号	四行仓库纪念馆	2014	博展馆	商业用地	不详	2.99万	百联集团置业有限公司	百联集团	国有
16	上海油脂厂	不详	黄浦区中山南路505弄	创邑·老码头创意园	2007	文化产业办公商业	不详	2.5万	1.5万	上海弘基企业（集团）股份有限公司（联想控股）	不详	不详
17	国棉五厂仓库	20世纪30年代	长宁区凯旋路613号武夷路	创邑·河	2005	办公	工业用地	不详	4705		上海三枪（集团）有限公司	国有
18	上海长征制药厂	1937	长宁区愚园路1107号	弘基创邑·国际园	2007	办公	工业用地	不详	1.25万	上海创邑投资管理有限公司[所属上海弘基企业（集团）股份有限公司]	上海长征富民金山制药有限公司	国有
19	幸福摩托车厂压铸车间	1964	宝山区同济路999号	创邑·幸福湾	2008	商业	工业用地	3.3万	3.1万		上海汽车工业（集团）总公司	国有
20	大明橡胶厂	20世纪60年代	长宁区凯旋路613号	创邑·源	2010	办公	工业用地	不详	4000		不详	民营
21	上海离合器总厂	不详	真北路988号	创邑·金沙谷	2006	办公	工业用地	1.96万	2.3万		上海汽车工业（集团）总公司	国有

中华人民共和国成立后，上海的现代工业也主要是在对这些近代工业企业进行接管、改造的基础上发展起来的。作为现如今上海市中心区的主要工业遗存，20世纪20、30年代的近代工业遗产占有重要地位，因此，上海工业遗产保护再利用也主要以这一时期的遗存为对象，占到上海调研项目的一半。

2）项目体现"商"与"文"的紧密结合

虽然曾作为我国经济中心，上海仍未完成工业化和城市化进程，所以其发展文化产业是要为产业结构升级服务的。[①]文化产业发展与工业遗产保护再利用相结合的项目也明显体现出这一目的。上海在改革开放之初（1978年）还是第二产业占绝对优势，"一、二、三"产业的结构比例分别为4%、77.4%、18.6%。进入20世纪90年代，上海市开始积极调整产业结构，优先发展第三产业，到1999年，第三产业与第二产业共同构成上海市的产业结构主体，分别为50.8%和47.7%。至今，上海经济依然保持"三、二、一"产业的发展顺序，呈现二、三产业共同推动经济发展的局面。[②]这种产业结构调整投影到地域空间上，则表现为位于中心城区的旧工业区产业结构的全面升级。中心城区旧工业用地上的工业遗产保护再利用无疑需要配合这个产业结构整体调整的过程，选择了第三产业中符合工业建筑场所精神的金融、贸易、商业等行业作为发展方向，进而，那些得以介入工业遗产保护再利用项目的文化产业，大都展现出其偏向"商"的那一面，那些著名的围绕旧工业建筑再利用形成的文化产业集聚区——从1933老场坊到田子坊、从M50创意园到上海8号桥系列、从"尚街"系列到"创邑"系列——无不展现出其浓厚的商业氛围，大多是以外向的商业运营形式进行文化产业的推进，与北京大多数那些"内向"的文化产业园形成鲜明的对比。

2.3.3 广州

2.3.3.1 文化产业相关概要

根据2010年底国务院印发的《全国主体功能区规划》，广州的功能定位为"建设为国际大都市"。作为中国文化重要组成部分——岭南文化的中心之一，有着2200多年历史，科教水平先进，广州深厚的历史人文积淀为它文化产业的发展奠定了坚实的文化基础。2010年，广州市成为首个GDP过万亿的副省级城市[③][④]。广州作为中国内陆的南大门和改革开放的前沿阵地，优越的地理位置利于它得到更多的国际先进理念和讯息，所以相对我国其他的内陆城

① 崔元琪. 上海市创意产业的空间集聚研究［D］. 上海：上海师范大学，2008.
② 王美飞. 上海市中心城旧工业地区演变与转型研究［D］. 上海：上海师范大学，2010：24.
③ 李江涛，刘江华. 中国广州经济发展报告（2011）［M］. 北京：社会科学文献出版社，2011：56.
④ 万亿俱乐部是指中国大陆GDP达到或超过一万亿元人民币的省级行政区。统计数据不包括香港特别行政区、澳门特别行政区、台湾地区的经济数据。

市，它拥有更强烈的改革创新意识、更强的市场化观念。

但是，这样优越的文化资源和雄厚的经济基础并没能使文化产业成为广州产业发展的重点方向之一[①]。不过，这也是广州文化产业园中行业集聚明显的原因，这些文化类企业的主要服务对象即为广州发达的加工业和商贸行业。

2.3.3.2 项目特点

（1）项目内实现完善的产业链，行业融合度高

产业链（Industry Chain）是指一定地域空间范围内独立的产业部门（产业链的断环或孤环）以某项核心技术或工艺作为协调基础，借助某种产业合作形式串联起来的关系形态。一般来说，文化产业的产业链大致包括研发创作、生产制造、加工设计、营销服务、消费体验等主要环节。[②]实地调研过程中，可以强烈感受到广州的代表性项目更清晰地反映出文化经济产业链的基本内涵——这些项目体现出一种明显的串联逻辑，同一园区中，主要企业都以同一行业领域的相关资源为基础有序地进行组合。宏观层面上，产业链的完善与否决定了这种产业在一个地区能否长久地、健康地发展；微观项目层面上，产业链的完善与否决定了在企业的运营进程中，各种资源能否实现共享——能否产生规模效应，使企业有稳定的经济收益并提升整体竞争力。

许多城市在大力促进文化产业发展的过程中都强调"……加强区域和行业的协调，从完善创意产业链和优化资源配置出发"，但对于利用工业遗产作为空间载体发展文化产业的项目来说，能在利用旧有工业资源的前提下真正依托自身优势形成文化集聚、打造完整的产业链、形成鲜明自身特色的文化产业园区，并围绕产业链培育一批有竞争力的文化产业集群，是难能可贵的（表2-3-4）。通过对本研究调研的项目进行局部对比，广州的产业园园区内部产业链条较为完善，相关行业之间融合度较高，生产与销售衔接较好（表2-3-5）。

（2）绿化程度高，极大地提升了旧工业地段的环境舒适度

广州红专厂艺术创意园区（以下简称"红专厂"）面积17万平方米，绿化率达到50%，每横排建筑之间都长有高大的乔木；广州T.I.T纺织服装创意园（以下简称"TIT"）占地9.34万平方米，绿化率竟然达到90%[③]。在北方，以绿化高、环境舒适度高著称的北京莱锦文化创意产业园（以下简称"莱锦"）的绿化率仅达到30%，且少有高大乔木。作为原广东罐头厂，红专厂拥有几十座兴建于20世纪50～80年代的苏式建筑，没有经历高级别的建筑保护性

---

① 2014年文化产业增加值900亿元，占全市生产总值5%左右，这样的数据表现在与全国的其他一线城市的比较中明显落后。在2013年公布的《广州市加快推进十大重点产业发展行动方案》中，广州确定的十个重点产业中，工业与商贸仍然是发展主力，金融与高新产业是发展方向，文化产业则缺席。《广州市加快推进十大重点产业发展行动方案》于2013年11月在市委常委会议上审议并通过，确定的十大重点产业分别是3大先进制造业（汽车、精细化工、重大装备）、4大战略性新兴产业（新一代信息技术、生物与健康、新材料、新能源与节能环保）、3大现代服务业（商贸会展、金融保险、现代物流）。

② 喻国民，张小争. 传媒竞争力：产业价值链案例与模式 [M]. 北京：华夏出版社，2005.

③ TIT创意园网站：http://www.cntit.com.cn/cn/Park profile/Park Planning/.

产业链		羊城创意园区	T.I.T纺织服装创意园
		文化出版	纺织设计
	研发创作	酷狗科技、欢聚时代	林海学院
	生产制造	羊城晚报报业印务中心	树德
	加工设计	景森设计、华阳国际、瀚华设计	MO&CO
	营销服务	创新谷、黑马会	腾讯微信、传世国际、TUDOO、巧合、鼎俊
	消费体验	滚石中央车站展演中心	鼎欧

改造，相比由日本建筑大师隈研吾主持设计改造的原北京第二棉纺织厂莱锦来说，其建筑本体作为工业遗产，其历史、技术、建筑、科学等价值并不突出，但由于其对原有绿化精心维护及后期景观的完善，使原有工业特征鲜明的食品厂转变为舒适宜人的文化产业办公环境，极大地弥合了作为旧工业地段的固有缺陷。

2.3.4 天津

2.3.4.1 文化产业相关概要

根据2010年底国务院印发的《全国主体功能区规划》，天津的功能定位是国际港口城市、生态城市、北方经济中心、先进制造业和技术研发转化基地。而2015年出台的《京津冀协同发展规划纲要》将天津定位为全国先进制造研发基地、国际航运核心区、金融创新示范区、改革开放先行区。

首先，根据我国京津冀地区文化产业的空间布局，北京文化产业已经形成明显的集聚效应，天津难以成为次级中心。

北京文化产业发展在经过10年的自觉阶段（1990～1999年）[1]后，2000年即进入自信阶段（2000～2010年）。[2]2004年，一直以北京工业后方来定位的天津，文化产业综合发展水平居全国15个重点城市的第8位，其中仅设计服务一项跻身全国三甲，其他各类行业均无明显优势，而影视文化、电信软件、展演出版等行业都位居10位以后。根据2004年全国经济普查数据显示，天津文化产业的资产总额和营业收入仅分别相当于北京的8.0%、10.3%和上海的15.5%、12.3%。直到2007年，天津的文化产业才开始真正作为一个独立的产业门类

---

① 自觉阶段北京对文化产业统计口径作了初步探索，根据统计，到1999年底北京市拥有注册资金50万元以上的独立核算文化产业单位3723个，从业人员21.7万人，固定资产合计235.9亿元，创造增加值112.8亿元，占全市地区生产总值的4.2%。

② 以2005年初北京提出发展文化产业为重要信号，前期在巩固自觉阶段的成果和总结经验的基础上强化执行，后期重视创新性质的创意对促进产业融合、提升城市生活品质的价值和作用。见孔建华. 二十年来北京文化产业发展的历程、经验与启示 [J]. 艺术与投资，2011（2）.

表2-3-5

广州市项目调研信息整理

	原厂厂名	建厂时间	地址	改造项目名称	开发时间	业态类型	当前用地性质	占地面积（平方米）	保留建筑面积（平方米）	投资方	产权方	企业类型（投资方原性）
1	广州化学纤维公司	1958	广州市天河区黄埔大道309、311、315号	羊城创意园区	2007	文化产业	工业用地	18万	10.8万	羊城晚报报业集团	羊城晚报报业集团	国有
2	广州鹰金钱食品厂（广东省罐头厂）	1956	广州市天河区员村四横路128号	红专厂艺术创意园区	2009	文化产业	工业用地	17万	12万	广东省集美设计工程有限公司	广州市土地开发中心	国有
3	广东省水利水电机械厂	1960	广州荔湾区白鹅潭下市直街1号	信义·国际会馆	2005	公寓商业商务办公	工业用地	2.3万	1.5万	广东源天工程公司（广东建工集团下属企业）、广东明辉园投资管理有限公司	广东建筑工程集团有限公司	国有
4	广州纺织机械厂（广州第一棉纺织厂）	1956	广州市海珠区新港东路397号	广州T.I.T纺织服装创意园	2007	产业办公	工业用地	9.34万	3.4万	广州纺织工贸集团、德美集业基集团	广州纺织工贸集团	国有
5	广州万宝冰箱厂制冷设备一、二号大院	不详	白云区机场路与106国道交汇处鹤联街	中海联·8立方创意产业园	2010	商务办公	工业用地	6.8万	3.9万	中海联集团	不详	不详
6	长征皮鞋厂	20世纪60年代	机场路1962号	国际单位一期	2008	文化产业	工业用地	2万	4.2万	时代地产	广州市皮革工业公司	不详
7	马务联合工业区	1989	白云区马务村	广州城市印记公园-国际单位二期	2012	文化产业办公	工业用地	5.6万	10万	时代地产	马务联村集体土地	集体
				广州城市印记公园-农民工博物馆	2012	博展馆			5000	不详		
8	广州联边工业园区一部分	不详	白云区嘉禾联边工业区尖彭路2号	M3创意园	2011	文化产业	工业用地	不详	2.6万	广州天盛文化传播公司	广州联边工业园区	集体

序号	原厂厂名	建厂时间	地址	改造项目名称	开发时间	业态类型	当前用地性质	占地面积（平方米）	保留建筑面积（平方米）	投资方	产权方	企业类型（按投资方属性）
9	食品加工厂、服装制造厂、鞋包厂	1989	广州白云区机场路1600号	汇·创意产业园	2012	文化产业	工业用地	3万	不详	广州汇创置业有限公司	不详	不详
10	太古仓码头	1908	广州市海珠区革新路124号	太古仓码头创意产业园（文保单位）	2009	商业展示旅游	仓储用地	3.96万	7万（陆地面积5.25万）	广州港集团	广州港集团	国有
11	金珠江双氧水厂	20世纪50年代	荔湾区芳村大道东200号	1850创意产业园	2009	创意产业	工业用地	5.14万	3万	广州化工集团、昊源集团	广州市金珠江化学有限公司	国有
12	广州柴油机厂	1922	荔湾区芳村大道东136号	宏信922创意社区	2009	创意产业	工业用地	5万	3万	广州柴油机厂股份有限公司、深圳宏信车业投资有限公司	广州柴油机厂股份有限公司	国有

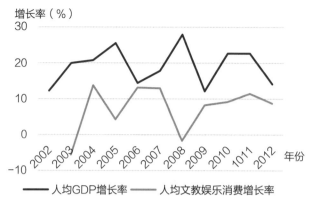

图2-3-1　2002～2012年天津市人均GDP及人均文教娱乐消费增长情况

被重视，相应的实质性举措才开始出台。[①]2008年天津市委市政府制订了《天津市现代服务业布局规划（2008-2020）》，提出要大力发展文化产业。2013年，天津市三次产业结构为1.3：50.6：48.1[②]，这与上海1999年的三次产业结构的构成类似[③]。由这组数据简单的对比，可以看到天津与北京、上海文化产业发展水平的差距。

从目前看来，天津市对文化产业的建设主要以投资拉动为主，即大规模地兴建文化产业园区，并对入园的龙头企业予以政策和资金上的扶持。但是，传统分析中以投资规模、产值等指标进行分析的方法无法准确表现天津文化产业发展的现状。以天津2002～2012年人均GDP增长率代表人均国民收入的增加，以天津2002～2012年城镇居民人均文化教育娱乐消费增长率为文化创意产业需求量的代表，经计算得出天津市文化创意收入弹性为0.4，文化产品需求的增长与经济增长没有呈现出正相关（图2-3-1）。国家统计局天津调查总队抽样调查的材料显示，截至2011年底，天津市城市居民家庭在人均消费性支出为23360元的前提下，居民人均文化娱乐服务消费支出仅为2116元，不足国际人均消费的10%，远远低于国际认同的20%的水平。[④]根据国家统计局数据，天津城镇居民消费中文化类消费所占比重从2002年的12.3%逐步下滑，到2011年时仅为7.9%。这种状况与同期人均GDP的高速增长相比，明显处于落后状态。

尽管近年来天津形成了一批如6号院、意库等文化产业园，但大多处于起步阶段，尚未

---

① 2007年上半年，天津市第九次党代会报告中明确出要大力发展文化产业，主管服务业的常务副市长黄兴国同志（现为天津市长）等领导批示、由天津市发改委牵头成立了"天津发展创意产业战略研究"课题组，将天津创意产业的发展提高到一个新的战略高度。2007年，多个区县政府部门也通过政策倾斜、项目扶持等手段发展创意产业。

② 数据来源：《2013年天津市国民经济和社会发展统计公报》。

③ 1999年，第三产业与第二产业共同构成上海市的产业结构主体，分别为50.8%和47.7%。

④ 《2003年中国文化产业发展报告》曾经根据这一理论数值计算，当年中国人均GDP达到1000美元，恩格尔系数应该是44%，文化消费应该在个人消费中占到18%；如果人均GDP达到1600美元，恩格尔系数应为33%，文化消费在个人消费中应占到20%。按照这一理论假设，以2012年天津人均GDP达到95094元人民币（15500美元）为计，天津城镇人口人均文化类消费在2012年至少应该达到19000元人民币。

形成很好的品牌效益和集聚优势，天津虽拥有较为完备的创意人才培养体系（目前天津市有高等院校42家，其中包括综合性大学12家，师范院校2家，体育院校1家和艺术院校4家），但由于距离北京这样的巨大磁极过近，天津人才集聚能力被削弱，大批优秀人才纷纷流失，直接导致了创新能力的匮乏及行业竞争力的削弱，反而弱化了作为直辖市的发展文化产业的巨大优势。

其次，本市内部区域，滨海新区的强势发展与中心城区形成了对有限文化经济资源的竞争。

天津的传统工业首先基本上是沿海河或铁路发展起来的。因此，中心城区、海河入海口的滨海新区作为天津现代工业发展空间的两端，都存有大量的工业遗产，天津中心城区长期作为天津市发展极核，不仅在工业战略上深化落实天津市东移的空间发展策略，在文化产业发展战略上，同样对滨海新区实施强势的拉动。以2012年的相关数据为例，天津全市当年文化产业增加值为602.66亿元，占全市GDP的4.7%；滨海新区文化产业增加值为357.72亿元，占全区GDP的5%，占全市文化产业增加值的近60%。2014年，滨海新区编制了《天津滨海新区文化产业规划》，并制定了《关于在天津东疆保税港区设立国家对外文化贸易基地的方案》，拟建设"国际文化艺术品展示交易"、"外贸服务基地"、"文化休闲旅游度假"、"国际高档文化消费综合配套"四大板块，打造我国对外开放层次最高、功能最齐全的国家对外文化贸易聚集区。滨海新区强势发展的政策力度吸引着大型国家级文化产业项目入驻，目前已经有9个国家级园区、基地①相继落户新区，例如像卡梅隆3D技术中国分部这样的知名文化企业已入驻。

2.3.4.2 项目特点

本研究在天津选取的调研项目，整体呈现出较明显的空间分布特点。

1）亦步亦趋的项目发展观点

"近代中国看天津"。天津工业是伴随着中国近代工业的成长发展起来的，至今已有140余年的历史。天津有中国自主建设的最早的铁路、水泥生产公司；民国期间有六大纱厂、九大精盐公司、永利制碱工厂等著名工业基地；到中华人民共和国成立前，天津共有4708家企业；到1949年，天津市成为当时中国第二大工业城市；中华人民共和国成立后，天津工业继续发展，创造了不少全国第一。但在2007年3月，日本神奈川大学在对上海、青岛、天津工业遗产的调查比较中发现，天津是几个城市中工业遗存数量最少的城市。

在天津，文化产业介入下的工业遗产保护再利用较北京、上海而言，起步晚，经验浅。

---

① 9个国家级园区包括：国家数字出版基地、中国旅游产业园、国家滨海广告产业园、国家海洋博物馆、国家动漫产业综合示范园、中国天津3D影视创意园区、国家影视网络动漫实验园、国家影视网络动漫研究院、滨海新区国家级文化和科技融合示范基地。

大多项目还都处于摸索试探阶段，由于缺乏地区自身的再利用模式主张，只能不停通过对先进城市的考察进行项目的模仿和追随；已经实施并正常运营起来的项目比例不高，且良莠不齐。南开区、河东区、红桥区、北辰区大片工业地段，除个别厂区如天津拖拉机厂已完成规划建设外，多数处于未进行保护再利用的状态；天津仪表厂将部分用地及构筑物改造为C92创意工坊，但经营状态并不理想；由天津市外贸地毯厂旧址改建的天津意库创意产业园虽迈出了天津工业遗产与文化产业结合发展的第一步，也未能在保护与再利用两方面取得平衡的效果；位于滨海新区的天津碱厂就因为于家堡CBD的建设，也已整体搬迁。

2）典型的工业遗产保护再利用项目集中分布于天津市河北区

目前除河西区外，天津市区内的其他各区均有基于工业遗产保护再利用的文化产业园项目。得益于河北区政府对文化产业发展的支持和区域内良好的工业基础，这样的项目以河北区为最多。

天津市河北区在中国近代工业发展历程中是一个具有典型性的城市区域。20世纪初，它即作为意在与租界抗衡、振兴中国城区的第一个中国人自主进行规划的城区[①]而展开建设：它不仅模仿租界统一规划修筑路网，建设市政设施；并将城市机构如劝业会场、教育机构，以及主要的工厂如造币厂、铁工厂迁至此地。这里诞生了近代中国第一批制革、造币、纺织和机车等产业企业，并在过去的近一个世纪里，逐渐发展成为门类齐整、工业产品丰富、工业基础扎实的区域经济体，曾为天津经济社会发展作出了重要的贡献。

随着天津近20年的工业战略东移，中心城区功能全面提升背景下的旧工业地段更新问题逐渐凸显，如何将众多占据优势地段的旧工业原址纳入区域经济发展的版图进行新一轮开发，是各区面临的重要课题。河北区没有草率地将这些大量的工业地址进行整理清除，而试图探寻一条产业发展与遗产保护相结合的思路。为统一管理、综合协调、服务经济发展，河北区特成立产业园区管理委员会对区域内的旧工业遗存进行统一的开发管理，同时出台了鼓励园区经济发展的纳税政策扶持办法[②]。

河北区具有相对丰富的土地资源、闲置厂房资源和劳动力资源；具有从事文化产业的良好工业基础及重要研究资源，技术研发队伍力量雄厚；天津美术学院、工艺美术职业学院和美术馆坐落在区内，人才资源汇集；海河意奥风情区、大悲院文化商贸区等文化旅游资源丰

---

① 光绪二十九年（1903），袁世凯督署推行新政，开发建设河北新区。

② 由区财政局发布的《河北区鼓励园区经济发展的政策扶持办法》，对2013年1月1日起新注册在河北区（或从区外迁入）产业园区的企业给出了多项政策扶持，其中"对于升改造类的园区，鼓励园区产权企业采取'筑巢引凤、腾笼换鸟'的方式兴办产业园区，除其自身经营纳税留区部分按照区内老企业税收政策执行外（即留区税收10万元以上，增长10%以上，返还增长部分的50%），其通过提升、改造后对外租赁发展园区的部分，视其发展情况，连续五年内，返还其当年园区载体房产税增长部分的20%；对于园区升改造进行投资的产权企业或运营管理企业，经中介机构审计后，投资强度分别在100～500（含）万元/亩、500～1000（含）万元/亩、1000万元/亩以上的，奖励其投资改造园区载体当年房产税增长部分的30%、40%、50%；对于园区建设发展效果好的产权企业或投资企业，同时奖励园区新引进企业当年留区税收部分的5%。"

厚，深度开发空间大。在文化产业规划中，河北区充分利用独特的叠加优势，将闲置工业厂房资源再利用与发展文化经济的战略目标相结合，形成了一批较有特点的项目，包括将天津电灯电车公司保护再利用为"天津电力科技博物馆"，将天津第一金属制品厂改建后为"美院现代艺术学院"，将3526军队驻津药厂改造成为"3526创意工场"，将天津纺织机械厂改造成为"绿岭产业园"，将天津橡胶四厂经保护性改造成为"巷肆创意产业园"等多处，占到调研项目总数的13处的2/3（表2-3-6）。

2.3.5 重庆

2.3.5.1 文化产业相关概要

根据2010年底国务院印发的《全国主体功能区规划》，重庆的功能定位是西部地区重要的经济中心，全国重要的金融、商贸物流中心和综合交通枢纽、制造加工基地。

2014年，全市文化产业实现增加值710亿元，占全市GDP的4.9%；文化产业企业实体达3.3万多家；文化产业从业人员达45万人；市级文化产业基地达49个，其中6个获国家级基地称号，入驻企业5000余家，营业收入达700亿元，占全市文化产业营业收入的50%以上，其中百亿级基地1个，5亿级以上基地5个，集聚效应明显增强。从王洁（2007）和袁海（2011）等学者的统计经济模型可以看出，我国文化产业区域差异显著，呈现明显的东高西低的梯度分布格局，但四川、重庆区域的产业又使这种梯度分布出现了局部变异，呈现出高梯度状态，然而这与后文所介绍的重庆工业遗产保护再利用与文化产业结合发展的低水平状态不相吻合。

2.3.5.2 项目特点

许东风的著述《重庆工业遗产保护利用与城市振兴》对重庆工业发展特点的梳理较为系统，这一小节的分析论证将援引其相关内容作为论证的线索依据。

1）工业遗产的工业形象地区特点导致其难与文化产业发展相结合

工业形象是工业技术的外在表现，表现为因不同的生产工艺产生的不同建筑形式和生产流程。价值重大的工业遗产由于其重工业形象特点难于实现与包括文化产业在内的新兴产业的结合，这是重庆工业遗产保护再利用面临的最大问题，也直接导致在重庆难于找到较成功的代表性项目加以研究学习。此处可以从分析重庆工业遗产的形成、发展特点来阐明这一现象形成的原因。

重庆是我国西南地区近代工业最早兴起的城市。从1891年3月设关开埠，重庆近代工业发展到1936年，属于生产资料生产的行业企业占到总资本额的67%。这表明重庆工业结构从形成初期就保持以重工业为主的特征，特别是钢铁、煤炭、机械、冶炼业占近代工矿总数的

表2-3-6

天津市项目调研信息整理

	前身	建厂时间	地址	改造项目名称	开发时间	产业	当前用地性质	占地面积（平方米）	保留建筑面积（平方米）	投资方	产权方	产权方企业属性
1	铁道第三勘察设计院属的机械厂	1956	天津市河北区建昌街红星路18号	红星·18创意产业园A区天明创意产业园	2011	文化传媒	工业用地	4000	800	天津天明创意产业园投资管理有限公司	铁道第三勘测设计院	民营
2	3526军队驻津药厂	1938	河北区水产前街28号	3526创意工场	2008	文化产业	工业用地	5.66万	3.1万	天津市河北区人民政府、天津市美术学院与华津制药厂	天津华津制药有限公司	央企
3	天津纺织机械厂	1952	河北区万柳桥大街56号	绿岭产业园—环渤海低碳经济产业示范基地	2011	文化产业	工业用地	9.2万	6.1万	天津建苑房地产开发有限公司（属天津建筑设计院）	天津纺织机械厂	国有
4	天津橡胶四厂	1956	河北区四马路158号	巷肆创意产业园	2010	设计咨询	工业用地	2400	4000	天津福莱特建筑装饰设计有限公司	天津市橡胶制品四厂	国有
5	天津外贸地毯六厂	1953	红桥区湘潭道11号	天津意库创意产业园	2007	文化产业	工业用地	3万	2.5万	天津建苑房地产开发有限公司	天津市地毯集团（属天津渤海轻工投资集团股份有限公司）	国有
6	英国怡和洋行天津分行仓库	1921	和平区台儿庄路6号	6号院创意产业园	2007	文化产业	不详	4000	1万	天津一商集团有限公司	天津一商集团有限公司	国有
7	天津内燃机电机厂	20世纪60年代	河北区辰纬路1号	辰赫创意产业园	2008	文化传媒	工业用地	7000	1.01万	赢在中国网董事长张彦峰	天津汽车工业（集团）有限公司	国有
8	天津机车车辆厂（靠近南路的一座三层楼）	1909	河北区南口路一号	艺华轮创意工场	2008	文化产业	工业用地	不详	16万	天津自行车行业协会、河北区政府	天津机车车辆机械厂（属中国北方机车车辆工业集团公司）	国有
9	蔡家花园西院，天津第一金属制品厂	1935	河北区日纬路84号	天津美院现代艺术学院	2002	教育产业	工业用地	8000	2900	天津美院现代艺术学院	天津美院现代艺术学院	事业

序号	前身	建厂时间	地址	改造项目名称	开发时间	产业	当前用地性质	占地面积（平方米）	保留建筑面积（平方米）	投资方	产权方	产权方企业属性
10	比商天津电灯电车公司	1904	河北区进步道29号	天津电力科技博物馆	2008	博展馆	不详	6000	3000	天津市电力公司	天津市电力公司	国有
11	天津仪表厂	1946	南开区长江道92号	C92创意工坊一期	2009	文化产业	工业用地	1.67万	1.2万	天津滨海联创投资基金管理有限公司	天津仪表集团	国有
				C92创意工坊二期	2014	文化产业	工业用地	不详	不详	东方嘉诚文化产业发展有限公司		国有
12	天津第三棉纺织厂	1921	河东区郑庄子西台大街38号	棉三创意街区	2013	文化产业	商业、研发、居住	10.66万	22.4万	天津新岸创意产业投资有限公司 [天津住宅集团（控股）]	天津住宅集团（控股）	国有
13	天津拖拉机制造厂	1956	南开区红旗路西侧中环线旁	融创天拖	2013	商业、金融、居住	商服、住宅、科教	37.4万	不详	天津天房融创置业有限公司	天津天房融创置业有限公司	国有参股

58%，而作为调研对象的其他几个城市的近代工业，都是以生产生活资料的轻工业为主。抗日战争时期，重庆成为战时陪都、盟军远东指挥中心以及同盟国中国战区统帅部，随着大批重要的国防军工企业和沿海厂矿的内迁，重庆很快形成了以军工、机械、钢铁、化工、纺织等部门为主体的工业体系，成为战时中国工业门类最齐全、生产规模最大、工业产品最丰富的综合性工业基地，号称"中国工业之都"。而许多在战前工业发达的城市，如上海、武汉等地，这一时期的工业均处于停滞状态。因此，这一时期形成的工业遗存自然是围绕军事工业，其他主要行业也大多为战争军需配套。中华人民共和国成立后的重庆，仍然是"重化工业优先"战略表现得最为突出。"一五"时期，国家在重庆安排的重工业投资有4.91亿元，占本地工业总投资额的89.9%。1964年开始的三线建设在重庆也特别形成了"靠山、分散、进洞"的建设方针，这一时期的工厂约74%进入山高岭峻的渝黔交界的山区，而不是依托城镇进行建设，这为现如今如何保护利用这一时期形成的工业遗存带来很大的难度。重庆唯一较为成功的工业遗产保护再利用案例——坦克库-重庆当代艺术中心——也与军事工业有着千丝万缕的联系。其进行再利用的坦克仓库的原使用者——重庆铁马工业集团有限公司，即是1952年余家坝纺织机械厂迁建九龙坡后改建的生产高射机枪和坦克的军工厂——重庆空压厂——我国履带式车辆生产基地。

结合重庆市第三次全国文物普查有关工业遗产的调查数据，现存的工业遗产分散在约60个工厂内，它们整体表现出的工业形象特征是本地大量有重大价值的工业遗产难于成为新兴产业空间载体，其主要原因有：

第一，很多厂址远离主城区，区位条件差。三线建设时期，中央出于对战备安全的考虑，对重庆工厂选址布局采取"靠山、分散、进洞"原则。此时，长江、嘉陵江沿岸已不够隐蔽，进入川黔交界的山区成为这一时期工厂选址的首选，像綦江齿轮、南桐煤矿、松藻煤矿、红山机器厂、晋林机器厂等军工企业均建在这一带。

第二，重工业厂区占地面积广，第三产业的空间利用特点难于充实其体量。以军工、钢铁、重化工等为主的重庆重工业企业，厂区面积达到数平方公里。如建设厂[①]厂区面积3.2平方公里，重庆特殊钢厂[②]约2.4平方公里，重钢集团[③]（以下简称"重钢"）5.7平方公里。并且这些区域在生产期间通常需要实行严格的封闭管理，其厂区环境和氛围与轻工业厂区及周边相比，与大众的社会文化生活需求距离较远。

第三，重工业厂区形象超常规，难于满足第三产业的空间需求。为满足重工业的生产工艺要求，这些工业构筑物的体量、高度、长度往往都是超常规的：结构跨度通常在30米左

---

① 原兵工署第1兵工厂、汉阳兵工厂，1890年由张之洞在重庆九龙坡鹅公岩创办，中国最早、最大的步枪工厂，是典型的岩洞工厂，有百余个岩洞车间。

② 原兵工署第24兵工厂、重庆电气炼钢厂，1919年由熊克武、刘湘在沙坪坝詹家溪创办，是中国西南最早的炼钢厂。

③ 原西南工业部一零一厂，1890年由张之洞在大渡口区创办，工厂轧制了新中国第一批重轨用于建成成渝铁路。

右，高度20米上下，长度200米以上，建筑开敞，外围护少。如西铝集团①的锻压车间，单层，近40米高，地下十几米深，尺度巨大。这样的建筑空间相比形态、体量相对近人的轻工业厂房建筑，从保护、改造难度到再利用效果，均有很大的差距。

囿于上述自身特点的限制，虽然相关学者对重庆工业遗产的系统研究达到了较高的水平，甚至通过《重庆市工业遗产总体规划》②、《重庆主城两江四岸滨江地带控规（原重钢片区）》③从城市规划层面一度推进，但现实中的工业遗产保护再利用并没有展现出良好的发展态势。虽然有坦克库这样的较有影响力的个别项目，但因其保护再利用对象并非能代表重庆工业遗产典型价值的重工业厂址，仅是作为厂区次要设施的仓储建筑，可能对重庆数量更多、价值更高的工业遗产的保护再利用并不具有指导意义。重庆的工业遗产保护再利用工作可能需要作出与其他城市相异的产业模式选择。

2）系统保护的理念难于贯穿现实项目

2005年，重庆主城区有一定规模的企业数仅为1997年的17.6%，不少大型的、历史悠久的企业已纷纷退出主城区，进入新的工业园，许多价值较高的工业遗存已经湮灭在城市更新的快速进程中，例如重庆铜元局、化龙桥工业区、重庆棉纺企业。而面对日渐减少的工业遗产，系统的保护理念却难于在现实项目中实现，这一境况是全国工业遗产需要面对的现实，更是重庆工业遗产保护面临的最大现实。

除了四川美术学院改造的坦克库—重庆当代艺术中心和501艺术基地两处仓储工业建筑外，鲜有再突出的案例。即使这两个项目，也仅因其作为艺术家聚集地而在艺术界有一定影响，它们在工业遗产的改造工程方面，并没有体现明显的保护思路（表2-3-7）。可以说，整个城市的工业遗产保护基本仍处于空白状态。下面通过梳理前景仍不明朗的重庆工业博物馆的保护历程来说明导致这种现状的多方面影响因素④。

20世纪90年代，重庆市即陷入工业污染严重的城市发展困境；2003年开始，主城区传统工业企业开始搬迁。伴随重庆对临江区域、道路桥梁的重点建设，大渡口区域发展迅速，面积占据大渡口区半壁江山的重钢地块周边土地价值急速攀升。在这样的大背景下，2009年，设备老化、技术落后、生产能力落后的重钢决定实施整体搬迁，建设新的厂区来与生产能力更高的新技术设备进行衔接。

渝富集团作为重庆市具备资质的土地储备机构（重庆有8个同样资质的土地储备机构，对腾迁的工业用地作土地一级整理，再将土地招拍挂，差价补偿搬迁企业）接收重钢片区

---

① 原西南铝加工厂，1962年建厂，是我国自行设计、自我装备、自己建成的大型镁铝钛合金加工厂，为导弹、卫星等国防重点产品供关键铝部件。
② 2007年，市规划局牵头开展了重庆工业遗产保护利用专题研究。
③ 2009年，重钢整体搬迁之际，重钢片区开展了工业遗产保护专题研究和城市设计。
④ 下面内容的线索信息是2015年5月重庆调研期间采访时任重庆市规划局江北分局局长许东风时获得。

项目名称	现状照片		保护程度
S1938创意产业园			没有实质性的保护修缮措施，产业园开园不久，因地址偏僻、招商困难，又适逢市政绿化建设征地，园区关门
坦克库-重庆当代艺术中心			保护仅限于原址的保持，建筑实体没有得到实质性的保护性改造，仅利用对建筑外表皮的涂鸦标志其艺术创作用途。允许内部使用者对建筑内部构造进行自由的改造
501艺术基地			因建筑空间规整，容易进行再利用，故内部保护效果稍强于前者，但建筑改造手法也仅限于外立面涂鸦、内部光环境改善。允许内部使用者对建筑内部构造进行自由的改造
102艺术基地			项目的两座厂房有一座再利用为黄桷坪当代美术馆，偶尔开放；另一座厂房仍然作为产权所有者重庆金属材料股份有限公司的仓库
重庆工业博物馆			项目前景仍不明朗，现采取封闭式管理，尚未进行改造

的土地，为重钢在长寿区的新厂建设垫资。渝富集团成立子公司——大渝公司，专门负责重钢旧厂区的土地整理工作。原市政府副秘书长时任渝富集团董事长，适逢其具有较强的工业遗产保护意识。社会民众、专家学者也呼吁要保护重钢的历史，渝富集团开始关注重钢的保护。

与此同时，重庆市规划局对重钢片区开展了工业遗产保护专题研究和城市设计，由许东风主持，将重钢工业遗产保护规划纳入2010版控制性详细规划。这轮控制性详细规划从规划角度希望将重钢的整个炼钢工艺流程中的每个重要环节都留下一些典型的遗存。从矿石开始，到炼铁，再到炼钢、轧钢（目前保存下来的型钢厂），附带炼焦厂以及生产辅助方面的建构筑物，规划里选择将典型的实物保护下来，包括办公楼、苏联专家的小楼、电影院、工人住宅一排。如按照这样的规划对厂区实施保护，保留下的技术链条的节点将形成像鱼骨一样完整的链状构架，重钢作为工业遗产价值的重要部分——技术价值——将得以存留。这些节点的面积合计十几公顷，只占到重钢区域总体面积的2%多一点，在这轮控制性详细规划里都规划为绿地，希望能将其归入公共用地而保留下来。

作为以转化土地价值为首要义务的土地储备机构，渝富集团对重钢的保护思路与控制性详细规划有一定出入，对于保留完整关键生产节点的保护方法并不完全认同，认为只要保留个别具有代表意义的标志性建构筑物即可。规划部门对型钢厂地块重新出了用地条件，由工业用地转变为商业、文化娱乐、住宅用地，被渝富集团成立的专门负责型钢厂保护再利用的子公司——博物馆公司拍下后。至今前后已经过几轮的方案设计。截至笔者实地调研时保留下的型钢厂厂房面积不到3万平方米，其中8000平方米用来规划博物馆，剩余面积规划为产业园。厂房内部设备目前已封存，未来将不会按照真实的工艺流程在厂房中放置，仅仅作为博物馆展品展出。布展设计并未邀请工业遗产研究领域的专家参与，相关资料的搜集由文物保护专业的相关人员负责。截至笔者2015年5月的调研结束，重钢片区仅保留了计划后期改造再利用为工业博物馆的型钢厂，以及一座生产辅助设施电影院。其余建构筑物，除两处未作明确定位的高炉、烟囱类设备设施，其他建构筑物已被渝富集团委托的负责拆除工作的一个具备拆迁整理资质的企业实施了拆除。这是规划管理与土地制度、企业利益的直接冲突，虽然规划管理层在遗产保护认识深度、规划理念方面都达到较高的水平，但在实际操作中却需要平衡企业自身的发展要求。这不仅仅是重钢保护规划面临的困境，也是整个中国工业遗产保护面临的困境。

目前型钢厂改建工业博物馆的项目已正式立项，但由于原董事长退休，新一任领导尚未将遗产保护再利用作为项目开发的重要组成部分，所以型钢厂厂房仍处于封闭闲置状态，改造工程实施进度尚未明晰（表2-3-8）。

表2-3-8

重庆市项目调研信息整理

	前身	建厂时间	地址	改造项目名称	开发时间	业态类型	用地性质	占地面积（平方米）	保留建筑面积（平方米）	投资方	产权方	产权方属性
1	重庆缝纫机厂	不详	沙坪坝区沙滨路北段	S1938创意产业园	2015	文化产业	工业用地	4.5万	4.3万	重庆江厦置业公司（重庆轻纺控股集团全资子公司）	重庆轻纺控股集团	国有
2	重庆铁马工业集团有限公司坦克库	20世纪60年代	九龙坡区黄桷坪108号	坦克库-重庆当代艺术中心	2004	文化产业	教育用地	9846	不详	四川美术学院	四川美术学院	事业
3	战备仓库	1971	重庆市九龙坡区黄桷坪正街	501艺术基地	2006	文化产业	仓储用地	不详	9228	重庆市国有文化资产经营管理公司（租赁）	重庆市华宸运发展有限公司	民营
4	物流仓库	20世纪60年代	重庆市九龙坡区黄桷坪铁路二村123附12号	102艺术基地	2007	文化产业	仓储用地	不详	不详	重庆金属材料股份有限公司小额供应站	重庆港务物流集团	国有
5	重钢集团型钢厂	1942	大渡口区重钢集团原型钢厂	重庆工业博物馆		博展馆	工业用地	10万	5000	渝富集团重庆工业博物馆置业有限公司	渝富资产经营管理集团①	国有
				文化创意产业园	2016	文化产业			4.7万			
				商业配套		商业			2.4万			
				休闲旅游区		旅游			2.9万			

2.3.6　青岛

2.3.6.1　文化产业相关概要

根据2010年底国务院印发的《全国主体功能区规划》，青岛的功能定位是航运中心，建设为区域性经济中心、国际化城市。

2013年，青岛的三次产业比例为4.4∶45.5∶50.1，服务业比重首次超过50%，[1]文化产业增加值预计达到722.04亿元，占GDP的比重为9.01%。2012年，青岛市在建的文化产业园有40个，占地总面积3925万平方米，总投资额651.16亿元。这些产业园主要分布在工业集中的原四方区（后归入市北区）、李沧区，以及新兴产业发展较快的黄岛经济开发区、城阳区。其中，市北区2013年重点建设的8个文化产业项目，总投资154.95亿元，占青岛市重点文化产业项目总投资的23.8%，占地面积312.7万平方米。李沧区重点建设的5个文化产业项目，总投资额19.95亿，占青岛市文化产业重点项目投资总额的3.06%，占地面积39.2万平方米。这两个区域的项目有很大一部分都是结合老工业用地的腾迁进行的。

2.3.6.2　项目特点

1）因城市空间发展规划的调整而呈现出明显的时空分布变化

青岛的工业文化遗产是中国近现代城市发展史中非常值得重视和研究的内容，其近现代产业萌芽伴随着城市富有殖民色彩的发展历程而出现。1897年德国将青岛作为其在远东的军事基地，形成了以港口、铁路为主的产业发展模式，随之兴起的有船坞、码头、机械制造、纺织、啤酒等产业类型，奠定了青岛城市形态的发展模式。建于1900年的四方机车厂，是中国机车制造工业的主要基地之一，被称为我国机车工业的摇篮；1903年创办于德租界的青岛啤酒厂，至今仍是中国规模最大的啤酒厂。1914~1922年日本侵占青岛期间，6大纱厂建成（今国棉一厂至国棉六厂），化工、自行车制造、冶金等产业逐渐出现。建于1919年的青岛卷烟厂（大英烟公司）是山东省第一家机器卷烟厂，至今仍是中国北方最大卷烟厂。20世纪20、30年代，民族工业在青岛逐渐兴起，其中尤以纺织业为突出代表，为青岛带来了"上（海）青（岛）天（津）"的美誉。到中华人民共和国成立以前，青岛已经形成重工业、轻工业等多元化的产业结构模式，成为我国近现代产业的发源地之一。经过百年的城市发展，至20世纪90年代，青岛已发展出涵盖港口、码头、机械制造、电子、海洋化工、机车制造、造船、纺织、啤酒、服装、家电等诸行业的门类齐全的多元化产业结构，青岛因此也被誉为"中国近现代工业的摇篮"。

青岛现存的主要工业遗产空间沿胶济铁路呈带状分布，部分小规模劳动密集型工业分

---

① 2013年青岛GDP突破八千亿增长10%［EB/OL］. http://news.qingdaonews.com.

布在原城市中心区——市南区。再利用项目的时空分布也有其明显的规律：从2001年开始由城市中心区萌生，因2008年的城市发展规划作出的指向，从2011年开始迅速向北部老工业区拓展，即由市南区、市北区向原四方区、李沧区拓展。这种发展有其特定的时代、政策环境——2001年开始，青岛首先对市区用地结构进行调整，鼓励将破产、改制企业的工业用地用于发展商业、服务业。于是，原本即具备商业服务业发展基础的市南、市北两区率先出现了创意100产业园、良友国宴厨房、中联U谷2.5、天幕城、1919创意产业6园等一批工业遗产再利用项目。它们靠近城市主干道，沿东西向分布，规模较小。2008年，青岛市提出"环湾保护、拥湾发展"的城市空间发展规划，规划指出：……近岸地区中的四方、李沧至城阳环湾区域，积极实施老工业区的产业转型和空间重组，按照多组团、紧凑式、疏密相间的复合规划理念，升级换代都市产业，建设以高端生活性服务业、都市工业、总部经济、文化创意产业、海上旅游为主体功能，集工、商、住一体的现代化滨海城市组团。经过两年的蓄势，2011年及之后开发的项目主要集中在原四方区、李沧区，沿胶济铁路呈线状分布，规模较大。代表项目以棉纺织行业的工业企业转型后的厂区改造为主，包括国棉一厂局部办公建筑改造再利用的"红锦坊"艺术工坊、国棉五厂转型后的青纺联都市工业园和国棉六厂用地上建设的M6虚拟现实创意产业园；机械行业的青岛四方机车厂将要转型为青岛工业设计产业园，化工行业的青岛红星化工厂实施产业升级后将成为红星印刷科技创意产业园等。

2）工业遗存更多是与"2.5产业"的结合

文化产业是第三产业的内容，而第三产业是工业制造业发展达到一定阶段的产物。文化产业是在制造业充分发展、服务业不断完善的基础上形成的，文化产业与工业制造业呈现出互动演进的过程：工业制造业→第三产业→文化产业→文化产品制造→工业制造业，二者很多情况下呈现出融合发展的趋势，在这个过程中文化产业促进了制造业发展结构软化，制造业成为文化产业终端产品的生产支撑。因此，文化产业的本质是不同行业、不同领域的重组与合作。这种越界主要是对第二产业的升级调整、第三产业的细分，打破第二、三产业的原有界限，寻找融合两种产业的新的经济增长点。这导致了文化产业与工业制造业一定范围内界限的模糊，一些学者和机构为对这种新的增长点加以区分，将其定义为"2.5产业"。

在青岛调研的14个项目中，有5个产业园的项目定位是集第二、第三产业于一体，或者说是介于发展二、三产业之间的一种产业类型。2008年，中联建业集团有限公司购得青岛显像管厂和青岛元通电子厂的用地及其上厂房；这些多层厂房建于20世纪60～80年代，主要为混凝土框架结构，建筑质量保持较好、空间规模适中、水电配套齐全；最初的定位即决定将其作为与2.5产业相关的、集研发和制造于一体的产业园，引进了像家居中心这样，能完成从设计到制造完整行业流程的业态。再如2013年签约立项的在原国棉五厂基础上改建的青岛纺织谷[1]，占地近14万平方米，内设技术中心、中国多组分纱布精品基地和一个坯布开发基地，这种产业定位并非传统意义上第二产业，也并非一般意义上的第三产业，但又带有文化产业的元素，依托该厂区原有硬件，保留部分生产车间进行纺织精品生产，同时开展新材料的研发和中试[2]，依托青岛纺织的产学研优势，在生产基础上强化科技创新体系，升级整个生产链。青岛工业设计产业园、红星印刷科技创意产业园、青岛橡胶谷一期综合交易中心都是类似的项目（表2-3-9）。

2.3.7 西安

2.3.7.1 文化产业相关概要

根据2010年底国务院印发的《全国主体功能区规划》，西安的功能定位是区域性商贸物流会展中心、国际一流旅游目的地、先进制造业基地。

作为丝绸之路的起点，西安曾是古代中外经济文化交流的中心城市；作为世界六大古都之一，它的建城史有3100多年，建都史有1140余年，先后有13个王朝在此建都，其深厚的历史文化积淀使西安有"天然历史博物馆"的美誉；每年上亿人次的海内外游客也带来了巨大的旅游文化消费市场[3]；西安教育储备充分，特别是与文化产业紧密相关的计算机网络等技术和产品，为文化产业发展提供了有力的技术支撑。这些优势都是西安发展文化产业、形成文化产业集群的重要条件，更成为西安文化产业发展的绝对优势。2013年，西安文化产业实现增加值437亿元，占全市GDP的比重约为8.9%，已经成为西安国民经济支柱性产业。[4]以曲江新区、高新区、临潼文化旅游板块为代表的七大文化产业板块建设已颇具规模，其中又以曲江新区的文化产业发展模式最为突出，2007年8月即被文化部首批命名为"国家级文化产业示范园区"。他们把旅游资源作为提升区域价值的核心要素，通过大资金的融通进行对文化产业的投资，通过土地资源整合和旅游配套设施的开发建设回收投资；曲江文化产业投资（集团）有限公司侧重发展与旅游产业相关的文化产业门类，组建成立了11家子公司，涉及旅游、会展、影视、商业、娱乐、房地产等多个产业门类，从而构建起集群化的文化产业发展格局。其后，又组建了与其协同配合的、同级别的西安曲江大明宫投资（集团）有限公司，专门负责相关实体项目工程，下设9个子公司（表2-3-10）。

---

① 2013年7月，青岛市北区举办现代产业园区招商会，其中，在原国棉五厂老厂区的青岛纺织谷项目签约投资总额50亿元。2018年纺织谷工业遗产被评为第二届国家工业遗产。

② 中试就是产品正式投产前的试验，即中间阶段的试验，是产品在大规模量产前的较小规模试验。

③ 玥清曾在《上海综合经济》杂志1997年的第七期撰文指出21世纪上海形成和建立"2.5产业"的观点。

④ 2004年6月在期刊《上海综合经济》中有专门针对"2.5产业"的专题策划，多位专家发表了认识或观点。

表2-3-9

青岛市项目调研信息整理

	原厂厂名	建厂时间	地址	改造项目名称	开发时间	产业类型	当前用地性质	保留建筑面积（平方米）	投资方	产权方	企业类型（按投资方属性）
1	青岛啤酒厂	1903	市北区登州路56号	青岛啤酒博物馆	2003	博展馆	工业用地	4000	青岛啤酒股份有限公司	青岛啤酒股份有限公司	国有
2	青岛刺绣厂	1954	市南区南京路100号	创意100产业园	2006	产业园	工业用地	2.3万	青岛麒龙文化有限公司	青岛刺绣厂	民营
3	同泰橡胶厂	1932	市北区宁海路18号	良友国宴厨房（已拆）①	2006	商业	工业用地	8000	市北区政府、良友餐饮、鲁邦地产	不详	民营
4	青岛北海船厂	1898	—	青岛奥帆中心	2006	景观公园	公共用地	13.8万②	政府	政府	国有
5	青岛显像管厂、青岛元通电子厂	1960	市北区上清路12号	中联U谷2.5产业园	2008	产业园	工业用地	6万	中联建业集团有限公司	中联建业集团有限公司	民营
6	青岛电子医疗仪器厂	1980	市南区南京路122号	中联创意广场一期工程办公	2009	产业园	工业用地	3万	中联建业集团有限公司	中联建业集团有限公司	民营
				中联创意广场一期工程商业		商业	工业用地	2万			
7	青岛卷烟厂	1919	市北区华阳路20号	1919青岛烟草博物馆	2009	博展馆	工业用地	1200	颐中集团	颐中集团	国有
				1919创意产业园		产业园	工业用地	14.5万	青岛创意投资有限公司		
8	青岛丝织厂	1917	市北区辽宁路80号	青岛纺织博物馆	2009	博展馆	工业用地	4600	市北区政府、青纺联控股集团	青纺联控股集团	国有
9	青岛国棉一厂	1919	市北区海岸路2号	联城置地红锦坊住宅区商业配套	2009	配套商业	居住用地	1.5万	青岛联城置业有限公司	青岛联城置业有限公司	国有控股

① 2013年，国宴厨房项目所在地因被纳入青岛啤酒休闲商务区规划，进行企业征收并进行拆除，数据来源：青岛市市北区人民政府文件《市北区人民政府2006年重点实事完成情况》。

② 此处为占地面积。

序号	原厂名	建厂时间	地址	改造项目名称	开发时间	产业类型	当前用地性质	保留建筑面积（平方米）	投资方	产权方	企业类型（按投资方属性）
10	青岛红星化工厂	1956	李沧区四流北路43号	红星印刷科技创意产业园	2011	产业园	工业用地	4.9万	青岛红星文化产业有限公司	青岛红星化工集团公司	国有
11	青岛四方机车厂	1900	市北区杭州路16号	青岛工业设计产业园	2010	产业园	工业用地	1.5万	南车青岛四方机车车辆股份有限公司	南车青岛四方机车车辆股份有限公司	国有
12	青岛科技大学某工厂	1971	市北区郑州路53号	青岛橡胶谷一期综合交易中心	2011	产业园	工业用地	5.5万	中国橡胶工业协会、青岛市四方区、青岛科技大学、青岛软控股份有限公司	青岛科技大学	事业、国有
13	青岛国棉六厂	1921	李沧区四流中路46号	M6创意产业园	2012	产业园	工业用地	2.1万	青岛海创开发建设投资有限公司	青岛海创开发建设投资有限公司	国有
13				虚拟现实展馆		博展馆	工业用地	2500			
14	青岛国棉五厂	1934	市北区四流南路80号	青岛纺织谷	2013	产业园	工业用地	1.8万	青纺联控股集团	青纺联控股集团	国有

一级单位	二级单位	三级单位
西安曲江新区管委会	西安曲江文化产业投资（集团）有限公司（1995）	西安曲江文化旅游（集团）有限公司
		西安曲江大唐不夜城文化商业有限公司
		西安曲江建设集团有限公司
		西安曲江职业围棋俱乐部有限公司
		西安曲江影视投资（集团）有限公司
		西安曲江文化演出（集团）有限公司
		西安曲江出版传媒投资控股有限公司
		西安曲江国际会展（集团）有限公司
		西安秦腔剧院（曲江）有限责任公司
		西安曲江梦园影视有限公司
		西安曲江楼观旅游农业开发有限公司
	西安曲江大明宫投资（集团）有限公司（2007）	西安曲江大明宫置业有限公司
		西安曲江文化园林有限公司
		西安曲江大明宫建设开发有限公司
		西安曲江城墙景区开发建设有限公司
		西安曲江大华文化商业运营有限公司
		西安大华纺织责任公司
		陕西大明宫投资发展有限责任公司
		西安曲江安雅居置业有限责任公司
		西安万科大明宫房地产开发有限公司

西安曲江新区管委会对文化产业区域开发模式的这种探索，概括地说，是以"文化立区、旅游兴区"为宗旨设计出的基本战略思路；以地方历史文化为品牌定位，对城市新区进行整体开发；以"文化+旅游+商贸"为战略，以大策划、大项目为带动，集城市运营、产业运营和项目运营为一体，实现城市基础设施建设、区域基础产业开发、文化产业发展三个体系的并进发展。然而与其丰富的历史文化资源、拥有良好发展态势的产业经济数据形成反差的是，进入新世纪后，西安的文化产业增加值始终依靠的是传统旅游业衍生出的文化相关产业创造的经济数据，并没有明显的"质"的提升。

2.3.7.2　项目特点

1）能体现历史古都文化中固有的保护意识

作为历史文化遗产的富集地，并且一直以历史文化旅游产业作为城市重要的经济支柱，西安在历史文化遗产保护的几十年的实践历程中建立起了相对其他城市更高效的市场化经营协调机制，许多与遗产保护相关的项目能较快地得到市政府统一安排，并协调相关产业部门设立专门的管理机构，负责具体项目，并结合区域规划、城市管理、市场运作，从多个方面对历史文化遗产进行市场化经营和管理。笔者认为，西安工业遗产保护再利用体现的这一特点虽然是个案，但对于更多处于像西安一样的、以历史文化旅游产业为经济支柱的城市中的工业遗产来说，具有重要的借鉴意义，可以作为一种工业遗产保护再利用模式类型进行剖析。

2）项目内尚未形成明显的产业集聚

2005年以来，西安的文化产业是以曲江文化产业投资有限公司为龙头，以加强城市基础设施建设、完善城市服务功能为先期工程，再在其基础上寻找文化产业发展和城市建设的协调统一。他们利用汉宣帝杜陵、唐城墙遗址、唐大慈恩寺、青龙寺等国家级文物文化资源，着力建设重点项目，建成大雁塔北广场、大唐芙蓉园、曲江国际会展中心、陕西戏曲大观园等重大旅游项目和文化设施，试图让文化旅游产业辐射带动其他文化产业的发展。所以，目前当地文化产业的发展主要呈现的是城市基础设施建设的硬件成果，其内在的产业价值的实现需要更长时间内的不断填充。在4个为数不多的调研项目中，截至笔者完成西安调研的2014年11月底，仅有现归西安华清科教产业（集团）有限公司所属的由陕西钢厂改建的设计创意产业园的小部分已完成内部改造，投入正常使用，集聚了以西安建筑科技大学为核心的设计类的行业企业；原为国营西北第一印染厂的西安半坡国际艺术区的保护性改造工程正在进行中，正式改造前聚集于此处的以西安美院艺术工作者为主的文化主体反倒因此次大规模的整体改造工程而大多迁至别处（表2-3-11）。

2.3.8 福州

2.3.8.1 文化产业相关概要

根据2010年底国务院印发的《全国主体功能区规划》[①]，福州的功能定位为海峡西岸经济区中心城市、国家历史文化名城和高新技术产业研发制造基地。

拥有2200年历史的福州是中国最早开放的城市之一，作为300多万海外华人的祖籍地、福建第一大侨乡，福州在改革开放后发挥自身的区位、政策、人文等各项优势，积极吸引和有效利用外资，成为中国市场化程度和对外开放程度较高的地区之一。2010年被称为福州文化产业园的"发轫之年"。2010年，福州市着手引导城市产业"退二进三"，对市内200多家高能耗的工业企业实施"退城入园"的整合规划。城区中心的旧厂房被大量空置，瞄准先机

---

① 《国务院关于印发全国主体功能区规划的通知》（国发〔2010〕46号），2010年12月21日。

表2-3-11

西安市项目调研信息整理

	前身	建厂时间	地址	改造项目名称	开发时间	业态类型	用地性质	占地面积（平方米）	保留建筑面积（平方米）	投资方	产权方	企业类型（投资方属性）
1	校办印刷厂	1974	碑林区建设路东段西安建筑科技大学南院	贾平凹文学艺术馆	2006	博展馆	工业用地	4800	2000	西安建筑科技大学	西安建筑科技大学	事业
2	国营西北第一印染厂	1960	灞桥区纺织城西街238号	西安半坡国际艺术区	2007	文化产业	工业用地	8.4万	不详	陕西经邦文化与灞桥区政府	西安纺织集团	国有
3	陕西第十一棉纺织厂	1935	西安市大华南路251号	大华·1935	2011	文化产业酒店	工业用地	9.3万	8.7万	西安曲江大华文化商业运营管理有限公司[属西安曲江大明宫投资（集团）有限公司]	西安曲江大明宫投资（集团）有限公司	国有
4	陕西钢厂	1964	新城区幸福南路109号建大华清学院内	老钢厂设计创意产业园	2013	文化产业	工业用地	3.3万	4万	西安华清创意产业发展有限公司（原西安世界之窗产业园投资管理有限公司）（民营）	西安华清科教产业（集团）有限公司	民营

的、活跃的民间资本纷纷注入，配合政府的新兴产业发展指向，使文化产业园开发盛况空前。凭借海西经济区的核心地位，福州文化产业2013年实现增长值287.27亿元，[①]占全市GDP的比重为6.1%。

但是，福州的文化产业的发展并不平衡，与日常文化生活消费服务相关的游戏动画、文化旅游、休闲娱乐、艺术、手工艺品等行业发展相对较快；与工业生产相关的传媒、广告、展览、设计等行业发展相对缓慢，许多文化创造力不能转化为文化有形产品的生产，无法充分转化为经济价值，许多文化资源变成"沉没资本"，资源优势不能完全进入到经济竞争优势中，限制了其文化产业的进一步发展。

2.3.8.2 项目特点

1）民间资本活跃度高

截至2014年，福州市内正在运营和即将开放的文创产业园数量至少在20家以上，它们中的绝大多数由旧工业厂区改建而成。[②]在研究调研的7个项目中，有6个项目的投资方都是民营企业，这充分说明福州在文化产业园的投资建设方面民间资本活跃度高。

但是，这些民营资本作用下形成的文化产业园实际上没有形成完整的产业集群。大多数园区是通过政府提供土地和优惠政策来吸引企业形成的外在聚合，是一种松散的"物理"集中，具备专业化协作能力的行业网络尚未形成。不少园区在实际运作中偏离文化产业的运行轨道，演变成业态杂糅的商业体。例如，由原福州市丝绸厂改建而来的福百祥1958文化创意园，在2010年开园之初，开发方计划在园区内设置"艺术创意设计中心、现代艺术长廊、创意集市、综合展馆以及雕塑空间五大功能区"，将园区打造为"海峡西岸省会中心城市文化艺术展示、交流、交易、孵化的中心"；到笔者进行实地调研的2014年底，园区内除象征性地分布有一家书画店、一家影视制作公司、一家动漫制作公司、一家雕塑工作室外，其余均为茶叶店、玉石店、各类会所、美容美体店等商业店面。类似的情景也出现在榕都318文化创意艺术街区：入住率已达到90%的园区工作区，其目前的商业形态与2010年9月开放时设定的主题——品牌设计、时装设计、建筑设计、艺术设计、电影文化创意等工作室相去甚远，使得部分已入驻的文化创意工作室颇有微词。

开发方和政府签订的协议中规定的经营期限过短（5年）是造成这种状况的原因之一。据一位经营文化产业园多年的业内人士透露经验："一个文创产业园从最初的规划到逐步走上正轨，至少需要3年的培育期。"福百祥1958文化创意园通过4年（2010~2014年）的努力经营才实现盈利，却再有1年即合同期满，巨大的运营压力促使其囿于生存的现实考验，一

---

① 数据来源：2013年福州市国民经济和社会发展统计公报。福州市统计局网站http://tjj.fuzhou.gov.cn/njdtjsj/201407/t20140704_808429.htm.2014-7-4.
② 新华房产深度调查：福州文化创意产业园的围墙之困（一）[EB/OL]．新华网http://news.xinhuanet.com/house/fz/2014-12-15/c_1113637027.htm.2014-12-15.

再地降低招商门槛。但民营资本的抗压能力和其天然逐利性的局限也通过现实凸显出来。类似的园区发展现状在笔者调研的其余7个城市也有不同程度的出现，只是福州的样本比较集中而已，因此于本处展开。

2）空间分布均匀

与文化产业相结合的工业遗产再利用项目在福州的分布比较均匀，调研的7个项目较均匀地分布于福州市中心城区的全部5个区——鼓楼、台江、苍山、晋安、马尾。各区内的项目基本能立足于本区的文化资源优势。

鼓楼区作为福州市的中心城区，交通发达、文教水平高，文化企业数量在全市的比重约为31.3%，具有较强的产业向心力，传媒、广告、会展行业在该区聚集度高，能代表福州最高水平的项目芍园壹号文化创意园即位于此区；台江区的文化企业数量占全市比重的27.9%，作为福州市重要的商贸中心，拥有榕都318文化艺术街区；仓山区的文化企业数量在全市的比重约为20.2%，福建师范大学、福建工程学院、福建交通职业技术学校、第二轻工业学校、华南女子学校等大、专院校都坐落于该区域，高校文化带动力较强，福州海峡创意产业园、新华文化创意园位于该区；晋安区的文化企业数量占到全市的18.4%，该区是中心城区工业部门的外迁目的地，工艺美术业具有明显的资源优势，建成福百祥1958文化创意园、闽台A.D创意产业园；马尾区受产业规划方向影响，定位为高新技术产业区和港口贸易区，文化企业数量相对较少，但立足于其优势文化资源——船政文化，开始对马尾造船厂有一系列的保护再利用举措（表2-3-12）。

表2-3-12

福州市项目调研信息整理

序号	原厂厂名	建厂时间	地址	改造项目名称	开发时间	产业	当前用地性质	占地面积（平方米）	保留建筑面积（平方米）	投资方	产权方	企业类型（按投资方属性）
1	福州第一家具厂	1953	鼓楼区白马北路勺园里1号	勺园壹号文化创意园	2010	文化产业	工业用地	1.33万	1.245万	福建汇源投资有限公司	当地政府	民营
2	新店镇溪里村所属的旧工业厂房	不详	晋安区新店镇溪里村	闽台A.D创意园	2013	文化产业	不详	不详	3.6万	福建众杰投资有限公司	新店镇溪里村	民营
3	福州丝绸印染厂	1958	晋安区福马路161号	福百祥1958文化创意园	2010	文化产业	工业用地	2.33万	2.2万	福建福百祥茶文化传播有限公司	福州市丝绸印染厂	民营
4	原金山投资区一、二期厂房	1992	仓山区建新镇金阵路7号	福州海峡创意产业园	2012	文化产业	工业用地	不详	9.68万	建新镇（上海红坊文化发展有限公司负责开发运营）	建新镇	集体
5	日本厂房	不详	台江区连江中路318号	榕都318文化创意艺术街区	2010	文化产业	工业用地	1.4万	8571	福建榕仕通实业有限公司	当地政府	民营
6	马尾造船厂一号船厂遗址	1893	马尾港罗星塔	马尾船政文化主题公园景点之一	2004	旅游业	不详	不详	不详	福州市政府	马尾罗星塔公园	国有
7	福建省军区汽车连营房	不详	仓山区凤岭路26号	新华文化创意园	2010	文化产业	事业用地	2万	6000	苍山区政府、福建师范大学	新华职业技术学校	国有

第3章

文化产业选择工业遗产作为空间载体的动因分析①

---

① 本章执笔者：仲丹丹、徐苏斌。

许多研究在探讨文化产业集聚区的空间分布的重要因子时，将交通、区位、文化、景观环境、产业集群、政策制度等笼统地概括为"区位环境"进行探讨（赵金凌，2010），对于文化产业选择工业厂房作为空间载体的原因，多仅仅解释为追求"文化氛围"。在空间载体的选择上，文化产业与传统工业多有不同，发展也因地区之间的经济、文化差异而有所不同。要促成文化产业在一个城市的特定区域形成集聚，首先要求此区域具备相应的条件和基础。尽管文化产业不像传统工业那样受制于物质能源、天然运输条件的分布，但其产业经济特性使其分布依然受到限制，而这些限制实质上也就是文化产业起步、发展所必需的条件。文化产业偏好于在大都市、中心区或旧城区、高校周边、闲置工业厂房等一般意义上的"非生产空间"萌发。当文化生产发展到可以作为一个城市产业结构重要组成部分的阶段时，要探讨文化产业选择工业遗产作为空间载体的动因，就要搞清楚这种经济活动在城市——区位——建筑三个层面的空间选择机制。这里即将以此为路径对本章主题——工业历史地段的特征为何能使其自身拥有巨大的再利用潜力，承载新的产业功能，并适应新的产业经济时代——进行展开论述。

3.1　文化生产的城市选择

"地点、文化和经济之间彼此共生。"

——艾伦·J·斯科特《城市文化经济学》P6

从发达国家文化产业发展的成绩与经验来看，新兴产业是现代经济中增长最快的产业，并且极为符合当前世界经济发展对低碳、环保、可持续发展、高产值的趋势要求。但我们，尤其是那些迫切地想通过发展文化产业来调整城市产业结构、寻找新的经济增长点的城市，应当清楚地认识到，并不是所有具备发展所需的硬件基础的城市都可以在文化产业的发展道路上走得很远。

文化产业在一个城市的萌发及生长需要复杂而多方面的城市基础和外部刺激，从文化产业在国内外的发展状况可以看出，宏观到城市的经济、文化发展水平，中观到城市的交通条件、市政配套、公共政策，微观到信息、技术、管理的高度支持，都对这一过程有重要影响。怎样将这些多方面的因素统一在一个逻辑框架中，是阐明这一问题的关键点。对这一问题的思考，经济学领域的新经济地理学、城市文化经济学方面的研究结论，都提供了有益的理性启示。

经济活动在地理上的分布是极不平衡的，这种基本形态也体现在具体产业的分布上。集聚（Agglomeration）即是这种不平衡状态的外在表现，它是指由循环逻辑创造并维持的经济活动的集中。集聚有许多层次，从城市中的商务商业区到像硅谷这样为全球市场服务的高新技术经济区，都是所谓的"集聚"。这里探讨的是文化产业在城市层面的集聚，中国的文化产业为什么更容易在某些城市，尤其是那些各方面都较为先进的城市发生发展？

1）文化生产选择工业基础雄厚的城市

文化产业首先选择在工业基础雄厚的城市萌发，是很容易理解的一种现象。文化产业是第三产业的内容，而第三产业是工业制造业发展到较高阶段的产物，它是在工业，尤其是加工制造业充分发展、服务业不断壮大的基础上形成的。

区域文化经济是区域经济和区域文化综合发展的结果，它不仅仅反映出一个地区文化发展的水平，同时更体现这个地区资源和要素的物质性状貌。调研样本的全部城市无一不具备雄厚的工业基础。北京工业总产值在1984年即在全国16个大城市中居第二位，占全国工业总产值的4%，其中有机化学、文教艺术品、电子、纺织工业名列前茅；从近代开始，上海工业增加值一直保持全国第一的发展势头；广州作为中国老工业基地，1982年在全国164个工业门类中即拥有147个，工业总产值在全国大城市中居第五位；传统工业城市天津，中华人民共和国成立后利用已有的工业基础，仍然维持了工业较快的发展，构建了以食品、纺织为主的综合性工业体系；青岛在1898年开埠后迅速成为中国北方重要的工业城市；中华人民共和国成立后的"一五"时期，西安被确定为工业化重点建设城市之一，"156"项目中安排在西安的就有17项，总投资占全国的10.9%，居全国各大城市首位；作为洋务运动的成果，福州闽江口的马尾从晚清开始就成为工业区，到民国时期，这里仍然是造船等工业的集中地区。工业资源的不完全流动成为人力、资本流向特定地区的客观原因，这自然不断强化了不同区域间经济发展的差异，区域间的文化经济差异也由此产生。这些城市之所以会成为我国文化产业发展较快的城市，是与它们作为我国现代工业的重要构成部分相一致的。

2000年，艾伦·J·斯科特的《城市文化经济学》即从文化、经济、与技术相互融合的角度探讨了文化生产与城市产业集聚之间的密切关系，阐释了文化产业的经济逻辑和经济结构，解释了世界性城市成为现代文化产业发祥地的根本原因，认为不仅经济根植于文化之中，而且文化也深深地根植于经济中。文化产业发展较迅速的城市，往往拥有较雄厚的工业基础，空间经济学相关理论对这种现象提供了一种较有力的解释，虽然这一解释在立论时并不针对文化产业，而是针对第一产业和第二产业，但笔者认为它对包括文化产业在内的其他产业研究有重要的启示——较大的制造业份额意味着较大的前向关联[①]和后向关联。

[①] 产业关联是指国民经济各产业之间投入与产出的经济技术联系。由于国民经济各产业部门之间的联系错综复杂。一产业部门的产出、投入等变量发生变化，还通过间接影响波及其他产业部门。按照产业间相互作用的传递方向，可以将产业关联分为前向关联和后向广联，前向关联是产业通过供给关系与其他产业部门发生的关联，后向关联是指通过需求联系与其他产业部门发生的关联。

2）文化生产的地理集中是自我强化的——以天津、北京为例

只要资源要素的配置状况不发生变化，一般来说在此基础上形成的区域经济格局就不会发生变化。资源的地理集中在哪里占优势，哪里的社会、文化凝聚的基础就更加强化，产业与文化共同体就更容易出现，它们可以通过参与强大的、多层面的区域经济体系中获得利润。文化产业集聚在城市级别上能否形成多中心均衡发展？那些渴求通过发展文化产业来调整产业结构、企图借力邻近文化中心的强劲辐射的城市，希望在这个问题上得到肯定回答。这里将以这类地区的典型代表、我国直辖市之一的天津作为分析对象。

发达国家的发展经验表明，当人均GDP达到5000～10000美元（约合人民币4万～8万元）时，拉动城市经济增长的主要动力将依靠文化产业、高科技创新和服务业的发展。2001年上海人均GDP将近4万元，城市产业结构几乎于同期开始发生明显的变化，1999年，第三产业与第二产业共同构成上海市的产业结构主体，分别为50.8%和47.7%，呈现二、三产业共同推动经济发展的局面。北京、广州的相关数据也验证了这一经验结论：北京2005年人均GDP突破5000美元，第三产业所占比重达到67.7%[1]；广州2006年人均GDP超过11000美元，文化产业集聚明显。2002年，美国区域经济学家理查德·佛罗里达通过对美国人口过百万的124个城市的统计数据分析，得出这样的研究结论：一个城市吸引创意阶层[2]、产生创新、促进文化产业发展受到三个关键因素的影响，人才（Talent）、技术（Technology）和宽容的社会文化环境（Tolerance），即3T原则。经济中心城市的特征之一即表现在地区外移民成为本地人口的重要组成部分，他们来自各地，大多受过良好的专业教育，同时具有多元的文化背景，文化产业的从业者很多要求拥有创作的独立性、活动的自由性、工作的灵活性。并将这种要求体现在从工作环境到生活环境的各个方面，因此他们偏爱能提供多种方式、具有活力的城市。那些根据3T原则指标排在前列的城市似乎可以吸引这类群体从而产生集聚，并形成自我促进的良性循环。

但是用这两个结论似乎无法解释在天津市中心城区文化产业的发展现状。文化产业在我国京津冀地区的空间布局，形成了以北京为集聚中心的格局，紧邻北京的天津也有很好的经济、文化基础和良好的社会环境，2010年人均GDP也突破了10000美元，但并未见天津强化这些基础条件成为文化产业次级中心。这意味着在天津经济的优化和文化生产条件的具备并未使其实现最佳结构性产业的产业升级和社会平衡。2007年开始，天津市委、市政府在投融资、税收、土地、工商注册等方面出台了一系列促进文化产业发展的政策措施，并且由于地

---

① 数据来源：北京市第十二届人民代表大会第四次会议 http://finance.sina.com.cn/review/focusissue/ 20060116/10452278503. shtml.

② 理查德·佛罗里达对创意阶层的定义：新经济条件下，经济发展对于创意的渴求，从而衍生出来的一个新的阶层。他们的工作涉及制造新理念、新科技、新内容；包括了所有从事工程、科学、建筑、设计、教育、音乐、文学艺术以及娱乐等行业的工作者。这些人具有创新精神，注重工作独创性、个人意愿的表达以及对不断创新的渴求。与文化艺术、科技、经济各方面的事物，都有着不可分割的关系。

理位置上紧邻北方最大的文化生产及文化消费市场——北京，天津曾希望通过学习借鉴北京较成熟的文化产业的发展模式、利用其巨大的文化辐射作用，来迅速壮大自身的文化产业规模和品质。然而，北京作为业已存在的文化生产集中地，由于种种潜在的机制作用，不断进行着自我强化，反倒吸引了包括天津在内的周边城市的文化消费，并与这些城市形成对文化生产资料、文化生产者的竞争关系。至今，从天津（这里指天津中心城区，不包括天津滨海新区。因滨海新区的发展受到国家层面相对独立的支持，与市中心城区的文化产业发展并不同步）脱颖而出的文化产业相关企业仍然鲜见。

2000年，艾伦·J·斯科特即关注到地点和文化相互纠缠的关系，以及文化生产越来越多地集中到一些有特权的企业和从业者的地方性集群，而生产的最终产品则被输送到空间上更加广阔的消费网络之中。对于这一现象，或许保罗·克鲁格曼（Paul R.Krugman）给出的空间经济学的区域模型——中心-外围模式（Core-Periphery Model，简称CP模型）①——能够进一步给以启示：原先两个相互对称的地区发生转变，起初一个地区的微弱优势不断累积，最终该地区变成产业集聚中心，另一个地区变成非产业化的外围。也就是说，经济演化使得对称均衡在分岔点上瓦解，区域性质发生突变……集聚因素将使得在多个地区和连续空间中会产生数量更少、规模更大的集中。在这种集聚经济中，空间集中本身创造了有利的经济环境，从而支撑了进一步的或持续的集中。甚至可以理解为"集聚的形成是由于集聚经济的存在"。文化产业在北京形成引人注目的集聚效应，而未能将这一巨大的能量辐射到天津，甚至形成了黑洞效应②，这不是地区间内在差异的结果，而是某种积累过程的体现，同时这一过程因涉及某种形式的规模报酬递增，由此地理集中是自我强化的。③

当然，中心外围模式能够发生并不表示必然发生，即便发生，是否可维持也是有条件的。在一定的条件下，一个地区形成的产业集聚可以自我维持，但在同等条件下，产业在两个地区分布也是稳定的。如何形成独特的产业发展路径，避免因与北京文化产业的同构而被吞噬进去，避其锋芒、另找出路，或许是天津发展文化产业，也是天津工业遗产保护再利用的必经之路。

3）推动文化产业落脚工业遗产的城市政策——以北京、上海、福州为例

3T原则虽然在文化生产的地理集中的自我强化问题上未能带来具有说服力的解释，但它确实概括了一个城市文化产业发展的充分条件要求，而人才、技术、环境都能够通过政府

---

①　保罗·克鲁格曼（Paul R. Krugman）美国经济学家，是自由经济学派的新生代，理论研究领域是贸易模式和区域经济活动。目前是普林斯顿大学经济系教授。1991年获克拉克经济学奖，2008年获诺贝尔经济学奖。其关键思想是报酬递增（increasing returns）。

②　经济学中的黑洞效应就是一种自我强化效应，当一个企业达到一定的规模之后，也会像一个黑洞一样产生非常强的吞噬和自我复制能力，把它势力所及的大量资源吸引过去，而这些资源使得企业更加强大，形成一个正向加速循环的旋涡。

③　藤田昌久，保罗·克鲁格曼，安东尼·J·维纳布尔斯. 空间经济学——城市、区域与国际贸易［M］. 梁琦，主译. 北京：中国人民大学出版社，2011：2.

出台的相关政策措施加以支持或鼓励。唐纳德·诺尼（Donald M Nonini）在探讨中国的新自由主义时认为政策支持或者政府功能在各国的文化产业发展中发挥着越来越强的作用力，尤其是发展中国家，更需要通过政府政策指导文化经济的发展，政府必须予以政策性的引导和调整，为文化产业健康发展创造良好的制度环境。[①]

总的来看，文化产业政策具备了公共政策的所有要素和形态。[②]进入2000年，发展文化产业的思考开始进入到城市更新的建设实务层面，不同部门、不同层级的相关政策措施迅速配合推出，相较之下，以北京、上海、福州出台的政策措施针对性最强，作用效果最为明显，提供了一个观察我国城市文化政策如何深入到工业遗产保护领域的重要视角。所以，这一小节将对这三个城市出台的相关政策措施进行梳理，以期从中体会文化产业促进政策如何与工业遗产保护再利用政策进行相互间的协调（表3-1-1）。

针对利用旧工业用地发展文化产业的政策分析　　　　表3-1-1

城市	对口部门	时间	相关政策、文件、举措	相关内容	作用
北京	市委宣传部联合课题组	2006年4月	《北京市文化创意产业发展研究报告》	—	课题研究↓
	市委宣传部、市发改委	2006年10月	《北京市促进文化创意产业发展的若干政策》（京办发〔2006〕30号）	第二十六条 明确鼓励盘活存量房地资源，用于文化创意产业经营。工业厂房、仓储用房、可利用的传统四合院区域、传统商业街和历史文化保护街区等存量房地资源转型兴办文化创意产业，凡符合国家规定、属于本市产业升级和城市功能布局优化的，经认定，原产权单位以划拨方式取得的土地使用权保持不变，政府可暂不对划拨土地的经营行为征收土地收益	政策导向↓
	市统计局、国家统计局北京调查总队	2006年12月	《北京市文化创意产业分类》（京统发〔2006〕154号）	—	部门协同↓
	市工业促进局、市规划委员会、市文物局	2007年9月	《北京市保护利用工业资源，发展文化创意产业指导意见》（京工促发〔2007〕129号）	由于相关内容较多，详见附录二	政策细化↓
	市工业促进局、市规划委员会、市文物局	2009年2月	《北京市工业遗产保护与再利用工作导则》（京工促发〔2009〕32号）	第16条 在工业企业搬迁、工业用地转换性质、编制工业用地更新规划时应注重工业遗产的保护与再利用；在工业遗产的重点保护区内安排建设项目时应当事先征得工业、规划及文物主管部门的同意	制度强化

① Nonini D. Is China becoming neo-liberal [J]. Critique of An-thropology，2008（28）：145 -176.
② 毛少莹. 中国文化政策30年 [EB/OL]. http://www.ccmedu.com/bbs35_75790.html.2008.11.11/2015.1.22.

城市	对口部门	时间	相关政策、文件、举措	相关内容	作用
上海	上海市规划和国土资源管理局	1997年	《上海土地利用总体规划（1997—2010年）》	四、土地利用的战略思路 （一）利用级差效益，盘活存量土地 ……中心城区的土地必须结合产业结构调整和市区工业疏解、扩散的指向，挖潜调整，优化配置，充分利用城市土地的级差效益，盘活存量土地，腾出"黄金宝地"发展以金融、贸易为主体的第三产业和高新技术产业……重点便是作好中心城区66km²的工业用地置换……至2010年，中心城区内……1/3的工厂就地改为第三产业用地……	土地规划 ↓
	市经委、市委宣传部	2008年6月	《上海市加快创意产业发展的指导意见》	一、优化资源配置，促进创意产业集聚发展 3．鼓励盘活存量房地产资源用于创意产业发展。鼓励相关企业结合产业结构调整、产业转型升级、旧区改造和历史建筑风貌保护，从扶持创意产业相关企业、完善创意产业链和优化资源配置出发，盘活存量资源，精简改造支出、减轻汇报压力，发展创意产业。积极支持以划拨方式取得土地的单位利用工业厂房、仓储用房、传统商业街等存量房产、土地资源兴办创意产业，土地用途和使用权人可暂不变更。有关部门综合存量房地产资源规模、先期改造投入、周边商务租金等因素，对存量房产用于兴办创意产业实施最高租赁价格的指导、管理和监督	政策导向 ↓
	市经委	2008年6月	《上海市创意产业集聚区认定管理办法》（沪经规〔2008〕452号）	第二条 本办法所称的创意产业集聚区是指依托本市先进制造业、现代服务业发展基础和城市功能定位，利用工业等历史建筑为主要改造和开发载体……经市政府有关部门认定的创意产业园区。 第五条 本市创意产业集聚区的认定条件为： （十）能按国家和本市的法律法规要求，做好历史建筑的保护工作。 第十一条 创意产业集聚区入驻企业不得擅自改变建筑结构和使用性质；入驻企业的二次装修应按规定上报有关部门	管理办法 ↓
	上海创意产业中心	2010年	《上海创意产业"十一五"发展规划》	三、上海"十一五"创意产业发展的指导思想和主要目标 3．实施原则 （3）坚持与保护历史建筑相结合。将创意产业融入城市发展和历史保护建筑之中，处理好保护与利用的关系，创造新的城市文化氛围，提升国际大都市形象，使城市更具魅力，以体现国际大都市的繁荣繁华、文化底蕴和时代生机。 六、主要推进措施 （一）加强宏观导向，推进创意产业健康发展 4．……同时，根据《上海市历史文化风貌区和优秀历史建筑保护条例》等法规，研究合理规划和利用中心城区历史建筑的有关办法，鼓励历史建筑的保护性开发	政策细化

城市	对口部门	时间	相关政策、文件、举措	相关内容	作用
福州	福州市人民政府	2010年5月	《福州市关于加快文化创意产业发展的意见》（榕政综〔2010〕82号）	5. ……利用丝绸厂、金山工业区、福兴投资区等厂房，改造建设芍园一号文化创意园、福百祥文化创意园、榕都318文化创意艺术街区、中国漆空间创意园等一批定位准确、独具特色的文化创意产业园区…… 14. 鼓励盘活存量房地产资源，用于文化创意产业经营。凡利用具有特殊历史记忆形象的古建筑、老建筑或利用金山工业区、福兴工业区、福州软件园等地空闲的厂房、仓储用房等房地产资源兴办文化创意产业，不涉及重新开发建设，且符合国家规定、城市功能布局优化及有利于产业升级的，经有关行业主管部门和财政部门确认，市政府批准，暂不征收原产权单位土地年租金或土地收益。原产权单位该部分土地系以划拨方式取得的，土地使用权性质可保持不变	政策导向↓
	福州市人民政府	2012年8月	《福州市文化创意产业发展"十二五"专项规划（2011—2015年）》（榕政综〔2012〕83号）	第五章 保障措施 三、强化产业保障，促进文化创意产业跨越发展 （三）……全市建设用地指标适当向文化创意产业倾斜，确保文化创意产业用地优先。将文化创意产业用地纳入城市空间专项规划，根据产业布局的要求，由文化创意产业部门会同规划部门共同编制。鼓励文化创意企业积极参与旧工业区、旧村、旧城区改造，建设文化创意产业园区（基地），推动文化创意产业空间更新扩大	政策保障↓
	中共福州市委办公厅 市人民政府办公厅	2013年4月	《关于利用工业厂房建设文化创意产业园区的管理办法》	由于相关内容较多，详见附录三	政策细化

在2006年一季度对北京市文化产业进行的重点研究的基础上，2006年4月～2009年，北京市地方政府密集地出台了一系列政策措施，在大力促进北京市文化产业发展的基础上，引导鼓励工业资源向文化产业的历史转型。这些政策中有几项关键举措对这一进程起到了实质性的推动作用，包括：2006年10月颁布的市委宣传部、市发改委研究制定的《北京市促进文化创意产业发展的若干政策》；《北京市保护利用工业资源，发展文化创意产业指导意见》（以下简称《指导意见》）则是将上条政策展开并落实为具体措施；在政策实施两年后，于2009年2月同样由提出《指导意见》的三个部门联合发布《北京市工业遗产保护与再利用工作导则》，对实际工作推进过程中遇到的不利于工业遗产保护的重要问题加以及时发现并补充相关规定，以求得实现产业发展与遗产保护的平衡。以上述"三步走"政策为主，辅以对文化产业集聚区的认定、文化产业分类标准的界定、工业遗产进入保护名录的确定，北京从政策层面构建了引导利用工业资源发展文化产业的路径。

上海文化产业的发展路径，从一开始便从规划实务层面确定了与历史建筑尤其是工业遗产保护相结合的模式。1997年编制的《上海土地利用总体规划（1997—2010年）》即将发展第三产业的空间战略指向了市中心城区的存量工业用地的置换。经过十年的项目实践，上海大量的包括部分工业遗产在内的优秀历史建筑，通过保护性再利用，既保留了这些旧工业建筑的历史风貌，又为这些旧工业地段注入新的产业元素，使老厂房成为文化产业相关行业十分青睐的场所，并成为实施科教兴市主战略的一个创新点。到2008年，鼓励盘活存量房地产资源用于文化产业发展等相关内容正式进入由市经委主导的一系列具体的办法文件中。到2009年，与工业遗产保护再利用相结合的文化产业集聚区占上海文化产业园总量的65%[①]。

2008年10月，上海市规划和国土资源管理局发布《关于促进节约集约利用工业用地加快发展现代服务业的若干意见》。这个意见是在国务院发布《国务院关于促进节约集约用地的通知》（2008年1月）和《国务院办公厅关于加快发展服务业若干政策措施的实施意见》（2008年3月）以后紧跟着发布的关于工业用地节约集约并促进产业结构优化升级的政策文件，旨在加强规划引导提高现有工业用地利用率，积极利用老厂房促进现代服务业健康发展，严格依法审批规范新增工业用地管理。2008年6月上海市经济委员会、宣传部发布《上海市加快创意产业发展的指导意见》、《上海市创意产业集聚区认定管理办法》；2010年出自上海创意产业中心的《上海创意产业"十一五"发展规划》同样继续配合着前一阶段的政策，将"坚持与保护历史建筑相结合。将创意产业融入城市发展和历史保护建筑之中，处理好保护与利用的关系，创造新的城市文化氛围……"作为上海"十一五"文化产业发展的实施原则。

2017年市规划国土资源局制订《关于加强本市经营性用地出让管理的若干规定》，提到经营性土地出让问题，虽然没有将工业用地列入，但是工业用地变性后有可能适合这项规定。2017年中共上海市委、上海市人民政府印发《关于加快本市文化创意产业创新发展的若干意见》，提出发展目标是："发挥市场在文化资源配置中的积极作用，推动影视、演艺、动漫游戏、网络文化、创意设计等重点领域保持全国领先水平，实现出版、艺术品、文化装备制造等骨干领域跨越式发展，加快文化旅游、文化体育等延伸领域融合发展，形成一批主业突出、具有核心竞争力的骨干文化创意企业，推进一批创新示范、辐射带动能力强的文化创意重大项目，建成一批业态集聚、功能提升的文化创意园区，集聚一批创新引领、创意丰富的文化创意人才，构建要素集聚、竞争有序的现代文化市场体系，夯实国际文化大都市的产业基础，使文化创意产业成为本市构建新型产业体系的新的增长点、提升城市竞争力的重要增长极。"

福州针对性地促进文化产业发展的时间开始较晚，直到2010年文化产业相关行业企业才在政府的统一引导下迅速发展，但这也是福州出台的相关政策针对性强、细化度高的原因。福百祥1958文化创意园、芍园壹号文化创意园、榕都318文化创意艺术街区等一批文化产业园区，因定位较准确、发展有特色的典型园区启发了福州市政府对发展文化产业的思路。通

---

① 赵金凌. 上海创意产业发展策略研究 [J]. 地域研究与发展，2010（6）：32.

过对表3-1-1中的"对口部门"一栏的内容进行比较不难发现，不同于北京、上海出台政策都是由政府下设的相关部门制定发布的，福州的这类相关政策都为市委办公厅、市政府办公厅直接下达的。2010年公布的《福州市关于加快文化创意产业发展的意见》中即明确鼓励盘活存量房地产资源，利用古建筑、老建筑，或利用空闲的厂房、仓储用房等房地产资源兴办文化产业，并配合相应的土地使用、土地性质方面的条款为文化产业园提供一个宽松的发展环境。2012年、2013年相继出台的《福州市文化创意产业发展"十二五"专项规划（2011—2015年）》、《关于利用工业厂房建设文化创意产业园区的管理办法》更加深化了这一意见，后者更是从产权单位和运营单位、用地容积率和建筑改造、审批程序和考核管理等各个层面加以把控。这些政策思路清晰，但是由于尚未与分管各部分业务的主要部门制定的章程对接上，可能会在现在或未来的实施中难以落地，实施情况需要后续的调查和跟踪研究。

3.2 文化生产的区位选择

1）工业历史地段的地理区位优势

文化产业首先形成于经济中心城市，又于中心城市的中心区域发展，并同这些区域的产业基础直接相关。由规模经济和经济融合所产生的新型产业（第三产业、信息产业），始终具有劳动密集型的特点，它们则以"向心→集聚"的模式发展。一般情况下，商业、办公、金融等利润率较高的第三产业，要求占据区位条件较好的市中心位置。就第三产业来说，其利润与所处区位关系很大，若位于市中心，往往会带来较多的超额利润。

中国的城市工业用地有着自身的发展规律，直到20世纪80年代后期，中国的城市工业才开始逐渐向外围疏解，在此之前建厂的近现代工业一般都选择在已具备较好的生产、生活、基础设施条件并贴近老中心城区的区域布点，但伴随着城市发展和城市规模的不断扩大，这些工业区逐渐被划入新的城市中心区范围，变成了名副其实城市的中心区域地段。因此，这样的地段优势成为中国近现代工业遗产普遍具有的价值特征。虽然城市工业企业在筹建之初有诸多的选址考虑因素，包括土地、市场、原料、劳动力、交通运输和能源条件等，但当这些工业地段的用地功能向除工业以外的其他产业用途转变时，其原厂址的主要价值全部聚焦为现如今所谓的"地段优势"。栾峰等通过运用GIS工具对上海64家文化产业园区的空间分布进行密度分析后发现：作为大多数园区空间载体的闲置工业厂区主要集中在上海内城边缘，即内环线周边，包括浦西内环线两侧、苏州河岸、浦西东北部、南部和西南部。其中，超过一半的园区分布在浦西内环线附近。这种地段优势在现今的城市开发建设过程中则以土地价值、景观价值、交通可达性等一系列指标来体现，篇幅所限，本小节仅对那些具备滨水特点的工业遗产的地段价值进行论述，以期能达到管窥一斑的效果。

由于能够提供廉价而高效的运输方式、给排水系统，城市水系成为近现代工业选址时考虑的居于重要地位的物质要素。对工业生产举足轻重的水陆交通条件，在制造业占主导地位的工业化时期，人们仅关注其在生产资料与产品的运输方面的效率或生产排污的要求，其他价值被严重忽略；在服务业地位越来越重要的后工业化社会的城市更新的过程中，城市滨水区域由于其富集的人文景观和优越的生态环境，成为城市生活的重要空间载体，为相关的文化、服务行业供了差异化特征和地段优势附加值，并助推了滨水地区的用地价值。

上海苏州河见证并记录了我国民族工业发展的重要历史阶段：中华人民共和国成立前，上海主要的三大工业区之一即有苏州河南岸工业区；中华人民共和国成立后又于北岸建设了近2平方公里的长风工业区；20世纪90年代开始，苏州河沿岸工业区又成为产业结构调整的重点区域。四行仓库、M50创意园、1933老场坊等一批已受到保护再利用的工业遗存都分布于这片滨水区域。文化生产主体几乎与市政府同时关注到这片区域的潜在价值：1997年登琨艳等一批艺术家进驻苏州河边旧仓库的初衷不仅仅因为这些旧厂房的租金便宜，先于"价廉"考虑的是这片区域的"物美"——地理环境优越；1998年，上海颁布了《上海市苏州河环境综合整治管理办法》[①]，开始了以环境整治为总体目标的综合开发管理，随着工程的推进，这些宝贵的滨水区域内地块遂成为上海最具生态景观价值的用地。

天津棉纺织行业的主要成员"六大纱厂"，它们的地址都位于天津市历史上的重要水系运输段——海河大直沽段——两岸（图3-2-1）。随着机动交通的发展，道路取代河道成为各种经济要素的主要依附对象，海河的交通运输功能逐步降低、生产功能随之减弱，并随着天津市中心区向消费型社会转型的过程，第三产业的发展以及民众生活对城市自然景观环境和公共空间品质提出了更高要求，海河沿岸的景观、文化等价值日益受到重视，经济价值也随之凸显（国外一些发达国家的城市滨水区，地产价值可以达到非滨水地区的6倍），成为天津城市建设的焦点地区。进入2003年，以天津政府为主导、以改善环境为目标、以基础设施建设为重点的天津海河两岸大规模综合开发改造正式启动。根据《天津市城市总体规划（2005—2020）》[②]，"将继续中心城区的海河沿岸综合开发改造，带动城市功能调整和布局完善……创建现代城市滨水景观"。至2006年，海河两岸道路格局、景观环境已发生了巨大的变化，中心城区沿岸地段的地价开始节节攀升，尤其是位于市六区内北起金刚桥、南至大直沽的这段水系所辐射到的沿岸地块，迅速受到开发建设方面的关注。占据着这一区域大规模用地的天津纺织行业企业由于自20世纪90年代末就开始面临盈利能力下滑的局面，在配合天津市工业东移改造的形势下，利用土地置换资金，加速了数量庞大的纺织行业工业遗产的产生和湮灭。有幸没有被拆除的部分工业遗产凭借其地段优势吸引了包括文化产业在内的新的产业资本和人力资源向此区域的重新聚集，遗产价值进一步转化为产业经济价值。

---

① 1998年08月17日发布，1998年11月01日正式实施的地方性法律法规。
② 此轮总体规划于2006年由天津市政府通报，并得到国务院批复。

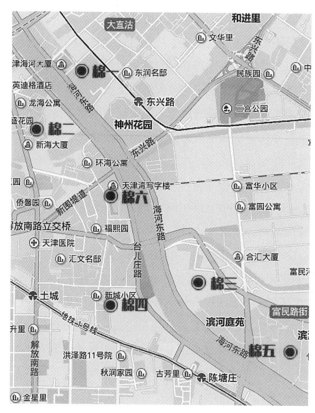

图3-2-1　天津"六大纱厂"地段优势示意

2)工业历史地段的建筑密度优势

工业历史地段环境优势这里主要指其地块内建筑的低密度和地块周边配套设施完善的特征。

北京部分文化产业园容积率　　　　　　　　　　　　　表3-2-1

	改造项目名称	占地面积（平方米）	保留建筑面积（平方米）	容积率
1	798艺术区/大山子艺术区	60万	28.6万	0.45
2	751D·PARK北京时尚设计广场	22万	16.7万	0.76
3	莱锦文化创意产业园	13万	11万	0.85
4	北京尚8-CBD文化园	4万	4万	1
5	新华1949文化创意设计产业园	4万	4.5万	1.13
6	中国北京酒厂ART国际艺术园区	4.7万	3万	0.64
7	方家胡同46号	9000	1.3万	1.11
8	竞园·北京图片产业基地	10万	6万	0.6

首先，低密度办公建筑的出现源于商务办公的生态主义倾向和郊区化倾向。优美的周边自然环境、水平方向展开的建筑布局是其外在特点；人性化则是其内在品质。一般而言，当容积率小于2时，办公建筑能做到在10层左右或更低，园区规划能够形成相对灵活的布局；当容积率在0.5以下时，建筑单体能够做到6层以下，规划布局能够形成半独立的院落；当容积率降低到0.3以下时，不仅单体建筑能够完全独立，而且能够形成完全私密的院落。其次，格拉柏赫①（Grabher）、科埃②（Coe）等人的研究强调，文化产业的发展需要相应的配套设施和辅助机构的支持，包括密集的交通、发达的通信网络、教育和培训、金融机构、专门商业服务、零售商业、观众和研究机构等。

我国的一线城市，以北京、上海为代表，紧随低密度居住建筑之后，开始出现一批位于城市次中心区、近远郊的新型办公建筑。对这种办公有需求的企业主要有两类：一是原先在市中心CBD办公对产业集聚要求不高、希望拥有更加优美的独立小环境的总部型企业，它们希望企业的办公环境能充分体现人性化特点，通过营造舒适的办公环境使员工形成企业归属感；二是具有IT、科研、文化艺术等性质的企业，它们希望找到能实现独立办公氛围轻松自由的办公场所以激发员工的创造性。这些新型办公需求的基本指向是建筑低密度，或者说是地块的低容积率，而这是市中心CBD那些高层、超高层的标准化办公建筑无法满足的。

以北京丰台区中关村科技园的总部基地（Advanced Business Park，简称ABP）③为例，占地65公顷，总建筑面积106万平方米，容积率1.59，平均绿化率达到50%。它是以美国硅谷为样板的产业园区，与人们传统印象中的中央商务区截然不同，它拥有相对轻松舒适的外部环境。但正是由于其容积率较低，单位建筑面积分担的楼面地价相应低，单位建筑面积分担的楼面地价相应较高，因此这种类型的低密度办公建筑的选址一般在地价相对较低、城市化程度较低的地方。因其偏离市中心区，公共交通相对不便，而且周边缺乏相应层次的生活配套，所以需要经过较长时间的培育才能使园区外部形成较为完善生活功能结构，或者需要投入较大的成本在园区内部建设相应的配套设施，所以在其发展前期，较难吸引成熟的大中型企业。

不同于ABP，坐落于市中心区的、由旧工业建筑改造的产业园提供了兼具中心城区传统中央商务区（CBD）的整体商务氛围和郊区商务花园（BusinessPark）的低密度办公产品共同优点的生态办公环境，它们多从原先从事轻工业、仓储类行业的旧工业厂区演化而来，建筑标准因修复改造工程较之从前有不同程度的提高；而且由于其大多位于城市化程度较高的区域，周边的配套设施相对完善，因此园区在内部配套设施的建设上的投入可以相对少

① Grabher G. The Weakness of Strong Ties：The Lock-in of Regional Development in the Ruhe Area［C］// GrabherG. The Embedded Firm：On the Socioeconomics of Indus-trial Networks. London：Routledge，1993：255－277.

② 2Coe N，Johns J. Beyond Production Clusters，Toward aCritical Political Economy of Networks in the Film andTelevision Industries［C］// Power D，Scott A J. The Cul-tural Industries and the Production of Culture. London：Routledge，2004：188－204.

③ 2003年开始建设，2005年底建成。

一些。表3-2-1显示了对北京部分文化产业园的容积率的计算结果，不难看出它们大大低于"低密度办公"所要求的标准。

3）工业历史地段的产业氛围优势

这一小节的内容是文化产业的聚集效应与规模效应相关研究结论的简要实证。不同于其他产业的规模效应体现在原材料运输、加工、包装、销售等产业链各环节的衔接上，文化产业的聚集效应体现在与信息交流、创意展示、人才吸引等相关的企业和服务机构在一定地理区域范围内的集合。集群内的企业和专业个体高度集聚使企业间形成密切的联系，高度依赖相互间的专业化投入和服务，进而形成本地的文化生产网络，更多的主体被该氛围吸引，又进一步地加强了该环境的产业氛围。艾伦·J·斯科特对这一现象给出了易于理解的解释：地点作为享有特权的文化所在地的主张不断地增强了大城市社区的重要性，它具有各种各样专业化的经济功能和密集的内部社会关系，它们以数量可观的产业及商业活动集聚区的形式来体现，可以说城市特有的文化属性和经济秩序愈发浓缩于地理环境之中。

经历了不同历史阶段积淀下来的产业氛围是工业历史地段的另一项区位优势。周边产业氛围对文化产业的类型和布局的影响非常直接，影响效果非常明显，很多时候其性质与功能成为园区发展定位的关键影响因素。这是那些在城市中心区外围新开辟的各类"开发区"所不具备的天然的产业发展基础。这些发展优势的形成大体分为三类：第一类是园区周边业已形成的文化产业集聚区；第二类是原址企业优势业务的发展积累；第三类是园区周边以高校为主体的文化带动（表3-2-2）。表中列出的项目仅是那些拥有集中的、外显的、以有形企业或区域实体作为产业发展依托的调研样本，更多的则是由工业历史地段以往的产业发展基础对新注入产业所提供的支持，是无形的、无法量化的。由于基础型工业的分布遵循机械化运输和电力的配给的规律，历史工业地段往往已形成大规模的居民消费群体、完整的商业、交通设施、基础服务配套设施等一系列对于文化产业发展同样举足轻重的基础条件。

产业氛围优势样本列举　　　　　　　　　　　　　　　　　表3-2-2

园区		所依托的产业基础		类型
城市	园区名称	实体	行业	
北京	751D·PARK北京时尚设计广场	798艺术区/大山子艺术区	艺术	第一类
	莱锦文化创意产业园	传媒大学、定福庄传媒走廊	传媒	第一类
	新华1949文化创意设计产业园	北京新华印刷厂	印刷	第二类
广州	羊城创意园区	羊城晚报印务中心	印刷	第二类
	广州T.I.T纺织服装创意园	广州纺织机械厂	纺织	第二类

园区		所依托的产业基础		类型
城市	园区名称	实体	行业	
天津	3526创意工场	天津美术学院	艺术	第三类
	天津现代美术学院	天津美术学院	艺术	第三类
重庆	坦克库-重庆当代艺术中心	四川美术学院	艺术	第三类
	501艺术基地	四川美术学院	艺术	第三类
青岛	青岛啤酒博物馆	青岛啤酒厂、啤酒街	食品、旅游	第一类
	1919青岛烟草博物馆	青岛卷烟厂	烟草	第二类
	红星印刷科技创意产业园	青岛红星化工厂	化工、印刷	第二类
	青岛工业设计产业园	青岛四方机车厂	机械	第二类
	青岛纺织谷	青岛国棉五厂	纺织	第二类
西安	大华·1935	陕西第十一棉纺织厂、大明宫遗址	纺织、旅游	第一类

3.3　文化生产的建筑空间要求

从对场地使用成本的客观要求，到对建筑空间形态的功能需求，再到对工业遗产本身所代表并体现的文化价值的追求，文化产业从物质层面到精神层面都对其空间载体自身提出了特殊要求（图3-3-1）。

工业遗产的空间特征是那些由工业遗产保护再利用形成的文化产业园区的主要吸引力。从大多数文化产业相关行业企业的发展经验来看，它们的企业管理模式形成了小型化、扁平化、个性化的特点，同时要求具有灵活性、交流性、能激发创作激情又氛围轻松的办公空间，这就决定了它需要一种低密度、空间流动性强、兼具文化内

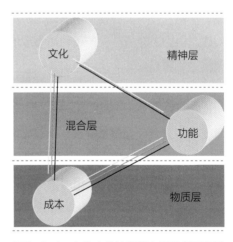

图3-3-1　文化产业的建筑空间要求示意图

涵的工作场所。工业建筑遗产普遍具有的历史感、工业造型、高敞空间使得它相比其他类型的历史建筑更符合新型产业的运营要求，具有更高的再利用价值。因此，文化产业发展与工业遗产保护再利用的结合，客观上是文化产业崛起及其自身发展的必然要求。本小节探讨的

主题在许多建筑学领域的研究中被屡屡提及，但往往以"低廉的房租、巨大的空间和工业历史气息"类似的集合表述一笔带过，这些旧工业建筑空间的特征如此明显，导致反而少有将这些特征分项加以论述的文章，因此，本节将结合其他学者的研究成果对这几项文化产业对建筑空间外在的、显性的要求进行分别的阐述。

1）工业遗产较低的使用成本符合文化产业的发展需求

自从美国纽约苏荷街区改造[①]赋予旧工业建筑以前沿艺术的象征性之后，文化产业相关行业的工作者对阁楼、厂房、仓库开始持有传承性的偏爱，这虽然包含着这类使用者对工业历史文化和特殊空间形态的追求，但不可否认，更原始的一般原因是资金的限制使他们只能承受低廉的租用成本。

文化产业自由聚集的主体最初一般都是画家、音乐家、设计师等个体艺术创作者或处于成长期的中小企业，他们既对高大开敞的办公空间有使用上的需求，又大多没有充裕的金融资本支付城市中心区新建的异形办公空间，而行业的发展特性又要求他们对文化信息有较高的交流度与敏感度，能够尽早地接触最新的文化、潮流影响（这也是直到今天集聚巴黎的艺术家们宁愿蜷居在狭小的阁楼空间里进行创作的根本原因）。这种双重的高标准使那些城市中心区的新建办公建筑和城市郊区的"商务花园"客观上难以提供这一工作群体所需要的发展条件，城市旧工业地段上的闲置工业建筑群成为他们的选择。例如，2000年初步成型的上海M50创意园，直到被上海市经济委员会授牌为第一批创意产业聚集区的2005年，其租赁价格只有1.2元/平方米·天，大大低于同期周边写字楼的租价。虽然由于研究范围及能力的限制，不能一一考证各样本在形成之初的真实租赁价格，并与同期周边办公建筑的租赁费用作对比，但由工业遗产保护再利用形成的文化产业园凭借其较低的使用成本促成了文化产业的集聚是毋庸置疑的。

2）工业遗产的空间形态特征符合文化产业的使用要求

工业建筑比其他类型建筑更早、更严格地遵循着工业生产中表现出的机器美学[②]，更加强调功能和形式之间的逻辑关系，较少刻意地附加装饰，适应性与高效性较为突出。由于材料和技术上不同程度地使用框架结构，局部运用钢构件，使得工业建筑由于柱距、跨度的增大，空间形态上高大、开敞，且较为单纯。这种特征使其内部空间具有很强的可塑性，可重

---

① 苏荷（SoHo），即South of Houston Street之英文缩写。作为世界闻名的艺术区，苏荷区原是纽约19世纪最集中的工厂与工业仓库区，20世纪中叶，美国率先进入后工业时代，旧厂倒闭，商业萧条，仓库空间闲置废弃。20世纪50、60年代，美国艺术新锐群起，各地艺术家以低廉租金入住该区，眼光敏锐的画商在该区先后设立画廊，60、70年代之交，纽约市长作出具有高度文化远见的决定：全部保留苏荷区旧建筑景观，通过立法，以联邦政府的立场确认苏荷为文化艺术区。

② 所谓"机器美学"，是研究机器生产时代产品设计审美规律的理论学说，它的创始人是勒·柯布西耶（1887—1965）和艾米迪·奥尚方（Amedee Ozenfant，1886—1966）。机器美学的代表作是以柯布西耶于1923年发表的《走向新建筑》一书为起点。

新布局、分隔组合，在改造适应性方面较其他类型建筑蕴含更大的改造潜力和再利用价值。只要其空间结构的稳定性和安全性得到确保，通过注入好的设计理念，是能够创造出可以适应非生产功能的空间形态的。

工业遗产与文化产业的结合早期即表现为以Loft[1]为主的形式，从某种程度上讲Loft的发展历史就是工业建筑空间与后工业文化交汇的原始动力的见证。

单层工业厂房平面一般多采用较大的柱距，内部空间高大开敞；多层工业厂房的层高一般也达到4.8米以上，内部可以通过垂直分层、水平分割的手法化整为零，进行局部的加建、拆减，以获得不同形态的空间，能够适应于不同程度、不同标准的对高大空间的需要。

由于与文化产业相关的很多行业都或多或少带有艺术性质，如博物馆、美术馆、会展、艺术品交易、设计企业、个体艺术家等，常规办公建筑内部空间无法满足其创作空间与作品展示、甚至与居住空间杂糅的空间要求，因此这些企业或个人倾向于选择拥有大空间的工业建筑，通过对个性化的内部再设计，改造出空间形态丰富的多功能场所。那些不需要开敞空间的使用主体，如软件开发、科技研发、咨询策划服务等行业，也优先选择旧工业建筑的原因是，他们可以得到活跃的工作空间，享受在这种特殊的场所中所带来的精神自由与时尚的工作氛围。此时，大空间已经不仅是一种物质层面的需求，而是作为文化创意空间的代名词被大多数文化产业主体认可和追逐，上升到精神层面的需求。

由20世纪50年代北京第一机床厂礼堂改造的方家胡同46号的"尚剧场"，层高大于6米，能够支持话剧类小剧场的演出；由上海汽车制动器厂经过再利用改造的上海8号桥创意园一期建筑，层高都在5米以上，最高处可以达到10米；天津绿岭产业园的很大一部分厂房空间层高甚至达到20米以上，吸引了需要多种大型场景的高端婚纱摄影机构、高端婚庆培训机构的入驻（表3-3-1）。

但此处需要指出的是，本研究调研发现文化产业的建筑空间需求主要指向工业建筑中常规体量的空间，对于像鲁尔工业区那样的重工业生产性构筑物及设备，因再利用过程较复杂，需要深度的设计及较高的施工要求，对改造成本、进驻产业类型有较高要求，所以，在调研覆盖的86个项目中，仅有北京751D·PARK时尚设计广场对这类空间形态特殊的工业遗产进行了较系统的保护及再利用，以及尚未开始改造工程、但已委托设计单位进行了几轮保护再利用方案设计的重庆工业博物馆的开发主体。

3）工业遗产的文化价值满足文化产业的精神层面的需求

每处工业遗产几乎都是一个行业在一个时代的标志，而由它们改造而成的文化产业园，实际上就已经拥有了先天的历史和文化特质。1999年沿着苏州河寻找合适的工作场所的画家

---

[1] Loft原指建筑中的阁楼，在美语中又加入了仓库上楼面层的意思，不列颠百科全书将其解释为：房屋中的上部空间，或工商业建筑内无隔断的较大空间，又称"统楼层"。而现在人们将其引申为由废旧厂房改造而成的艺术家工作场所。

表3-3-1

城市	项目	内部空间	城市	项目	内部空间
北京	方家胡同46号 -北京尚剧舞台艺术中心		重庆	坦克库 -正在改造中的内部空间	
上海	8号桥一期-2号楼		青岛	创意100产业园	
广州	羊城创意产业园 -创新谷企业孵化器		西安	老钢厂设计创意产业园	
天津	绿岭产业园 -婚符号婚礼策划公司		福州	闽台A.D创意产业园	

薛松，正是被春明粗纺厂厂区所具备的安静、老旧吸引视线，他将原作为职工食堂的8号楼A座作为画室，那是一幢建于1938年的坡顶建筑，外墙由红砖砌筑，圆形的通风窗，两层高敞的建筑空间，西侧外墙的露天楼梯间都原原本本地体现出那个年代民族工业的历史特征。成为了之后上海M50创意园的第一位租客，从此莫干山路50号逐步发展成为上海第一个时尚创意基地。

不同城市有不同的工业发展历程，这映射成为各地工业遗产的精神特质。如像上海、天津、青岛这些有过租界历史的城市，其工业遗产很多承载着殖民地的文化记忆，例如现已租给文化展览公司的青岛M6创意产业园中的甲号舍宅，1921年由日商三井集团在建设"钟渊纱厂"时所建，带有浓厚的西洋建筑元素特征（表3-3-2）；像北京、西安这样有20世纪50年代"156"项目位于其中的城市，其旧工业建筑中很多体现着这两个国家的建筑风格，比如位于798艺术区内的798艺术中心，其前身是20世纪50年代由苏联援建、前民主德国设计、具有典型的包豪斯风格的厂房建筑；像重庆曾作为战时陪都、盟军远东指挥中心以及同盟国中国战区统帅部的历史，使得它的工业遗产保持以军工业为主的特征，例如坦克库—重庆当代艺术中心，在重庆数量众多的军工业遗产中，其建筑质量和风格特点并不突出，但其曾作为高射机枪和坦克生产工厂的军用仓库的使用历史，为其今天的使用者带来了无限的创作灵感。因此说，工业遗产蕴含了城市发展历史中的诸多要素，形成了每个城市在特定时期的集体精神追忆，形成各具特色的空间、样式、形态、风格，极易成为所在区域的地标物，并带给人们一种具有强烈历史感的场景氛围。

相关调研项目建筑风格列举   表3-3-2

城市	项目	建筑风格	风格由来
上海	1933老场坊		1933年由工部局出资兴建，由英国建筑设计大师巴尔弗斯（Balfours）设计
	M50半岛1919		建造于1930年，日式风格，砖木结构，建造初期为纱厂高级职员的居住及休息场所

城市	项目	建筑风格	风格由来
天津	华津3526创意产业园		1938年日占时期建造，日式风格
	6号院创意产业园		1921年，英国怡和洋行天津分行建设的仓库
青岛	M6创意产业园		1921年由日本建造的钟渊纱厂用作厂区医院
	青岛啤酒厂		1903年，德国、英国商人为适应占领军及不断增加的侨民对啤酒的需求，合资创办了"日耳曼啤酒公司青岛股份有限公司"
	青岛烟草博物馆		大英烟公司1924年的新厂址，大英烟股份有限公司青岛分公司

这与文化产业相关行业主体对历史文化出于本能的追逐相契合。无论是保护再利用项目的开发者、方案设计者，还是后来的使用者，都能在原有生产性空间与后续空间功能之间找到出其不意的碰撞灵感，在这种选择倾向的推动下，工业遗产中那些积淀了工业文明的厂房、构筑物、设备、标语、历史文档……都成为追逐的焦点，这些实体特征或成为展览的一部分，或成为激发创作主体灵感的环境场景。因此，这是文化产业相关行业主体在对工作环境的选择中倾向于工业历史地段的精神需求层面的原因。

3.4　探讨：工业遗产保护应纳入存量规划体系

3.4.1　背景

近年，从中央到地方陆续对城市资源的有限性加以认知和强调，城市发展进入资源集约时代，城市发展空间面临紧束。在以往的城市总体规划（以下简称"总规"）编制中，大城市、特大城市都不会主动选择困难大、矛盾多、见效慢的旧区改造方式来谋求新的经济增长空间，而青睐于采用扩大建设用地规模、发展新城新区的模式，即通过增量规划[①]来保证城市经济总量的发展目标。政策的方向性转变首先影响到那些较先进的一线城市，它们在城市规模经历了急剧的膨胀期后，被迫严控新增建设用地指标并寻找新的城市发展路径，而这一路径的起始，就是新一轮的总体规划编制。于是，旨在以城市更新为手段促进建成区功能提升的存量规划迅速受到城市政府的重视，而各方面也很快意识到——在这一进程中，工业用地的转化将是城市发展的最大潜力所在。

当前存量规划所涉及的方面包括旧城更新与改造规划、环境综合整治规划、交通改善和基础设施提升规划、历史街区和风貌保护规划、产业升级与园区整合规划、土地整备与拆迁安置规划等。[②]从中我们可以发现，这些内容都是工业遗产保护再利用项目所要整合的方面，两者之间有毋庸置疑的关联性。所以，中国存量规划研究和中国工业遗产保护再利用研究，有必要进行一定程度的联合，在对国家层面的政策方向性转变保持高度敏感的基础上，以最新的城市发展要求为参照系，从宏观上建构各自的理论体系。

2013年12月城镇化工作会议提出推进城镇化主要任务第二点就是"提高城镇建设用地效率"。[③]会议提出"减少工业用地，适当增加生活用地，特别是居住用地，切实保护耕地、

---

① 增量规划，是指以新增建设用地为对象、基于空间扩张为主的规划。目前这类规划仍是我国城市规划编制的主流。

② 邹兵. 增量规划、存量规划与政策规划 [J]. 城市规划，2013（2）：35-37.

③ 中央城镇化工作会议在北京举行 [N]. 人民日报，2013-12-15.

园地、菜地等农业空间，划定生态红线"。2014年3月的《国家新型城镇化规划（2014—2020年）》第二十四章"深化土地管理制度改革"提出了"严格控制新增城镇建设用地规模"、"推进老城区、旧厂房、城中村的改造和保护性开发"。[①]2014年9月1日出台了《节约集约利用土地规定》，使得土地集约问题上升到法规层面。[②]2014年9月13～15日，由中国城市规划学会主办的2014中国城市规划年会的自由论坛，论坛主题为"面对存量和减量的总体规划"。存量和减量目前日益受到城市政府的重视。其原因为国家严控新增建设用地指标的政策刚性约束；中心区位土地价值的重新认识和发掘；建成区功能提升、环境改善的急迫需求；历史街区保护和特色重塑等。

工业用地集约利用在所有的存量规划中占据重要地位，其中，产业升级与园区整合规划是目前最为引人注目的。2013年的统计显示城市工业用地占城市建设用地百分比如表3-4-1：

2013年主要城市工业用地占城市建设用地百分比一览表 　　　表3-4-1

城市	工业用地面积（平方公里）	城市建设用地面积（平方公里）	工业用地占城市建设用地百分比
北京	原缺	1504.79	原缺
天津	168.83	736.35	22.93%
石家庄	8.27	215.15	3.84%
太原	77.00	284.00	27.11%
呼和浩特	43.36	247.65	17.51%
沈阳	99.00	455.00	21.76%
长春	100.62	424.50	23.70%
哈尔滨	83.17	381.75	21.79%
上海	733.11	2915.56	25.14%
南京	168.00	708.12	23.72%
杭州	68.46	409.42	16.72%
合肥	72.27	364.04	19.85%
福州	37.20	226.90	16.39%
南昌	37.83	217.80	17.37%

---

① 中共中央　国务院《国家新型城镇化规划（2014－2020年）》，2014年3月17日。

② 第二十四条　鼓励土地使用者在符合规划的前提下，通过厂房加层、厂区改造、内部用地整理等途径提高土地利用率。在符合规划、不改变用途的前提下，现有工业用地提高土地利用率和增加容积率的，不再增收土地价款。第二十五条　符合节约集约用地要求、属于国家鼓励产业的工业用地，可以实行差别化的地价政策。第二十六条　市、县国土资源主管部门供应工业用地，应当将工业项目投资强度、容积率、建筑系数、绿地率、非生产设施占地比例等控制性指标纳入土地使用条件。

城市	工业用地面积（平方公里）	城市建设用地面积（平方公里）	工业用地占城市建设用地百分比
济南	70.78	371.67	19.04%
青岛	47.44	202.77	23.40%
郑州	31.66	343.77	9.21%
武汉	179.15	708.04	25.30%
长沙	25.03	287.51	8.71%
广州	178.12	687.80	25.90%
南宁	28.96	277.83	10.42%
海口	12.31	121.99	10.09%
重庆	195.56	920.55	21.24%
成都	97.45	519.19	18.77%
贵阳	42.35	243.89	17.36%
昆明	45.52	335.22	13.58%
拉萨	9.21	86.49	10.65%
西安	50.00	420.00	11.90%
兰州	31.65	198.44	15.95%
西宁	4.13	78.48	5.26%
银川	15.47	148.61	10.41%
乌鲁木齐	71.65	391.20	18.32%

从表中可见，除了北京的数据原缺之外，天津、太原、沈阳、长春、哈尔滨、上海、南京、青岛、武汉、广州、重庆等城市都是工业用地占城市建设用地百分比超过20%的城市。

工业区的改造占整个改造区面积比例也比较高。深圳2009～2020年总体规划中在60平方公里的改造类用地规模中，工业区改造占到2/3。①

城市工业用地之所以成为改造的首选对象，是因为：第一，占地位置有优势，随着城市的不断发展，原有工业用地逐渐成为市中心区域，大部分工业用地占据城市公共资源集中分布的地方；第二，产业转型之后出现空置，很多工厂搬迁之后原有厂址有可能出让；第三，产权问题相对集中，相对于历史街区改造，工业区改造相对容易推进，在街区改造中由于产权关系更加复杂，因此越来越不容易进行大规模的开发。

---

① 工业区改造40平方公里，城中村改造14平方公里，旧工商混合区改造6平方公里。

3.4.2　存量规划对工业遗产保护再利用产生的影响

3.4.2.1　深圳

作为我国20世纪80年代改革开放后建立的第一个经济特区，深圳的工业资源基本是在短期内迅速形成的，虽然不具备典型的工业遗产价值特征，但深圳市作为我国第一个从增量思路转向存量思路来编制总体规划的城市，可以为我们梳理中国城市存量规划发展趋势提供参考。截至2007年，深圳有着与国内其他一线城市可比的人口规模（2007年深圳市常住人口规模为861.55万人，同期北京1633万人、上海1858万人、广州1004.58万人）[①]，但是深圳的土地总面积却仅是北京的1/8（深圳土地总面积1952.84平方公里，北京16808平方公里），可用建设面积只有979平方公里，而已建设用地规模达到750.50平方公里，如果按照2000~2005年年均新增用地47平方公里的用地速度来计算，剩余的140平方公里的可建设用地仅够维持3年。这是深圳成为我国最早选择做存量规划的城市的主要原因。[②]

2009年深圳市编制完成《深圳城市总体规划（2010—2020）》（以下简称"深圳总规"），这一版规划明确提出：深圳未来发展将采取"非用地扩张型"城市发展方式，通过城市更新来提供新增的城市空间效能。深圳总规划定面积约190平方公里的"四旧"用地[③]作为规划期内城市综合整治和更新改造用地，配合原有的140平方公里的可建设用地，共同承担满足2020年底城市预计新吸纳的254万常住人口的用地任务，同时提供这些新移民所需的产业岗位。

在60平方公里的改造类用地规模中，工业区改造占到2/3。[④]遗憾的是，由于深圳的"四旧"整治改造没有配合系统的产业规划和全方位的制度设计，导致经过二次改造后的办公类物业出现大量空置，没有达到预期的规划先行的引导目的。

深圳总规试水的经验为后继的城市存量规划实践提供了启示，即存量规划不仅是对存量资源的物理性整治和改造，更需要从产业规划到政策设计的整体配合。

3.4.2.2　上海

上海2040年用地规模的目标仍将1992年开始编制、2001年获国务院批准的《上海市城市总体规划（1999年—2020年）》（以下简称"上海总规"）中决定的2020年规划建设用地规模——3226平方公里——作为"终极规模"，即从2014年往后的7年内，上海年均新增建设

[①] 数据来源：新秦综合研究所统计数据http://www.searchina.net.cn/。

[②] 吴浩军，邹兵. 城市转型期的城市总体规划策略——以深圳城市总体规划（2009—2020）为例［J］. 规划师，2010（3）：38-40.

[③] "四旧"用地包括城中村、旧工业区、旧工商住混合区和旧住宅区。

[④] 工业区改造40平方公里，城中村改造14平方公里、旧工商混合区改造6平方公里。

用地只有20平方公里左右，还不到之前6年年均增量的一半。①所以，存量规划自此将正式成为上海规划的主流趋势。

作为国际大都市，上海用地结构明显不合理，工业用地占比偏高。②所以，在这一轮的存量规划中，上海的工业用地成为主要盘活对象。③其中包含大量工业遗产的"195区域"中的工业资源，按照上海市政府此前转发的《关于本市盘活存量工业用地的实施办法（试行）》④（以下简称"办法"），将"按照规划加快转型，完善城市公共服务功能，重点发展现代服务业"。这调整了早在2013年《上海市工业区转型升级三年行动计划（2013—2015年）》对此区域制定的产业发展规划方向⑤，同时为此类工业规划外的闲置或低效的工业用地的调整、升级提出了具体操作方法。《关于加强本市工业用地出让管理的若干规定（试行）》⑥也几乎于同时配合出台。

根据办法，转型区域要建立"由区县政府主导、以原土地权利人为主体的开发机制，按照'统筹规划、公益优先'的要求，优先保障公益性设施建设，后进行经营性开发"。这就提示那些拥有规模可观的划拨工业用地的国有企业——他们将成为盘活突破口，可以变身为再开发主体投入到在这一过程。

在上述这一系列措施出台后，包括宝钢集团、上海纺织等在内的上海大型国企已试点性地启动了"存量盘活"。2014年4月，宝钢集团以14.76亿元补缴地价的方式，将旗下上海十钢有限公司厂区（以下简称"十钢"）用地性质转为商业办公用地，后于12月以27.46亿元的价格转让给融侨集团⑦。而此前，2002年停产的十钢已于2005年紧抓上海大力发展现代服务业的契机，转型成立上海红坊发展有限公司，在完整保护厂区工业遗存的前提下，投身文化产业，2006年被上海市经济委员会命名为第三批"上海创意产业集聚区"。那么，这次土地的流转会给厂址上的工业遗产保护再利用带来怎样的挑战或契机？据消息⑧，拥有4.2平方公里的工业用地存量的上海纺织控股（集团）公司也着手推动宝山和闸北两宗工业用地，通过

---

① 根据会上上海市规划和国土资源管理局提供的数据："2008—2013年6年间，城市建设用地年均净增量近50平方公里。距离2020年3226平方公里的终极规模，只剩下156平方公里的增量空间。"

② 截至2012年底，上海的工业用地总量已累计供应856平方公里，占建设用地比重的28%，是国际代表性城市的3～10倍。

③ "104区块"是指上海全市现有的104个规划工业区块；"195区域"指规划工业区块外、集中建设区内的现状工业用地，面积约为195平方公里；"198区域"指集中建设区外的现状工业用地，面积大约为198平方公里。

④ 由上海市规划国土资源局制定，上海市人民政府于2014年3月28日同意并转发。

⑤ 为贯彻落实市政府印发的《关于统筹优化全市工业区块布局的若干意见》（沪府发〔2013〕33号），上海市人民政府办公厅于2013年10月8日印发《上海市工业区转型升级三年行动计划（2013～2015年）》。其中对"195区域"的产业规划为"规划工业区块外、集中建设区内的现状工业用地（以下称"195区域"）以转型为导向，重点发展与新城建设相融合、与产业链相配套的生产性服务业，积极引导向城市生活功能转变，实施转型发展"。

⑥ 由上海市规划国土资源局制定，2014年3月10日由上海市人民政府转发。

⑦ 融侨集团，1989年创建，是一家以房地产开发为核心业务，集房地产开发、物业管理、温矿泉开发、商业、教育、酒店等为一体的大型外商投资企业集团，拥有国家一级房地产开发企业资质。

⑧ 王海春. 突围土地供应瓶颈，上海力推工业用地"变性"[EB/OL]. http://finance.ifeng.com/a/20150114/13430881_0. shtml, 2015-1-14.

补缴地价的方式转性为商业办公用地。那么，它旗下的原春明粗纺厂经保护再利用成立的M50创意园、原国棉八厂经保护再利用形成的半岛1919文化创意产业园、由十七棉厂改造成的上海国际时尚中心以及由原上海三枪集团厂址改造成的尚街Loft时尚生活园区，都将面临怎样的新局面？

3.4.2.3 北京

2015年1月，已执行10年的《北京城市总体规划（2004年—2020年）》（以下简称"北京总规"）宣布进行修改，与2004年的版本相比，总体规划修改后增加了一个关键词——"控制"。北京将控制建设用地规模的扩大，同时明确2020年的人口调控规模。北京总规的修改从2013年就已启动准备工作，修改思路从"增量"向"存量"，甚至"减量"转变。北京并未将盘活存量的对象指向已建设的工业用地，但它对城市设计提出了"古都味、东方韵、国际范"的要求。那么，如何使这一规划层面的目标与工业遗产保护再利用的目标相统一，是值得争取的。

3.4.3 存量规划对工业遗产保护再利用提出的新要求

1）符合城市存量规划的发展目标

存量规划的最终目的是要在增量有限、增量收益急剧减少的情况下，通过盘活存量来解决经济持续发展问题。这就要求存量规划体系框架下的各个部分——包括旧城更新与改造规划、环境综合整治规划、交通改善和基础设施提升规划、历史街区和风貌保护规划、产业升级与园区整合规划、土地整备与拆迁安置规划——从战略高度思考城市的发展目标。这就要求我们帮助地区政府的相关部门和那些工业遗存的所有者去思考这样一些问题：哪些产业符合城市的区域发展要求，是金融业、旅游业、文化产业、生产性服务业，还是高端服务业？工业遗产所在的具体区位环境条件适合怎样的保护再利用模式？如何使取得保护与再利用的平衡，并兼顾政府、公众和市场主体的各方利益？

2）从制度设计角度思考保护再利用模式

"城市兴亡过程中的'物竞天择'，很大程度上取决于制度的优劣"[1]。相对由设计院主导的增量规划，存量规划编制更多地由政府各相关部门主导，设计的主要内容不再是图纸，而是政策。间接对工业遗产保护再利用影响巨大的相关政策制度不断出台，但与之未能同步的是，相关的关联性研究严重不足。长时间以来，工业遗产保护领域的研究仍将关注重点放在历史研究、价值评估、工程技术三个方面，较少与政策、规划等宏观层面的形

---

① 赵燕菁. 城市制度的原型 [J]. 城市规划，2009（10）：9.

势作关联性研讨。

上海和北京的新一轮总规都是在2014年5月公布《节约集约利用土地规定》（国土资源部令第61号）的指引下开始的，规定再次强调盘活存量土地的重要性[①]。预计这一政策将对城市中心区划拨工业用地再利用模式的发展趋势产生新的巨大影响，这种影响对这些地块之上的工业遗产带来怎样的改变有待时间去显现。

新的制度环境可能将让大量存量工业用地的所有者也成为土地增值的拥有者。如何让搞产业经济的人，不旁骛于地产升值的巨大吸引力，转而关注对其来说已无生产效能的闲置有形资产，需要工业遗产的保护再利用模式回归体现遗产价值的本质，而这个公共的目的很难依靠企业自身的境界和觉悟来达成。是否各类遗产保护所耗费的公共资源需要一种能长久发挥效力的所谓"公摊制度"来提供保障？还是要搭建一个良性的各方博弈的框架？这些制度在中国上一阶段的城市增量发展形势下是被忽略的。那么，面对新的发展阶段，设计有效的制度是确保存量规划有效实施的前提，也关系到工业遗产保护再利用的可持续性。工业遗产保护再利用工作需要与发展策划并重，从冲击式的、短程的保护向缓和的、长久的保护再利用转变。

---

① 第三条（二）："坚持合理使用的原则，盘活存量土地资源，构建符合资源国情的城乡土地利用新格局。"

第 4 章

工业遗产选择文化产业作为再利用模式的动因分析①

① 本章执笔者：仲丹丹、徐苏斌。

在工业遗产保护再利用选择文化产业作为再利用模式的过程，是在很多因素的作用下产生的，如国外成功案例的示范、政府的引导、创意阶层的自发集聚等，但笔者认为，这些因素背后最根本的作用力是中国土地使用权制度的变迁、产业升级的客观要求和市场规律的作用，城市空间的发展是制度与经济发展的外显。

自20世纪50年代起至今持续发挥效力的划拨土地使用权制度、自20世纪90年代开始的城市产业经济转型升级带动的产业布局调整、市场经济规律的微观作用是我国旧工业用地得以避免正式更新、部分工业遗产得以暂时保全、新型产业经济注入的根本原因（图4-0-1）。

图4-0-1 工业遗产保护再利用基本模式形成受到的根本作用力

首先，在传统的文化遗产保护理论中，不用考虑"产权"的因素，它的作用对象往往在进入各种、各等级保护名录后，由各政府相关部门予以监督并实施保护；以增量规划为主流的传统城市规划理论中，也几乎完全不用考虑"产权"的因素，因为其作用基础是城市建设用地产权的单一性，各地可以按照效率最高的原则来规划城市发展。然而，在包括工业遗产保护再利用的存量规划开发的时代进程中，我们必须面对大量既有的产权单位，因此有必要就"产权"问题厘清纷繁的现状。划拨土地使用权制度能够解释中国大多数划拨工业用地更新时产权属性不易变更的原因，但现有很多文献在解释工业遗产的形成或叙述其现状时对划拨土地使用权的问题有所提及，但缺乏对问题的深入探讨，每每因为作者各不相同的视角与立场，或普遍前置地认为划拨土地使用权对工业遗产的影响是如此外显的而无须论证，或客观存在有限制性的基本发表要求，导致其内容未能完整翔实，即使有些立论良好、看法出众的论点，又可能因受限于篇幅未能深入开展，未形成体系完备的说法。

其次，在城市产业结构转型升级过程中形成的工业遗产，其内在属性脱离不了产业经济，外在运营也脱离不了企业管理，难以独立于行业发展规划之外实现保护再利用，而探讨工业遗产保护再利用与产业经济发展关系的交叉领域研究，似乎未能再针对这一论点深入下去，大多停留在文章引言或研究背景部分即戛然而止。

再次，工业遗产选择不同的保护再利用模式，明显需要发生不同的成本费用，不同的再利用主体对这类投入的敏感度和承受力也明显不同。但似乎截至目前也鲜有针对此命题的揭示性探讨，因此本文希望能就目前工业遗产保护再利用模式主要为产业园的整体趋势，以及不同企业性质的投资主体对工业遗产保护再利用的投资态度存在显著差异的现象展开阐述。

以上几点为本论文认为至为可惜，并期以本章的初探作为工业遗产研究领域在产业选择这一论题上的补充参考。现尝试针对这三项构筑工业遗产保护再利用基本模式的基础原因进行论述。

4.1 划拨土地使用权制度影响下的工业遗产保护再利用——以北京、上海为例

专门研究我国有关划拨土地使用权问题的专业人士与相关领域的研究学者大致上有三类。一类是国家国土资源部或各级土地资源管理局的政府人员。作为实务界进行制度执行的政府一线，他们对于这一问题的分析视角基本是建立在"认定国家原初的划拨土地使用权原则上应该都成为出让土地使用权"以及"土地应有偿使用"的基础前提之下，通过思考行政程序的完善度，对现有划拨土地在接续完成转让、出让、公开竞价或协议以及抵押或出资入股的具体实务问题，予以详细的措施建议。另一类是法律界人员，他们以解释法律的方式，对划拨土地使用权在实务操作中所发生的问题作出判断或作出法律上的解释。第三类是相关领域的研究学者，他们深入地剖析划拨土地使用权制度的发展历史。[①]这三类研究的成果为本部分内容的撰写提供了基本素材与依据，但它们都是针对整体制度的细节部分作出评析，并为以制度整体的全观视角对它所影响到的社会领域的相关问题及现象作出解说。

在城市更新、产业升级的进程中，绝大多数大中型城市的空间增量都是围绕老城区进行扩张的，而这类空间增量又大多集中在计划经济时期遗留的划拨土地中，包含大量经营性用途的用地，即划拨工业用地。因此，对这些占据着重要城市土地资源的大型国有工业企业进行搬迁，并对原址进行整理再开发成为目前城市发展形势下地方政府使用的重要手段。而划拨工业用地的基本属性又限制或影响着这一进程。从实际的调研中我们发现，很多改造后无论是实体外观还是运营模式都呈现出明显差异的项目，究其肇始，都可以看到划拨土地制度变迁带来的影响。这种影响外在表现为此类划拨土地所属的国有工业企业从始至终没有退出项目更新过程，甚至变身为再利用主体投入到这一过程，从筹资建设到招商运营，发挥着重要作用。于是，这种成长于公有制经济环境中的工业遗产保护再利用模式为我们提供了新的研究视角和考虑。

对于追求单一的经济快速增长的城市来说，社会资本较难涉足划拨工业用地更新过程的影响可能是负面的；但对于现今城市发展面临更加多元的发展要求和复杂的开发目标——不仅要使其成为城市经济新增长的动力区域，更要使这类用地上的遗存成为城市历史的记忆载体——一般来说，这种影响似乎又显现出它积极的意义。在工业遗产保护越来越受到关注

---

① 卫芷言. 划拨土地使用权制度之规整［D］. 上海：华东政法大学，2013.

的社会文化大背景下，由于划拨土地使用制度的存在，使得很多没有进入保护名录的工业遗产得以暂时保全并等候保护再利用的时机。所以，研究中国城市工业用地更新以及工业遗产保护再利用发展模式，不能脱离开中华人民共和国成立后各个时期的用地制度，也就是不能脱离具有中国特色的土地使用权制度，才能宏观上整体建构工业遗产保护再利用发展模式的理论体系。

本节内容选取北京、上海两地的工业遗产保护再利用的代表性项目作为研究对象，略过那些耳熟能详的对项目概况所作的基本描述，直接切入其发展过程的关键节点对研究课题进行论述。

4.1.1　理论构建

我国土地使用制度经历了从无到有的过程，其中对划拨土地使用权的安排不同时期具有不同的特征和倾向，而这种制度变迁主要体现为各个阶段的政策变化。本节内容进行理论建构所依据的划拨土地使用权制度，是一套由分散于多部法律及法令条文中的相关内容组成的纵向与横向的制度结构[①]。

4.1.1.1　划拨工业用地取得期（1954～1988年）

"划拨土地使用权"原初没有明确的概念和与之相应的制度体系。从1949年中华人民共和国成立到1954年，国家依据《中国人民政治协商会议共同纲领》（临时宪法）通过政治手段逐步形成国有土地[②]。这一阶段我国实际上实行的是国有与私有并存的土地所有权制度。同年3月的内务部文件[③]进一步规定：国有企业、国家机关、学校、团体以及公私合营企业使用国有土地时，一律由当地政府无偿拨给使用，均不缴纳租金。此处的"无偿拨给使用"，可以看作是最原初的土地使用权划拨制度，它体现了划拨土地的三个基本特征——无偿使用、无限期使用、不准转让。自此，国家的一切经济活动[④]都成为公有公营的类型。

本节研究对象所在地块的属性，目前都为"划拨工业用地"，都是用地单位按照这一阶段国家统一计划编制的建设项目、以由国家"行政调拨"的方式获得的土地"使用权"[⑤]。例如北京798艺术区、751D·PARK北京时尚设计广场，它们的前身798厂、751厂所属的718联

---

① 所谓纵向与横向的制度体系包括有四个层次，依次为宪法、国土资源单行法律、国土资源法规、国土资源规章等。

② 《中国人民政治协商会议共同纲领》第二十七条：土地改革为发展生产力和国家工业化的必要条件。

③ 指《答复关于国营企业、公私合营企业及私营企业等征用私有土地及使用国有土地交纳契税或租金的几个问题》（1954年3月8日）。

④ 不包含非常小规模的城市个体户或手工产业、非交易性的以获取私人利益为目的经济活动。

⑤ 直至1982年，五届人大修改宪法正式宣布"城市的土地属于国家所有"。从这时起，所有私有的城市土地就丧失了所有权，只具有使用权，"使用权"概念正式出现。郑振源. 私房土地使用权的历史沿革［N］. 中国经济时报，2003-6-4.

合厂即是国家"一五"（1951~1955年）期间的"156项目"①之一②；北京莱锦创意产业园前身北京第二棉纺织厂，也是于20世纪50年代建成投产的企业。还有很多并非白手起家的这一时期的工业项目，它们是对中华人民共和国成立前原有资产的嫁接、改造并于20世纪50年代取得划拨土地使用权，例如上海1933老场坊，最早为1933工部局宰牲场，1945作为上海市第一宰牲场，1958取得划拨土地使用权，并用作国有企业东风肉联厂厂房直至1970年；上海M50创意园，最早是20世纪30年代从青岛搬迁到上海的信和纱厂，1951年更名为信和棉纺织厂，1966年变更为全民所有制企业上海第十二毛纺织厂，并取得划拨土地使用权。

可以看出，20世纪90年代以前，虽然工业遗产概念尚未进入遗产保护的视野，但这一时期却是中华人民共和国成立前工业资产的继承与当代工业遗产的形成期。

4.1.1.2 划拨工业用地价值凸显期（1988～1998年）

20世纪80年代初，我国实行的改革开放③政策改变了自中华人民共和国成立以来的社会主义计划经济体制，此举广泛且深远地影响了整体制度的运作。原来由国家公共部门决定一切经济活动的制度框架，转到以供需作为经济活动调节信号的规则下，进而，土地作为城市各种生产活动必需的生产资料，便不能仅仅被国有企业所掌握。于是，土地使用制度为了适应改革需要也进行了相应的探索。

1988年进行制度修正④，修正内容包括："国家依法实行国有土地有偿使用制度。但是，国家在法律规定的范围内划拨国有土地使用权的除外。"至此，国家开始承认土地使用权可以出让和转让，但是，仍维持划拨国有土地使用权。

1990年前后，《中华人民共和国城镇国有土地使用权出让和转让暂行条例》（国土资源法规，以下简称《条例》）、《划拨土地使用权管理暂行办法》（国土资源规章）、《中华人民共和国城市房地产管理法》等一系列的法规和规章颁布实施，在完善国有土地有偿使用制度从

---

① "156项"："一五"期间，苏联援建中国的156个建设项目，从1950年开始建设，到1969年实际实施的150项全部建成，历时19年，都是关系国家安全和经济命脉的大型工业建设项目。见：董志凯，吴江. 新中国工业的奠基石（156项建设研究）[M]. 广州：广东经济出版社，2004：前言.

② 1951年12月，苏联部长会议同意此援建项目，1956年建成投产.

③ 改革开放，是1978年12月十一届三中全会起中国开始实行的对内改革、对外开放的政策。改革开放建立了社会主义市场经济体制.

④ 《中华人民共和国土地管理法》：1986年6月25日公布，1987年1月1日施行，1988年第七届全国人大常委会第五次会议通过关于修改《土地管理法》的决定。1988年12月29日第一次修正，修正内容包括：第二条中华人民共和国实行土地的社会主义公有制，即全民所有制和劳动群众集体所有制。国家依法实行国有土地有偿使用制度。但是，国家在法律规定的范围内划拨国有土地使用权的除外.

出让到收回的各个环节内容的同时，进一步明确了划拨土地使用权的概念①。其相关条款使划拨土地使用权成为一项与出让土地使用权相对应，但是在现实运用上却有重大区别的土地使用权类型。其中，对划拨土地的转让方式的规定②成为影响划拨工业用地此后难以进入自由土地市场的初始限制。

从20世纪80年代中期开始，以北京、上海为首、以建设现代国际化大都市为目标的城市，其城市中心区开始进入后工业时代。③很多占据着城市中心重要位置的工业企业开始进行搬迁、重组或升级，在这一进程中，土地使用制度上对划拨工业用地不能进入自由土地市场的限制使得其土地价值不断凸显却很难得到实现。但从文化遗产保护的角度出发，也恰恰由于这种限制，使得一批有价值的工业遗存得以在如此风起云涌的土地制度改革与城市更新进程双重夹击下得以暂时保存。

4.1.1.3 划拨工业用地解冻探索期（1998～2008年）

在20世纪90年代后期，中国国有企业改革④全面推进，改革形式推陈出新⑤并不断践行，这个过程当然涉及作为国有工业企业重要生产资料——划拨土地使用权——的处置问题。为此政府于1998年颁布了《国有企业改革中划拨土地使用权管理暂行规定》⑥（以下简称为《规定》），允许国有企业对占用的划拨土地根据自身情况进行不同处置。⑦这一政策很大程度上放松了对划拨工业用地转让的限制，而且对用地上附着的工业遗产来说是一轮势不可挡的大规模的"革新"过程。经过这一阶段，国有企业开始以不同方式参与到旧厂区的再利用过程中，并通过产业升级探寻能使它们重新焕发新生的方式。

从这一角度出发，本文对北京、上海的著名工业遗产保护再利用案例的肇始进行重新审

---

① ①《条例》（1990年5月19日公布，国务院令第55号）第四十三条：划拨土地使用权是指土地使用者通过各种方式依法无偿取得的土地使用权。前款土地使用者应当依照《中华人民共和国城镇土地使用税暂行条例》的规定缴纳土地使用税，划拨土地使用权没有使用年限的限制。
② 《划拨土地使用权管理暂行办法》（1992年3月8日公布，国家土地管理局令〔1992〕第1号）第二条：划拨土地使用权，是指土地使用者通过除出让土地使用权以外的其他各种方式依法取得的国有土地使用权。
③ 《中华人民共和国城市房地产管理法》（1994年7月5日公布，1995年1月1日起施行）第二十三条：土地使用权划拨，是指县级以上人民政府依法批准，在土地使用者缴纳补偿、安置等费用后将该幅土地交付其使用，或者将土地使用权无偿交付给土地使用者使用的行为。依照本法规定以划拨方式取得土地使用权的，除法律、行政法规另有规定外，没有使用期限的限制。

② 《条例》第四十四条：划拨土地使用权，除本条例第四十五条规定的情况外，不得转让、出租、抵押。
③ 刘伯英，冯钟平. 城市工业用地与工业遗产保护［M］. 北京：中国建筑工业出版社，2009.
④ 中国国有企业改革发展阶段：
第一阶段：1979～1986年，国有企业经营权层面的改革。使企业成为自负盈亏，自主经营，自我约束，自我发展的经济实体；
第二阶段：1987～1992年，国有企业改革从经营权向所有权层面的过渡；
第三阶段：1992～2002年，建立现代企业。
⑤ 包括公司制改造、组建企业集团、股份合作制改组、租赁经营和出售、兼并、合并、破产等。
⑥ 《规定》（国家土地管理局令第8号）1998年2月17日公布，1998年3月1日起施行。
⑦ 《规定》第三条：国有企业使用的划拨土地使用权，应当依法逐步实行有偿使用制度。
对国有企业改革中涉及的划拨土地使用权，根据企业改革的不同形式和具体情况，可以分别采取国有土地使用权出让、国有土地租赁、国家以土地使用权作价出资（入股）和保留划拨用地方式予以处置。

视，试图对推动其发展的内在制度作用机制进行研究。研究发现，划拨土地制度在这一阶段的变迁使所涉及的工业遗产的发展模式走向四个方向。

1）以用地出让方式处置的工业遗产——拆除

破产或出售的国有企业可以按《规定》第六条[①]由政府将用地进行出让，出让所得用于缓解安置破产企业员工。同时可以根据第十三条[②]对土地用途进行符合城市规划的变更。

其间，一些地方政府作为国家对企业改制的一种鼓励措施将行政划拨土地送给企业。这直接导致在《规定》公布后的2000年前后，中国一大批国有企业投入破产浪潮，一大批工业遗存在配合国有企业改革的进程中被夷为平地，取而代之以能迅速实现土地价值的新用途——房地产项目。例如，位于原北京第二棉纺织厂（后在其原址上发展为莱锦文化创意产业园）西侧的北京第三棉纺织厂，即是在这一政策出台后的一年1999年将所在地块出让，建起了大型高档住宅社区"远洋天地"[③]，原址上的厂房在进行土地整理的过程中被全部拆除；地处上海陆家嘴金融贸易区的大华纺织装饰用品厂，将原址地块通过政府回购，将地块转让所得用于购买奉贤县4.53万平方米土地的使用权及其上的1.6万平方米厂房，归还了贷款本息6100万元，结余1000多万元，用于企业重新启动生产的资金。

2）以划拨工业用地使用权租赁方式再利用的工业遗产——国有企业参与、民营企业主导的保护性再利用

根据《规定》第五条[④]，一些改制中的国有企业可以采取租赁[⑤]的方式对划拨土地使用权

[①] 《规定》第六条：国有企业破产或出售的，企业原划拨土地使用权应当以出让方式处置。破产企业属国务院确定的企业优化资本结构试点城市范围内的国有工业企业，土地使用权出让金应首先安置破产企业职工，破产企业将土地使用权进行抵押的，抵押权实现时土地使用权折价或者拍卖、变卖后所得也应首先用于安置破产企业职工。

[②] 《规定》第十三条：国有企业改革中处置土地使用权，其土地用途必须符合当地的土地利用总体规划，在城市规划区内的，还应符合城市规划，需要改变土地用途的，应当依法办理有关批准手续，补交出让金或有关土地有偿使用费用；按照国务院规定，属于特殊行业的国有企业，其土地收益可全额留给企业，用于安置企业职工以及偿还企业债务。

[③] 1999年6月23日，京棉公司与中远房地产开发公司（后名称变更为远洋地产有限公司）签订了《原北京第三棉纺织厂生产区旧址转让协议书》（以下简称转让协议）。1999年7月22日，京棉公司与中远房地产开发公司又签订了《原北京第三棉纺织厂生产区旧址转让协议书的补充协议》（以下简称补充协议）。双方约定：1）京棉公司将原北京第三棉纺织厂生产旧址的土地使用权和该宗地地上建筑物、其他附着物的所有权转让给远洋公司；2）远洋公司支付转让费总额为11.7亿元，包括土地出让金、补偿费、地上物搬迁以及与搬迁有关的各项费用；3）远洋公司支付转让费的计划：1999年内支付7亿元、2000年内支付1亿元、2001年内支付1.5亿元、2002年内支付1.5亿元以及2003年内支付0.7亿元。

[④] 《规定》第五条：企业改革涉及的划拨土地使用权，有下列情形之一的，应当采取出让或租赁方式处置：
（一）国有企业改造或改组为有限责任公司、股份有限公司以及组建企业集团的；
（二）国有企业改组为股份合作制的；
（三）国有企业租赁经营的；
（四）非国有企业兼并国有企业的。

[⑤] 租赁，是指土地使用者与县级以上人民政府土地管理部门签订一定年期的土地租赁合同，并支付租金的行为。依据《规定》第三条内容。

进行处置。这里列举两个具有代表性的项目——上海八号桥一期、上海1933老场坊。

上海八号桥一期曾是旧属法租界的旧厂房，20世纪70年代，这里成为上汽集团所属企业上海汽车制动器公司（国有企业）所在地。1995年，原企业重组①并搬迁。2003年下半年，在上海市经济委员会和卢湾区人民政府的支持下，对原厂所在地块的使用权租赁进行公开招标，由两家民营企业共同租赁承包20年进行开发，上海汽车制动系统有限公司仅作为土地使用权所有方，不参与具体开发过程。

与上述案例类似，2006年8月1日上海创意产业投资有限公司（国家参股公司）②和上海锦江国际实业发展有限公司（国家参股公司）③联合，与上海食品（集团）有限公司签订原工部局宰牲场④地块的租赁合同。

上述两处划拨地块之上的工业遗存得到了基本的保全，并进行了有国有企业参与、由民营企业主导的再利用。除了这些有幸得到重视并加以保护再利用的个别案例外，更多的地处中心城区的大片划拨工业用地因企业减产或搬迁而处于闲置状态，其上的建筑物因得不到维护而日渐破败。还有一些其自身情况不符合《规定》第五条限定的改革类型的企业开始尝试回避签订土地租赁合同，企业也可以通过对划拨土地使用权的变相利用来获得收益。这种处置方式，因缺少对改造行为的计划和监督，而对那些仍未进驻公众视野、尚未引起保护再利用关注的工业遗存造成巨大的损害。

3）以划拨工业用地使用权作价出资（入股）方式再利用的工业遗产——国有资本主导

根据《规定》第七条⑤，符合条件的企业可以采取国家以土地使用权作价出资（入股）⑥方式处置。代表性项目案例有上海M50创意园、北京莱锦创意产业园。

---

① 1995年7月，上海汽车工业集团总公司（SAIC）与德国大陆股份公司（Continental AG）合资成立了上海汽车制动系统有限公司（SABS）企业。中德双方各占50%股份。

② 2006年5月20日，由上海汽车资产经营有限公司［简称SAAM，由上海汽车工业（集团）总公司、上海汽车工业有限公司共同投资，2002年成立］、上海创意产业中心、英国霍金斯机构共同投资成立的上海创意产业投资有限公司正式揭牌，这是市工商管理部门特批的唯一一家创意产业投资机构，上海创意产业投资有限公司是一家专门从事推动上海创意产业发展的投资机构。

③ 上海锦江国际实业发展有限公司成立于1996年1月，由锦江国际（集团）有限公司全额出资设立。主要承担锦江国际集团内的国企改制重组、并购拓展所涉及的产权经纪业务，同时也适量开展集团外的产权经纪业务。信息来源：上海联合产权交易所网站：http://www.suaee.com/suaee/portal/member/memberdetail2012.jsp?mmemberuid=0251。

④ 2014年被列为第八批上海市文物保护单位。

⑤ 《规定》第七条：根据国家产业政策，须由国家控股的关系国计民生、国民经济命脉的关键领域和基础性行业企业或大型骨干企业，改造或改组为有限责任公司、股份有限公司以及组建企业集团的，涉及的划拨土地使用权经省级以上人民政府土地管理部门批准，可以采取国家以土地使用权作价出资（入股）方式处置。

⑥ 国家以土地使用权作价出资（入股），是指国家以一定年期的国有土地使用权作价，作为出资投入改组后的新设企业，该土地使用权由新设企业持有，可以依照土地管理法律、法规关于出让土地使用权的规定转让、出租、抵押。土地使用权作价出资（入股）形成的国家股股权，按照国有资产投资主体由有批准权的人民政府土地管理部门委托有资格的国有股权持股单位统一持有。依据《规定》第三条内容。

1994年上海第十二毛纺织厂更名为上海春明粗纺厂。1998年，春明粗纺厂因剥离重组停产，原址通过都市型工业园区的建设和业态调整，改造成了创意产业园。1999年底，根据上海纺织产业结构调整，春明粗纺厂停产、转制。2009年上海纺织控股（集团）公司（春明粗纺厂原为其成员单位）正式以原厂所在土地作价入股其新设企业上海纺织时尚产业发展公司，新公司于2011年将"春明艺术产业园"（2004年更名后使用的名称）正式更名为"上海M50文化创意产业发展有限公司"[①]。

1955年北京第二棉纺织厂于北京莱锦创意产业园所在地块建成投产[②]。经过反复的论证，北京国棉文化创意发展有限责任公司（以下简称"国棉公司"，于2009年2月成立，北京市国通资产管理有限责任公司[③]注资5000万元，北京京棉纺织集团有限责任公司以土地作价入股，作为股东单位各持股50%[④]）成立，对厂区展开总投资4个多亿的保护性改造再利用工程，并将文化创意产业作为公司的发展定位。

4）以保留划拨工业用地使用权方式再利用的工业遗产——原有企业主导

根据《规定》第八条[⑤]，继续作为城市基础设施用地、公益事业用地和国家重点扶持的能源、交通、水利等项目用地，原土地用途不发生改变的，经批准可以采取保留划拨方式处置。代表性的案例有北京798艺术区（以下简称798）、751D·PARK北京时尚设计广场（以下简称751）。

从始至终仅作为场地出租方存在的北京798所属国有企业北京七星华电科技集团（以下简称"七星集团"）有限责任公司[⑥]，两大业务板块为制造电子材料、元器件以及对798进行文化产业管理，因属于国家重点电子组件基地[⑦]，其所在地块采取保留划拨方式处置。所以，公司对其所在地块的利用有绝对话语权。798是自1995年开始自发形成的艺术区，2002年后一批艺术家和文化机构大规模租用798场地，并对空置厂房进行改造。其蓬勃的发展态势影响了集团对这一地块原有规划的实施。因为面临着被拆除的局面，艺术家们为了应对这点，自发形成了"自律委员会"。

---

① 信息来源：上海市国有资产监督管理委员会网站：http://www.shgzw.gov.cn/gzw/main?main_colid=12&top_id=1&main_artid=17971.
② 《北京市朝阳区志第九篇工业》，北京市朝阳区地方志编纂委员会。
③ 北京市国通资产管理有限责任公司，是由北京市国资委批准成立，北京市国有资产经营有限责任公司全额出资，以资产管理与处置为工作重心的专业化资产管理公司。
④ 信息来源：2014年2月27日笔者的实地调研中，由国棉公司运营部驻地接待人员提供。
⑤ 《规定》第八条：企业改革涉及的土地使用权，有下列情形之一的，经批准可以采取保留划拨方式处置：
（一）继续作为城市基础设施用地、公益事业用地和国家重点扶持的能源、交通、水利等项目用地，原土地用途不发生改变的，但改造或改组为公司制企业的除外。
⑥ 七星集团，成立于1999年6月，北京电子控股有限责任公司（国有特大型高科技企业集团）持股53.35%，中国华融资产管理公司（国有大型非银行金融企业）持股45.24%，中国信达资产管理公司（国有独资金融企业）持股1.41%。
⑦ 其电子元器件产品主要应用于包括航空航天在内的军工行业。

751D·PARK北京时尚设计广场，前身是1954年由前东德援建的751厂，曾是北京市煤气行业三大气源之一，与706、707、718、797、798共同组成"718联合厂"，1964年联合厂建制取消，6个厂开始独立经营。2000年底，因751厂属于能源项目，所以除751之外的其余5厂整合重组，而751厂则自主发展，并改名为现在的北京正东电子动力集团有限公司[①]（以下简称"正东集团"）。原热电厂改用清洁能源仍旧在园区内部部分区域继续运行。受毗邻的798戏剧性转型影响，2006年，正东集团举行研讨会，会后决定利用751除热电厂以外用地发展为文化创意产业[②]。

4.1.1.4 划拨工业用地再利用主动结合产业调整的新时期（2008年至今）

2007年3月，文件提出了将划拨用地利用与发展现代服务业相结合的土地管理政策[③]，这在一定程度上解释了自2008年后，工业遗产保护再利用与包括文化创意产业在内的现代服务业相结合的发展模式在中国除北京、上海以外的其他典型城市遍地开花，以青岛为例，在笔者2014年进行实地调研的14个此类型项目中，2008年以后进行开发的项目，占到71%。

2014年5月公布《节约集约利用土地规定》（国土资源部令第61号），再次强调盘活存量土地的重要性[④]。并"鼓励土地使用者在符合规划的前提下通过厂房加层、厂区改造、内部用地整理等途径提高土地利用率。在符合规划、不改变用途的前提下，现有工业用地提高土地利用率和增加容积率的，不再增收土地价款。"[⑤]预计这一政策将对城市中心区划拨工业用地再利用模式的发展趋势产生新的巨大影响，这种影响对这些地块上的工业遗产带来怎样的改变还有待时间去显现。

4.1.2 相关思考

笔者以北京、上海的工业遗产保护再利用代表性案例为例，揭示了划拨土地产权制度对工业遗产保护再利用发展模式的根本性影响。划拨土地使用权制度，从根本上造成了今日城市中心区工业遗产保护再利用现状的种种，尤其在"划拨工业用地使用权解冻探索期"，一大批工业遗产伴随一部分国有企业的破产及出售，彻底消失在城市建设的浪潮中；剩下的部

[①] 隶属北京电子控股有限责任公司的大型综合类国有独资企业，能源产业和文化创意产业是其两大主产业。

[②] 信息来源：2014年2月27日笔者的实地调研中，由北京迪百可文化发展有限责任公司招商部负责人介绍。

[③] 《意见》第六条优化服务业发展的政策环境（十五）：实行有利于服务业发展的土地管理政策。各地区制订城市总体规划要充分考虑服务业发展的需要，中心城市要逐步迁出或关闭市区污染大、占地多等不适应城市功能定位的工业企业，退出的土地优先用于发展服务业。城市建设新居住区内，规划确定的商业、服务设施用地，不得改作他用。国土资源管理部门要加强和改进土地规划计划调控，年度土地供应要适当增加服务业发展用地。加强对服务业用地出让合同或划拨决定书的履约管理，保证政府供应的土地能够及时转化为服务业项目供地。积极支持以划拨方式取得土地的单位利用工业厂房、仓储用房、传统商业街等存量房产、土地资源兴办信息服务、研发设计、创意产业等现代服务业，土地用途和使用权人可暂不变更。

[④] 第三条（二）："坚持合理使用的原则，盘活存量土地资源，构建符合资源国情的城乡土地利用新格局。"

[⑤] 见《节约集约利用土地规定》第二十四条。

分工业遗存在国有企业改革方兴未艾的形势下得以暂时的喘息，这些继续前行的国有企业的改革方式及其后对这类资产采取的态度决定了现今大量工业遗产保护再利用的种种境况。

时至2012年，国有企业深化改革将持续不断地对城市规划建设及产业布局产生重大影响，如何在这一进程中将工业遗产保护再利用与原有划拨工业用地的规划建设、城市产业结构调整相结合，将是未来各相关领域的研究及工作重点。

不同于新建项目，这一类项目因涉及遗产保护，其公共属性是第一性的，效益也需要着眼经济和社会两个方面。这就会造成具体企业在生产经营中面临经济盈利与社会使命的诉求冲突。一方面，企业要通过追求营利性来保证自己的不断发展壮大；另一方面，企业要弥补市场缺陷，服务公共目标，可能需要牺牲盈利。那么，什么样的企业适合作为这类项目的开发主体，或者说企业需要做哪些方面的考虑和努力才能达到这类项目的多元化要求；政府应当对这类项目的规划和发展有怎样的参与及辅助，政策措施如何同步配合，可以作为相关领域研究的工作内容。

4.2　传统工业转型升级推动下的工业遗产保护再利用——以中国纺织工业格局中的"上、青、天"为例

不同于其他国家大多由政府接手工业退出后的地区进行提升改造[①]，在中国，由于公有制经济体制和划拨土地使用权制度的深远作用，众多工业企业，尤其是大型传统工业企业即使关停，它们所占有的有形工业资源[②]也仍旧作为其所属行业或上级企业资产的重要组成部分，不会轻易进入市场进行流转。在政府不能全盘接管的条件下，这给中国工业遗产，尤其是那些支柱型传统行业、规模较大的工业遗产以等待保护的契机。

工业遗产研究是世界遗产研究领域的特殊专题，应当涉及多学科研究领域。工业遗产保护的特殊性体现在其内在属性脱离不了产业经济、外在运营，也脱离不了企业管理，所以其发展模式势必受到其所在行业及所属企业的影响或控制。而长时间以来，工业遗产保护领域的研究大多将关注重点放在历史研究、价值评估、工程技术三个方面，忽略了经济政策环境对工业遗产保护模式的影响，缺少对国家产业发展动态的关联性研究；经济领域的研究又大多将重点放在工业结构调整、企业改革和生产技术突破等方面，并未投入足够的精力去发掘工业用地更新带来的重要副产物——包括工业遗产在内的工业有形资源的再利用价值。后者

---

① 以德国鲁尔工业区埃森市（Essen）的"关税同盟"（Zollverein）煤炭—焦化厂为例，1986年停产后，即被省政府列入历史文化纪念地，1989年由省政府资产收购机构（LEG）和埃森市政府共同组成管理公司（Bauhutte Zeche Zollverein Schacht XII Gmbh），永久性地负责该地的规划与发展。
② 有形资源一般是指机器、厂房、人力、土地和资金等。

作为工业遗产产生的"因"、前者作为工业遗产保护的"果",由于所涉及的专业领域难有交集,导致本应具备整体性、系统性的研究分裂开来。

在笔者覆盖8个城市、74个项目的调研[①]中,发现了这样一些项目:它们使工业遗产的再利用不但配合了行业的转型升级,还实现了自身的保护;其中,与纺织工业相关的多个案例都来自中国纺织行业地理历史格局中重要的三个城市——上海、青岛、天津。本文选择传统工业中的纺织业为研究对象,以"上、青、天"这三个城市为例,探讨中国传统工业的行业性转型升级是如何一步步渗透到工业遗产的保护再利用过程中去的。

4.2.1 概念界定

1)传统工业

本文出现的"传统工业",区别于"中国传统工业遗产"[②]中的含义,笔者认为后者更确切的名称应为"中国传统的工业遗产"。这里的"传统工业"[③]主要为西方经济学家使用的概念,指在第一次工业革命期间和之后发展起来的工业部门,它们在经济发达国家的工业体系中地位逐渐下降,是一个与"新兴工业"[④]相对的概念。20世纪70年代以后,西方国家包括纺织业在内的许多传统工业在整个社会生产结构中的比重不断下降;新兴工业不断兴起,发展迅速,对原有的工业结构形成巨大冲击。

2)"上、青、天"

"上、青、天"是对中国近现代三大纺织工业基地——上海、青岛和天津的简称。

1914~1936年,"上、青、天"的格局初步形成;1937以后,"上、青、天"的纺织工业在战乱动荡的环境中曲折发展;[⑤]1945年日本投降后,接收人员发现上海有30多家遗留的日本纱厂,青岛有9家,天津有7家,按照纺织生产能力的大小产生了"上、青、天"的排序,到中华人民共和国成立前,三大纺织工业基地在中国的重要地位已不可动摇;中华人民共和国成立后,三地的纺织工业在经历了20世纪50、80年代两次大发展后,成为当地国民经济的支柱性产业之一。

20世纪90年代初,受棉花连年减产和纺织品国内外市场波动的影响,三地棉纺织产能出

---

① 2013年3月~2015年6月,笔者就2012年度国家社会科学基金重大项目(第四批)"我国工业遗产保护与活化再生利用研究"(批准号:12&ZD230)第五子课题"从工业遗产保护到文化产业发展"的研究计划对北京、上海、广州、天津、重庆、青岛、西安、福州等8个城市进行实地调研。

② 阙维民. 世界遗产视野中的中国传统工业遗产[J]. 经济地理,2008(11):1041.

③ 传统工业部门一般包括:最早发展起来的纺织、冶炼和采矿业以及稍后发展起来的钢铁、煤炭、机械制造、化工、能源、汽车制造、造船、铁路运输等部门。

④ 新兴工业一般包括石油化工、合成材料、电子技术、原子能、宇航工业等。

⑤ 张雯雯. 昨日辉煌:中国纺织工业"上、青、天"地理格局中的青岛[D]. 青岛:中国海洋大学,2009:12-14.

现严重过剩，加之这些老纺织基地的重复建设、设备落后等情况严重，经济效益迅速下滑。20世纪90年代中期，国家开始出台调控政策，对包括上海、青岛、天津在内的大中城市的棉纺织能力进行压缩，"有步骤地把适宜在原料产地生产的初加工能力转到原料产地"[①]。至此，中国纺织工业的"上、青、天"格局解体，三地纺织工业的地位不再显赫，纺织企业也都紧随国家的产业政策调整进入行业性转型升级的进程。

4.2.2　纺织行业转型升级对工业遗产保护再利用的作用机制

4.2.2.1　国家层面的宏观政策作用——释放有形资源

纺织业作为我国发展最早、门类最齐的支柱性产业，在我国传统工业中占有重要地位，即使经历了自20世纪90年代初开始的持续下滑，1996年其总产值还能占到全国工业总产值的16%，出口额占全国出口商品总额的1/4强。而且，在公有制经济体制下经历近半个世纪的发展，中国纺织业已形成一套成熟的、针对自身的产业体系及企业管理架构；然而，如果想避免丧失竞争优势，就必须重新选择发展路径，实现行业先进科技与现代企业管理体制相结合。国家从1995年开始出台使用一系列相关政策及手段推动产业升级与企业改革，这些政策的具体落实对工业有形资源产生了一连串的根本性影响，这里仅对与纺织行业相关的政策进行解读（表4-2-1）。

国家政策影响解读

表4-2-1

时间	出处	相关政策内容	对工业有形资源的影响
1996年3月	全国人大常委会《中共中央关于制定国民经济和社会发展"九五"计划和2010年远景目标纲要》	四、保持国民经济持续快速健康发展 （三）振兴支柱产业和调整提高轻纺工业 6. 轻纺工业 ●调整布局结构，有步骤地把适宜在原料产地生产的初加工力转到原料产地，把适宜就地加工的农牧产品加工能力转到农村，把部分劳动密集型的加工能力由东部沿海地区转到中西部地区。 ●调整企业组织结构，加快企业的联合、改组、兼并，使规模经济显著的产业扩大企业经济规模，提高生产集中度	○生产的空间布局调整促使中国纺织工业的"上、青、天"格局解体。 ○推动原有纺织企业进行企业改革
1997年12月	中央经济工作会议	●明确指出国有企业三年解困以纺织业为突破口。 ●坚定不移地走"压锭、减员、调整、增效"的路子。国家采取了系列相关措施，除对一些亏损企业实行"关、停、并、转、破"的政策外，还对压锭工作予以资金支持，国家对行业性上市公司的重组，给予特殊优惠政策	○以纺织国有企业的改革、改组、改造为中心，推进纺织工业整体调整。 ○以政府主导为特征的全行业资产重组

---

① 全国人大常委会《中共中央关于制定国民经济和社会发展"九五"计划和2010年远景目标纲要》（1996年3月颁布）。

时间	出处	相关政策内容	对工业有形资源的影响
1999年9月	党的十五届四中全会《中共中央关于国有企业改革和发展若干重大问题的决定》	• 继续对国有企业实施战略性改组，着力培育大型企业和企业集团	○促使老纺织工业基地的国有大型纺织企业进行集团化重组
1999—2002年	国家经贸委第6、16、32号令《淘汰落后生产能力、工艺和产品的目录（第一批、第二批、第三批）》	• 其中针对纺织工业 （第一批）中华人民共和国成立前生产的细纱机等4种（第27-30项）落后生产工艺装备予以于2000年底前淘汰。 （第二批）1332SD络筒机等14种（第82-95项）落后生产工艺装备予以于2000年底前淘汰。 （第三批）B601、B061A型毛捻线机等7种（第28-34项）落后生产工艺装备予以于2002年7月前淘汰	○强制纺织企业进行技术升级，对已不适合先进生产技术原有设备及厂房进行淘汰，致使大量有形工业资源面临闲置
2005年12月	国务院《促进产业结构调整暂行规定》	第八条 提高服务业比重，优化服务业结构，促进服务业全面快速发展。 • 大城市要把发展服务业放在优先地位，有条件的要逐步形成服务经济为主的产业结构	○为工业有形资源再利用与发展服务业相结合的契机
2009年4月	国务院《纺织工业调整和振兴规划》	四、政策措施及保证条件 •（五）鼓励企业实施兼并重组。 如，兼并重组过程中，在流动资金、债务核定、人员安置等方面给予支持。 •（六）加大对纺织企业的金融支持。 •（九）加强产业政策引导。 如，环保、土地、信贷等相关政策要与产业政策相互配合	○至此，纺织全行业开始有经验、有步骤地全面进入产业振兴阶段

这些政策成为我国20世纪90年代中期开始的纺织工业转型升级的指导思想，相关企业主动地或被动地、渐进地或急速地投入这一进程。在这个寻求新的竞争优势的过程中，各企业需要利用存量资源、培育增量资源[①]。其中的存量资源即包括有形资源和无形资源[②]，其中的有形资源所涵盖的土地、厂房、机器作为工业遗产保护再利用的主要对象，在这个过程中得到了释放，获得了由工业生产向其他功能转变的可能性。

4.2.2.2 地方行业转型升级作用于工业遗产保护再利用的路径

纺织工业的转型升级是以中心城市为突破口推进的，并且与这些城市的产业发展战略和总体规划相结合。城市产业调整与总体规划相互作用的最显著的外在表现即是工业用地更新过程的呈现。

1）上海

1992年后上海国有纺织产业的发展历程是一个典型的传统工业实现转型升级的过程，对

---

① 培育增量资源主要指利用技术创新，在吸收新技术和新知识过程中培育创新资源。
② 无形资源包括商标、专利、商誉、公司形象、企业文化等。

相关工业遗产保护再利用发展过程的梳理能明显呈现这一线索。

1992年开始，上海纺织产业连年整体亏损，陷入发展困境。

1995年5月，原行业行政机构——上海市纺织工业局——与上海市纺织国有资产经营管理公司改制组建上海纺织控股（集团）公司（以下简称"上海纺控"），建立了控股公司集体协商的企业制度，领导上海国有纺织企业开始转型升级。

1998年1月，配合1997年底国家作出的"以纺织业为突破口"推进国企改革的决定，上海敲响棉纺压锭第一锤[1]，配合以上海纺控为主导对下属上市公司进行的全行业资产重组。上海工业遗产保护再利用优秀案例——M50创意园[2]（以下简称"M50"）——即是伴随这次上海纺织行业的转型升级诞生的。

1998年，M50原址企业春明粗纺厂因剥离重组停产，厂房闲置后一度租给印刷包装、服装加工等小型加工企业使用，收取的租金用来解决下岗工人的生活问题。

2000年，艺术家薛松开始租用春明粗纺厂厂房作为工作室。其后，在他的介绍下，十数名艺术家与两家知名艺术公司[3]陆续入驻。在房屋租赁过程中，厂方逐渐意识到其自20世纪30年代以来形成的不同时期的厂房是可以独立于土地资产之外的，同样可以带来持续性收益的有形资产，可以依托它们探寻企业转型升级的多元化升级路径。自此，厂方开始对园区进行配套完善、逐步明确发展定位，引进更多的以视觉艺术和创意设计为主的工作室、文化机构和设计企业。

2001年，包括春明粗纺厂厂址在内的、总面积11万平方米的"面粉厂地块"（图4-2-1），被天安中国[4]购得，计划开发高层住宅；但由于开发方的"囤地"思路、土地性质变更、地块规划方案不符合苏州河沿岸整体规划[5]等问题，这块保存相对完整的近代工业建筑集聚区没有被迅速拆毁，春明粗纺厂对厂区的经营得以维持。

2002年，园区被上海市经济委员会命名为"上海春明都市型工业园区"。

2003年，"面粉厂地块"上的包括上海面粉厂[6]在内的一批工业建筑群被进一步拆毁；而同年，关于此地块的近现代工业建筑群保护再利用的研究完成，引起政府与公众对上海产

---

[1] 1998年1月23日，上海市纺织首批棉纺压锭现场会在浦东钢铁（集团）公司举行。12万纱锭被销毁。中国纺织总会会长石万鹏宣布"全国压锭一千万，上海敲响第一锤"。

[2] 上海M50创意园，位于普陀区莫干山路50号，拥有自20世纪30年代至90年代各个历史时期的工业建筑41000平方米。是目前苏州河畔保留最为完整的民族纺织工业建筑群。最早是20世纪30年代从青岛搬迁到上海的信和纱厂，1951年更名为信和棉纺织厂，1966年变更为全民所有制企业上海第十二毛纺织厂，1994年更名为上海春明粗纺厂。

[3] 艺术家包括丁乙、周铁海、张恩利等；两家知名艺术展示公司包括香格纳画廊、东廊。

[4] 天安中国投资有限公司于1986年成立，前身为新鸿基中国部，主要业务为投资国内房地产。取得"上海面粉厂地块"后成立子公司凯旋门企业发展有限公司，负责对此地块的整体开发。

[5] 《苏州河滨河地区控制性详细规划》。

[6] 上海面粉厂：创办于1913年，是荣氏家族在上海最早的产业之一——福新面粉厂；而位于福新面粉厂东边的阜丰机器面粉厂是我国民族资本家在上海创办的第一家机制面粉厂，1900年建成投产，后成为远东规模最大、设备最新的面粉厂，1955年10月公私合营，1956年11月与福新第二面粉厂、福新第八面粉厂合并，改名为阜丰面粉厂，1966年改名为"上海面粉厂"。

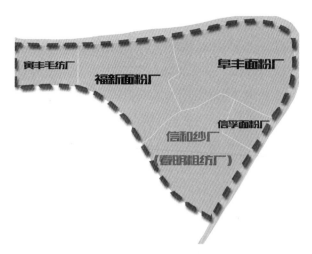

图4-2-1 "面粉厂地块"示意

业类历史地段的关注；开麦拉传媒、比翼艺术中心、升艺术空间等大型文化创意企业入驻，使厂方明确了发展文化创意产业的意向。

2004年，上海纺控召开集团董事长会议，确定了春明粗纺厂厂区的发展定位，并聘请同济城市规划设计院与国家历史文化名城研究中心编制保护再利用规划①，以期通过规范的工业遗产保护过程，为创意产业的进一步发展打好物质基础；同年，园区更名为"春明艺术产业园"。

2005年4月，由上海市经济委员会挂牌为上海创意产业聚集区之一，命名为"M50创意园"。

2007年，凭借M50的发展经验，上海纺控对建于20世纪80年代的上海针织九厂老厂房②进行保护性改造再利用，形成尚街Loft时尚生活园区。

2008年，上海申达（集团）有限公司（上海纺控成员企业）决定对原国棉八厂进行改造再利用，联合上海红坊文化发展有限公司合作开发半岛1919滨江文化创意园。

2009年，上海纺控正式设立下属国有独资企业——上海纺织时尚产业发展公司，确定以设计师孵化器、网络营销、文化传媒、会展活动、品牌输出、物业管理等作为业务发展方向，以形成完整的文化创意产业链为发展目标。同年，公司将上海第十七棉纺织总厂③打造为上海国际时尚中心，为上海保留下了目前规模最大、最完整的棉纺织行业代表性的锯齿形

---

① 《上海市莫干山路历史工厂区保护与利用概念规划》由中国历史文化名研究中心的负责人阮仪三教授主持。

② 上海针织九厂：1921年建厂"上海莹荫针织厂"；1954年，公私合营，成为"公私合营莹荫针织厂"；1966年，改名为"国营上海针织九厂"；20世纪80年代，厂区重建；1994年，发展成立"上海三枪（集团）有限公司"；1998年，集团以优质资产整体进入上海龙头股份有限公司（上海纺控成员企业）。

③ 上海第十七棉纺织总厂：1922年日商大阪东洋株式会社建厂"裕丰纱厂"；1945年9月，国民党政府接收；1946年3月更名为"中国纺织建设公司上海第十七纺织厂"；1949年5月，上海市军管会接管了工厂，改名为"国营上海第十七棉纺织厂"，是全国第一家批量生产棉型腈纶针织纱的企业。1992年6月因改制更名为"上海龙头（十七棉）股份有限公司"，成为上海纺控成员企业。

屋盖工业建筑群。

2010年，上海纺控接收由原上海第五化学纤维厂①转型而成的产业园区，改造开发为尚街Loft上海婚纱艺术产业园，形成"尚街Loft"产业园品牌系列。

通过对多个文化创意产业园十几年的运营，上海纺控对闲置厂区的经营思路从单纯的厂房出租拓展到创意产业园区的经营，从配合型的物业管理转向对园区入驻品牌的领导型管理，形成了以工业厂房资源创造基础收入，以时尚产业服务为发展导向的经营模式。在文化产业发展、纺织产业转型的双重作用下，上海纺织行业部分工业遗产不仅实现了自身的保护再利用，同时迎合了行业转型升级的要求，较完整地展现了纺织工业转型升级背景下工业遗产保护再利用发展的路径（图4-2-2）。

时间	产业情况→	国家政策→	地方行业→	企业层面的保护再利用→	规划动作
1992	上海纺织产业陷入困境				
1995			组建上海纺控		
1997		"以纺织业为突破口"推进国企改革			
1998			上海棉纺全行业资产重组		
2000				春明粗纺厂停产，厂房闲置后租赁	
2001				艺术家租用，厂方关注	地块出让
2003				明确了发展文化创意产业的意向	地块使用重新规划
2004				集团会议，决定规范工业遗产保护过程	编制保护再利用规划
2007				改造上海针织九厂，形成尚街Loft时尚生活园区	
2008				改造国棉八厂，形成半岛1919滨江文化创意园	
2009				设立上海纺织时尚产业发展公司；改造上海第十七棉纺织总厂	
2010				接收上海第五化纤维厂，形成尚街Loft上海婚纱艺术产业园	

图4-2-2　上海纺织工业业转型升级影响路径

---

① 上海第五化学纤维厂：1946年，民族企业家强锡麟建立"上海华丰第一棉纺织厂"；1971年更名为"上海第五化学纤维厂"；2000年，与中原经济园区联手成立了中原经济园区军工路工业园；2007年，向创意产业园转型。

2）青岛

与上海纺织行业可以依赖纺织产品品牌实力得以继续在中国纺织行业中占有一席之地不同，以初加工为主要生产能力的青岛国有纺织产业的发展经历了一个生产规模急剧收缩的转型过程。

1995年3月，跟随全国性国有企业改革步伐，青岛市纺织工业总公司变更为青岛市纺织总公司，作为一个主业退出后的稳定平台，管理遗留资产的空壳企业。

2002年11月，集青岛纺织行业优势资产、技术，与12家企业调整重组而成的青岛纺联控股集团有限公司（以下简称"青纺联"），作为青岛纺织生产性业务的传承主体。

2005年，国棉五厂①宣布破产，标志青岛棉纺织企业的调整重组正式开始。

2007年开始，配合青岛市委、市政府出台"环湾保护、拥湾发展"的城市发展战略，青岛市区企业开始向胶州湾北部腾迁，各个纺织企业所在地块也在配合城市战略的过程中面临更新，这里我们以日本于1917～1935年间先后在青岛建立的、中华人民共和国成立后发展成为青岛棉纺织业支柱企业的"九大纱厂"（图4-2-3）为研究对象可以发现：以2003年对国棉三厂地块进行挂牌拍卖为肇端，青纺联将房地产经营一步步纳入到集团发展的核心板块中，将盘活土地资源的手段简化为以土地资源置换资金收益（表4-2-2）。

至今，青岛昔日的九大纱厂只有国棉六厂大部分厂区建筑得到了明确的修复性保护，国棉五厂作为青纺联集团本部得以存留，国棉一厂少量遗存得到保全，国棉九厂因尚未确定规划方向得以暂时性存留，其余五大工厂原址已难觅踪迹，对这些事件背后隐约的脉络进行清理：2007年青岛市纺织总公司通过实施入股参与原国棉一厂的房地产项目开发，逐步建立并完善房地产管理运行体系，并以住宅区商业配套的形式勉强保留住厂区内一栋行政办公楼和一排旧库房；2012～2014年对国棉六厂老厂房的华丽转型启迪了青岛纺织行业对旧厂区的再利用思路，引发2015年青岛市纺织总公司整体划转至具有工业遗产保护再利用经验的市政府直属国有投资公司进行管理②，此举未来可能会对青岛纺织类工业遗产保护再利用形成积极的影响。

3）天津

"20年代的厂房，50岁的人员，60年代的机器，缺乏竞争力的产品"是天津纺织行业20世纪90年代的写照。与青岛国有纺织企业规模急剧收缩的境况不同，天津纺织行业选择实施纺织企业的整体东移，从厂房、设备到技术实现彻底的更新换代。虽然两个城市纺织行业的

---

① 国棉五厂：1934年3月由日商福昌公司建设"上海纺织青岛支店"，简称"上海纱厂"；1935年5月投产；1946年1月，由中国纺织建设总公司青岛分公司接收并改名"青岛第五纺织厂"；1949年6月更名为"国营青岛第五棉纺织厂"；2002年改制后名为"青岛纺联集团五公司"，简称"国棉五厂"。

② 2015年4月，青岛市纺织总公司不再由市直企业管理，整体划转至青岛华通国有资本运营（集团）有限责任公司（国棉六厂开发方海创公司大股东）管理。

图4-2-3 青岛"九大纱厂"区位、现状示意

青岛"九大纱厂"地块更新现状　　　　　　　　　　　　　表4-2-2

厂名 （简称）	开发时间	开发/使用方	事件
国棉三厂[①]	2003	青岛百通城市建设股份有限公司（民营）	2002年底停产，2003年地块挂牌竞拍，开发为住宅项目"兴隆家园"
国棉七厂[②]	2006	青岛华泰置业集团有限公司（民营）	开发为"翠海依居"住宅小区项目
国棉一厂[③]	2007、2014	青岛联城置业有限公司（以下简称"联城置业"）[④]、华融纺联（青岛）投资有限公司[⑤]	与国棉五厂合并，多数厂房拆迁，因有"红锦坊艺术工坊"项目，厂区内一栋行政办公楼和一排旧库房改造为住宅区的商业配套得以保留，剩余地块分别于2007年、2014年相继开发为"海岸锦城"住宅小区

---

① 国棉三厂：始建于1921年10月，"日清纺绩株式会社青岛隆兴工场"；1937年12月被国民党军队炸毁；1938年1月日本重修；1945年由中国纺织建设公司青岛分公司接收，更名为"青岛中纺三厂"；1949年6月定名为"国营青岛第三棉纺织厂"。

② 国棉七厂：由日本富士瓦斯纺织株式会社建于1921年；中华人民共和国成立后，改为"青岛第七棉纺织厂"；1985年更名为"青岛第二毛纺织厂"；此后，一度改名为"青岛毛纺织股份公司"。

③ 国棉一厂：1919年9月筹建；1921年投产，全称"大日本纺绩株式会社青岛大康纱厂"；1945年由国民政府接管，更名为"中国纺织建设公司青岛第一棉纺织厂"；中华人民共和国成立后更名为"国营青岛第一棉纺织厂"。

④ 联城置业：前身为成立于1992年的青岛纺织房地产开发公司；2007年6月，由中国长城资产管理公司、青岛纺联控股集团有限公司、青岛华金置业有限公司、青岛市南投资公司四家公司入股组成，是国有控股的房地产综合企业。

⑤ 华融纺联（青岛）投资有限公司：由中国华融资产管理股份有限公司、青岛市纺织总公司共同入股成立。

厂名（简称）	开发时间	开发/使用方	事件
国棉八厂①	2010	远东房地产开发有限公司（中外合资）	开发为"远东海岸华府"滨海居住社区
国棉五厂	2011	青纺联	2011年6月，青纺联选址在原青岛国棉五厂全面启动青岛现代纺织产业园的建设，形成以现代纺织研发、设计、创意、展示、交易等服务业为特色的产业园区；2014年12月，"纺织谷"正式开园
国棉六厂②	2012	青岛海创开发建设投资有限公司③（以下简称"海创公司"）	2012年整体外迁，配合厂区周边地块的组团性整体开发④，并考虑到旁边军用飞机场的空域高度限制，国棉六厂地块定位为"青岛国棉M6虚拟现实产业园"，原有厂房布局结构得到保护
国棉四厂⑤	2013	青岛颐杰鸿泰置业有限公司（民营）	原址建设大型居住、商业综合体项目"鸿泰锦园"
国棉二厂⑥	2015	中盛（香港）有限公司（中海地产控股）	于2014年7月完成搬迁，原定旧址将建9.3万平方米保障性住房，但地块遭遇流拍，于2015年修改规划条件后再次挂牌出让，原址内18栋日式建筑曾被定为市级文物保护单位，现已拆毁
国棉九厂⑦	—	—	目前用作办公、仓库出租，后续规划方向尚未确定

发展方向不同，但对旧厂址上的工业遗存的影响是极为相似的——企业都为解决破产后的人员安置或新厂建设难题，利用土地直接置换资金收益，大量工业遗存未来得及受到保护再利用即被拆除。1996年，天津第六棉纺厂转制组建成为国有独资集团公司天津天鼎纺织集团有限公司（以下简称"天津天鼎"），后拥有北洋纺纱分公司（棉六）、裕大纺纱分公司（棉三）等4个实体公司。

1998年，天津纺织业积极贯彻中央对纺织"压锭、减员、重组、改革、创新"的要求，开始对一批国有老企业实施兼并、破产、重组和转制。

2001年4月，原天津市天纺纺织工业集团（控股）有限公司（由棉一、棉二、棉四、天旭布业有限公司、天津市第一印染厂合并成立）与天津中孚国际集团有限公司⑧合并重组成为天津纺织集团（控股）有限公司（以下简称"天津纺控"）。

2003年，天津纺织配合"海河综合开发"的城市发展规划，开始实施东移。同年，筹划

---

① 国棉八厂：其前身为日商同兴纺织株式会社在青岛开办的同兴纱厂，建成时间为1935年；1936年10月投产；1951年1月，更名为"国营青岛第八棉纺织厂"。
② 国棉六厂：1921年由日本钟渊株式会社建厂；1923年一期建成投产；1935年建成；1937年，被国民党军队炸毁；1938年由日本人重建；1946年1月，被国民政府接收"中国纺织建设公司青岛第六棉纺厂"；中华人民共和国成立后更名为"国营青岛第六棉纺织厂"。
③ 海创公司，由青岛城市建设投资（集团）有限公司、青岛华通国有资本运营（集团）有限责任公司、青岛国信发展（集团）有限责任公司和李沧区的一个公司，共同投资入股组建。
④ 李沧区依托海创公司对青岛北站组团片区进行整理开发。
⑤ 国棉四厂：1934年5月动工；1935年4月投产，全称"丰田纺织株式会社青岛工场"。
⑥ 国棉二厂：1916年筹建；1917年12月投产，是日本在青岛地区兴建的第一座纱厂"青岛内外棉纱厂"；1945年，更名为"中棉二厂"；中华人民共和国成立后更名为"国营青岛第二棉纺织厂"。
⑦ 国棉九厂：1923年11月建成投产；1945年改为"青岛中纺七厂"；1967年改为"青岛国棉九厂"。
⑧ 天津市服装、纺织、皮革行业国有大型工贸公司。

建设天津高新纺织工业园，利用市中心海河沿岸地区与天津东丽区空港物流加工区巨大的土地级差，盘活原有工业用地资源，形成天津纺织行业转型升级的"天津模式"。①同年，位于天津空港物流加工区的天津高新纺织工业园开始建设。这里仅以1945年组成中国纺织建设公司天津分公司的八个厂（表4-2-3）为研究对象，因为它们作为中华人民共和国成立后天津纺织产业的主要构成企业对城市经济发挥过重要作用，也是天津目前最大的两家纺织集团（天津天鼎和天津纺控）成立时最主要的重组对象。研究发现，在2010年天津高新纺织园全面建成、原先散落于海河两岸的纺织企业的优质资产完成东移后，遗留在市中心区的用地，尤其是位于天津市中心区海河沿岸黄金地段的"六大纱厂"迅速完成再开发（图4-2-4）。

天津六大纱厂地块更新现状　　　　　　表4-2-3

厂名（简称）	开发时间	开发方	事件
棉一②	2011	大连万达商业地产股份有限公司	2011年5月，挂牌出让③；2011年年底天津万达中心开工，2014年底项目全部竣工。建设有超五星级酒店、商业步行街、5A级写字楼以及精品高档住宅
棉二④	2011	天津保利融创投资有限公司	2011年8月挂牌出让⑤；2012年开工；2014年6月完成棉二滨河广场项目"铂津湾"一期工程，建设有住宅、商业金融业、酒店型公寓
棉三⑥	2013	天津新岸创意产业投资有限公司⑦（国有）	2012年，地块被纳入河东区提升改造名单；2013年1月地块挂牌出让⑧，同年确定部分地块做保护性改造，主打工业创意产业；2013年5月动工；2014年6月"棉三创意街区"完工。该地块规划用地性质为商业金融业用地（兼容二类居住用地）
棉四⑨	2011	天津海景实业有限公司⑩	地块位于海河经济开发第六节点的重要位置，配合"天津湾"120万平方米综合体大盘规划，2011年底开工，开发为高端住宅小区"海景文苑"

---

① 中国纺织工业协会会长杜钰洲称之为"天津模式"。
② 天津市第一棉纺织厂：1936年，日商裕丰纺绩株式会社建立"裕丰纺织株式会社天津工场"；1945年国民政府接收，改为"中纺一厂"；中华人民共和国成立后改为"国营天津第一棉纺织厂"。
③ 竞拍价18.765亿元，占地面积73400平方米，建筑面积34万平方米。
④ 天津市第二棉纺织厂：天津金城银行总董事王铭隆、安徽督军倪嗣冲及安福系军阀和官僚投资创办裕元纺织股份有限公司，又称裕元纱厂。1918年4月投产；20世纪30年代转卖给日本中渊纺织株式会社，改为"公大六厂"；1945年国民政府接收，改为"中纺二厂"；中华人民共和国成立后改为"天津第二棉纺织厂"。
⑤ 开发方以底价29.9亿元摘得"津西解（挂）2011-188号地块"；占地面积为11.1万平方米，规划用地性质为居住用地，总建筑规模为32万平方米。
⑥ 天津市第三棉纺织厂：1920年创办、1922年投产的裕大纱厂，1920年创建，1922年投产的宝成纱厂，20世纪30年代初转卖给日资大福公司，大福公司成立天津纺织公司，将宝成和裕大合并为"天津纱厂"；1945年国民政府接收，改为"中纺三厂"；中华人民共和国成立后，改为"国营天津第三棉纺织厂"；1958年，正式更名为"天津第三棉纺织厂"。
⑦ 由天津住宅集团（控股）、天津渤海国有资产经营管理有限公司、天津天鼎纺织集团有限公司共同投资联合组建。
⑧ 由开发方以底价10.3亿元摘得，土地面积3.9万平方米，地上建筑面积10.3万平方米。
⑨ 天津市第四棉纺织厂：1936年，日本东洋棉花株式会社建立"上海纺织株式会社天津工场"；1945年国民政府接收，改为"中纺四厂"；中华人民共和国成立后，改为"国营天津第四棉纺织厂"。
⑩ 天津海景实业有限公司，由两家国有控股的房地产上市公司——天津市房地产发展（集团）股份有限公司与北京天鸿宝业房地产股份有限公司共同组建而成。

厂名（简称）	开发时间	开发方	事件
棉五[①]	2003	天津市正继房地产开发有限公司（民营）	开发为住宅小区"滨河家园"
棉六[②]	2011	天津市房地产发展（集团）股份有限公司（国有）	1985年，原厂区住宅北洋工坊成为天津第一批平房改造区，保留下的6间平房于1994年被批准设立为爱国主义教育基地"原北洋工房三级跳坑遗址"；其他大部分用地被陆续开发为嘉茂购物中心、海景广场写字楼和海景公寓组成的综合体
天津市第一印染厂[③]	2003	天津福佑置业有限公司（民营）	华新纱厂时期的水塔因样式独特得到保护，其余用地开发为"福嘉园"住宅小区
天津纺织机械厂[④]	2011	天津市建苑房地产开发有限公司[⑤]（国有参股）	2011年初，经河北区政府批准，天津市建苑房地产开发有限公司、绿领管理公司与天津纺织机械有限公司达成合作，整体租赁闲置厂区，用于都市经济载体建设，同年4月动工，8月投入运营

　　有形资源优势，尤其是其中的土地资源是目前天津纺织产业拥有的最明显优势：困难企业退出后，天津纺织拥有大量不可动剩余资产，包括市内和郊县320万平方米土地及附属建筑物，其中，中环线内49万平方米、中环线至外环线之间98万平方米、外环线以外59万平方米，它们成为天津纺织行业的转型升级的重要支撑。相比青岛纺织，天津纺织利用土地置换资金收益的目的更加明确——2013年天津纺控制定了《天津纺织集团系统经济转型发展战略规划》，明确了将存量土地资源作为经营性资产，投向房地产开发运营[⑥]。

　　直至2014年6月，"棉三创意街区"保护改造工程完工后呈现出较好的发展局面，促使天津纺织集团在制定《2014—2016经济转型发展战略规划》的过程中，将战略规划升到经济转

---

① 天津市第五棉纺织厂：1936年，日本敷岛纺绩株式会社建立"双喜纺织株式会社天津工场"；1945年国民政府接收，改为"中纺五厂"；中华人民共和国成立后，改为"国营天津第五棉纺织厂"。

② 天津市第六棉纺织厂：1919年由天津敦庆隆号洋布庄的民族商业资本家纪锦斋联合隆顺、隆聚、瑞兴、同义兴、庆丰义等七家棉布商号，并连同百元以上小股东200余户集资创办北洋纱厂；1921年9月投产；1945年国民政府接收，改为"中纺六厂"；"文革"期间更名为"四新纱厂"，后为"天津第六棉纺织厂"；1996年改制建成国有独资集团公司"天津天鼎纺织集团有限公司"。

③ 天津市第一印染厂：周学熙联合当时滦州矿务、启新洋灰股东和一些官僚军阀主持创办华新纱纺公司，在天津、青岛、唐山、卫辉等地相继设华新纱厂。1916年天津建厂，1918年正式投产；20世纪30年代初卖给日本中渊纺织株式会社，改名"公大七厂"；1945年国民政府接收，改为"国印"；中华人民共和国成立后，改为"国营天津印染厂"。

④ 天津纺织机械厂：1946年中国纺织建设总公司将平津两地日资企业，包括钟渊、昭和、富源、大和、谦宝、大信兴、安源、昭通等8个铁工厂拨给天津分公司，成立中国纺织建设公司天津分公司第一机械厂；1952年，将第一至第四工厂集中于现址，名"天津第一机械厂"，后更名为"天津纺织机械厂"。

⑤ 天津市建苑房地产开发有限公司股权结构：天津嘉名投资有限公司（64%）、天津市建筑设计院（30%）、个人（6%）。

⑥ 《天津纺织集团系统经济转型发展战略规划》第（5）条："加快土地房产整合和经营运作，将存量资产转化为增量资产。根据天津市总体规划，对全系统所有土地和房产做出全面规划，做到每一块土地、每一个建筑物都有明确的定位。对经营性资产，高运作层级，对具有地理环境优势的'地王楼王'进行收益最大化的开发利用，较大幅度高资产收益率。通过经营和运作资产，积累发展资金，形成发展后劲。"

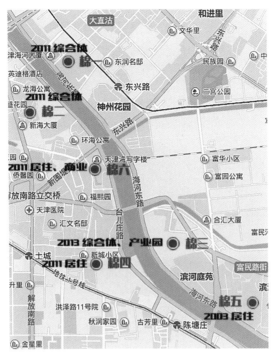

图4-2-4　天津"六大纱厂"区位、现状示意

型的层面，将盘活资产存量作为重点，使文化创意、房地产业务成为新的效益增长点[①]。至此，对老厂区的遗存进行保护性改造为房地产项目带来的形象提升意义凸显，将文化创意作为效益增长点也使公司发展战略的版图显得丰富。

4.2.3　行业企业对工业遗产保护再利用的认知路径及策略探讨

4.2.3.1　行业企业对工业遗产保护再利用的认知路径

在划拨工业用地使用制度依然发挥效力的大前提下，将保护再利用的具体路径植根于国有行业企业发展战略规划是现阶段中国传统行业工业遗产实现有效保护再利用的途径之一。

在经济转型阶段，传统工业的优势不复存在，但即使在行业性整体规模急剧收缩的情况下，传统工业凭借其雄厚的基础依然是当地经济发展重要的依托和资源，作为产业转型副产物的工业遗产难以脱离行业性的发展规划而独立实现保护再利用。以实现经济效益为核心目标的企业也只有在主营业务保持高竞争力的前提下，才有可能拿出剩余精力来认识自身行业

---

① 根据《2014—2016经济转型发展战略规划》，天津纺控力图实现突破的领域包括："纺织制造、进出口贸易、内贸和物流业、其他业态四大领域。其中，在其他业态上实现突破的内容有：围绕加快发展其他业态，整合资源优势，组建国有资本投资运营公司，以盘活资产存量引入增量资产为重点，加大资产资金资本的经营力度，在千万楼宇、科研检测、文化创意、品牌特卖、金融债务、房地产、养老等产业及项目上培育出集团新的效益增长点。"

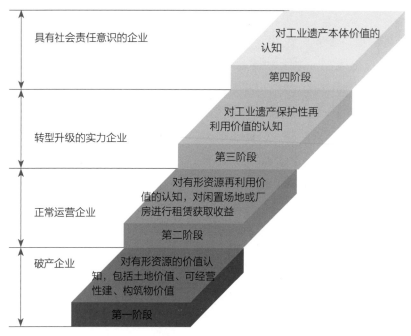

图4-2-5 行业企业对工业遗产保护再利用的认知路径示意图

领域之外的事物。所以，传统行业企业对工业遗产保护再利用意义的认知将会是一种依附于行业企业发展状态的过程，需要经历四个阶段（图4-2-5）。

1）对有形资源的价值认知阶段

这一阶段包括对土地的价值、可经营性建、构筑物价值的认知，是大多数企业对自身可利用资源的初级认知，对于急于将资源变现以解决职工安置问题的那些破产企业来说，这一层次的认知促使它们通过土地和厂房置换资金迅速地、直接地解决企业的燃眉之急。

2）对有形资源再利用价值的认知阶段

这一阶段为企业跨越暂时的资金缺口提供支持。这一层次的认知大多建立在企业自身能维持正常运营，但通过对闲置场地和厂房进行使用权租赁的方式获取额外收入补贴。认识到闲置有形资产可以通过工业生产以外的形式创造价值，是目前中国大多数工业遗产得以暂时保全的重要原因。

3）对工业遗产保护性再利用价值的认知阶段

进入这一认知阶段的行业企业，大多是那些已明确自身的产业升级目标、逐渐形成了自身发展路径特点的、实力雄厚的企业。它们认识到，工业遗产的保护性再利用能为传统工业实现技术升级以外的业务板块拓展提供物质载体，尤其在中国大力推进文化创意产业发展的宏观背景下。

4）对工业遗产历史文化价值的认知阶段

这一层面的认识属于物质基础之上的上层建筑，只有当前一阶段的工业遗产保护再利用发展到足以作为行业企业经营亮点的程度，那些注重自身企业文化建设、注重社会影响的行业企业才会在与社会环境产生良性互动的前提下关注企业发展的历史印记，关注工业遗产无形的、无价的本体价值，担负起需要对社会、对环境产生积极影响的企业社会责任[①]。

4.2.3.2　策略探讨

传统工业大型遗产最重要的特殊性，就体现在它们与仍在发挥重要生产功能、创造巨大经济价值的行业企业有着脱不开的、紧密的联系，甚至成为这些行业企业资产的重要组成部分。只有厘清相关行业企业的转型升级模式是怎样影响渗透到工业遗产保护再利用各个阶段的路径，才有可能在此基础上提出有效的保护再利用具体思路。

1）传统工业转型升级阶段政府对企业的援助是极为必要的

以日本为例，20世纪60年代日本政府耗资3800亿日元，对纺织工业的结构调整予以财政援助。[②]所以，寄希望于行业企业超越它们自身所面临的发展问题而投身于创利能力并不高的工业遗产保护再利用是不现实的，企业只有在找到自身行业发展出路的基础上，才有余力关注转型升级过程中产生的副产物之———工业遗产。

2）行业企业对工业遗产保护再利用价值的认知需要有效的引导

通过对传统行业企业的工业遗产价值认知路径的分析，可以发现：在认知路径的第二、第三阶段，如果政府的遗产保护部门、社会团体对行业机构、相关企业实施有效干预或引导，更有可能达到城市更新、产业升级与遗产保护相结合的目的。在第二阶段通过干预使更多的行业企业认识到有形资源再利用的价值，可以使更多的工业遗产得到暂时性保全；在第三阶段通过引导使更多的行业企业认识到工业遗产保护性再利用的巨大发展潜力，吸引它们投入更多的关注，可能会使更多工业遗产获得正式保护再利用的机会；第四阶段是行业企业自身发展达到较高水平后才能够实现的对工业遗产本体价值的主动认知。这四个阶段难以实现跨越式发展。

[①] 企业社会责任（Corporate Social Responsibility，简称CSR），到目前为止国际上对CSR的具体内容都没有统一的定义，根据国家、地区的不同，对其理解和解释也不尽相同。目前国际上普遍认同的CSR理念：企业在创造利润、对股东利益负责的同时，还要承担对员工、对社会和环境的社会责任，包括遵守商业道德、生产安全、职业健康、保护劳动者的合法权益、节约资源等。

[②] 潘慧明，饶洪军，常亚平. 纺织上市公司1998年资产重组回顾及其启示［J］. 中国纺织经济，1999（1）：18-19.

3）树立"成功"典型吸引企业关注

作为传统工业企业,一般不会盲目进行多元化经营,在实践中,涉足陌生行业而使创利能力不断下降的案例屡见不鲜。所以,对历史积累深厚的传统工业来说,从个别企业上升到行业层面作出对工业遗产的保护性再利用决定需要有"成功"项目作为模范参考。从前面对各地区情况的分析可以看出,无论是起步较早、对新事物接受度较高的上海,还是后进的青岛或天津,行业层面对工业遗产保护再利用的态度的转变都是发生在某个偶然的、较为成功的项目成型之后。上海纺织行业对工业遗产保护再利用的价值认知发端于2004年M50的成功对上海纺控集团的影响;青岛,直到国棉六厂的改造在2014年初现规模后才引起行业的关注;天津也是在2014年"棉三创意街区"完工后,才将"盘活资产存量、发展文创产业视作新的效益增长点"纳入到《2014—2016经济转型发展战略规划》。所以,关注当地具有代表性的工业遗产保护再利用成功案例,通过树立典型吸引企业投入更多注意力,可以为工业遗产得到有效保护带来更多可能性。

4.3 市场规律作用下的工业遗产保护再利用——以青岛为例

在伴随着产业结构调整的城市更新进程中,工业用地的更新特点是需要进行产业替代或升级,那些经常包含有工业遗产类历史建筑及地段的工业用地,更是要在重新利用原有物理资产的基础上进行功能置换,不仅如此,往往还要在用地性质难以变更[①]的条件下进行,难度可想而知。城市土地增值潜力[②]、产业效率、建筑形式与用地性质这几方面相互间存在尖锐的矛盾。在探索的过程中,再利用主体在选择改造再利用模式上的趋势以及不同主体投资态度上的差异逐渐呈现出来。

首先,国内现实的改造案例并没有形成"百花齐放"的局面,经过17年[③]的发展经验沉淀,中国涉及城市产业结构调整的工业遗产改造再利用项目更多地向一个方向发展着——产业园办公;其次,并不是每一个改造再利用主体都注重项目前期对遗产保护的投入。产生这种局面的原因在于,工业遗产在向不同类型产业转型的过程中,明显需要发生不同的成本费用;不同的保护再利用主体对这类投资的敏感度和承受力明显不同。本节的研究任务即是通过实地调研就这个问题从经济学相关视角进行初步的探讨。

---

① 冯立,唐子来. 产权制度视角下的划拨工业用地更新:以上海市虹口区为例 [J]. 城市规划学刊,2013（5）:23-39.

② 陈洁. 基于地价组成因子的城市用地规模合理度研究 [D]. 杭州:浙江大学,2010（4）.

③ 从国内最早进行实践——1998年台湾建筑师登琨艳对上海苏州河畔一个粮仓的改造再利用——算起至今。

4.3.1 实证研究

4.3.1.1 青岛工业遗产保护再利用模式选择机制

工业一直是青岛经济发展的支柱产业，工业遗产是青岛城市历史文化的直接表述。1897年德国将青岛作为其远东军事基地，以港口、铁路为主要的产业发展任务，随之兴起了船坞、码头、机械制造、纺织、啤酒等产业，奠定了青岛城市形态的发展基础。20世纪20、30年代，民族工业开始在青岛兴起，经过近百年的城市发展，至20世纪90年代，青岛已发展出涵盖港口、机械制造、电子、海洋化工、机车制造、造船、纺织、啤酒、服装、家电等门类齐全的多元化产业结构，因此这个城市也被誉为"中国近现代工业的摇篮"。因此，青岛作为工业遗产保护再利用问题的研究对象，具备中国工业城市的典型特征（表4-3-1）。

笔者在青岛的调研涉及14个工业历史建筑改造再利用项目，它们是目前青岛已进行改造或明确出改造再利用方案的项目。

由表4-3-1分析，可以将青岛工业遗产保护再利用模式选择的特点归纳为：①目前，青岛工业遗产保护再利用项目主要有产业园、博展馆、商业、景观公园这四种改造形式，其中以产业园项目最多，从项目数上占到一半以上（图4-3-1），建筑面积[①]上更是占到88%（图4-3-2）；②大多数基于工业遗产保护再利用的项目没能对所在地块的用地性质加以变更，86%的项目所在地块的用地性质仍为工业用地（图4-3-3）；③从投资方的企业属性上看，具有国有资本背景的项目占到71%（图4-3-4）；④从不同再利用形式所需花费的改造成本上看，博展馆及景观公园的改造成本最高，平均达到11000元/平方米，商业及产业园项目的改造成本相对较低，基本在3000元/平方米以下（图4-3-5）；⑤不同性质的保护再利用主体在保护性改造上的投入差异巨大，改造单价最高的博展馆及景观公园项目都由大型国有企业或政府承揽，成本相对较低的产业园项目中，私营企业的平均投入为90元/平方米，国有企业平均达到1800元/平方米（图4-3-6）。

4.3.1.2 市场规律作用下的投入差异

工业遗产保护再利用这一概念本身即预示了实物资产的原有使用功能与新功能需求之间会产生矛盾。那么，为满足新的功能使用需求，投资者必需根据其新的产业定位进行物理性资产投资，相比在其他产业地段上开发相同项目的投入，在工业遗址上投入的物理性资产将

---

① 奥帆中心项目属国家指令性项目，且占地面积巨大，故未将其建筑面积计入数据分析。

表4-3-1

青岛市工业遗产保护再利用项目情况

项目编号	原厂厂名	建厂时间	改造项目名称	开发时间	产业类型	当前用地性质	保留建筑面积（平方米）	改造工程投资（万元）	改造单价（元/平方米）	投资方	企业类型（按投资方归属性）
1	青岛啤酒厂	1903	青岛啤酒博物馆	2003	博展馆	工业用地	4000	6000	15000	青岛啤酒厂	国有
2	青岛刺绣厂	1954	创意100产业园	2006	产业园	工业用地	23000	200	87	青岛麒龙文化有限公司（租赁场地）	民营
3	同泰橡胶厂	1932	良友国宴厨房（已拆）	2006	商业餐饮	工业用地	8000	3300	4125	市北区政府、良友餐饮、鲁邦房产	民营
4	青岛北海船厂	1898	青岛奥帆中心	2006	景观公园	公共用地	138000	150000	10870	政府	国有
5	青岛显像管厂、青岛无通电子厂	1960	中联U2.5产业园	2008	产业园	工业用地	60000	500	83	中联建业集团有限公司	民营
6	青岛电子医疗仪器厂	1980	中联创意广场一期工程办公	2009	产业园	工业用地	30000	300	100	中联建业集团有限公司	民营
			中联创意广场一期工程商业		商业	工业用地	20000	1200	600		
7	青岛卷烟厂	1919	1919青岛烟草博物馆	2009	博展馆	工业用地	1200	1300	10830	颐中集团	国有
			1919创意产业园		产业园	工业用地	145000	25700	1772		
8	青岛丝织厂	1917	青岛纺织博物馆	2009	博展馆	工业用地	4600	4100	8913	市北区政府、青纺联控股集团	国有
9	青岛国棉一厂	1919	联城置地红锦坊住宅区商业配套	2009	配套商业	居住用地	15000	1800	1200	青岛联城置业有限公司	国有控股
10	青岛红星化工厂	1956	红星印刷科技创意产业园	2011	产业园	工业用地	49000	5000	1020	青岛红星文化产业有限公司	国有
11	青岛四方机车厂	1900	青岛工业设计产业园	2010	产业园	工业用地	15000	1200	800	南车青岛四方机车车辆股份有限公司	国有
12	青岛科技大学某工厂	1971	青岛橡胶谷一期综合交易中心	2011	产业园	工业用地	55000	15000	2727	中国橡胶工业协会、青岛市四方区、青岛科技大学、青岛软控股份有限公司	事业、国有
13	青岛国棉六厂	1921	M6创意产业园	2012	产业园	工业用地	21000	5000	2381	青岛海创开发建设投资有限公司	国有
			虚拟现实展馆		博展馆	工业用地	2500	2100	8400		
14	青岛国棉五厂	1934	青岛纺织谷	2013	产业园	工业用地	18000	5000	2778	青纺联控股集团	国有

注：①上表统计了笔者2014年10月在青岛进行调研搜集的项目情报，都是或多或少带有工业遗产再利用意向的建成或在建项目，而像青岛火柴厂、青岛橡胶六厂这类不带有遗产保护目的的项目并未纳入本次研究范围。②保留建筑面积为目前已进行改造或明确计划投入改造的建筑面积，许多项目依然保有大量尚未建设规划建设的闲置厂房及用地。

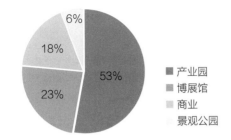

图4-3-1　按改造形式划分的项目个数占比

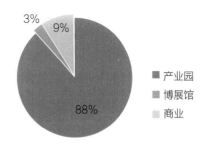

图4-3-2　按改造形式划分的建筑面积占比

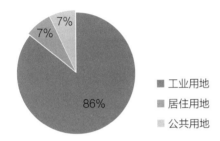

图4-3-3　用地性质划分的项目个数占比

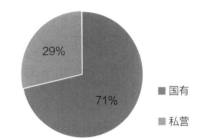

图4-3-4　按企业性质划分的项目个数占比

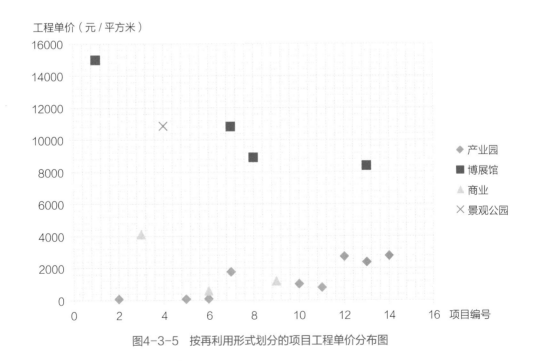

图4-3-5　按再利用形式划分的项目工程单价分布图

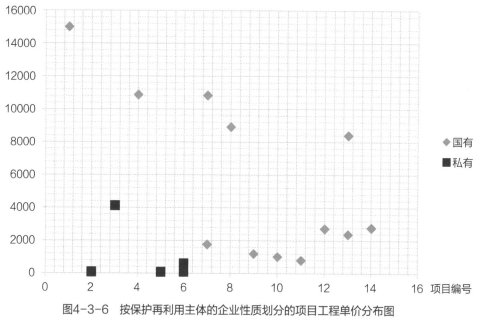

工程单价（元／平方米）

图4-3-6　按保护再利用主体的企业性质划分的项目工程单价分布图

具有更高程度的专用性^①，这与工业遗产本身所具有的性质是密不可分的。

工业遗产的实物资产本身的使用功能具有很强的专业性及针对性，在转到其他用途的过程中，势必与其他产业所要求的功能属性产生极高的不吻合度，工业遗产的保护势必与改造再利用在相互矛盾中达成妥协，而这种妥协即要求项目有很大一部分投入要耗费在对原有专用性资产的保护以及以这些保护对象的专用性特征为依托的再利用方案上。在用地性质未能伴随产业转型进行变更、土地价值未能以最优配置得到体现的条件下，在工业遗存上所展现的转型升级的成果仍然大多体现为暂时性保护及利用。

经过前一节对调研数据的汇总及分析，出现这样两个问题——为何大部分再利用项目选择产业园这种改造模式？不同的保护再利用主体在改造模式的选择及资本的投入上为何存在巨大的差异？

---

① 对资产专用性的认识，是从经济学德国历史学派创始人F·李斯特（Freidrich Liszt, 1841）在对"资本"的研究开始的，他首次出资本在不同部门、不同地区、对不同使用者来说价值完全不同的问题；其后很长一段时间，关于专用性的讨论一直聚焦在人力资产的特性范畴内，随着研究不断深入，对专用性资产内涵的理解又重新从人力资本领域扩展至物质资本领域，这是以哈罗德·德姆塞茨（1970）指出"资产不可能轻易地进出一经济领域……"为肇端的。其后，奥利弗·E·威廉姆森（Oliver Eaton Williamson）对资产专用性理论的构建起到决定性作用：他在其1971年对交易成本理论的研究中正式提出资产专用性的概念，他认为，资产专用性是指在不牺牲生产价值的情况下，资产可用于不同用途和由不同使用者利用的程度，如果资产可用于不同用途和由不同使用者利用的程度高，就称这项资产的专用性程度低，反之，则专用性程度高；谭庆刚（2011）对资产专用性的定义即基本沿用了威廉姆森（1985）在交易成本理论的研究中给出的概念——它是指一项资产能够被重新配置于其他替代用途或是被他人使用而不损失其生产价值的程度。

1）改造形式的选择分析

中国城市更新进程的表现之一就是产业转型。其表现形式就是旧产业退出、新产业替代的过程，其本质是原有要素在变化环境中的一种重新组合。具体到实际操作，它是对原产业专用性资产的破坏以及新产业专用性资产的投资，或者是对原有产业专用性资产的改造。这一过程一旦涉及基于工业遗产保护再利用的城市工业用地更新，则更多时候体现为对原有产业专用性资产的保护性改造，而对这类产业转型的投入将具有以下的特点：原有的机器设备、专业厂房、生产流线这些只适用于特定用途的专用性资产难以挪作他用，或者必须经过高昂的成本支出进行改造才能转为他用；即使转为他用，这些改造成本也因附着在原有专用性资产上无法剥离，而难以在未来进行转让，以致有可能大幅贬值。作为追求利润最大化的基本单位，企业在进行产业选择时相对审慎：如果产业转型后的预期收益小于转型的机会成本，则企业就缺乏向这种产业转型的内在动力；如果选择投入成本相对较小、改造工程量相对小的产业进行替代，则更有可能达成有效收益。

新建项目一般都能取得明确的建设用地规划条件[①]，而这些依据城市硬性控制层面的发展计划而给出的条件使得新建项目在很长一段时间内（按不同用途确定的土地使用年限）内可以得到非常稳定的发展环境，投资者在项目物质资本的投入上不需考虑其功能业态在这段时间内的重新安置，也就是说不需考虑其价值在短时间内降低，所以大多数投资者都会根据自身的实力尽可能地对专用性资产进行投入，以期获得最佳的使用价值；与之相比，绝大多数工业遗产改造再利用项目所在地块由于国家政策上的控制很难变更其用地条件，这种矛盾在中国城市更新的进程中不断凸显，应对这种矛盾的政策至今尚未明确。在这种宏观背景下，对专用性资产的投入能否带来资产的保值、增值面临很高的不确定性。而"不确定性意味着存在大量可能的偶然性事件，且要预先了解和明确针对所有这些可能性的反应，费用是非常高的"[②]。因而，工业遗产改造再利用项目的投入整体流向改造难度不高、改造成本较低的产业园领域，在发展前景不明晰的时候，企业也可以以相对低的成本退出交易。

2）不同保护再利用主体的投资选择分析

"在实际操作中，资金要素构成了实质的保护能力。"工业遗产改造再利用项目在各地的蓬勃发展态势和具有可持续发展的巨大潜力吸引了大量有战略眼光的社会资本自觉进入这一领域。通过青岛的调研结果可以看到，改造模式上选择产业园的项目占大多数，但不同企业

[①] 规划条件是城乡规划主管部门依据控制性详细规划，对建设用地以及建设工程出的引导和控制依据规划进行建设的规定性和指导性意见。一般包括规定性（限制性）条件和指导性条件，前者如地块位置、用地性质、开发强度（建筑密度、建筑控制高度、容积率、绿地率等）、主要交通出入口方位、停车场泊位及其他需要配置的基础设施和公共设施控制指标等；后者如人口容量、建筑形式与风格、历史文化保护和环境保护要求等。

[②] 陈郁编. 企业制度与市场组织［M］. 上海：上海人民出版社，1996.译自：克莱因（1980）《"不公平"契约安排的交易费用决定》。

性质的投资方对这个选择又呈现出决然不同的投资态度：国有背景的投资方，尤其是大型国有企业获取资金支持的机会多、规模大、周期长，它们有更充裕的时间调整项目的方向和进程，创造稳扎稳打的局势，他们在包含最具专用性的厂区建筑保护修复、工业设备维护、场馆设施配备等方面的投资相对更多，并具有阶段性、计划性；而私营性质的投资方更急于将原有的固定资产投入使用，以尽快带来回笼资金，他们更愿意将资金投向通用性最强的管理技术领域[①]，但这些企业由于其自身无法超越的私有观念和客观规模条件的限制，在资金的投入上重视短期现金流表现，急于招商，急于看到快速的、明确的收益。本杰明·克莱因、罗伯特·克沃福特和阿尔曼·阿尔奇安（1978）曾经从对"专用性资产的可挤占准租金"的特征论证来探讨市场体制下缔约后机会主义行为的可能性——"为了避免'掉进陷阱'，人们会进行专用性较低的投资[②]……"。而对于通用性资产的投资，开发方都不会因项目发展的不确定性而损失什么，一旦项目出现变故，他们可以将这些资产转向其他用途。这种投资态度上的差异对于工业遗产的保护效果来说产生了极重大的影响，这种影响直接表现为项目改造工程单价的高低、所涵盖的改造内容以及这些工程的质量。

这里仅用青岛两个不同开发主体的项目来进行对比（表4-3-2）。

不同保护再利用主体的工程改造投资差异　　　　表4-3-2

改造项目名称	建厂时间	投资方属性	保留建筑面积（平方米）	改造工程投资（万元）	改造单价（元/平方米）	改造工程内容
中联创意广场一期工程办公	1980	私营	30000	300	100	改造方案设计、外立面处理、室外环境绿化、室内墙面粉刷
M6创意产业园	1921	国有	21000	5000	2381	改造方案设计国际招标、外围护结构保温、外立面处理、室外环境绿化、结构维护、室内管线敷设、室内地面处理、室内装饰、市政基础管线改造

4.3.2　策略探讨

充分认识工业遗产的保护再利用内在地制约于市场规律，是保护工业遗产价值的前提，也是解决城市更新中工业用地产业转型的关键。从经济学角度出发的跨学科研究似乎要求我们必须从经济学家那里寻找启示。奥利弗·E·威廉姆森[③]从两个方面推进了专用性资产概

---

① 以青岛创意100产业园为例，2006年的厂房改造工程仅花费200万元进行了最基本的墙地面粉刷铺装及必要的外立面修葺，同年即展开招商，2009年投资800余万元打造文化创意产业专业人才孵化平台。
② 这种情况对于在不发达的、政治不稳定的，即"机会主义"的国家中的私人投资来说，是极为明显的。
③ 奥利弗·E·威廉姆森. 资本主义经济制度［M］. 段毅才，王伟，译. 北京：商务印书馆，2010.

念的深度。首先，他提出了资产专用性的多种形式[①]，其次，他指出了资产专用性理论的经济意义[②]：

①一项专用性资产如果转到其他用途或其他人使用，则其生产价值会降低；②在这种情况中的交易，保持交易关系的稳定性和持久性是有价值的，因此交易各方的身份显得很重要；③为支持这类交易，各种契约和组织保障措施会出现，并发挥着重要作用。

1）市场空间的有限性将会制约这一类遗产性资产的交易，这使得投资者在这类投资上谨小慎微。所以应该建立一个相对集中的、针对工业遗产改造再利用的交易平台，吸引有相关项目经验、持续关注这类项目的企业前来竞争，这样，将会有更多的、专业的、相对不计较成本及损失的投资者前来，使工业遗产的价值在资产处理过程中得到前期的评估及后期的保护。

2）保持交易关系的稳定性和持久性是有价值的。在目前的政策下，国有企业作为中国公有制经济的主体代表，更易于获得城市中心工业用地的开发权，它们会更多地考虑社会影响，维持与项目稳定、持久的关系。私营企业则更多地体现出市场经济条件下追求利益最大化的企业特征，在维持稳定的交易关系方面，需针对其企业特性作出特殊的安排或者成立专门的机构。

3）如果交易各方面能签订完备的契约（完全契约[③]），就可以将工业遗产保护再利用过程中对专用性资产的投资由于交易中断造成的损失考虑在内，通过完善的条款尽量创造稳定、持久的交易关系，可这种解决方式可能需要很长的时间来等待政策层面的调整、工业遗产评估体系的健全、相关交易平台的搭建。

---

① 专用性资产主要有七种类型：①场地专用性，它指为节约库存和运输成本而被紧密排列的一系列站点或场所；②实物资产专用性，比如生产某零件所必须的专用模具或设备；③人力资本专用性，它往往以"干中学"等方式获得；④专项资产，主要指根据客户的紧急要求而特意进行的投资；⑤品牌资产专用性，包括组织或产品的品牌的声誉等；⑥时间专用性，这在那些对于时间要求严格的交易中非常突出，如工程建筑等有明确的交工期并且延期受到的惩罚；⑦关系专用性，如与某种交易有关的人际关系或销售渠道等。

② 谭庆刚. 新制度经济学导论——分析框架与中国实践 [M]. 北京: 清华大学出版社, 2011: 33.

③ 完全契约就是缔约双方都能完全预见契约期内可能发生的重要事件，愿意遵守双方所签订的契约条款，当缔约方对契约条款产生争议时，第三方劝说法院能够强制其执行。完全契约是以完全竞争市场的假设条件为前提。

第 5 章

工业遗产保护与文化产业融合的实证研究
——基于再利用主体性质的融合模式研究①

---

① 本章执笔者：仲丹丹、徐苏斌。

根据笔者对所研究专题的了解，相关文献中尚无针对与文化产业相结合的工业遗产保护再利用案例的分类研究，仅有不同研究领域的学者从不同研究方向上给出了一些重要的参考依据：褚劲风（2008）[1]从文化产业研究角度根据对文化产业集聚空间形成的主导作用的深入观察，提出中国文化产业集聚的形成可以分为市场主导自发型、政府主导导向型、自发与导向协同型三类。刘伯英（2009）[2]在认识"城市土地总是在市场竞争中不断向配置效益更高的使用功能转换"的基础上，从工业用地更新研究角度将旧工业用地再利用模式划分为三种：政府主导模式、土地使用者主导模式和开发商主导模式。许东风（2014）[3]从工业遗产保护研究角度将工业遗产保护性利用案例划分为三个类型：一是"自上而下"的城市大规模的工业区、滨水仓储码头区整体改造开发；二是个体的传统工业建筑改造再利用实践；三是专注于具体工业历史地段功能提升或建筑改造的个案研究。另有其他相关学者的研究结论，此处不一而足。

　　这些研究成果为本章的论述提供了重要而宝贵的参考。它们对类型的划分虽然出自不同的研究领域并针对不同的研究对象，但具有共同的特点：根据项目形成动因的表现作用形式来进行划分，但并未对表观作用形式背后的动因进行探讨。所以我们可以通过对这些类型划分的学习对我国目前工业遗产保护再利用与文化产业结合发展的现象进行初步的宏观了解，而如要进一步地把握这种现象发生的规律、预测其发展的轨迹，从而"培其本根，卫其生长，使其效不期而至"，则需要"相其机，动其机"。本研究的目标是讨论工业遗产与文化产业这两种事物结合之基础、发展之根本推力，并试图创造一种解释上不致发生矛盾的对既有相关项目的分类，阐明我国工业遗产保护再利用与城市产业升级相结合的真正的、应然的内在动力及外在表现。这一推动过程的基础作用力是前文第四章探讨的土地制度变迁、产业经济发展和市场规律作用，这三种力的作用过程是隐性的、强大的、普适性的，在探讨完这三种基本作用力后，这里将通过第五章对作用在各个实际项目上的显性的、分散的、针对性的推动力作一个分类。而"力"是一种不可见的客观存在，只有通过它在作用过程中所作用的实体来发挥作用，这个实体的最直接体现者就是项目的保护再利用主体（包括开发方或者说项目主导者）。因此，在前两章结合动因的宏观整体分析基础上，本章将根据保护再利用主体的作用过程对调研案例进行分类讨论（表5-0-1），以完成从理论分析到作用机制的完整论证过程。

①　褚劲风. 上海创意产业集聚空间组织研究［D］. 上海：华东师范大学，2008（5）.
②　刘伯英，冯钟平. 城市工业用地与工业遗产保护［M］. 北京：中国建筑工业出版社，2009：104.
③　许东风. 重庆工业遗产保护利用与城市振兴［M］. 北京：中国建筑工业出版社，2014：6.

表5-0-1

按保护再利用主体作用过程的项目分类

动因类型		对应调研案例							
		北京	上海	广州	天津	重庆	青岛	西安	福州
1	高校带动		●上海世博园旧工业遗产园改造	●广州城市印记公园——农民工博物馆	●3526创意工场 ●美院现代艺术学院	●坦克库-重庆当代艺术中心 ●501艺术基地 ●102艺术基地	●青岛橡胶谷一期综合交易中心	●贾平凹文学艺术馆 ●西安半坡国际艺术区 ●老钢厂设计创意产业园	●新华文化创意园
2	政府主导					●重庆工业博物馆	●青岛奥帆中心		
3	工业企业主导	●798艺术区 ●莱锦文化创意产业园 ●751D·PARK北京时尚设计广场 ●新华1949文化创意设计产业园 ●竞园·北京图片产业基地	●新十钢上海创意产业集聚区 ●M50创意园 ●M50半岛1919文化创意产业园 ●上海国际时尚中心 ●四行仓库纪念馆 ●尚街Loft时尚生活园区 ●尚街Loft上海婚纱艺术产业园	●羊城创意园区 ●广州T.I.T纺织服装创意园 ●太古仓码头·创意园（文保单位） ●1850创意园 ●宏信922创意社区	●6号院创意产业园 ●天津电力科技博物馆	●S1938创意产业园	●青岛啤酒博物馆 ●青岛纺织博物馆 ●1919创意产业园 ●红星印刷科技创意产业园 ●青岛工业设计产业园 ●青岛纺织谷		
4	地产开发	●金地国际花园	●上海8号桥创意园一期 ●上海8号桥创意园二期 ●上海8号桥创意园三期 ●上海8号桥创意园四期 ●创邑·河 ●弘基创意·国际 ●创邑·幸福湾 ●创邑·源 ●创邑·金沙谷	●国际单位一期 ●广州城市印记公园——国际单位二期 ●红专厂艺术创意园区	●天津意库创意产业园 ●绿岭产业园 ●棉三创意街区		●中联U谷2.5产业园 ●中联创意广场 ●联城置地红锦坊住宅区商业配套 ●M6创意产业园 ●良友园宴厨房		●闽台A.D创意产业园 ●榕都318文化创意艺术街区

	动因类型	对应调研案例							
		北京	上海	广州	天津	重庆	青岛	西安	福州
5	文化产业公司主导	·北京尚8-CBD文化园 ·中国北京酒厂ART国际艺术区 ·方家胡同46号	·1933老场坊 ·同乐坊 ·上海滨江创意产业园 ·创意仓库	·信义·国际会馆 ·中海联·8立方创意产业园 ·M3创意园 ·汇·创意产业园	·红星·18创意产业园 ·巷肆创意产业园 ·辰赫创意产业园 ·艺华轮创意工场 ·C92创意工坊一期 ·C92创意工坊二期		·创意100产业园		·芍园壹号文化创意园 ·福百祥1958文化创意园 ·福州海峡创意产业园
6	城市经营理念主导	·北京焦化厂工业遗址公园						·大华·1935	·马尾船政文化主题公园景点之一

5.1 高校带动模式

在国家大力推动文化产业跨越式发展，努力使之成为经济结构战略性调整的重要支点的大背景下，许多实践已经证明可以促成文化产业发展与工业用地更新的结合。本节通过对由高校、文化产业、工业遗产这三个要素共同介入的类型案例进行分析，阐明高校是如何带动一部分工业遗产进入再利用过程并完成产业升级的，进而总结出此类型项目在工业遗产保护再利用方面的特点，在此基础上对高校建设、文化产业与工业遗产再利用协同发展的模式提出策略建议。

工业遗产作为城市的历史文化遗产的重要组成部分，必将成为各地发展文化经济的紧要资源之一；而作为培养高级文化人才场所的国家高等教育院校，也必将是文化产业高端资源的集散地。那么，工业遗产、高校、文化产业之间似乎必然会发生一些交互作用。这种作用在笔者进行实地调研的8个城市（本书2.3节内容提到的8个调研对象）[①]中，得到了部分案例的实践印证：86个有文化产业介入的工业遗产保护再利用项目，其中，受所在城市高校影响形成的文化产业集聚有10处，占到样本数的14%。

目前，工业遗产、高校建筑、文化产业三个领域都有各自可观的研究成果。工业遗产与文化产业之间的互动关系已得到了相当的关注，不论是丰富的现实案例，还是相当数量的既往研究（吕梁，2006；宋丹峰，2007；黄翊，2010；等等）；也有个别学者关注到旧工业建筑改造有向校园建筑空间拓展的现象，并对这个拓展过程中如何进行从规划到建筑的改造设计展开研究（许晓东，2007；李金奎，2011）；文化产业、高等教育研究领域的相关学者也对高校发展文化产业给予了关注（龚维忠，2003；毕景刚，2013）。本部分内容力图通过对产生于这三种因素综合作用下的类型案例进行分析，阐明高校文化是如何带动一部分工业遗产进入再利用过程并完成产业升级的，进而总结出此类型项目在工业遗产保护再利用方面的特点，并在此基础上对当前高校带动下的文化产业与工业遗产再利用协同发展提出策略建议。

5.1.1 形成动因

调查分析发现，表5-1-1中的8处工业遗产的位置大多接近高校所在区位，以此为前提，受三种动因不同程度的促动开始了再利用的过程，下面笔者将系统探讨这一大前提、三种动因本身的形成及其作用机制（图5-1-1）。

---

① 2013年3月～2015年6月，笔者就2012年度国家社会科学基金重大项目（第四批）"我国工业遗产保护与活化再生利用研究"（批准号：12&ZD230）第五子课题"从工业遗产保护到文化产业发展"按研究计划对北京、上海、广州、天津、重庆、青岛、西安、福州等8个城市进行实地调研。

1）工业遗产位置靠近高校

高校作为同质性人才的集聚地，其具备的资源条件促使专业从业者能够学习相关技能，养成相应习惯和敏感性，也为其创新活动提供平台；同时校园整体的氛围也降低了从业者沟通的难度。所以，当有文化影响力强的高校存在时，其所在区域的文化生产往往向这些高校及附近区域集中，即向同质性从业者的地方性集群集中。而当此区域中恰巧存在满足使用要求的工业遗产时，便有了高校文化、文化产业、工业遗产三者产生融合的可能性。在天津、重庆、西安[①]的8个样本中，厂址本身即位于高校校区内或靠近高校的工业遗产有6处（表5-1-1）。

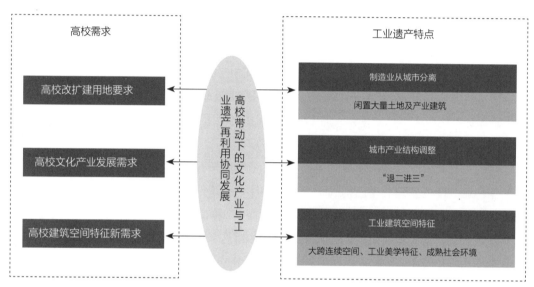

图5-1-1　高校文化带动下的工业遗产保护再利用动因模型

2）高校改、扩建用地需求

1999年，我国开始实施高校扩招政策。《面向21世纪教育振兴行动计划》（以下简称《计划》）[②]提出了我国高等教育发展的规模目标：到2010年，我国各类高等教育在校生规模要发展到1500万人，相比1998年的643万人翻一番以上。许多高校开始积极地进行扩建、改建或新建，以适应扩招带来的日益增长的空间、设施的需求，许多大学开始重新选址开辟新校区。以西安建筑科技大学（以下简称"西建大"）为首创，开始多角度地探求空间拓展方向，寻求一种将历史遗存保护、环境保护、经济高效相结合的方法途径。自1999年响应扩招政策

---

① 天津、重庆、西安是这类样本较集中的三个城市。另外2个样本分别位于青岛（青岛橡胶谷一期综合交易中心）和福州（新华文化创意园）。

② 1999年2月国务院批转教育部《面向21世纪教育振兴行动计划》，是在贯彻落实《教育法》及《中国教育改革和发展纲要》的基础上提出的跨世纪教育改革和发展的施工蓝图。主要目标之一即为高等教育规模有较大扩展。

	项目名称	位置条件	使用者来源	项目形成动因		
				高校改、扩建要求	高校文化产业发展	高校建筑空间需求
1	华津3526创意产业园（华津制药有限公司原址）	河北区水产前街28号，距天津美术学院3公里	天津美术学院	√	√	
2	天津美院现代艺术学院（原天津第一金属制品厂）	河北区日纬路84号，距天津美术学院1.7公里	天津美术学院现代艺术学院	√		√
3	坦克库-重庆当代艺术中心（原军用仓库）	九龙坡区黄桷坪108号，位于四川美术学院校区内	四川美术学院			√
4	501艺术基地（原重庆市商业储运公司九龙坡分公司501仓库）	九龙坡区黄桷坪正街126号，四川美术学院东门斜对过	四川美术学院			√
5	102艺术基地（原重庆港务物流集团仓库）	九龙坡区黄桷坪铁路二村123附12号，距四川美术学院1.1公里	四川美术学院			√
6	西安半坡国际艺术区（原国营西北第一印染厂）	灞桥区纺织城西街238号	西安美术学院		√	√
7	贾平凹文学艺术馆（原校办印刷厂）	碑林区建设路东段西安建筑科技大学南院内	西安建筑科技大学		√	√
8	西安华清科教产业园（陕西钢厂原址）	新城区幸福南路109号	西安建筑科技大学	√	√	√

开始，西建大一直在寻求可基本满足校园建设要求的基地以进行校园规模扩建；2002年，西建大联合陕西龙门钢铁（集团）有限公司、陕西长城建设有限责任公司等单位成立"西安建大科教产业有限责任公司"〔2010年5月更名为西安华清科教产业（集团）有限公司〕，公司通过竞拍的方式以2.3亿元的价格收购了当时按政策性破产处置的始建于20世纪60年代的陕西钢厂破产资产，并同时接收原陕西钢厂2500名职工，对陕西钢厂原址进行以保护再利用为主导扩建思路的西建大华清学院的建设由此开始。

无独有偶，同在2002年，天津美术学院决定开设现代艺术学院，以1500万的价格购得原天津第一金属制品厂（早前作为江西督军蔡成勋的"蔡家花园"西院）荒废了近10年的用地及其上的厂房，并花费1000万进行改造翻修，后由美院现代艺术学院使用。2008年，天津美术学院本部的住宿用房出现不足，将距学院3公里的天津华津制药有限公司的部分闲置旧厂房租赁下来，用作学生宿舍。此后的3年时间，由于学生在厂区进行的一系列艺术活动逐渐培养了厂区内文化环境氛围，引起了一些由天津美术学院走出的设计人才对此处闲置厂房空间的关注。2011年，厂方顺应这种市场需求，决定利用全部闲置厂房进行园区规划，后正式招商，并将招商定向为设计类企业。

3）高校文化产业发展需求

高校作为现代社会创新意识的发源地，在我国着力发展文化产业的大背景下，在地方文化产业发展中拥有文化环境营造、文化人才培养、文化理论研究、文化生活服务的固有优势，也在很大程度上决定着地区文化发展的内涵与层次，所以，没有任何其他社会组织的影响力能与高校对地区文化层次的影响等量齐观。通过创办文化产业园区，高校的文化引导功能可以得到多角度、多层次的发挥。从全国的发展来看，北京、上海、广州因其领先的文化经济发展水平都已经发展出以高校为依托的文化创意产业集群，如北京的清华大学科技园（1998年，依托清华大学），中国人民大学文化科技园（2003年，依托人民大学），上海的乐山软件园（2002年，依托上海交通大学等18所高校），广东的五山乐天创意产业园（2014年，依托华南理工大学等多所高校及研究院所）。但这些项目都未能在配合城市"退二进三"的过程中与工业用地更新相结合。

2008年后，更多的地方城市伴随自身文化经济发展水平的提升，开始学习并思考如何让高校在文化产业发展中的发挥更直接的作用。2010年5月，"高校文化产业发展论坛"[①]在深圳举办，论坛主题为"创新·创意·创业——高校文化产业发展"。此次论坛除了与文化产业相关的课程改革、人才培养、学科建设、出版社建设，更重要的议题之一便是"高校文化产业园区的建设"。2012年7月，西安世界之窗产业园投资管理有限公司与西安华清科教产业（集团）有限公司签约，利用陕西钢厂老厂房，联合开发设计创意产业园（后定名为西安华清科教产业园），将文化产业纳入集团四大经营业务板块（房地产、教育、制造业、服务业）之一的服务业板块中，由此，开创了我国高校文化—文化产业—工业遗产相结合模式的首例。

4）高校建筑空间特征新需求

工业建筑和高校建筑属于两种类型，迥然不同的用途使其发展出各自的背景和体系，建筑空间更是各具特征。但随着高等教育理念的转变、教学模式的创新、学校活动的拓展，过去那种仅满足基本教学功能要求的设计理念发生变化，开始在规划建筑设计上追求空间的社区化、复合化、信息化以及共享性，满足当前跨学科信息交流、人际情感交流等多种新功能的需求，简言之，追求更多的无封闭性分隔的共享空间。而以大跨连续空间为内部特征的部分工业建筑似乎正好可以成为向校园空间转变的较佳建筑类型，它们的基本特征可以适应以下空间需求：

（1）高大连续空间需求。高校文化带动的行业人群主要为艺术家、设计师等，他们是创意人群，他们追求能够提供更多自由、激发更多灵感、提供更具创意的信息交流和人际交往

---

① 2010年5月13日，第六届中国（深圳）国际文化产业博览交易会深圳大学分会场举办了"高校文化产业发展论坛"。

机会的创意空间，这就要求建筑空间有更直接的可达性和更活跃的空间组织。而工业建筑内部高大而连续的空间格局，为这类改造方向提供了可能性并且只需要花费较低的改造成本。

（2）文化性空间需求。印度建筑学家查尔斯·柯里亚曾将由文化与人的相互作用产生的深层结构作为建筑的最高层次"意境"。对高校建筑来说，更加要求建筑空间不应仅仅满足适宜性的功能需要，还要具备精神层面的文化内涵。有着工业美学特征的建筑结构和设备设施可以通过适宜的改造成为很好的文化载体与时代参照物，将其工业时代的文化精神延续到空间当中。

（3）城市公共空间渗透需求。城市为校园提供交通、金融、医疗等多方面的社会服务，是校园生活的依托；反过来高校也是城市文化活力的发源地，其高层次的文化辐射也成为城市文化的巨大引擎。所以，有机开放型校园的选址多位于城市市区中，与城市空间互相渗透并形成广泛的联系，从而带动区域的发展。工业遗产所在区域往往伴随老工业企业的发展成为住区、商业区、基本配套设施、街区管理相对完善的城市区域，可以为校园提供较完备的生活条件和成熟的社会环境。

5.1.2　保护再利用特点

1）多出现在"新一线城市"

在笔者进行实地调研的8个城市中，由高校文化直接带动形成的工业遗产保护再利用的10个项目集中出现在天津、重庆、青岛、西安、福州这5个城市，恰巧都属于"新一线城市"，而像北京、上海这样无论是在高校数量、文化产业发展程度，还是工业遗产保护再利用水平上都有突出表现的一线城市，反而没有发生这三种要素的融合。这与"产业集群"相关研究的经验证据产生出入。初步分析引起这种现象的原因，可能与新一线城市文化产业发展水平相对不高、艺术类文化人才来源单一有关。北京、上海作为文化"磁石"，吸引着全国甚至世界各地的高端文化人才向其集聚；与此形成强烈反差，"新一线城市"只能挽留部分当地高校培养的行业人才，缺乏对外地优秀人才的吸引力。而地方文化产业的发展大多就只能仰仗这部分未离开的当地高校培养行业人才，形成了以高校为据点的空间分布特点。

2）再利用主体多为艺术、设计类院校师生

从1995年中央美术学院雕塑系租用706仓库用以制作大型雕塑作品开启后来798艺术区新时代，中国的工业遗产保护再利用就与艺术家、设计师有了千丝万缕的联系。首先，他们的艺术追求、工作习惯带来的对空间环境的特殊要求相比其他专业，能与工业遗产所体现的历史文化沉淀与工业美学精神形成更高程度的契合，所以，无论是天津美术学院、四川美术学院、西安美术学院，还是西安建筑科技大学，其专业特色莫不与艺术、设计高度相关。其次，艺术、设计相关行业产品的设计、生产、销售更容易在同一空间中完成，因此对建筑空

间有更多的交流性与包容性，这与工业建筑的空间特点不谋而合。

3）保护再利用顺序倒置

此类工业遗产保护再利用多是自发性的，所以本应发生在项目前期的整体性保护规划过程大多缺失，导致这类再利用对工业遗产整体价值的挖掘和体现不充分，大多仅表现为涂鸦、旧设备小品、对大型空间的分割加建。因使用主体主要为艺术家个人或设计工作室，以个人艺术的创作推广和精英思想的交流发布为主要目的小型改造各具特色，但分散的、没有统一约束的改造工程对建筑本体的完整性、真实性有不同程度的破坏。只有当这种文化集聚达到一定规模时，才会得到相关所有者或政府部门的关注，即到了后期，整体性的、较大手笔的保护性改造才得以开始（表5-1-2）。

保护再利用现状调查 表5-1-2

		项目	调研时间	保护再利用现状	
自发保护再利用	1	华津3526创意产业园	2013年6月	 旧工业设备改造为雕塑小品	 园区整体规划分区图
	2	坦克库	2015年5月	 厂房的表象化艺术改造	 厂房屋顶的简单维修使用
	3	501艺术基地	2015年5月	 建筑表皮涂鸦	 建筑内部空间的简单再利用

		项目	调研时间	保护再利用现状	
自发保护再利用	4	102艺术基地	2015年6月	建筑正立面的简单处理	未处理的建筑背面
整体性规划保护再利用	5	西安半坡国际艺术区	2014年11月	用作艺术品展示与交易空间	对大跨连续内部空间的整体性保护工程进行中
	6	西安华清科教产业园	2014年11月	整体保护规划建设模型	对内部空间的整体性保护修复工程接近尾声，再利用为博展空间

5.1.3 策略建议

工业用地更新应该以怎样的方式完成对城市产业升级的助力，需要在进行系统的价值评估的基础上，进行新的功能定位，探求多方向的改造策略。对高校带动下的文化产业与工业遗产保护再利用协同发展形成动因的分析，可以引导我们从四个方面发掘这种发展模式的潜力。

1）关注工业遗产周边的高校文化资源

无论是城市层面的产业升级，还是项目自身对文化产业介入的寻求，其重要前提都是培养或利用优质的文化资源。而各地的高校无疑是当地发展文化产业的先天的可利用条件。所以，寻求文化产业介入的工业遗产保护再利用项目应当首先对自身周边环境进行全面的了解，将邻近高校的文化影响力纳入项目规划发展条件一并考虑。

2) 高校改、扩建与工业遗产保护再利用相结合

在高校改扩建成为教育产业发展客观需求、低碳经济成为国家大力倡导发展的大背景下，高校改、扩建与工业用地更新相结合的思路可以在解决高校发展空间不足的同时，以低碳绿色的方式改善旧工业区的环境品质并提升文化层次。对于考虑在原址进行改、扩建的高校，将位于学校的内部或周边旧工业建筑拓展为校园科研、教学活动的场所变得顺理成章；对于考虑整体变迁或新建校区的高校，其空间的拓展可面向城市中非邻近的旧工业厂区，从城市整体的规划结构及高校建筑的设计要求出发进行选址，并且后续要开展对厂区的价值评估及现状评估等，制定较为完整的实施步骤和建设程序，努力实现工业遗产保护与再利用双方面的平衡。

3) 高校文化产业发展与工业遗产保护再利用相结合

目前，大多数高校一直无法整合利用高校文化资源优势形成支柱产业，高校文化产业大多采取的是划块管理模式。例如，学术期刊归口学校的教学科研线，出版社归口政治思想管理线，而与有形文化产品有着直接关系的印刷厂等可能又划归校办产业。

本质上同属性的文化实体却分属不同的管理主体，各自为政，互不关联，这为后续发挥高校文化产业整体优势带来了难以逾越的障碍，继而很难对这些所属分散的产业单元进行整体的规划布局，然后注入集中的、统一管理的产业园空间，既不利于促进工业遗产的集中保护，也不利于文化产业集群的形成发展。所以，改变高校文化产业条块分割的管理模式，合理地整合和配置文化资源，构架高校文化产业集团，无论是对高校自身文化产业的发展，还是对高校建设与工业遗产保护再利用的结合发展，都是相对有效、有利的重要前提。

4) 探求符合高校建筑空间特征的旧工业建筑改造策略

虽然部分工业建筑在满足高大连续空间需求、文化性空间需求、城市公共空间渗透需求等方面表现出向校园空间转变的较佳建筑类型的各项特点，但尚未有足够的、成功的转化实例用来总结归纳出一套较为成熟的保护性改造再利用策略，多是从个案分析得出的一些空间改造方法。针对这种情况，笔者建议从三个方面同步进行推进。

（1）应展开对艺术、设计相关专业院校的建筑空间需求和工业建筑室内外空间特征的针对性研究，为改造再利用实践提供数据支持和理论指导。

（2）对实际项目的厂区旧建筑的内部空间及外部环境进行系统的梳理和分析，结合校园空间环境结构要求进行从工业建筑向高校建筑转换的改造。

（3）对实际项目投入使用后的评价进行搜集，根据反馈对项目各阶段出现的问题进行汇总和研究。

5.1.4　认知意义

在国家"推动文化产业跨越式发展，使之成为经济结构战略性调整的重要支点"的大背景下，许多城市的产业升级已经将如何促成文化产业与工业用地更新共同发展作为努力的方向，这意味着工业用地更新将不仅成为城市经济结构调整的重点，同时将为城市提供对文化资源进行战略性整体运用的空间载体。而充分利用已有的高校文化资源，探索高校文化产业发展与工业用地更新协同发展模式，可能不失为一种双方面互利的思路。

5.2　政府主导模式

工业遗产保护本质上属于社会公益性事业，但因其附着于以城市工业用地更新为表现形式的经济社会发展，牵涉到方方面面，包括政府、产权单位、开发主体等，非常不同于其他类型的文化遗产。因此，在众多实际项目中，由政府出资并全面操控的工业遗产保护项目并不多。但一些时候，出于宏观及政策层面的客观要求，地方政府甚至中央政府需要动用强大的行政执行力，集中力量办好一些公共性项目，这些项目多采取用作主题博览展馆和城市重大事件场馆这两种规模差异非常大的再利用模式。

5.2.1　形成动因

这类项目的形成动因相对简单，它们通过在短时间内构建复合功能的城市巨系统，引入重大城市事件，再以这个社会活动事件为契机，带动整个区域的发展更新。从表5-2-1给出的案例相关信息可以看出，这类工业遗产改造前普遍集中在国有大型企业、中央企业手中，其保护再利用的目的是服务于更高层面的关注点或重大事件，项目代表的是重大的公共利益，同时由于其规模宏大，很难通过市场参与由单一开发商单次直接完成，在没有市级、省级政府甚至中央政府的高度重视和上层协调的条件下是很难推进工程实施的。因此，只有政府全面掌控的项目才能够使城市空间发展政策在一系列实施行为的配合下短时间内对城市工业用地的空间演变产生巨大作用力。这里重点对因城市承办重大事件而实施的工业遗产保护再利用项目形成过程予以关注，因其规模相对一般只有几千平方米的主题博览展馆来说，对城市的空间结构、经济社会发展有非同寻常的影响。这里的城市重大事件在倪尧（2013）的博士论文中有详细的阐释及定义：在特定的政治、经济、制度背景下，由政府主办或政府授权主办，城市作为主体，依靠一定政府资源所确定的具有广泛影响力、有助于实现城市发展目标的一项具体决策行为，特别聚焦一些重要的政治经济和文化体育类大型活动，如世博会、奥运会等。

案例相关信息整理   表5-2-1

城市	项目名称	原址企业	占地面积（平方米）	再利用模式
上海	世博会工业遗产改造工程（部分列举）①	浦钢集团（属宝钢集团）	206.1万	城市重大事件场馆
		求新造船厂（属中国船舶工业集团公司）	不详	
		南市发电厂（属中国电力投资集团公司）	不详	
		江南造船厂（属中国船舶工业集团公司）	65.1万	
		上海溶剂厂	15.3万	
		上海振华港口机械制造厂（属中国交通建设集团有限公司）	22.1万	
		上海华伦印染有限公司	6.2万	
广州	广州城市印记公园——农民工博物馆	马务联村集体土地	5000	主题博览展馆
重庆	重庆工业博物馆	重钢集团型钢厂（属重钢集团）	5000	主题博览展馆
青岛	青岛奥帆中心	青岛北海船舶重工有限责任公司——属中国船舶工业集团公司	13.8万	城市重大事件场馆

5.2.2 保护再利用特点

1）临时性的保护再利用

上海世博会吸引了全球189个国家和57个国际组织实际参展，园区占地高达6.68平方公里，它的举办促成了我国对工业遗产保护再利用的一次大规模、集中性的尝试，最强的财政支持、最新的规划理念、最先进的建筑技术，在短时间内有力地诠释了工业遗产保护从前期论证、投资经济分析、功能研究，到规划设计、城市设计、单体保护性改造设计，再到后续利用等各个层面的完整过程。但是，由国家意志主导的工业遗产保护再利用项目多是为容纳持续时间并不长的城市重大事件而实施推进的，因此缺乏与产业经济和社会发展长久、稳定的互动是其最明显特征。

---

① 部分数据来源：上海世博会事务协调局、上海市城市规划管理局2006年6月的《中国2010年上海世博会规划区城市设计》。

虽然在《中国2010年上海世博会注册报告》[①]有专门的章节阐述世博会场馆与建筑后续利用规划，并对设施处理的若干原则[②]进行了明确说明；各类会展相关行业企业也在筹办世博会的5年里纷纷建立起来，但由于目前我国会展行业发展尚处于起步阶段，日常的市场需求远远低于会展场馆供应量，使得大部分场馆资源在活动结束后逐渐萧条并进入闲置状态。以世博会工业遗产保护改造工程之一——江南造船厂的改造再利用为例，在2010年5~10月世博会正式举办期间用作场馆或管理用房的厂区建、构筑物的后续利用问题受到多方关注（表5-2-2）。

江南造船厂部分保护再利用建筑现状   表5-2-2

建筑单体原功能	建造时间	世博会期间（2010年5~10月）功能	现状（2015年6月）	现状照片
海军司令部	1930	安全保卫人员用房和环卫作业人员用房	封锁、闲置	
飞机库	1930	中粮集团企业馆	封锁、闲置	

---

① 2005年12月1日由中国政府向国际展览局提交，注册报告通过后，上海世博会的筹办工作就由前期准备阶段正式迈入实际推进阶段。此后，中国将全面启动世博会的招展招商项目，而一切有关世博会的规划、建设、财务运行都将严格遵循注册报告中的表述，并接受世界的监督。

② 这些原则包括服务总体城市发展战略原则、主题服从原则、地段特征原则、宜存则存原则、宜迁则迁原则、建馆储宝以及物尽其用原则。

建筑单体原功能	建造时间	世博会期间（2010年5～10月）功能	现状（2015年6月）	现状照片
2号船坞	1872	文化活动场馆	封锁、闲置	
大型工业厂房	—	博览纪念馆	封锁、闲置	

政府在重大事件结束后退出了后续直接经营过程，将对由工业遗产改造成的博览场馆的后续利用采取间接管理，让市场处于主导地位，而这一过程必将与遗产保护的公益性形成巨大的矛盾，政府面临进退维谷的局面：一方面，若完整保留成片的、规模宏大的工业历史遗存，相关地段无疑会成为该区域的地标性风貌，并不断尝试新的再利用模式，以此带动或配合周边地区发展，但这是一个漫长的过程，要担负在极长的时间内可能无法获得可观经济效益的风险和城市发展要求的压力；另一方面，若立即将这些区域纳入新的城市用地规划，使之迅速进入土地市场，则这些用地上的工业遗产的存留将面临巨大的不确定性。

由政府全面掌控的大型工业遗产保护再利用项目，更需要政府在思考城市发展路径及方向的过程中，进行思想的自我博弈，平衡包括经济、政治、远期、近期等多角度的发展要求。因此，本文不赞成对这类改造项目目前并不尽如人意的闲置状态进行贸然的评价及建议，它们需要当局给予更多的耐心和慎思。

2） 服从园区总体规划的点状保护

上海世博会址范围内动迁的企事业单位有272家，规划范围内的重要工业遗产涉及江南造船厂、浦钢集团、求新造船厂、南市发电厂、上海溶剂厂、上海华纶印染厂、上海振华港口机械制造厂等几家企业。《中国2010年上海世博会规划区控制性详细规划（第三版）》^①资料显示，这几家企业的厂区范围内原有约200万平方米的现状工业建筑，其中25万平方米得到了保护、保留或改造，占总量的12.5%左右。这个规划仅对建筑单体进行了建筑风貌评价、结构状态评估和简要的历史价值梳理，其评价方法缺乏针对厂区整体环境特征和系统性技术价值的考虑，导致受到保护的建、构筑物间缺乏内在联系，在环境分布中相对零散，没有使改造后的历史工业地段形成工业文化语境下空间意向的整体感。

被誉为"中国工业摇篮"的江南造船厂作为凝聚着中国近代民族工业发祥历史的重要场址，能够在世博会举办后得到永久性保留的建、构筑物仅有6处^②，且它们的规模普遍较小；规模在10000平方米左右及以上的大型工场车间由于其建筑结构与形式符合世博会对于会展空间或配套服务设施需求，具有较大的临时使用价值，在世博会期间得以存留，但在改造时对于船坞、船台等构筑物也没有突出其原有历史特征，为了与世博会的活动氛围相协调、提升对游客的吸引力，对这些工业建筑的改造在处理手法上注重时尚和新元素的介入，对历史特征要素的重现比较单薄，几乎所有的建筑单体都用新材料进行了重新包装。会后将视建筑使用和地块后续开发的情况，决定是继续保留还是拆除。滨水地区的塔吊等极具特色的构筑物也并没有得到保留。能够永久保留的几处建筑对于保留原有厂址的历史信息和厂区记忆的作用杯水车薪，改造后整个地区的工业历史环境特征趋于平淡。

青岛奥帆基地的建设对北海船厂的保护更是寥寥几笔，只保留了灯塔、塔吊、堤坝、运输轨道、系船柱等作为景观要素。

5.2.3 认知意义

由政府全面掌控的大型工业遗产保护再利用项目的实现是偶然的，在市场介入的条件下并不具备复制意义，但其在项目形成过程中暴露的问题将是政府未来在推进这类项目的时候作为开发主体对自身能力提出更高要求的参考依据，以达到项目完成后不偏离区域经济社会发展方向以及同时实现工业遗产保护再利用的目标。

5.3 工业企业主导模式

工业遗产因其具备的历史文化价值、空间使用价值成为企业将文化产业纳入升级目标的文化媒介及空间载体。

① 2007年12月由上海世博会事务协调局组织编制，并报上海市城市规划管理局批准。
② 根据《中国2010年上海世博会规划区控制性详细规划（第三版）》。

工业遗存原址上的工业企业正越来越主动地投入到整个保护再利用过程中，相比政府、开发商或民间力量充当的保护再利用主体，他们在更准确地把握工业遗产价值实质的基础上，对这些工业遗存进行了保护性改造再利用，同时通过产业转型升级，获得了企业的新发展。在此过程中，他们表现出了区别于其他开发主体的保护再利用特点。本节内容通过对此类型项目的调研及分析，阐明工业企业的产业转型升级是如何作用到其原址上的工业遗产上的，并对这种作用模式下的保护再利用特点进行陈述和总结，最后指出原址企业参与的改造再利用设计过程对工业遗产保护的意义。

在笔者进行实地调研的8个城市中，有文化产业介入的工业遗产保护再利用项目据不完全统计有86个，其中，一些生产功能已撤离、但管理功能尚未退出原址的企业，因自身的产业转型升级要求而对原有厂房空间进行新产业注入，此类项目有20个（表5-3-1），占到86个样本数的将近1/4。对这些项目的促成原因进行分析所得，与以往研究对我国文化产业介入下的工业遗产保护再利用项目的认知有所出入，这些项目没有被推向政府引导下的由第三方市场开发主体主导的开发进程，而是由原址工业企业实施或参与对其的保护及再利用，并形成了区别于第三方开发主体的保护再利用特点。

86个研究对象中由原址工业企业主导参与保护再利用的20个项目 　　表5-3-1

城市	项目名称	
北京	• 莱锦文化创意产业园 • 798艺术区 • 竞园·北京图片产业基地	• 751D·PARK北京时尚设计广场 • 新华1949文化创意设计产业园
上海	• 新十钢上海创意产业集聚区 • 四行仓库纪念馆 • 上海国际时尚中心 • 尚街Loft上海婚纱艺术产业园	• M50半岛（BAND）1919文化创意产业园 • M50创意园 • 尚街Loft时尚生活园区
广州	• 羊城创意园区 • 太古仓码头创意产业园（文保单位） • 宏信922创意社区	• 广州T.I.T纺织服装创意园 • 1850创意产业园
天津	• 天津电力科技博物馆 • 艺华轮创意工场	• 6号院创意产业园
重庆	• S1938创意产业园	
青岛	• 青岛啤酒博物馆 • 1919创意产业园 • 青岛工业设计产业园	• 青岛纺织博物馆 • 红星印刷科技创意产业园 • 青岛纺织谷
西安	—	
福州	—	

本节内容通过对此类型案例的调研及分析，阐明工业企业的产业转型升级如何作用到其原址上的工业遗产上的，并对这种作用模式下的保护再利用特点进行描述和总结，最后对当前工业遗产保护与再利用思路提出建议。

5.3.1　形成动因

1）城市产业升级宏观作用

进入后工业时代①意味着社会经济发展进入转型期，传统产业②的增长速度逐渐放缓，需要寻找新的产业类型来进行代替，寻找新的经济增长点。20世纪70年代开始，发达国家的传统制造业开始转移到包括中国在内的新兴工业化国家和地区，新型产业（第三产业、信息产业）逐渐成为西方国家新的经济增长点。我国从20世纪80年代开始经历了30年以制造业为基础产业的发展过程，进入21世纪，以北京、上海为代表的先进城市开始不断丧失其工业制造功能，新型产业开始在这些城市逐渐显现出其强大的发展潜力，在城市生产总值中所占比例快速增加。中国先进城市开始步入后工业化时代，以此为先遣，其他中心城市也在此之后陆续进入这一过程。

1999年党的十五届四中全会明确提出"从战略上调整国有经济布局，要同产业结构的优化升级……完善结合起来"。这些城市的国有工业企业开始面临由时代背景和国家政府带来的客观与主观两方面的产业升级压力。2006年我国政府通过"十一五纲要"开始正式推进工业结构优化升级、加快发展服务业。③

2）企业产业升级微观作用过程

城市产业升级的宏观推动力需要由企业转化为自身的主观产业转型升级要求并践行。而这一蝶变过程之所以能够与工业遗产发生交集，需要三方面条件促成的契机（表5-3-2）。

5.3.2　保护再利用特征

《下塔吉尔宪章》中指出，"工业遗址的保护需要全部的知识，包括当时的建造目的和效用，各种曾有的生产工序等"。对工业遗存的保护目标是最大限度地保持工业生产的历史结构与区域特征，而再利用目标是将产业转型后产生的对建筑功能的新要求在旧的构筑物

---

① 1959年，美国未来学家丹尼尔·贝尔最先出了后工业社会的概念。美国早在20世纪50年代就已经显示出后工业社会的一些特征：在经济上第三产业的产值和就业人数超过第一和第二产业。1970年，在信息技术和信息产业发展的基础上，美国逐渐转变为一个信息社会。西欧诸国和日本等国家在20世纪60年代末和70年代初也开始进入后工业社会。

② 传统产业包括传统农业和传统工业。

③ 十届全国人大四次会议2006年3月批准《关于国民经济和社会发展第十一个五年规划纲要》，第3篇、第4篇。

	项目名称	厂房闲置过程	文化产业发展契机	产业升级主观要求
1	莱锦文化创意产业园	进入20世纪90年代后，厂区陆续停产外迁，厂房闲置	2011年，朝阳区政府所倡导并创立的国际传媒走廊业已形成，厂区原址地处CBD东区门户，距中央电视台新址仅3公里，可以作为传媒走廊上的重要节点	2009年2月，北京京棉纺织集团有限责任公司（京棉二厂所属公司）以土地入股、北京市国通资产管理有限责任公司注资5000万元成立北京国棉文化创意发展有限责任公司，对厂区进行保护性改造再利用，将文化创意产业作为公司的发展定位
2	751D·PARK北京时尚设计广场	煤气生产于2003年退出生产运行，原热电厂改用清洁能源在园区内部部分区域继续运转，厂房和机械设备弃置	毗邻的798戏剧性转型，以及北京市"十一五"规划中发展文化创意产业的政策导向	2006年，北京正东电子动力集团有限公司（原751厂）举行了一次研讨会，会后决定，将751转型为文化创意产业区。为此成立全资子公司"北京迪百可文化发展有限责任公司"
3	新华1949文化创意设计产业园	2010年10月完成对北京新华印刷厂搬迁	原址所在西城区是集结设计创意企业的重点区域，周边商务办公氛围日益成熟和科研设计资源众多	公司系统内开始贯彻主辅分离、主业改制的政策精神，同年，中国印刷总公司决定将原厂区打造成文化创意产业集聚区
4	竞园·北京图片产业基地	2005年，百子湾仓库发展物流遇到了难以逾越的瓶颈	经过朝阳区宣传部牵线，《竞报》主动提出合作方案	公司意识到必须对百子湾仓库的发展方向进行重新定位。2006年，决定进军文化创意产业
5	新十钢（红坊）上海创意产业集聚区	2002年6月正式停产，原厂址地处上海黄金地段	2005年，上海开始大力发展现代服务业。以市、区两级规划为指引，联手上海市规划管理局、上海市城市雕塑委员会办公室、上海红坊发展有限公司等	1996年10月开始实施产业结构调整，上海十钢有限公司坚定地推进"优二进三"、"退二进三"、"进三优三"的企业发展战略。1999年初，实施退出钢铁主业、向第三产业进军。将产品没有市场、资产质量差、扭亏无望的单元陆续关停，充分发挥黄金地段的优势
6	M50半岛（BAND）1919文化创意产业园	上海国棉八厂厂房闲置	2005年，上海开始大力发展现代服务业	2005年，上海纺织控股（集团）公司开始坚持二、三产联动发展，定位"科技与时尚"2008年8月上海纺织控股（集团）和上海红坊文化发展有限公司合作，对上海国棉八厂进行保护再利用
7	羊城创意园区	20世纪90年代末，化纤厂行业性遇到问题，难以维持	1999年报业集团兼并广州化学纤维公司	2007年3月开始引进创意产业
8	广州T.I.T纺织服装创意园	2002年广州市纺织机械集团停产	2008年广州市政府推进市区产业"退二进三"工作的意见	2007年广州纺织工贸集团（占股35%）与深圳市德业基投资集团有限公司（占股65%）合作成立广州新仕诚企业发展有限公司，决定将旧厂区打造为专门以服装创意为主题的时尚产业园
9	太古仓码头创意产业园	2007年之前，广州港的货物运输逐渐东移，太古仓的货物吞吐量也日渐衰落	2003年12月广州市市长提出了太古仓在今后保护、转型、开发、利用的总体设想	2007年6月开始，工业大道一片由原先的工厂区日渐转化为居住区，广州港集团码头功能面临新的调整发展

上实现，因此在突破与承袭之间寻求平衡成为工业遗存保护性改造的关键。这些原址工业企业在转型升级目标下作为工业遗产保护再利用主体，表现出与政府、第三方企业、个人不同的特点。

5.3.2.1 保护特点

对偏离普通群众审美标准的工业遗存进行保护性改造设计，并在此基础上实现对历史价值、社会价值、科技价值、美学价值的保护及展现，需要有对厂史轶事、工艺流程等纵横双向信息具备稳定且准确掌握的人员顾问的参与，这样有利于在较短时间内对工业遗产的价值实现认知，继而实现目标明确、层次分明的保护方案，从而使工业遗存完成既承载遗产价值又适于实际使用的公共建筑的转变。原址企业作为保护主体参与厂区的保护改造方案的设计和实施，满足了这类项目的在这方面的要求，使得这些项目具备了有别于其他项目的保护特点（表5-3-3）。

1）对厂区布局、建筑结构的保护体现真实性

以北京莱锦文化创意产业园为例，其原址企业北京第二棉纺织厂作为我国第一个采用国产设备的、规模最大的棉纺织厂，相对重要的遗产价值之一就在于其厂区整体布局以及具有纺织行业建筑特征的锯齿形屋架。在有原厂参与[①]的改造设计中，最大限度地保持了这些构筑物原有的结构形式，并保持了它们的完整性，即一定程度上保护了整个厂区作为遗产的最大价值。

2）对工艺流程重要节点的保护体现完整性

751D·PARK北京时尚设计广场招商部负责人介绍，在原址企业北京正东电子动力集团有限公司（原751厂）方面的全权控制下，改造设计完整保留了烟囱、蒸汽火车、煤气储罐、裂解炉群和复杂的管道系统等原煤气生产工艺流程的各重要环节的设备或构筑物，这为将来完整保护此处工业遗产的技术价值提供了可能性，在我国现阶段工业遗产保护偏重建筑价值而忽视技术价值的现实水平下是非常难能可贵的。

3）对建筑使用历史的记录体现细致性

虽然是在市政府引导建议下展开的，太古仓码头创意产业园的保护性改造仍然是在其产权单位——广州港集团的控制下进行的。从2007年6月开始历时一年的修缮工程，除了常规的建筑本体的保护外，原址企业将各个仓库改造前后的使用历史记录通过铭牌进行了详尽的

---

① 莱锦产业园的开发方为北京国棉文化创意发展有限责任公司，成立于2009年2月，北京市国通资产管理有限责任公司注资5000万元，北京京棉纺织集团有限责任公司（北京第二棉纺织厂为其所属单位）以土地入股，作为股东单位各持股50%。

项目名称	实景示意	保护特点
•莱锦文化创意产业园	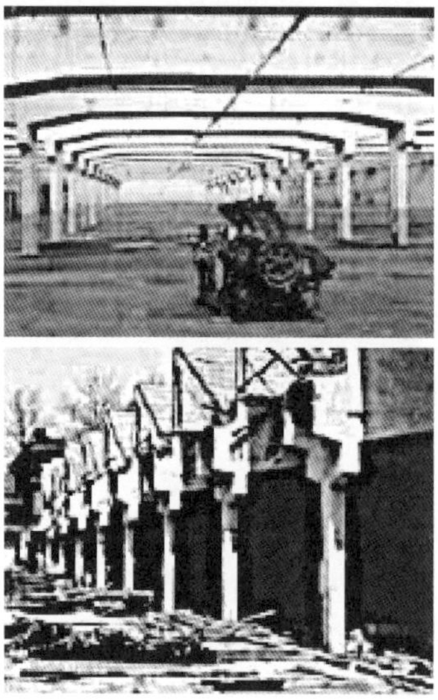 图1 改造前厂房结构 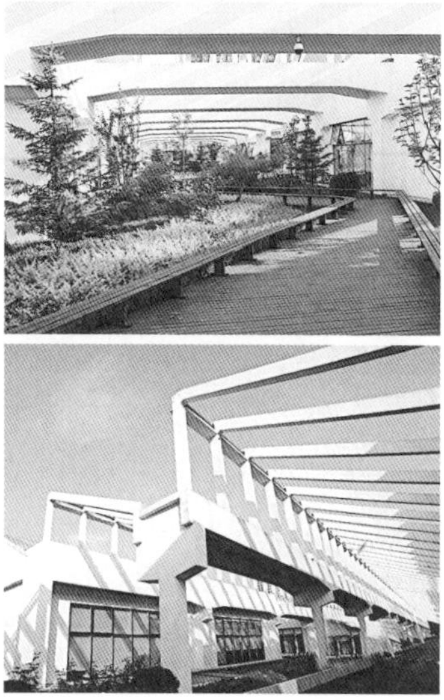　　图2 改造后厂房结构 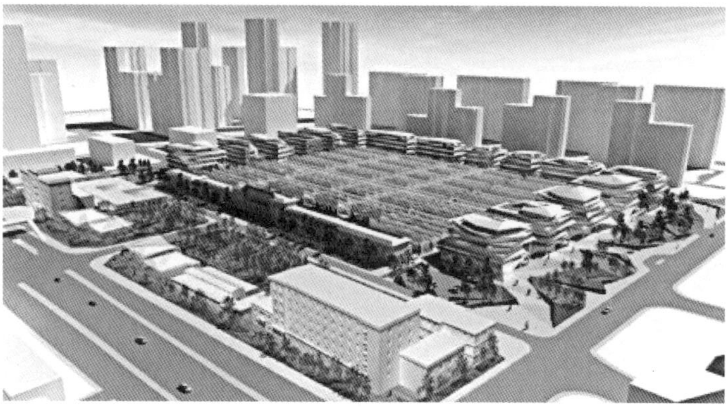 图3 厂区改造后布局规模示意	对厂区布局、建筑结构的保护体现原真性
•751D·PARK北京时尚设计广场	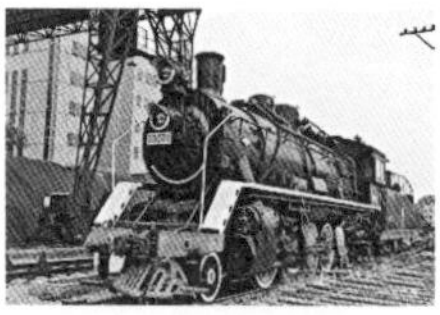 图4 火车头广场 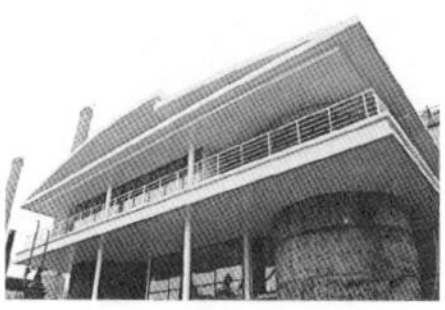　　图5 脱硫塔 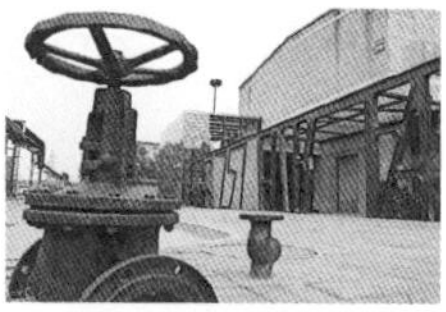　　图6 金属储藏库 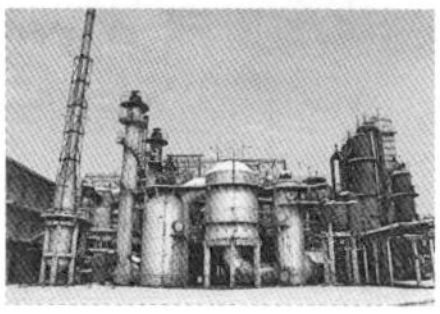 图7 老炉区 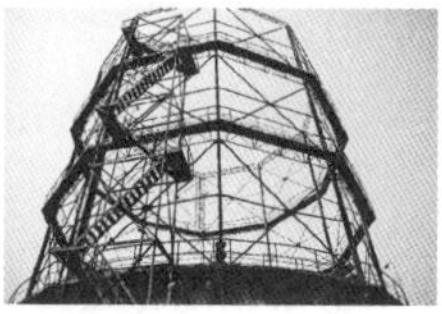　　图8 7000立方米储罐 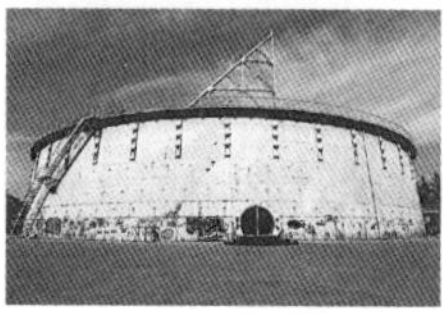　　图9 1号罐	对工艺流程重要节点的保护体现完整性

项目名称	实景示意		保护特点
●太古仓码头创意产业园	**建筑使用历史介绍内容**		对建筑使用历史的记录体现细致性
	仓号1号仓	1号仓是太古仓码头最早修建的仓库之一，面积为1584.7平方米，主要用于储存谷种等粮食作物。改造后，1号仓为国际葡萄酒采购中心，主要经营业态为原装原瓶进口的葡萄酒批发零售、品鉴及配套特色餐饮	
	2号仓	2号仓面积为1615平方米，主要存放转运海南及新加坡、马来西亚的各类杂货。改造后，2号仓引进了特色西餐、酒吧等业态	
	3号仓	3号仓面积为1699.8平方米，储存的货物以土特产和日用百货为主。改造后，3号仓功能为展览展示，是一个集古董拍卖、汽车、珠宝、服装等新品发布或品牌发布，明星见面会，媒体见面会，书画展览以及企业年会活动等于一体的多功能滨水展厅	
	4号仓	4号仓面积为1699.8平方米，主要存放发往新加坡、马来西亚等地的陶瓷及其他工艺品。改造后，4号仓引进了设计公司、文化企业进驻办公	
	5号仓	5号仓面积为1699.8平方米，存放的货物主要是树脂、石蜡等化工原料。改造后，5号仓引进了设计公司、咨询公司进驻办公	
	6、7号仓	6、7号仓面积共有2996平方米，主要用于以大米为主的粮食储存。改造后，6、7号仓进驻的有电影库和洛奇西餐酒廊，主要由珠影集团旗下原省电影公司负责经营	
	图10　各建筑单体使用历史的介绍		
●天津电力科技博物馆	图11　触摸辉光球　　图12　特高压工程模型　　图13　特高压工程模型		对行业技术的展现体现专业性

介绍，这种文化展现方式需要改造设计单位与原址企业的密切沟通才能得以实现。

4）对行业技术的展现体现专业性

为庆祝天津通电120年，天津市电力公司对已有110年历史的比商天津电灯电车公司进行改造再利用。改造后作为国内第一家融博物馆与科技馆于一体的电力科技博物馆。凭借电力公司的资金实力及行业掌控力，使得馆内布展能够在专业性强、安全度高的前提下向参观者展示天津电力工业乃至中国电力工业的发展历程。

5.3.2.2　再利用特点

从我国产业发展现状看，截至2012年，作为第二产业的工业所占比重最大，与第一产业、第三产业相比，其产业的资本规模、技术水平、人才水平、管理水平均具有突出优势。2013年，第三产业比重则明显高，达到46.1%，比第二产业比重高2.2个百分点，这是第三产业比重首次超过第二产业。标志着中国经济正式迈入"服务化"时代。[1]第三产业的经济、资源环境逐步向好，因此，企业转型、产业升级如果进行相互联动，由工业产业提向第三产业提供技术支持、人才支持、管理支持，则可以实现转型升级过程的高效和顺畅。

原址企业在配合本企业转型及产业升级目标、进行统一考虑及规划的前下，对所属工业遗存进行再利用，一定程度上恰恰实现了上述转化过程的连续性。在进行选择第三产业哪些内容进行注入的思考过程中，他们一般会考虑积极利用本企业在行业内的资源积累及优势，选择那些与本行业相关的升级产业进行开发，通过发展生产性服务业延伸至传统工业产业链，从而同时实现企业转型和产业升级。笔者调研样本中的部分案例，其原企业领导层无一不是对自身行业发展积累、历史文化资产具有充分的再利用认识，进而找准产业转型升级的方向，并在这一内生动力的牵引下，从体系庞杂的文化产业集群中选择自身擅长、易于介入的板块投入其中（表5-3-4）。

原址工业企业转型升级背景下的工业遗产再利用特点　　　表5-3-4

项目	企业	再利用前原行业	再利用后文化产业内容
新华1949文化创意设计产业园	北京新华印刷厂	印刷	设计、出版、数字传媒
羊城创意园区	羊城晚报报业集团印刷中心	印刷	建筑设计、出版印刷、
广州T.I.T纺织服装创意园	广州纺织机械厂	纺织机械制造	服装设计、服装发布、现场音乐
红星印刷科技创意产业园	青岛红星化工厂	化工、印刷	印刷、科技
青岛工业设计产业园	四方机厂	机械制造	工业设计
青岛纺织谷	青岛第五纺织厂	纺织	纺织科技

5.3.3　认知意义

通过以上的分析，我们可以看到原址企业作为工业遗产的保护再利用主体开始有了明显

---

① 根据国家统计局公布的《2013年统计公报》。

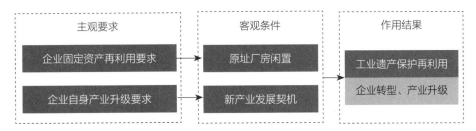

主观要求	客观条件	作用结果
企业固定资产再利用要求	原址厂房闲置	工业遗产保护再利用
企业自身产业升级要求	新产业发展契机	企业转型、产业升级

图5-3-1　原址工业企业主导下的工业遗产保护再利用的路径模型

的发展趋势，在这个过程中，工业遗产因其具备的历史文化、空间使用价值成为工业企业将文化产业纳入升级目标的文化媒介及空间载体（图5-3-1）。随着国家对工业遗产价值评估体系的不断完善和运用，这种带有"自卫"意识的有原址企业参与的改造设计将会逐渐显现出其在工业遗产保护方面的重大意义。原址企业对厂区抱有更多的期望与耐心，这一点是毋庸置疑的，园区改造完成初期的样貌状态能否在未来长久的运营过程中继续保持，是很多工业遗产保护项目完成后需要继续思考的问题。如何激发这些企业对老厂区保护的积极性并维持其管理上的主导地位，这点是否可以作为一种遗产保护模式，同时作为一种企业转型思路来探讨？

5.4　地产商主导模式

地产公司或有房地产开发经验的投资公司，似乎更懂得如何有效利用工业遗存的经济价值，并将附着于这种有形资源的历史、文化等遗产价值作为开发招商的卖点。以房地产开发为目的的工业遗产保护再利用项目在本研究的86个调研样本数量中占比将近1/4，所呈现的样态也非常丰富，并且从遗产的保护规模到保护状态都呈现出较高水平，这无疑说明这种模式在现阶段具有很强的发展活力。以地产开发为目的的工业遗产保护再利用在很多城市都有典型的案例，按其开发运营模式可分为两类：一类是出现较早的商务办公产业园开发，另一类是近年才陆续开始实践的综合性地产开发。以下便针对这两种主要模式进行探讨。

5.4.1　商务办公产业园开发

5.4.1.1　形成动因

这类文化产业园的开发主要分流了城市相关产业对乙级及此等级以下（少量甲级）的商务办公空间的市场需求，调研样本中，有5个城市都存在这种类型的代表案例，这里将结合对这些实际案例（表5-4-1）的剖析，对这类工业遗产保护再利用的形成动因进行总结。

城市	开发方	企业性质	业务范围	项目名称	开发时间	产权类型
上海	香港时尚生活策划咨询（上海）有限公司	民营	不详	8号桥创意园区一期	2003	租赁承包
				8号桥创意园区二期	2006	
				8号桥创意园区三期	2009	
	上海弘基企业（集团）股份有限公司（联想控股）	民营	包括房地产在内的9个投资板块（IT、金融服务、现代服务、农业与食品、房地产、化工与能源材料、君联资本、弘毅投资、天使投资）	创邑·河	2005	租赁承包
				创邑·金沙谷	2006	
				创邑·老码头创意园	2007	
				弘基创邑·国际园	2007	
				创邑·幸福湾	2008	
				创邑·源	2010	
广州	广州市时代地产集团有限公司	民营	住宅产品、商业配套、创意办公的开发及物业服务	国际单位一期	2008	租赁承包
				广州城市印记公园-国际单位二期	2012	
	广东省集美设计工程有限公司	民营	设计、工程	红专厂艺术创意园区	2009	自持
天津	天津建苑房地产开发有限公司	国有参股	房地产开发	意库创意产业园	2007	租赁承包
				绿岭产业园	2011	
青岛	中联建业集团有限公司	民营	房地产开发、不动产运营、运动健康产业三大板块	中联U谷2.5产业园	2008	自持
				中联创意广场一期	2009	
				中联创意广场二期	2009	
福州	福建汇源投资有限公司	民营	—	芍园壹号文化创意园	2010	自持
	福建榕仕通实业有限公司	民营	进出口贸易、房地产开发	榕都318文化创意艺术街区	2010	自持
	福建众杰投资有限公司	民营	地产、酒店、物业管理、保洁、医药	闽台A.D创意产业园	2013	租赁承包

　　2000年以后，一线城市的包括文化产业在内的新兴产业的新型办公需求，在办公楼宇租赁市场上表现越来越活跃。一些传统公司以及许多新成立的互联网金融公司，将包括销售和管理等具有前端办公功能的部门租赁在位于市中心的甲级办公楼中，而将信息技术及其他后台服务职能部门，或将信息技术的职能外包给第三方公司，租赁在位于租金较低的非中央商务区或产业园区内。这种租赁需求令地处城市传统中央商务区以外区域的乙级及此等级以下的办公楼宇细分市场受益。与文化产业相关的行业企业对办公空间有更多新型的要求，包括创作环境、工作规律、交流体验的空间，比如需要自由的空间分割、灵活的办公时间（通常甲级写字楼有比较严格的工作时间限定，比如过了12小时需要进行查询登记、加班每小时要收取昂贵的超时空调费且需提前申请；而文化产业相关行业的工作时间比较自由，遇到赶工甚至通宵达旦）、各种类型的共享空间。但是他们的专业多不是地产开发背景，主观的想法

未必能通过简单的建筑空间内部的装修改造来实现，而要配合全方位的设施及服务，包括园区基础设施、建筑单体大型设备、物业管理等。

以2003年上海8号桥创意园一期的开发为肇始，这类商务办公产业园地产开发未曾间断地在各地陆续出现并发展起来，2010年之前（包含2010年）的8年间开发的项目有17个，占到此类型样本总数的85%，其后4年（调研时间截至2014年）开发的项目仅有3个。其中，起步较早的开发企业部分已形成了自身品牌，上海8号桥创意园系列已陆续开发了四期（2003年起步）；由上海弘基企业（集团）股份有限公司开发的创邑系列产业园有6处项目（2005年起步）；由天津建苑房地产开发有限公司开发的2处项目——天津意库创意产业园（以下简称"意库"）、天津绿岭产业园（以下简称"绿岭"）都已在运营（2007年起步）。

这里对上述几个通过开发系列产品已形成自身品牌的案例进行分析，梳理出这种开发过程的必要环节。

1）上海8号桥一期项目

作为这一类型开发模式的开创性案例，其开发历程对此后大批项目的运作有很大的借鉴、示范意义。2003年下半年，在上海市经济委员会和卢湾区政府的支持下，通过公开招标，香港的时尚生活策划咨询（上海）有限公司得到对上汽集团所属的原上海汽车制动器厂的7栋旧厂房的租赁承包的20年使用权。这里需要特别说明的是，不同于我国内地多数文化产业策划咨询行业的仅从事创新企业孵化、招商的经营范围（本文3.5节探讨的我国文化产业发展类公司即属于此类型），名为"策划咨询公司"的香港时尚生活策划顾问公司是具备专业商业地产操作理念的商业房产开发管理公司。基于开发团队曾参与开发上海新天地项目的旧区改造地产开发的经验[①]，2003年年底，公司开始实施从方案设计、改造工程到招商管理的一系列动作。改建后的厂房结构以桥作为联系贯通7幢建筑物主体。所涉及的业态以设计、广告等生产性服务业为主。通过一期项目的开发运营，公司形成一套行之有效的系统，在此基础上陆续开发了8号桥二期、三期、四期。

2）上海创邑系列项目

上海弘基企业（集团）股份有限公司成立于1997年，旗下有弘基商业、三益设计（甲级资质）、弘策咨询等全资子公司，有包括商业地产运营服务和咨询顾问业务在内的9个投资

---

① 公司董事长黄瀚泓曾担任香港瑞安集团的上海新天地项目总经理。上海新天地是以上海近代建筑的标志——石库门建筑为基础，保留了建筑群的砖墙、屋瓦，改变其原有的居住功能为商业经营功能。1999年初，瑞安地产首先花费超过六亿人民币对地块上的2300多户居民进行动迁，之后邀请擅长旧房改造的美国本杰明·伍德建筑设计事务所和具有东方文化背景的新加坡日建设计事务所、邀请上海同济大学建筑设计院（担任顾问），从保护历史建筑、城市发展和建筑功能等多个角度进行整体考虑，共同承担项目建筑改造方案的设计工作。2001年底项目建成，后迅速成为中国房地产区域改造的经典案例，其成功经营模式一直被国内房地产开发商们青睐，不断被作为成功模式进行"移植"。

板块，供商业不动产投资、策划、定位、改造、招商、运营、销售和管理等综合服务。20世纪90年代末，学习国外的商业经营理念，开始"休闲商业"的商业房产模式，打造了弘基休闲商业系列；2004年公司利用在商业设计方面的优势，进入旧工业建筑改造领域，于2005年完成对原上海国棉五厂仓库的改造，"创邑·河"项目进展顺利；2006年成立以空间运营与股权投资为核心业务的子公司——上海创邑投资有限公司，专门负责通过改造闲置旧厂房进行商务办公楼宇开发。在多年的经营探索中，逐渐形成自身的商业模式，在最初单纯的空间服务的基础上，升级资源服务，聚焦文化产业，整合房地产资源及企业资源，陆续建设系列园区——创邑·金沙谷（2006年）、创邑·国际园（2007年）、创邑·老码头（2007年）、创邑·幸福湾（2008年）、创邑·源（2010年）。

3）天津意库、绿岭项目

天津市建苑房地产开发有限公司于1997年成立，是一家经营范围为房地产开发、商品房销售、房屋租赁、设计咨询服务的小型房地产企业。2007年取得天津原外贸地毯六厂的经营使用权，借力其第二大股东天津市建筑设计院（持股比例36%）雄厚的设计、工程经验，年内即完成改造工程，天津意库创意产业园成立开放，成为天津市首家结合历史建筑特点、正式挂牌的由旧工业厂房改造而成的现代创意产业园区。随着意库项目运营步入正轨，公司于2011年以同样的步骤取得原天津纺织机械厂厂址的使用权，完成绿岭项目，经过两年的管理运营，截至笔者2013年6月调研时，入驻企业达到141家，园区内企业注册资本3.8亿，公司开始将企业定位从单纯的房地产开发向都市闲置资产的载体运营商开拓，为园区企业提供"援助式"、"一站式"综合服务，尤其为青年创意创业提供扶植。

概观上述这几个系列项目的形成背景不难看出，以民营房地产企业为主的开发主体在工业遗产保护再利用为商务办公产业园的过程中起到了如图5-4-1所示的重要联结作用。开发方采用房地产行业通常的项目管理方式，先选取一个区位环境好的、有开发价值的旧厂房，出资取得使用权后，展开专业的规划建筑方案设计、实施改造建设工程，然后进行定位招商，企业进驻后进行园区的运营管理，许多房地产企业发展到后期开始学习帮助企业孵化、参与企业的发展，完成与园区企业共同的成长转变。

5.4.1.2　保护再利用特点

1）开发方以民营企业为主

从表5-4-2对调研样本信息的整理，发现这种单纯的商务办公产业园开发主体的企业性质多为民营。与之前所探讨的近年才出现的主要由国有资本主导的综合性地产开发的项目形成鲜明对比。

图5-4-1 商务办公产业园开发模式的形成机制分析

2）同一开发方的改造手法单一

对成功项目进行多点布局、迅速复制是成熟的房地产开发企业的共同特点。通过改造旧工业厂房来实现产业园开发的模式相对来说容易复制，形成品牌的系列项目中，往往只有第一个项目经历的是一个探索的过程，伴随首个项目开发模式的成熟，开发方多是迅速套用首个项目的经验。对工业遗产价值进行针对其各自特点的保护意愿很难在项目的快速推进中实现，对于工业遗存深层次的历史价值、科技价值、社会价值的挖掘与延续，这些企业多是采取绕道而行的态度进行回避。无论是8号桥系列项目还是创邑系列项目，虽然都做到了基本保持了园区布局、建筑主体，但找不到任何有对原址工业企业发展历史的信息介绍。从表5-4-2所示的项目照片还可以看出，8号桥前后四期对建筑外立面的改造也采用统一的手法，多采用红砖形态的外立面处理，而笔者调研时从厂区周围老商铺经营者处了解到"这些厂子原来的颜色不是这样的"，各个厂区在类似项目经验的作用下呈现类似的面貌。创邑项目也将类似的改造手法用于每一个项目，更是千园一貌。天津的意库项目，其整体规划和部分厂房改造由同济大学建筑设计研究院完成，园区有网架、砖木、框架等结构类型，采用的改造手法比较丰富，园区共保留了20世纪50～90年代不同风格的14栋建筑，基本能够保持结构体系不变，内部在还原原始柱网的基础上根据客户的不同需要进行分割。其后开发的绿岭项目迅速套用意库项目的改造模式，但是由于厂区规模相比之前的意库项目扩大了两倍，受到企业开发能力的牵制，虽然整体上尽量保留了机械厂的总体布局，但其保护改造工程质量与意库项目有很大差距，简单地采用鲜艳的色彩大面积粉刷20世纪90年代混凝土建筑，没有突出建筑本身材料、肌理上的美学特征，界面关系生硬而有失改造意义，与其打造"后工业景观公园"的目标有巨大差距。

5.4.2 综合性地产开发

5.4.2.1 形成动因

调研发现，经营状况良好的文化产业园区规模通常不大，占地面积多在1万平方米上下；对于规模较大（占地面积3万平方米以上）的工业厂区，维持其原有的工业用地性质、维持

上海8号桥创意园系列

　8号桥一期　　　8号桥二期　　　8号桥三期　　　8号桥四期

上海创邑系列

　创邑·河　　创邑·金沙谷　创邑·老码头　弘基创邑·国际园　创邑·幸福湾　　创邑·源
　　　　　　　　　　　　　创意园

天津建苑房地产开发有限公司相关项目

　意库创意产业园　　绿岭产业园

原有厂区地块及其上构筑物完整性的保护再利用，很难通过产业园自身的收益实现资金平衡，比如上述案例中的天津绿岭项目，厂区规模相比意库项目扩大了两倍。这些项目由于规模较大，其规划定位、再利用模式将影响到包含本地块在内的更大一片区域的发展。因此，对于规模较大的旧工业用地更新，需要重新考虑开发与保护的建设资金平衡问题，也更需要地区政府、开发主体重新调整开发思路，协调统筹企业效益和城市区域发展两方面的关系。

"综合性地产开发"的提法是为了与5.4.1小节"商务办公产业园开发"的工业遗产保护再利用模式相区别。调研中有这样一类呈现出类似发展轨迹的案例，它们是作为其所属更大区域内的城市更新目标的局部而存在的，即它们的保护规划设计、开发进度、功能定位都服从于其所属的、地理边界更大的综合性开发项目。它们采取综合性地产开发的运作模式，由于开发方自身的企业属性，这类项目更加关注城市层面的土地置换、功能提升、空间结构优化、相关的历史建筑改造再利用，以及产业升级、社会就业等综合性问题，项目的整体定位将配合城市区域的整体规划建设目标。这类项目近年在青岛、天津这两个城市迅速推进，这里将对3个代表性案例（表5-4-3）进行剖析，并对这类项目的形成动因进行分析。

相关案例信息整理 表5-4-3

城市	项目名称	区域性发展规划	开发企业	业务布局
青岛	青岛M6创意产业园	李沧交通商务区规划	青岛海创开发建设投资有限公司	主要负责铁路青岛北站周边沧海路以南、太原路以北、环湾大道以东、四流中路以西1.9平方公里范围（青岛交通商务区核心区）内的土地整理与开发，城市旧城改造与基础设施项目的投资建设与运营
天津	天津棉三创意街区	海河综合开发改造	天津新岸创意产业投资有限公司	负责棉三项目的文化创意产业、房地产业的投资，商品房信息咨询，房屋出租，物业服务，广告，商务会议服务，组织文化艺术交流活动，市场推广宣传，组织大型礼仪庆典活动，艺术展览展示
	天拖项目	"科技南开"高端服务业配套、《南开区天拖地区城市设计》	天津天房融创置业有限公司	住宅及商业地产综合开发，合力打造天津中心城区顶端项目

1）青岛M6创意产业园

对青岛国棉六厂[①]实施整体性保护再利用，是开发主体在掌握青岛城市发展规划和自身发展优势的基础上作出的决定。2009年，开发主体本身即是在以"负责青岛交通商务区[②]核心区[③]的投资建设与运营"为目的而成立的；包括国棉六厂地块在内的此片区域将伴随2014年山东省第二大铁路客运站、胶东地区最大的现代化综合交通枢纽——青岛北客站的开通运营，进入区域性整体迅速发展的阶段；因此，对国棉六厂实施保护性再利用是早在2012年青岛交通商务区核心区建设处于策划定位阶段就统筹考虑作出的决定，通过对旧工业用地的保护性更新再利用赋予其新的城市功能，并将其整合到新的城市结构中（图5-4-2）。

2）天津棉三创意街区

2002年底，天津市委对海河开发提出的总体目标是建设"服务型的经济带、景观带和文

---

① 始建于1921年，前身为日商钟渊纱厂，后改为钟纺公大第五厂、中纺青岛六厂，1949年6月2日青岛解放，该厂定名为"国营青岛第六棉纺织厂"，现青岛纺联集团六棉有限公司。

② "青岛交通商务区（沧海新区），东临重庆路，北至城阳区界，西依胶州湾，南靠李村河，区域面积约36平方公里。青岛交通商务区（沧海新区）是李沧区委区政府'拥湾发展、生态商都'和'一极两轴三区四带'发展战略的重要区域，也是整个青岛建设蓝色幸福宜居城市梦想总体规划的重要组成部分，在创建山东半岛蓝色经济区国家战略中有着举足轻重的地位。在不久的将来，青岛交通商务区（沧海新区）将形成以商旅产业、科技电子、文化创意为引擎，建成集商务商贸、现代物流、滨海商住为一体的现代化滨海新区，领航青岛蓝色城市新未来。"资料来源：http://www.qdhaichuang.com/project/n12.html。

③ 交通商务核心区：围绕铁路青岛新客站建设项目，在其周边1.9平方公里区域内可开发建设工程。区域规划地上总建筑面积约350万平方米，平均容积率约1.84。资料来源：http://www.qdhaichuang.com/project/n12.html。

图5-4-2　青岛交通商务区核心区功能定位示意图

化带"①。天津市规划局、规划设计院将规划内容从建筑、环境领域进行了发展，综合考虑了历史文化、经济发展等内容，提出了包括"展现悠久历史文化"、"发展滨河服务业"、"充分开发旅游休闲资源"在内的6个主题目标②。为达成这些目标，天津市规划建设部门实践了一系列的开发策略，其中很多相关内容成为原天津市第三棉纺织厂得以受到保护性再利用的重要前提：保护和恢复沿岸的文物和风貌建筑，在海河两岸整体再现历史文化特色和传统文化的氛围，形成反映天津历史风貌的地区；全面调整两岸地区的用地结构，包括大量的居住用地、工业用地、仓储用地，创建以商业、贸易、服务、文化、娱乐和金融公共设施为主的滨河经济开发带，在海河两岸带动第三产业实现大发展……③

　　然而直到2010年，位于城市中心区海河沿岸的天津"六大纱厂"在未成为海河两岸综合开发先期启动工程④的范围的背景下，六个中的五个都已在快速城市更新进程中被全新的项目所替代（此过程可通过前文中天津相关内容进行了解）。作为直到2010年唯一存留的天津市第三棉纺织厂，因其位于天津海河后五公里城市副中心建设的起点和东纵快速战略性节点位置，紧邻海河及市中心，拥有城市核心资源，迅速受到政府及开发企业的多方面重视。因此，对厂区的保护再利用相对其他地产开发项目从更高层提出要求：对旧厂房实施保护性开发，延续厂区整体的北洋工业风格，同时打造天津首个集创意设计、艺术展示、文化休闲、商务咨询、人才培养于一体的新型文化产业园区，提升城市载体功能，形成海河东岸城市文化新地标。棉三创意街区不但建筑群落抢眼，其面向海河东路的商业主街规划涵盖了酒店、

---

① 2002年10月，天津市委八届三次全会作出了"实施海河两岸综合开发建设，努力把海河建成独具特色的、国际一流的服务型经济带、景观带和文化带，成为世界名河"的战略决策。

② 6个主题目标包括：第一，展现悠久历史文化；第二，发展滨河服务业；第三，突出亲水城市形象；第四，建设生态城市依托；第五，改善道路交通系统；第六，开发旅游休闲资源。

③ 信息来源：2014年5月20日天津市城市规划设计研究院土地规划设计研究所采访。

④ 先期启动工程将实施河北区中心广场、和平区和平广场、南开区古文化街、红桥区三岔河口、河东区南站中心商务区、河西区小白楼中心商务区、东丽区先锋南"智慧城"、津南区的柳林风景区等八个节点的建设。

画廊、商业、餐饮等诸多功能，还有免费对公众开放的展示中心。

3）天拖项目

天拖地块[①]本身就是天津的城市标志之一。天津拖拉机制造厂（以下简称"天拖"）是中华人民共和国成立后天津"四大天"[②]重型工业片区之一，与"一五"时期国家在其他城市推进的"156"项目不同，天拖的发展历程凝聚了天津人自身的工业发展意志。由于厂区面积规模庞大，按照市重点规划编制指挥部的统一部署，南开区重点规划编制分指挥部专门针对这片区域在2008年下半年组织开展了《南开区天拖地区城市设计》[③]编制工作，确立其空间结构、交通组织、公共空间、绿化系统、分期实施的步骤范围，结合2009年7月的中心城区控制性详细规划的《土地细分导则》，共同作为项目土地出让、开发建设的管理依据[④]。该地块规划用地98公顷（不包括赛德广场），总建筑面积183万平方米，毛容积率1.93，其中：居住面积90万平方米，公共建筑面积83万平方米，老厂房保留5万平方米，规划改造为10万平方米，居住用地与公共建筑用地比例约为5：5，规划分为两期开发。借助政府对此区域的发展定位和专项政策，天拖地块还将成为"科技南开"的高端服务业配套，这一系列动作充分体现了地区层面对天拖地区未来整体发展的重视。2010年根据天津市工业总体规划，天拖实施战略东移，在宝坻区九园工业园建设集产、供、销、研为一体，拖拉机和其他农业机械齐全的大型农业机械工业园。该项目包括冲压车间、焊接车间、油漆车间、驾驶室车间、机械加工车间、收割机装配车间、拖拉机装配车间、整机调试车间和技术中心等。建设总面积10万平方米，将形成年产1.6万台的生产能力，规模名列国内同行业前列。2012年天拖搬迁。2013年9月，规划一期开发的37.4万平方米的津南红（挂）2013-102号地块最终由融创中国和天房集团以103.2亿元的总价在天津土地交易中心成交，成为天津首个成交总价突破百亿元的地块。

几乎与地块成交的同时，天津市南开区政府针对此地块开发的《天拖地块（公建）产业规划布局的建议》出炉。这份建议是在综合之前的各项规划设计的基础上再进行专题调研形成的，因此从中可以找到天津市南开区将工业遗产保护再利用融入区域综合性地产开发的管理层思路（虽然遗产保护并非其主要规划发展目标）。

概观上述这三个项目的规划过程，可以看出，工业遗产保护再利用的介入，起到了调和城市区域整体提升要求与大型地产综合性开发之间的矛盾的重要联结作用（图5-4-3）。遗产的历史价值、科技价值、艺术价值、社会价值所具有的公共性，成为地产项目可以拿来运用，以凸显项目的高品质、丰富性及社会友好性的元素。

[①] 天拖地块位于天津市中心城区西南部南开区界内，原为天津拖拉机制造有限公司所在地以及周边紧邻地块。

[②] 天津重型机器厂、天津拖拉机厂、天津机械厂、天津动力机厂曾被誉为天津工业的"四大天"。

[③] 信息来源：http://www.cityplan.gov.cn/news.aspx?id=111.

[④] 天津市规划局2010年3月签发《关于南开区天拖地区城市设计的批复》规保字〔2010〕185号。

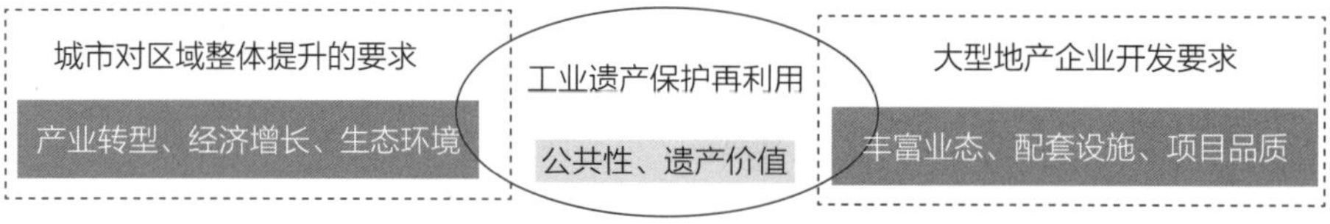

图5-4-3 综合性地产开发模式的形成机制分析

5.4.2.2 保护再利用特点

1）国有资本主导

调研样本的信息明显体现出这种以综合性地产开发为模式的工业遗产保护再利用以国有资本为主导的特点，分析其开发方的企业构成（表5-4-4）不难发现，这些公司的股东构成大多是国有性质的大型房地产企业、资本投资运营企业、资产管理企业，设立这些国有独资企业的初衷，即是从城市公共层面促进城市区域整体发展，这些国有资本对市场的注入，凭借其所承载的宏观的政治、经济、文化使命，一定程度上避免了由民营企业主导的地产开发以盈利为第一目标的局限性与短视性。

青岛国棉六厂保护再利用主体——青岛海创开发建设投资有限公司的三大持股单位分别是青岛城市建设投资（集团）有限责任公司、青岛华通国有资本运营（集团）有限责任公司和青岛国信发展（集团）有限责任公司，都是国有独资的企业性质，是青岛市专门批准成立的负责城市土地整理与开发、城市旧城改造与基础设施项目的投资建设运营企业；天津第三棉纺织厂的保护再利用主体——新岸创意投资有限公司，虽然不是天津市专门成立来负责此区域开发的企业，但该公司的股权构成单位天津住宅建设发展集团有限公司、天津渤海国有资产经营管理有限公司和天津天鼎纺织集团仍然是国有性质的企业单位；天津拖拉机厂的保护主体——天津天房融创置业有限公司，其控股企业融创中国控股有限公司，虽然是民营企业，但其另一股东天津天房集团天津市房地产开发经营集团有限公司却是国有性质，在2000年后开发建设或参与投资的项目（大寺新家园、泰安道五大院、天津文化中心、中新天津生态城、海河天津湾、静海团泊示范镇）无一不是天津市级的民心工程或重点工程。

工业遗产保护再利用的实现，往往是政府所代表的公共意志与开发主体之间利益博弈的结果。民营企业往往很难以实现城市整体发展目标为投资前提，但以国有资本为主导的项目中，开发主体在以工业用地更新为前提的地产开发过程中发挥着双重的作用，其行为既要体现从国家到地区政府的发展意志，又要在遵守市场规则的前提下创造企业效益，兼顾社会效益和经济效益，发挥政府宏观调控与市场经营两种机制之长，在城市经营建设的市场化运作中致力于实现政府远期规划与近期建设目标的有机结合、城市开发建设与改善民生的有机结合、社会公共利益与国有资产增值保值的有机结合。这种模式一定程度上缓解了工业遗产保护与开发之间的矛盾。

表5-4-4

保利再利用主体企业构成

项目名称	开发企业	公司注册	公司主要股东	股东企业性质	公司经营宗旨和范围
青岛M6创意产业园	青岛海创开发建设投资有限公司	2009年9月注册成立,注册资本4.25亿人民币	青岛城市建设投资(集团)有限责任公司	国有独资①	2008年3月设立,是国有独资的市政府直属投资类企业。集投资、建设管理、物业监理、建设项目与研究、建筑设计与研发、大型市政建设、高端酒店建设与管理、文化传播等多元化产业于一身的房地产开发企业、综合型商业地产屋动迁,文化传播等元化、综合型城市运营商。旗下拥有具备国家一级建筑设计资质的甲级建筑设计研究院,广域的专业投资公司,国家中级管理质的建筑设计研究院、物业管理企业、国家级全资发控股企业近20个。青岛城市建设集团推成为综合型城市运营商。借助有型时代的建筑营造,将城市与自然、出了全新的"青岛印象"产品及文化战略。借助历史与时代密切关系的建筑作品和文化传承,历史与时代紧密的融合起来,为城市留存优秀的建筑作品和文化传承
			青岛华通国有资本运营(集团)有限责任公司	国有独资	2008年2月29日设立,集团经营宗旨:作为政府投资与资本运营的受托主体,按照青岛市经济社会发展的总体要求,通过市场化运作,参与国有经济布局与结构调整和国企改革,达到盘活存量资产、优化资源配置,增强市场竞争能力,实现国有资产保值增值的目的。集团经营范围:政府重大建设项目投资融资;先进制造业、现代服务业及主要基础设施投资项目的投资与运营;国有股权持有与资本运作;国有资产及债权债务重组;经审批的非银行金融服务业项目的运行;财务顾问和经济咨询业务;经审批的非银行金融服务业项目的运营活动;律、法规禁止以外的其他资产投资与运营活动
			青岛国信发展(集团)有限责任公司	国有独资	2008年2月29日设立,公司主要职能是作为政府投资主体,运营国有资本,经营国有股权,进行投资,资本运作和资产管理。定位于以重大基础设施建设投资为重点的控股型综合性集团公司,服务于青岛市经济社会发展。公司成立以来,本着稳健经营的指导思想,通过积极的市场运作,初步形成了以电力建设、大炼油,跨海隧道为基础的能源交通板块;以大剧院项目、倡导环保经济为核心的中水回用项目为标志的城市建设板块;以资本运营为特征的资产管理板块。坚持以参股银行、基金管理公司为代表的金融板块,战略投资控股公司的模式基本建立。坚持"政府投资主体、市场竞争主体"相结合的二元化定位,以市场竞争主体的地位实现政府投资主体的宗旨

① 国有独资公司是指国家授权投资的机构或者国家授权的部门单独出资设立的有限责任公司。它符合有限责任公司的一般特征:股东以其出资额为限对公司承担责任,公司以其全部法人财产对公司的债务承担责任。但同时国有独资公司有它的特殊性:股东只有一个——国家。这是《公司法》为适应建立现代企业制度的需要,结合我国的实际情况而制定的。

项目名称	开发企业	公司注册	公司主要股东	股东企业性质	公司经营宗旨和范围
天津棉三创意街区	天津新岸创意产业投资有限公司	2013年1月成立注册，注册资本5亿元人民币	天津住宅建设发展集团有限公司	国有独资	天津住宅集团是天津市建设系统国有大型骨干企业，集国有大型产业板块为一体的大型企业集团。是全国首家具有科研、设计、建筑施工、房地产开发经营、新型建材生产、住宅部品制造、物业管理等为一体的完整住宅产业链的企业。集房地产开发经营、建筑施工、装饰装修、节能与环境检测、房屋销售，住宅部品与住宅品
			天津渤海国有资产经营管理有限公司	国有独资	2008年5月设立，由天津市国资委批准并出资组建。具有国家授权投资机构职能。公司以国有资本经营以及国有股权管理为重点，以提升国有资本价值为目标。公司作为天津市最重要的国有资产管理主体，主要承担对天津市重大产业进行投资和经营的国有资本。代表天津市国资委对公司所属国有资产进行经营管理，落实天津市政府的产业投资战略导向，作为融资主体以资本运作、通过产（股）权投资、国企重组改制、金融服务、产融结合等领域的创新与发展，实现产业的聚集和产业整合，提高国有经济自主发展能力和总体竞争力，扩大国有企业规模和竞争力，实现产业的聚集和产业整合，增强天津市国有经济的盈利能力和持续发展能力
			天津天鼎纺织集团	国有独资	大型国有进出口公司，以土地作入股
天拖项目	天津天房融创置业有限公司	2013年9月注册成立，注册资本1亿元人民币	融创中国控股有限公司	民营	香港联交所上市，专业从事住宅及商业地产综合开发

2）多为局部保护和用地性质变更

在旧建筑保护性改造经济代价居高不下的客观因素作用下，政府只能允许开发企业直接参与、直接出资。因开发主体的企业性质不同，其立场存在差异，通过项目希望达成目标的层次不同，对于价值的选择方向也不统一。作为企业，作为城市发展的投资方，营利仍然是国有房地产开发企业的重要目的，开发过程中的成本控制与管理也是不容过分放宽的要求，其开发行为仍然要以此为重要导向，它们出于财务平衡的考虑，对于规模较大的旧工业地段的保护性开发，一般会选择有代表性的局部进行保护改造，而通过对地块用地性质的变更，建设居住、商业等能够于短期内带来收益的建筑体量。

青岛市国棉六厂原址占地面积41.14万平方米，总建筑面积23.3万平方米，其中生产车间面积9.35万平方米；M6创意产业园项目规划仅保护其生产车间及少量厂区配套建筑，改建后，占地为原厂区的1/4，其余用地将拆除整合至新的城市结构中。天津棉三创意街区总占地面积10.9万平方米，规划总建筑面积23.4万平方米，包括含13栋新建建筑的水岸名居项目（2栋高层住宅、7栋公寓、3栋写字楼、1栋酒店及沿街商铺）和9栋改造旧建筑，这9栋旧建筑仅是部分原核心生产车间，占地6.7万平方米，沿河新建部分占地3.93万平方米，由商业、写字楼、公寓、住宅、酒店组成。2013年9月以103.3亿元成交的天津天拖一期地块，占地37.4万平方米，规划总建筑面积102.09万平方米，天拖地块规划用地性质为商业金融（46.5万平方米）、居住（44.3万平方米），[①]保留厂房面积5万平方米，占原有厂区总建筑面积（17.48万平方米）不到30%，占规划总建筑面积5%。

5.4.3 认知意义

城市中心区工业历史地段因其自身的区位优势具有巨大的经济价值，吸引着众多的专业从事房地产开发的企业对此利益载体关注，本应以提升区域生活环境品质、解决城市发展问题为初衷，却在利益的巨大推动力作用下滑向房地产开发单纯的短期逐利行为。地方政府利用符合市场规则的手段吸引实力雄厚的、专业的、国有性质的房地产开发企业操盘这类地段的保护再利用，是期望将城市公共利益纳入独立项目的开发进程，使大型国有企业在完成企业经济价值创造的同时，兼顾国有资本运作应当承担的社会责任，促成城市经济、社会、文化共同发展的局面。

---

① 根据天津土地交易中心关于实施编号为津南红（挂）2013-102号地块国有建设拥戴使用权公开挂牌出让的公告。

5.5 文化产业公司主导模式

本节标题所概括的是指：以文化产业园开发为主要经营项目的企业单纯通过整体租赁手段将闲置厂房改造再利用为文化产业园的做法。

5.5.1 形成动因

由于这种再利用模式因开发方的企业性质、公司经营策略、运营手法等方面的不同，其形成线索相对其他类型项目更加模糊和纷杂，所以本小节仅希望通过对部分较典型案例形成过程的不同侧面进行阐述，拼凑出这些项目形成的次级动因，使我们对这一类工业遗存保护再利用现状略窥一斑。

1）建筑加建改造限制少

产权方由于对旧厂房的改造大多没有严格的限制，这一点既是文化产业园开发公司瞄准这一类型工业遗存的重要动因，也是这种保护再利用特点形成的直接原因。

天津红星·18创意产业园前身为铁道部第三勘测设计院属的机械厂，建于20世纪50年代，占地1.9万平方米，现状建筑面积约0.46万平方米，分A、B两个院落。2011年，在天津市河北区政府联合区工商联、商委的牵头下，天津铁三院实业有限公司（以下简称"铁三院"）将占地面积0.4万平方米的A地块（包括其上建构筑物）的使用权出租给天津天明创意产业园投资管理有限公司。作为仅拥有一幢建筑使用面积1000平方米2层（局部3层）厂房的园区，之所以能吸引这个公司，其主要原因是产权方对承租方在厂区内是否进行增建以及增建的形式与面积不进行任何的限制，提出的唯一要求是"老建筑不能动"，这是出于维持原有建筑产权状态的需要。基于此项简单、没有补充说明的改造原则，承租方利用旧建筑外围充裕的空旷用地新建了一幢报规为"临时建筑"的楼宇，增建建筑的设计及建造品质一般，本身没有任何与老厂房的互动及利用，极其生硬地与老建筑碰撞在一起，并且没有为原建筑后续的利用与观瞻留有余地。由于承租方之前多年经营文化艺术传播领域的业务，因此此次投资增建的设施还包括场地内一处建筑面积1000平方米、高16米的摄影棚和3处共900平方米的数字录音棚，以及展厅、放映厅、排练场、演员休息室、化妆间等配套空间。经过改造加建，建筑规模达到1.2万平方米。

作为山东最早的文化产业孵化器项目，开发于2006年的青岛创意100产业园在开园之初租赁价格不到0.8元/平方米·天，为缓解先期的资金紧张，总建筑面积2.3万平方米的6栋楼，只有1栋作为文化产业发展功能，其他几栋引入了"锦江之星"连锁酒店、餐饮、小型生产等类企业。在缺乏对建筑改建限制的条件下，2013年青岛麒龙文化有限公司在厂房顶部

凭空增建出1500平方米的建筑面积用于企业孵化器的发展。^①

2）地方性的产业园扶植政策

政府的积极扶持是文化产业园项目得以迅速发展的重要政策前，大多数这类非自发集聚的文化产业示范基地、文化产业园区是通过供更多的土地或财税扶植政策来吸引企业形成聚合的。

吸引天津天明创意产业园投资管理有限公司开发红星·18创意产业园的重要原因是河北区为吸引企业投资并发展产业园区出台的多项扶植政策。由区财政局发布的《河北区鼓励园区经济发展的政策扶持办法》，对2013年1月1日起新注册在河北区（或从区外迁入）产业园区的企业给出了多项政策扶持，其中"对于提升改造类的园区，鼓励园区产权企业采取'筑巢引凤、腾笼换鸟'的方式兴办产业园区，除其自身经营纳税留区部分按照区内老企业税收政策执行外（即留区税收10万元以上，增长10%以上，返还增长部分的50%），其通过升级、改造后对外租赁发展园区的部分，视其发展情况，连续五年内，返还其当年园区载体房产税增长部分的20%；对于园区升级改造进行投资的产权企业或运营管理企业，经中介机构审计后，投资强度分别在100～500（含）万元/亩、500～1000（含）万元/亩、1000万元/亩以上的，奖励其投资改造园区载体当年房产税增长部分的30%、40%、50%；对于园区建设发展效果好的产权企业或投资企业，同时奖励园区新引进企业当年留区税收部分的5%。"

2009年，青岛麒龙文化有限公司与产权方海逸家纺股份有限公司以800余万元的价格拿到青岛刺绣厂2.3万平方米厂房16年的使用权。地方给到企业的重要扶植政策是入驻企业免征3年企业所得税。

2009年，福州市委宣传部主持召开了"研究文化创意产业项目专题会议"，决定以福州丝绸厂旧厂房整体出租的方式，引入民间资本参与建设福州首个文化创意园项目。在这一决定的支持下，2010年福建福百祥茶文化传播有限公司仅花费2000万元（折合900元/平方米）便完成了从厂房整体租赁到改造建设工程的全部投资。

5.5.2 保护再利用特点

1）保护再利用水平参差不齐

这类项目的保护再利用水平因所处地区的文化产业发展基础，开发主体的资金实力、保护意识以及文化修养而存在着巨大的差异，它们的开发过程、经营方式及管理水平千差万别，因此相比其他类型项目呈现出更加千姿百态的发展特点（表5-5-1）。在遗产保护领域作为著名成功案例的上海1933老场坊属于此类；而最初以寿山石文化和根雕文化为主要

---

① 信息来源：2014年10月20日项目调研期间由项目招商负责人提供。

城市	项目	现状	
北京	中国北京酒厂ART国际艺术区		
上海	1933老场坊		
	同乐坊		
广州	信义·国际会馆		
	中海联·8立方创意产业园		

城市	项目	现状
广州	M3创意园	
天津	红星·18创意产业园	—
天津	巷肆创意产业园	
天津	辰赫创意产业园	
青岛	创意100产业园	

城市	项目	现状
福州	福百祥1958文化创意园	
	福州海峡创意产业园	

发展方向，如今似乎已沦为茶叶店集聚地的福州福百祥1958文化创意产业园也属此类。这里仅将坐落于天津市河北区元纬路四马路的天津巷肆创意产业园（以下简称"巷肆"）项目始末稍作分析，以窥得一个在遗产保护和产业发展两方面都较为成功的由文化发展公司主导的工业遗产保护再利用项目有哪些必要元素。

天津巷肆创意产业园原为天津橡胶四厂，占地2400平方米，建筑面积5200平方米，建于1956年，当初是中华人民共和国成立之初生产橡胶的重要国有企业之一。2008年，天津橡胶行业在企业合并重组与产业技术升级的客观要求下，在城市外围工业开发区内建设新的产业园区，原厂停止生产但未放弃老厂区的产权；2010年，在天津市大力发展现代服务业的大背景下，河北区开始大力鼓励发展文化产业经济，凭借政府的资源信息平台实现了工业遗产的产权所有方与投资企业的对接。2012年底，天津市福莱特装饰设计工程有限公司[①]出资3000万元对原厂房进行保护性改造，并成立巷肆创意产业园有限公司。与意大利知名设计集团合作，对老厂区进行厂房改造和功能升级，"巷肆"取音"橡四"，提升改造后楼内办公区域3000平方米。尤其值得说明的是，开发方作为专业从事室内外环境艺术、建筑装饰、园林绿化设计及施工的企业，具有建设部认定的建筑装修装饰专业承包一级、古建园林三级、建筑装修专项设计乙级资质。自2000年以来，完成的工程项目涉及银行、超市、写字楼、道路环

---

① 天津市福莱特装饰设计有限公司始建于1992年，截至2012年公司规模扩大到12家子公司，集团资产数亿元，经营项目主要有装饰装修、园林古建、绿化等专业的设计及施工、文化产业园开发、医疗器械销售、商务咨询服务、影视业、物业等，并在2012年底成立天津市巷肆创意产业园有限公司，而形成12家子公司规模的联合集团。

境整修工程、公园提升改造工程的设计施工一体化，公司曾全程参与天津市海河意式风情区的设计及规划工作。公司利用仅有的3栋多层建筑，设置了比较完善的办公设施及优雅的环境，有书吧、小型美术馆、可作为特色餐厅的观景平台，以及可同时容纳100余人的员工食堂，并将其中1栋建筑单体的首层改造为社区中心，引进城市书吧连锁文化企业。利用城市再生理念，在保持厂房原有结构、形态和风格的基础上加以改造和创新。项目定位为集创意设计、建筑设计、咨询服务、总部经济、旅游观光等为一体的综合性产业园区。改造后，园区一年营业收入突破亿元，成为河北区元纬路地区颇有特色的社区服务基地以及文化创意产业基地。改造后，集团公司旗下三家设计公司首先入驻，并凭借公司在专业领域的影响力带动了多家以设计为主的国内外企业相继入驻。

　　巷肆的成功是多方面因素共同作用促成的，但作为保护再利用主体的天津巷肆创意产业园有限公司的企业特征在这个过程发挥了主要作用（图5-5-1）。这首先得益于其所属集团公司的主要经营项目包括了装饰装修、园林古建、绿化等专业的设计及施工，并在参与一系列建筑保护修复工程的过程中积累了大量专业经验，其在遗产保护方面所凸显的设计、施工能力在文化类发展类企业中是不多见的；其次，这个项目以5000元/平方米的工程单价对厂区建筑实施了从建筑单体、景观环境到信息化设施配套等全方位的保护性改造，这在常常受到资金限制的文化发展类公司中是罕见的，究其出发点，可能与企业背靠经营范围更广的集团公司是脱不开关系的，文化发展并非其集团公司的主要经营项目和盈利点，对于工程质量对后期运营的影响的理解极大地异于一般的文化发展类公司；再次，集团公司在其专业领域的影响力和人脉为园区招商带来了很大的便利，同时也得益于厂区面

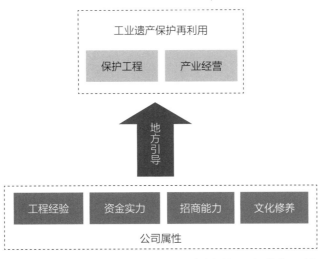

图5-5-1　文化发展类公司主导的工业遗产保护再利用的作用路径

积不大，招商过程相对简单；最后，公司总经理[1]较高层次的个人履历及文化修养也对项目的实施过程有重大的影响。

所举项目开发主体的特征并不普遍，很难复制，但我们从中可以了解到哪些因素有益于推进一个由文化发展类公司主导的工业遗产保护再利用项目的实施。

2）保护状态稳定性差

作为福州第一个文化产业园，福百祥1958文化创意产业园将园区主题定位为以寿山石文化和根雕文化为主，兼顾工艺美术、动漫影视、创意设计的海西综合文化产业园。2010年开园初期，该园区的租金平均在1元/平方米·天，并给予免租两个月的优惠；对于一楼的商铺，还另外给予每隔一个月免半个月租金的优惠，使得短期内出租率即达到90%。然而，由于"一个文创产业园从最初的规划到逐步走上正轨，至少需要3年的培育期"，漫长的项目成长期使这家民营企业短期内只有投入而缺少回报，囿于生存现实的考验，招商门槛一降再降，运营方面形成了不良循环。

以上述的福百祥案例为代表，文化发展类公司作为承租者，对厂区物业管理不是长期稳定的（一般的整体租赁合同只有10~20年的期限），由于其与这些物理性资产的所有者的关系在完成租金的缴纳后基本属于相对脱离的状态。文化发展类公司多将地方政府支持文化产业园发展的各项财税优惠政策视为对注册企业的最大吸引力，本应作为活跃本区域业态面貌的文化产业反倒失去了"文化"的力量。它们对园区的建设及发展相对自由，并与其自身的企业实力、企业特征关系非常大，这一类开发主体大多未能对工业遗产的价值有全方位认知，多数实践是出于单纯的空间再利用的目的，也就是说，《下塔吉尔宪章》所阐明的工业遗产的价值，极少能通过这一类项目的开发受到重视、保护及重现。因此这类项目呈现出稳定性差的特点。

5.5.3 认知意义

在推进本研究的整个思考过程中，令笔者不断平衡自身所见所闻所感的观点是：现阶段中国的工业遗产保护的理论界，往往将实际上从实用主义生发出的"工业遗产保护再利用"赋予了一种莫名其妙的浪漫主义情结，即把全部工业企业从先进城市中心区的自然退出历史化，把全部工业遗存遗产化，把旧工业地段的残破衰落浪漫化。"废旧厂房"是经济意义上的，"工业

---

[1] 天津市福莱特装饰设计工程有限公司总经理、总设计师李云飞，作为天津市人大代表、河北区人大常委会委员，曾主持过曹禺故居修复工程、经纬艺术街区升改造项目、梁启超故居修复工程、海河意式风情区保护改造工程、北宁公园提升改造工程等一系列项目，并在人大会议上先后提出《关于中山路历史建筑保护与修缮的建议》、《关于保护传承发展滨海文化的建议》、《关于成立中国（天津）文化经济学会的建议》、《关于加强海河景观建设文化内涵的建议》、《关于开发"近代中国看天津"旅游资源的建议》、《关于提升历史风貌建筑保护精细程度的建议》、《关于鼓励青年设计师参加国际设计大赛活动的建议》等十多项建议。

遗产"是文化意义上的，中国很大一部分废旧厂房实际上并不具备成为审美客体的基本特征。太多未亲见过多数真实的、尚未经过任何改造的废弃工厂的研究者过度抒发对于工业化进程的思念。这种高层次价值认知的自我认同，对于我国当下处于产业转型期的城市，超出其发展阶段、认知水平的要求。

这一不成熟观点有失平允，但它不断提醒笔者要不时跳出单纯的历史建筑保护的传统范畴，从经济社会发展整体要求的视域审视我国现阶段工业遗产保护再利用的现状与趋势，思考包含城市工业用地更新在内的整体、综合意义的城市复兴。

5.6 城市经营理念主导的保护再利用模式

不同城市工业遗产保护再利用的路径不同。西安市大明宫地区保护改造过程是在贯彻大遗址保护理念的前提下，以城市经营的思维方式，充分挖掘城市可经营文化资源，对区域内的工业遗产大华纱厂进行保护性开发，并在对大旅游理念的实践中逐步将大华纱厂纳入区域旅游产业链，整合利用多样遗产资源的同时形成了一套独特的工业遗产保护再利用模式。本节内容通过剖析"大遗址"、"城市经营"、"大旅游"这三个理念从政策层面作用到实际项目上的过程，为工业遗产保护再利用模式的研究描述并归纳出一种具有创新性的发展路径模型。

各个城市的优势资源不同，不同地方政府对于遗产保护与城市发展相互关系的理解也各异，这使得工业遗产保护再利用在不同城市的发展水平与路径也各不相同。其中，西安作为历史文化名城，形成了典型的以历史文化为导向的"城市经营"理念，并在此基础上不断践行"大遗址区"的保护理念和"大旅游"的产业发展理念。

2002年以来，西安在充分利用其丰富的周秦汉唐文化遗址等古代历史文化资源并将其作为城市区域发展核心资源的前提下，文物古迹类文化资源势必会对其他类型文化遗产形成强大的遮蔽作用。但是，作为位于大明宫遗址区范围内的大华纱厂所实际经历的重生过程向我们展示了一种出乎意料的景象：在多重作用力影响下，大华纱厂不仅仅得到了被保护再利用的机会，其发展轨迹也被纳入到了西安整体的城市发展轨道中来，体现出新的模式特点。

西安是西北地区近代工业的发源地，从1934年陇海铁路连通西安开始，逐步形成其以机械、纺织、电工、仪表等工业类型为代表的工业体系；进入20世纪90年代，城市工业在退二进三进程的推动下开始逐步撤离城市中心区，包括大华纱厂在内的工业遗产也一直没有得到系统的挖掘和开发，西安的遗产保护工作也从未以工业遗存作为关注对象。直至2007年，受惠于大明宫遗址公园的开发建设，大华纱厂的作为工业遗产的价值受到关注，使得城市经营者开始对西安文化资源的范畴加以拓展。

大华纱厂建于1935年，由石家庄大兴纺织厂厂长石凤翔创办，建成后成为陕西以至西北地区建立最早、最大的机械纺织企业，1966年更名为"国营陕西第十一棉纺织厂"，2001年改制成为现在的"陕西大华纺织责任有限公司"（以下简称大华纺织公司）。厂址位于西安古城外东北方向的太华路南段东侧，近一半的生产厂区位于大明宫的东内苑①，厂区西侧与大明宫遗址公园隔路相望。全厂占地面积29.47万平方米，现存原纱厂纺织车间，为西北地区现存最早的大空间规模钢结构工业建筑，并采用了当时条件下最先进的建筑材料与设备，非常珍贵。

以往针对大华纱厂的研究多是从价值评估（姚迪，2009）、旧工业区景观改造（刘玲玲，2014）、厂房建筑改造利用模式（金鑫，2011）、工业旅游等角度进行的。本节主要研究的问题是："城市经营"、"大遗址区"、"大旅游"这三个理念形成的作用力是怎样从政策层面作用到具体的工业遗产保护再利用项目上的？每种作用力使项目得到了怎样的发展条件？每种作用力为项目指出一种怎样的发展方向？通过对这些问题的剖析，希望为工业遗产保护再利用模式的研究与创新提供参考。

5.6.1　多重作用分析

（1）大遗址区保护

西安市拥有众多的遗址资源，尤其是其大遗址②文化资源价值突出，是我国大遗址保护格局中的核心片区。截至2013年，西安市拥有遗址类国保单位19处，其中包括大明宫遗址在内的8处③被列入国家主导的《大遗址保护"十二五"专项规划》④名录。大明宫地区在西安城市历史的演变中，逐渐从外围变为核心，由城乡接合部变为城市建设区。但长期以来，大明宫遗址的保护管理与城市经济建设、居民生活之间存在尖锐矛盾，无论是政府还是居民逐渐把这种画地为牢式的封闭式保护看作当地经济发展、生活条件提升的桎梏，遗址区内居民的违法建设逐渐蚕食到遗址核心区域，来自各方面要求缩小保护区域的压力越来越大。

大明宫遗址保护范围经历了1957、1992、2005、2008年前后四次的调整，每一次公布的面积和范围均有变化。根据2002年颁布的《文物法》对《陕西省文物保护条例》的修改，

---

① 早在1957年，大明宫就被列为陕西省第二批文物保护单位。当时划定的保护范围除大明宫之外，还包括东内苑、西内苑遗址区，约7平方公里。

② 根据2006年国家文物局和财政部发布的《国家文物局关于"十一五"期间大遗址保护总体规划》，大遗址即"反映中国古代历史各个发展阶段涉及政治、宗教、军事、科技、工业、农业、建筑、交通、水利等方面的历史文化信息，具有规模宏大、价值重大、影响深远特点的大型聚落、城址、宫室、陵寝墓葬等遗址、遗址群及文化景观"。

③ 此8处遗址包括：阿房宫遗址、汉长安城遗址、大明宫遗址、秦始皇陵、姜寨遗址、西汉帝陵、丰镐遗址、半坡遗址。

④ 《大遗址保护"十二五"专项规划》2013年由财政部和国家文物局联合发布。

2005年的保护规划对保护范围的区域级次划分作了调整，将之前的"重点保护区——一般保护区——建设控制地带"三个级次调整为两级，即"保护范围——建设控制区"（图5-6-1）。这使得重点保护区和建设控制区贴身相接，少了一个级次的缓冲，更加剧了保护管理工作的难度。大华纱厂所在的大明宫遗址东内苑区域，地下遗址已在近百年的土地建设使用中破坏殆尽，这更成为彻底将此区域归入开发建设区的借端，大遗址的完整性受到巨大威胁。因此，东内苑区域虽不具备地下考古发掘价值，但以工业遗产保护再利用的形式维持目前低密度的存在状态，躲避高强度的建设开发对保证大遗址相对完整性具有重要意义。

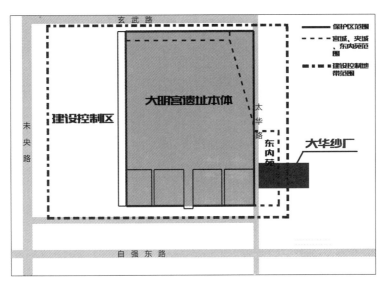

图5-6-1　2005年大明宫遗址范围示意图

　　2007年，国家《"十一五"期间大遗址保护总体规划》中，唐大明宫遗址被确定为国家大遗址保护展示示范园区。同年，西安市政府专门成立西安曲江大明宫遗址区保护改造办公室。由于对"大遗址"的概念有相对清晰的认识，他们主动将保护范围扩大至遗址本体的周边环境以及环境所包含的历史的、现实的、经济的和文化的活动，试图实现大遗址区的文化资源管理与区域经济发展。2008年8月，总规划面积达3.5平方公里的《大明宫国家遗址公园总体规划》通过国家文物局专家评委论证，其中，出于对大明宫遗址完整性的考虑，《规划》决定将大部分位于东内苑的大华纱厂确定为工业遗产保护项目。10月，西安市委、市政府根据《大明宫地区保护与改造总体规划》①，又联合下发《大明宫遗址区保护改造实施方案》，进一步落实避免对大明宫遗址本体的"挤压"——该区域不仅包括了面积达3.5平方公里的大明宫遗址公园，还包括公园以外总规划面积达23.2平方公里的规划区，此区域将大华纱厂完整地纳入进来（图5-6-2）。

---

① 《大明宫地区保护与改造总体规划》2008年由西安市城市设计规划研究院负责编制。

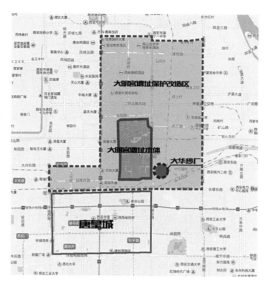

图5-6-2　2008年大明宫遗址区保护改造范围示意图

因为大遗址文化资源既包含其本身外在的遗址实体和内在的文化内容，又包含与周边历史沉积保护环境的密切联系，所以，"大遗址"的保护与开发是一个漫长的、需要审慎对待的过程，初期需要大量的投入，其收益也需要在后期持续的投入中才能缓慢显现。虽然对大遗址保护投入的属于国家公益性投入，但其落实到各具体项目后，则需要地方政府承担保护责任。在以经济发展作为各地政府任期内政绩考核重要指标的前提下，更多情况下，地方政府在对待遗址区保护的问题时更倾向于扩大城市建设区，尽量缩小保护和建设控制地带的面积。这次保护边界划定动作转变了单一的、仅将文物古迹本体作为遗产的价值取向，成全了一种全面的遗产价值取向，使大明宫遗址局部的保护变为区域性保护融入到城市经济、社会发展的规划之中（图5-6-3）。

（2）以文化为导向的城市经营手段

大明宫规划区地跨未央区、新城区、莲湖区、经济技术开发区四个行政辖区，由于其自身区位重要性及遗产敏感性，使得其在保护改造过程中必须面对各行政辖区的管理统筹、征地拆迁、产业发展、规划建设、土地管理等多个方面的问题。这就需要政府成立专门相应的、具有最大强度整合调配资源的职权部门，打破原有行政区划的边界，以完整统一的文化内涵而不是行政区域进行资源整合。早在2003年，西安即出于这方面考虑，成立了曲江管委会，并赋予其跨行政区划、跨行业、跨部门、跨级别、跨所有制对曲江新区文化资源进行整合开发的权利。其整个开发过程贯穿了城市经营①（城市经营常常被拿来与企业经营进行对

---

① 城市经营是以系统化的思维方式，运用市场经济的手段，对城市进行整体策划和管理。以城市规划为先决条件，充分挖掘城市可经营资源，对其进行资本化的市场运作，实现城市资产的保值和增值，有效获取城市建设资金，同时兼顾生态、环境、文化、社会福利等诸多方面，促进城市可持续发展，达到城市经济效益、社会效益和生态效益协同发展的目的，提高城市综合竞争力。赵黎明，景春华. 城市经营系统［M］. 天津：天津大学出版社，2005.

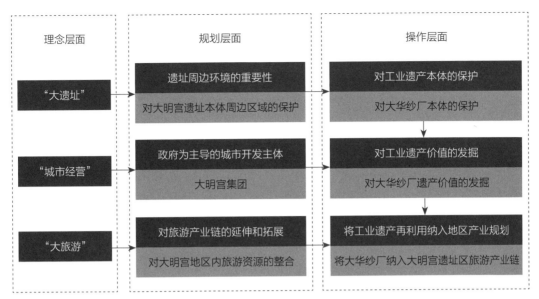

图5-6-3　西安大明宫地区工业遗产保护再利用路径模型

比，表5-6-1）的基本理念，探索出了一种由政府、城市运营商、规划设计单位共同协作的
操作路线（表5-6-2）。经过5年的建设发展，2007年8月，曲江新区被国家文化部授予国家
级文化产业示范区。曲江新区文化资源的成功整合开发证明，这种模式可以为西安市文化资
源开发的一致性、连贯性提供保证。有了这样的经验积累，2007年10月，西安市委、市政府
为加快大明宫国家遗址公园建设，确保大明宫遗址区保护改造项目的顺利实施，责成曲江新
区管委会设立西安曲江大明宫遗址区保护改造办公室，同时设立国有独资公司西安曲江大明
宫投资（集团）有限公司（以下简称"大明宫集团"），统筹规划区内的建设及发展，试图
在展开遗址保护的同时实现城市提升、产业升级的目标。

城市经营与企业经营对比　　　　　　　　　　　　　　表5-6-1

	城市经营	企业经营
组织属性	非营利机构	营利机构
经营主体	城市政府为主导的多元主体	企业管理者
经营客体	城市	私人物品
经营方式	混合手段	完全的市场经济手段
经营目标	城市综合效益的协调发展	利润最大化

时间节点	事件
1993年	陕西省人民政府批准设立的"西安曲江旅游度假区"
2003年7月	更名为"西安曲江新区",设立西安曲江新区管理委员会(西安市人民政府的派出机构,在辖区范围内履行市级管理权限。实现项目审批、规划定点、建设管理、土地出让、企业管理服务)
2002年以来	曲江新区试先后建成大雁塔北广场、大唐芙蓉园、曲江国际会展中心、曲江池遗址公园、大唐不夜城等一批重大文化项目,跃升为西部最重要的文化、旅游集散地
2005年	曲江新区被列为陕西省十大文化产业基地之一。并提出了打造西部第一文化品牌的战略构想
2006年5月	曲江文化产业投资集团成为国家级文化产业示范基地
2007年8月	被国家文化部授予国家及文化产业示范区
2007年10月	西安市委、市政府成立西安市大明宫遗址保护改造领导小组,委托曲江新区全面实施大明宫遗址区保护改造工程,负责遗址公园建设及周边区域的征地拆迁、规划建设、土地管理、产业发展和招商引资。西安曲江新区管理委员会投资设立的国有独资公司"西安曲江大明宫投资(集团)有限公司"(成立于2007年10月22日,注册资本28亿元)
2011年1月	经市政府同意,大华纺织公司全部资产(含非经营性资产)和人员(含离退休人员),进行国有资产整体划转移交至西安曲江新区管委会所属的西安曲江大明宫投资(集团)有限公司
2011年6月	设立西安曲江大华文化商业运营有限公司(为开发西安"大华•1935"项目专门成立,属国有全资公司,注册资金5000万)

　　2011年1月,经市政府同意,陕西大华纺织有限责任公司(以下简称"大华纺织公司")全部资产(含非经营性资产)和人员(含离退休人员),进行国有资产整体划转,移交至大明宫集团。对于大明宫地区保护改造项目,大明宫集团并未仅仅以这一区域突出的文化断代特质——唐文化——为主要文化表现,而表现出前瞻的、开放的态度,认识到城市的文化面貌是在继承各历史时期的各类型文化的基础上发展和延续的——这样形成的文化多样性构成了城市的基本特征。从而对大华纱厂作为工业遗产的价值表现出高度的敏感性,试图建立文化多样性的展示。它通过一系列的实施步骤,有偿接收大华纺织公司、承担破产企业职工安置的社会责任、打造"大华•1935"工业遗产保护再利用项目,在大明宫地区改造项目中探索出了工业遗产保护与城市区域提升相结合的新模式。2011年6月,大明宫集团为开发西安"大华•1935"项目设立国有全资公司西安曲江大华文化商业运营有限公司。作为大明宫遗址区综合商业配套项目,大华•1935是以完善大明宫区域城市功能,丰富城市文化类型为城市经营目标的。

　　(3)大旅游理念

　　"大旅游"是为满足游客个性化、多层次的旅游需求,通过对旅游产业链不断延伸和拓展而形成的旅游业发展模式。1999年,西安即有学者探讨大旅游对西安市旅游业再发展的意义[①]。但长期以来,西安凭借其价值极高、文化地位不可撼动的历史遗迹为主的旅游产品,

---

① 赵荣,李宝祥.论大旅游与西安市旅游业再发展[J].经济地理,1999(04).

获得了极大的收益，其旅游产业发展也逐渐固化于这种单一类型产品的发展模式。与这些西安的传统旅游资源相比，其区域内的工业遗产在历史、科学、艺术等方面的价值相对低得多，势必会处在其传统旅游资源形象的遮蔽①下。

但是，任何事物的两面性使得西安工业遗产在受到形象遮蔽影响的同时，也受惠于其处于传统旅游城市的先决条件，即西安相比其他非传统旅游城市，更加具备敏锐的旅游价值嗅觉与高效的旅游产品的包装手法（图5-6-4）。2011年，西安市人民政府根据《西安市国民经济和社会发展第十二个五年规划纲要》，开始正式实施"大旅游"战略②。

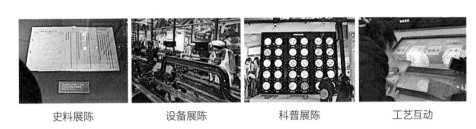

| 史料展陈 | 设备展陈 | 科普展陈 | 工艺互动 |

图5-6-4　由广州集美组负责设计的专业展陈

这种城市战略层面的推动力很快作用到具体项目的开发运营过程中：大华纱厂西侧紧邻唐大明宫遗址，改造后主入口与大明宫国家遗址公园东门隔路呼应。在大旅游观的指导下，大明宫集团对区域内的旅游资源进行整合，将大华·1935作为工业旅游资源与大明宫遗址公园进行融合，以期通过大明宫招徕的游客流量，来带动大华纱厂作为工业旅游景点的发展，丰富区域内的旅游产品类型。这一决定对完善大明宫地区旅游产品的结构体系意义重大。

2010年10月，大明宫国家遗址公园开园。2013年底大华·1935的博物馆开放、小剧场投入使用；同年，西安市旅游局针对全市旅游发展计划，进一步树立大旅游的观念，打造大旅游产业格局③。伴随大明宫国家遗址公园的强力带动，大华纱厂所处的落后区成为西安的文化新区渐露端倪。2014年2月，西安市政府表达了"加快培育新型旅游业态，实现'由旅游城市向城市旅游'、'由单一观光型向观光、休闲、度假复合型'转变……推动多业共生的大产业格局，加快旅游产业与工业、农业、文化产业、生态产业的融合发展，丰富旅游产品

---

① 形象遮蔽理论核心是旅游资源特色明显、资源品位高、市场竞争力强的旅游地或旅游景点在旅游形象竞争中处于优势地位，会对其他旅游地或旅游景点形成遮蔽效应，使得其他旅游地或旅游景点处在它的阴影区内。形象遮蔽的表现形式之一是在同一区域内，品质高、级别高的景区会对其他景区造成形象遮蔽，既包括具有相似性的资源产品，也包括不具有相似性的资源产品。

② 详见第九章"实施'大旅游'战略，推动旅游产业从数量规模型向质量效益型转变，从单纯观光型向参与体验型转变，从单纯注重经济功能向经济、社会和生态综合功能转变。"、"……积极打造……工业旅游……等多元化旅游产品体系。"

③ 张文. 市旅游局谋划加快今年旅游业发展，打造大旅游产业格局 [N]. 西安日报，2013-1-4.

体系"的旅游产业发展思路。^①大明宫地区发展重心开始转向大华·1935^②:大明宫遗址区将依托大华1935的近代工业遗存,充分盘活大华纱厂丰富的历史文化资源,打造西安北城最具历史文化特色的历史文化街区。至此,大明宫地区古代以大明宫作为政治核心,近代以大华纱厂作为经济支撑,当代两者共同作为西安旅游产业、文化产业发展引擎的格局正式形成。

5.6.2 认知意义

西安市在大遗址保护的前提下,以城市经营的思维方式,充分挖掘城市可经营资源,整合利用多样的文化资源进行旅游开发及带动相关服务业的发展,促进第三产业的发展,逐步实现产业结构的优化。形成了一种独特清晰的工业遗产保护开发路径。

这种路径是以"大遗址"、"城市经营"、"大旅游"为导向的,借力大明宫遗址区内人文景观和自然景观的改善,周边可开发区域的开发价值得到提高,通过周边可开发区域所获效益较易实现对遗址区的回报补偿。但是我们也必须看到,这种创新模式的融资往往是通过政府主导下的地方融资平台。因而,在其运行过程中存在的一定的风险,特别是在国家阶段性地对地方融资平台信贷收紧的现实下,其债务风险也被放大,出现不可避免的高负债率;而且,其经济收益、社会效益的显现也是一个漫长的过程,能否推而广之有待时间验证。本文仅期望通过对这种模式发展过程的剖析,为工业遗产改造再利用研究与实践提供一类参考。

---

① 见《西安市人民政府关于市十五届人大常委会第十二次会议对旅游产业发展情况报告审议意见的研究处理情况报告(2014年2月26日)》。

② 葛超,王晶. 大明宫遗址区精心打造北城又一文化亮点,大华·1935将变身工业遗存历史文化街区[N]. 西安日报,2014-4-5.

第6章

北京文化创意产业园
调查报告①

① 本章执笔者：孟璠磊。

近年来，随着国家"退二进三"的产业结构调整，一批利用工业资源打造而成的文化创意产业园在以北京为代表的大型城市中先后建成。在北京市所有文化创意产业园中，这些利用旧有工业资源改造并重新利用起来的文化创意产业园已经成为北京的一张一张"文化名片"，成为当代北京颇具特色的一种建筑类型。本文通过对北京市工业资源再利用型文化创意产业园的现状进行调查和梳理，探讨这一类型建筑的空间特征及一般性规律。

北京作为国家文化中心与科技创新中心，肩负着率先完成产业结构调整和文化创意产业发展的历史重任。多年来"摊大饼"式的扩张，使北京市内特别是中心城区内的空地已所剩无几。而利用工业建筑遗存打造成创意文化产业园，成为过去十年中北京城市存量发展的重要举措。自2007年北京市工业促进局、北京市规划委员会、北京市文物局联合颁布《北京市保护利用工业资源，发展文化创意产业指导意见》以来，利用旧有或废弃工业资源打造成文化创意产业园，如雨后春笋般在北京市区内发展起来。据不完全统计，目前北京市区内腾退工业厂房240余处，已经成功转型为文化创意产业园的工业建筑占地面积达到600余万平方米。这些建成于20世纪50~80年代的"工厂大院"，普遍地处良好的地理位置，且大部分建筑结构质量较好，尚未达到物理寿命。面对这些规模庞大的闲置空间，如果可以充分进行再利用，不仅在一定程度上保护了工业遗产和城市记忆，同时也为新型文化创意产业的发展提供了空间载体。

6.1　工业遗存与北京文化创意产业园

工业资源包括建、构筑物，生产设施设备以及工业景观等实体资源；也包括企业历史、生产工艺流程，以及口号、标语等非实体资源。实体工业资源根据工业生产、生活及研发的特点，可以分为"生产设施、生活设施以及办公科研"等，如图6-1-1所示。

一般认为，北京工业建筑遗存再利用与文创园区的结合应当追溯到798艺术区的出现。虽然这是一次自下而上的尝试，但青年艺术家对闲置厂房的利用，不仅为工业建筑寻找到了使用价值，而且极大地促进了人们对艺术、创意等产业现象的关注。2005年，北京市政府专门对798进行实地考察和研究，最终决定798厂应该以艺术园区的形式保留下来，并在2006年将其列为北京第一批市级"文化创意产业聚集区"。这一标志性事件使青年艺术家群体和798工厂均获得了官方的认可，其价值不仅局限于它是中国第一个当代艺术区，更在于它重新定义了人们对"空间"利用的概念：平庸、破败的厂房可以成为创意和艺术的"孵化器"。这一带动作用十分明显，2007年北京市工业促进局出台《保护利用工业资源，发展文化创意产业指导意见》，从官方层面明确引导闲置工业建筑转型成为文化创意产业园区。此后，利用工业建筑遗存改造而来的文化创意产业园更是不断涌现（图6-1-2）。

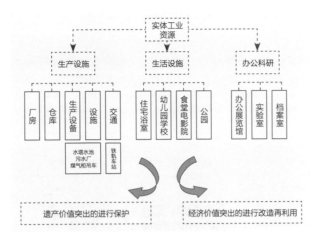

图6-1-1　实体工业资源内容

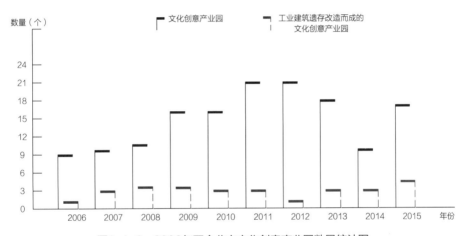

图6-1-2　2006年至今北京文化创意产业园数量统计图

　　2015年，北京市文化创意业规模从业人员12.6万人，同比增长近13个百分点，其中小、微创意企业及个体从业者的活跃度和贡献率不断提升，反映出创意产业从业者人群的构成出现小型化、零散化等特征。文化创意产业的崛起，改变了以旅游、服务业为核心的狭义第三产业概念，它的一项重要特征是脑力的创造性活动，这种创造性可以以多种形式存在集群，他们可能是个人（如艺术家），也可能是几个人的小团队（如设计公司），也有可能是几千人的大型互联网公司（如百度公司）。工业建筑遗存闲置与创意产业蓬勃发展在时间上高度重合，从而促成了工业建筑"改弦更张"，从工业生产空间尝试向创意生产空间转型，工业建筑遗存似乎寻找到了一条可以继续存在的理由和价值。

　　从建筑学的角度来看，根据利用城市空间性质的不同，可将北京地区的文化创意产业园分为"利旧"和"新建"两大类型（表6-1-1）。

分类	利旧类		新建类	
	工业资源型	地方传统风貌型	科技园区型	经济开发区型
区位	城市中心区	城市中心区	高校周边	城市近郊
方式	改造	整治/扩建	扩建/新建	新建
特点	工厂大院	地方风貌肌理	校园聚集	圈地扩张
空间示意				
优势	工业风貌鲜明 再利用经济价值高	地方特色突出 经济价值高	人才资源丰富 地缘优势突出	租金低廉 占地规模大
不足	土地性质变更 棕地治理	空间规模有限 规模效应较弱	土地成本较高 空间规模有限	远离城区 投资成本高

1）"利旧"类

利用旧有城市空间进行文化创意产业园建设是目前较为常见的方式之一，其中又以利用原有"工厂大院"改造而成的园区居多，以至于人们普遍认为这种类型的文化创意产业园只有"北京798"模式，各地涌现出成百上千个"山寨版798"，造成了全国范围内的工业建筑再利用千篇一律。事实上，利用工业资源打造的文化创意产业园模式多种多样，改造设计的手法、运营的管理方式也应视具体情况而定，不能照搬798模式。北京不仅有798，还有"768"、"后街美术馆园区"、"新华1949"等具有特色的文化创意产业园。

2）"新建"类

另一类文化创意产业园区则以圈地新建为主，它们在区位选择上亦有一定规律性，比如高校附近或城市近郊，前者利用的是创新型人才资源；后者利用的是政策支持、规模灵活和交通条件便利等。

6.2 北京市工业资源型文化创意产业园现状初步调查

据不完全统计，2017年底，北京已经建成并投入使用的工业资源型文化创意产业园不少于31项，原有企业集中在20世纪50～80年代建厂，并以冶金、机械制造、电器厂等重工业为主（表6-2-1）。

北京地区由工业资源改造为文化创意产业园统计表　　　　表6-2-1

序号	园区名称	开放时间	原有工业	建厂时间
1	北京一号地国际艺术区D区	2006	京广铝业联合公司北京飞翔头盔厂	20世纪60年代
2	751D·PARK北京时尚设计广场	2009	正东电子动力集团有限公司	20世纪50年代
3	北京798艺术区	2006	华北无线电联合器材厂	20世纪50年代
4	北京768文化创意产业园	2010	大华无线电仪器厂	20世纪50年代
5	北京大稿国际艺术区	2007	北京中意合资企业	不详
6	酒厂ART国际艺术园	2009	朝阳酿酒厂	20世纪80年代
7	北京莱锦文化产业创意产业园	2011	京棉二厂	20世纪50年代
8	北京昊成传媒文化创意产业园	2007	北京石棉厂	20世纪50年代
9	北京尚8创意产业园	2007	北京市电线电缆总厂	20世纪50年代
10	北京红厂设计创意产业园	2012	北京玻璃幕墙厂	20世纪80年代
11	北京左右艺术区	2006	北京拖拉机厂	20世纪60年代
12	北京惠通时代广场	2003	北方工业锅炉厂	20世纪50年代
13	北京电通创意广场	2012	北京机电厂	20世纪60年代
14	北京易通时代广场	2008	北京显像管厂西区	20世纪60年代
15	北京安通时代广场	2005	北京松下彩管厂	20世纪80年代
16	北京海通时代广场	1998	不详	不详
17	北京正通时代广场	2009	北京味全食品有限公司	1953
18	北京二十二院街艺术区	2008	北京啤酒厂锅炉房	1950
19	北京懋隆文化产业创意产业园	2012	北京工艺艺嘉贸易公司	20世纪60年代
20	北京音乐创意产业园	2011	北京一商储运中心	20世纪50年代
21	北京后街美术与设计创意产业园	2010	北京胶印厂	不详
22	北京1919国家音乐产业基地	2009	北京生物制品研究所	1919
23	北岸1292文化创意产业园	2008	朝阳区三间房乡原水泥构件厂	不详
24	竞园（北京）图片产业基地	2007	北京供销总社棉麻仓库	20世纪60年代
25	北京首钢工业旅游区	2004	北京首钢集团	1919
26	北京龙徽葡萄酒博物馆园区	2006	北京龙徽酿酒有限公司	1910
27	国投信息创意产业园	2010	北京广播电子器材厂	20世纪50年代
28	北京二通动漫产业产基地	2011	首钢二通用机械制造厂	20世纪70年代
29	新华1949文化创意产业园	2012	北京新华印刷集团	1949
30	天宁一号文化创意产业园	2016	北京第二热电厂	1976
31	北京齿轮场	2017	北京齿轮总厂	1960

将上述31处工业资源再利用型文化创意产业园位置进行标记，可以看出：

（1）从地域分布特征来看，集中于酒仙桥工业区、东郊工业区以及石景山工业区。如图6-2-1，这些地区旧有工业生产基础雄厚，工业资源遗存较多，特别是早期土地价格较低，

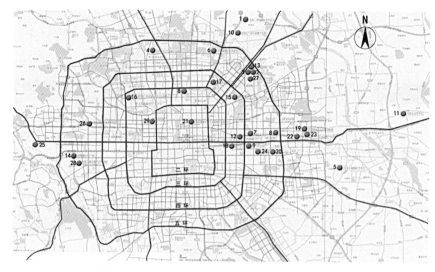

图6-2-1 北京工业资源型文化创意产业园分布图

此外，受"798"、"首钢二通"等若干具有示范意义的园区影响，园区不断聚集、数量不断增加。其他园区则"点状"零散分布，整体呈现"东多西少、北多南少"的特征。

（2）从区位交通来看，这些园区普遍位于二环至五环之间，属目前北京城市区内，个别远郊的园区也靠近城市主要干道，交通可达性较好，地理位置优越，土地经济价值较高。

（3）从占地规模上看，多数园区面积集中在1万～5万平方米之间，属中等规模，低于1万平方米以及大于5万平方米的园区数量较少，但也存在个别占地面积超过10万平方米的超大型文化创意产业园（图6-2-2）。

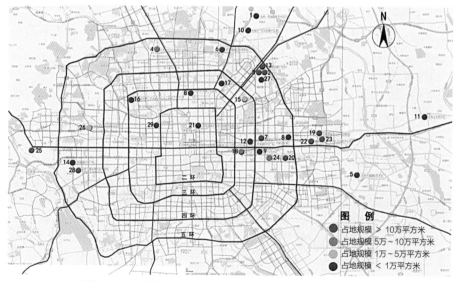

图6-2-2 北京工业资源型文化创意产业园占地规模分布图

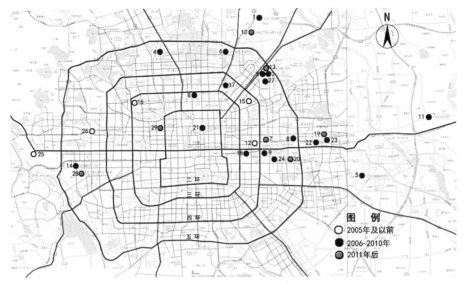

图6-2-3　北京工业资源型文化创意产业建成年代分布图

（4）从建成年代顺序来看，2006年后建成的园区数量增长较快，这与2007年北京颁布《保护利用工业资源，发展文化创意产业指导意见》密切相关。由此可见，适当的政策引导对工业资源型文化创意产业园发展和建设影响显著（图6-2-3）。

6.3　工业资源再利用型文化创意产业园的特征分析

6.3.1　集聚效应

从宏观尺度来看，北京的堡头工业区、石景山工业区、酒仙桥工业区等地聚集了北京大量的工业资源，每一个工业区又往往包含多家工厂。厂与厂之间或一墙之隔，或一路之隔（图6-3-1）。如果可以将其视作一个整体，共同策划、共同开发，其产业聚集的效果将更加显著。

从微观尺度来看，国内的工业资源普遍以"大院"的形式存在。"工厂大院"本身集合了不同类型的建、构筑物，生产空间和生活空间一应俱全，且彼此间存在一定的内在联系，这在客观上为文化创意产业的集聚提供了一个既开放又独立的空间环境。

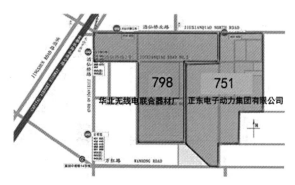

图6-3-1 一墙之隔的798与751文化创意产业园区

6.3.2 政策支撑

近年来，政府陆续出台了一系列政策和指导意见，以鼓励文化创意产业与工业资源再利用。《北京市保护利用工业资源，发展文化创意产业指导意见》的第十三、十五条分别对文化创意产业人员的培养和引进，以及专项资金设立等问题进行了规定和说明：

第十三条："对符合人才引入条件的外地进京人员优先给予进京指标；鼓励企业通过产业置换创造新的就业岗位，积极培训下岗职工并优先安置在园区就业。"

第十五条："推进利用工业资源发展文化创意产业项目的建设并设立专项扶持资金，对环保新技术、旧厂房改造的项目等给予资金支持。"[①]

政策支持直接影响市场运作并带来租金变化。按照目前市场的价格，由工业资源改造而成的文化创意产业园租金在3～8元/平方米之间，而一般写字楼的租金则在8～20元不等。

6.3.3 区位便利

"文化创意产业园"要求吸引人气、激发创意并刺激消费。这一特征在客观上要求文化创意产业园的选址以交通可达性好、人口密度适当的地区为宜。废弃工业区（工厂大院）往往在城市中占据较好的地段，与文化创意产业园的选址条件吻合，因此二者的结合具有很大的可行性。例如，新华1949文化创意产业园利用原北京新华印刷厂厂址改造而成，园区位于西二环阜成门附近，北临车公庄大街，东临北礼士路，这一良好的地理位置优势使其很快成为租户热衷的园区之一。

同时，区位优势还可以有效地刺激旅游观光业，有助于游客在短时间内发现、了解和体会文化创意产业园区。良好的可达性是塑造文化创意产业园不可缺少的条件之一，它不仅有利于产业的集聚，还可以及时向外界，乃至向世界传递信息的"城市文化名片"。

---

① 引自《北京市保护利用工业资源，发展文化创意产业指导意见》。

6.3.4　环境氛围

从城市尺度识别文化创意产业园，是园区形象建设的第一步，巧妙地利用工业资源所独有的风貌则可以很容易实现这一目的。工业生产的建、构筑物和设施设备往往具有鲜明的特征：高耸的烟囱、双曲的冷却塔、蜿蜒的铁路……（图6-3-2）。它们具有优美的几何形态，是城市易于识别的符号。

6.3.5　空间意向

文化创意产业园依托于"工厂大院"，为创意行业的开展划定了一个明确的空间界线。"院"本身是一个有机体，内部之间存在一定的关联。这种因工业生产而形成的空间关联，可以很好应用于文化创业产业的发展。比如，将工业生产的流程与展示环节相结合，让人们在领略艺术创作品的同时，也感觉到工业生产连续性的存在。

就建筑物单体而言，工业建筑巨大的空间给了现代艺术家很宽松的创作环境，"对载有历史痕迹建筑的钟情，是艺术家精神上的需要"。此外，建筑物内部独特的空间形式也为创意活动提供了无限的可能性（图6-3-3）。文化创意产业本身就具有创造性和不确定性，有时甚至需要不停地变换空间，以满足发展需要。我们可以通过对原有工业空间的重构改造置

图6-3-2　北京特钢厂、首钢厂工业资源风貌实景

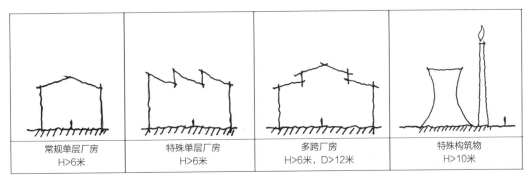

| 常规单层厂房 | 特殊单层厂房 | 多跨厂房 | 特殊构筑物 |
| H>6米 | H>6米 | H>6米，D>12米 | H>10米 |

图6-3-3　北京地区常见工业资源内部空间形式示意图

换出新的功能，为创意产业的"落户"寻找到合适的载体。

◎ 本章总结

　　利用工业资源打造新型文化创意产业园，在客观上推动了工业遗产的保护，对延续城市工业文脉起到了积极作用。第一，以客观实物宣传工业遗产保护与再利用，改变人们心中传统工业建筑"傻、大、黑、粗"的形象，从而意识到工业遗产的历史价值、社会价值、文化价值以及美学价值。第二，强化工业遗产作为城市存量资源存在的合理性。工业旧建筑作为城市文化遗产的一分子，"不是城市发展的历史包袱，而是宝贵财富"。昔日，他们在工业生产时期发挥了难以估量的价值，今天，将他们与创意产业发展相结合，可以充分证明自身的存在经济价值，再次焕发生机。第三，拓展工业遗产保护与再利用思路。工业遗产保护与再利用的方式多种多样，实施方式也各不相同。将其打造为文化创意产业园是目前"性价比"较高的方式之一，是一条值得肯定且具有发展前景的思路。

　　此外，这一类型的文化创意产业园在主观上更易于体现自己的个性与特色。第一，工业资源提升了文化创意产业园区的吸引力。工业生产是时代的印记，是人类文明史的重要一部分，将其作为文化创业产业园的特色，将有利于展示地区的文化底蕴，增强文化吸引力。第二，不同的工业资源具有不同的风貌，这为文化创意产业园的形象增添了个性。例如，钢铁行业遗存一般具有高炉、冷却塔、铁路运输等工业风貌，而纺织等行业则一般具有锯齿状天窗和烟囱等。第三，工业资源再利用可以节约建造时间和建造成本。对大量的工业厂房来说，可以在较短的时间内完成改造并投入使用，工期短、工程量小，一些保存较好的厂房经过简单的清理和装饰后即可直接利用。

　　作为保护工业资源的手段之一，发展文化创意产业园有效地延续了工业资源的生命，促使其"老树开新花、旧瓶装新酒"，相信这一领域的实践和研究将日趋深入。

第7章

天津棉三创意街区调查报告

7.1 天津棉三创意街区调查概述[①]

7.1.1 调研背景

天津棉三创意街区（以下简称"棉三"）是天津代表性的文化产业园。1897年，天津近代纺织业开始繁盛。1920年天津的裕大纱厂和宝成第三纱厂创办，1922年投产，20世纪30年代初转卖给日资大福公司，大福公司成立天津纺织公司，将宝成和裕大合并为"天津纱厂"；1945年国民政府接收，改为"中纺三厂"；中华人民共和国成立后，棉纺厂全部归为国有并改革兼并，更名为棉纺一到七厂，"中纺三厂"改为"国营天津第三棉纺织厂"；1958年，正式更名为"天津第三棉纺织厂"，简称"棉三"，并迅速成为天津棉纺织业的主力军，为天津纺织业长期位列全国三甲立下了汗马功劳。在2011年全国的文物"三普"过程中，其建于1921年的办公楼被正式确立为文物遗迹，是早期著名建筑师庄俊的设计作品。2013年转型为文化创意产业园——棉三创意街。

棉纺宿舍原是外人对棉纺厂职工居住地的统称。由于近代天津棉纺织业的兴盛，棉纺宿舍开始往往是厂内为了棉纺职工的居住需求而设立的，而后慢慢成为棉纺职工居住和生活的社区。

抗战后期的天津纺织产业因受到战争冲击，纺织厂多处于缓慢生产或停工状态，羸弱的手工艺传统在时代骤变下的艰难转型，生产原材料和生产机器的过度依赖，以及生产模式仍然处于家庭、工坊和企业并存的局面，使得纺织工人只能在夹缝中利用自己的力量求得生存。纺织工人大多来自天津本地和周边的河北省，由于政治和资本制度的脆弱和多变，他们仍然采用乡村式的亲眷关系网来抱团。他们多数是不被承认的市民，范围仅限于工厂或工坊内，一日工作时间远超10小时，几乎全年无休，待遇微薄，即使作为中国工人运动史上不可或缺的群体，他们的斗争也并非为单一的底层对上层阶级的反抗，内部也存在着不同社会群体派别之间的争斗。在这种社会语境下的棉纺宿舍往往是较为传统封闭的社会形态。

中华人民共和国成立初期，棉纺宿舍较民国时期无太大差别，依旧是自建的住房、阁楼，拥挤不堪。社区整体卫生、秩序、安全也得不到保障。由于全市"房荒"，房子租金还很高，且市内交通不便，居住在厂外的工人强烈希望搬到厂子附近去住。棉纺宿舍也纷纷仿照工人新村的样式，规划建造新宿舍（图7-1-1）。

1976年天津大地震后，棉三翻建了一工房、二工房的房子。棉纺一厂、三厂、五厂的平房宿舍都成为平房改造的受益者。

[①] 本节执笔者：徐苏斌、青木信夫。参加调查成员：青木信夫、徐苏斌、曾程、张晶玫、吕志宸、王雪、孙淑亭、郝博、陈恩强、薛冰琳、胡莲、孙德龙。

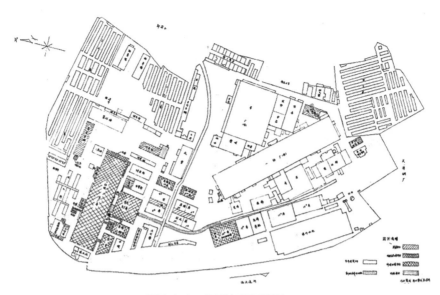

图7-1-1　1953年棉三地图

20世纪90年代以后，在整个社会"退二进三"浪潮的背景下，工业遗产地的转型发展成为城市更新过程中的首要目标，而产业的变迁常常也代表着从业者群体的变迁，因此在工业遗产转型的过程中如何带动既有的社区居民充分参与其中，成为遗产保护中亟待考虑的问题。与此同时，在资本全球化笼罩下城市更新也呈现出多元新趋势，天津市自20世纪90年代后期开始发起大规模以经济转型为目的的旧城更新，城市功能、产业和空间格局重组引起城市中心历史街区普遍士绅化，特别是转型中的工业街区。它们记录了工业城市的崛起与演变轨迹，其人文与社会价值不仅体现于对工业精神的象征，也承载着工人阶级数十年的场所依附、集体认同和赖以生存的社会经济根基，因此对于工业遗产地的场所特质的深入探讨也将包含在其中。

7.1.2　调研目的与意义

笔者所在课题组结合天津市社科界千名学者服务基层活动于2018年和2019年连续两年对棉三进行深度调研。第一年的调研重点是对原工厂生产区改造为文化创意产业园的调研，第二年的调研重点是对周边社区的调研。在全国看来，棉三创意街区是一个十分复杂的产业园，包括了土地分配、遗产保护、保护规划、房地产、文化政策、经营管理、工人社区等方面的问题，可能是多个产业园问题的复合体。通过棉三的深度调查不仅可以了解文化创意产业园中遗产保护的问题，也可以了解到千丝万缕的中国工业遗产现状。

选择棉三作为研究对象是因为：

（1）棉三在土地问题划拨、出让等方面映射出当代中国土地的政策特征，不仅如此，它和一般产业园单一土地处理方式不同，在同一个地块上复合处理土地问题，包括了一级、二级土地处理方式，具有更复杂的特点。

（2）棉三并不是正式被指定的国家或市级文物，但是在天津市工业遗产保护规划中被列为一级，后改为二级。对于工业遗存的处理方式一直存在争议，棉三产业园是现阶段保护和开发博弈的结果，反映了对于工业遗产保护需要重视。

（3）由工人居住区向工业遗产社区转变是全国工业遗产普遍存在的问题。这个问题也反映了城市化进程中出现的士绅化、失所、恋地情结等多种问题。这个问题虽然发生在很多工业遗产中，但是产业园的研究往往忽视这个问题，在本调查中也将社区问题纳入调查范围。

窥一斑见全豹，深度剖析这个案例可以从侧面发现中国文化创意产业的问题，并以此为参考，对比其他文化创意产业园进行进一步的深度考察。

7.1.3 调研范围、对象和方法

7.1.3.1 调研范围

本次调研的棉三产业园及工人住宅区位于天津市河东区，地块西南面临海河，北面邻国泰路，东北邻北柴厂街，东南临富民路，是一个不规则的地块。该地占地10.5公顷，如图7-1-2所示。

棉三产业园园区范围比较清晰。东侧的住宅区因为拆迁，大面积缩小并分离。东侧接壤的滨河庭苑小区是自建的中高层住宅区，拥有较为完备的内部功能。如果以围墙厚度、高度、完整程度作为评分标准，可得从滨河庭苑小区到棉三创意街区，到棉三宿舍楼，再到棉三拆改区，封闭程度逐渐降低。其中，棉三创意街区开设的4个出入口有3个与棉三宿舍区拆

| 2018年 | 2019年 |

图7-1-2　2018年、2019年天津棉三产业园调研范围

改棚户区相连。

　　调研范围和内容

　　2018年第一期调查对象是棉三创意园的范围[①]。内容包括:

　　(1)棉三创意街区环境、工业建筑、改造项目、新建建筑整体情况。

　　(2)采访棉三管理人员(副总经理L先生、市场宣传主管G女士)。

　　(3)棉三各种业态代表商户采访(三三画廊、棉三书房、医方中医、游泳馆、棉三幼儿园、爱空间、棉里咖啡)。

　　(4)资料整合,包括其他国家地市政策和实例比较分析。

　　2019年第二期调查范围包括棉三创意街区及其周边宿舍与社区管理人员和居民[②]。内容包括:

　　(1)棉三创意街区周边社区物质结构形态现状调查,包括社区建筑现状、基础设施现状、外部空间状况、周边服务设施的调查。

　　(2)棉三创意街区周边社区的社会结构形态现状,包括社区居住人群构成现状、产权变化、居民年龄层次现状、收入现状以及居住年限统计。

　　(3)对社区管理者进行深度访谈,进行社区与创意园区管理问题调查。

　　(4)对社区居民进行访谈,了解居民的记忆口述史,工人及居民在地理空间上的流动变迁以及地租经济在地理空间的变化。

7.1.3.2　调研方法

　　采用实地考察、问卷、访谈、比较等多种方式进行调查(表7-1-1)。

调研方法

表7-1-1

调研方法	调研对象	调查内容	获取数据
文献调查法	无	完成对去年调研的资料整理和补充,完成对棉三创意街区的基本资料整理和社会环境状况进一步梳理。查阅工业遗产与周边社区相关的论文	基础文献资料若干
实地考察法	棉三工业区	对棉三产业园及社区的物理环境的实地勘测工作,主要对遗产的数量、年代、保存情况、用途,以及居民意见、建议和实际使用利用方式进行收集整理	现状物质结构分析图若干
问卷调查法	居民	在社区中发放问卷,详细统计社区内住户类型、入住时间、休闲场所、居住优缺点分析等基本情况	60份

---

①　课题组成员:青木信夫、徐苏斌、胡莲、孙德龙、曾程、张晶玫、吕志宸、王雪。全体成员参加调研和讨论。

②　调查参加人员:青木信夫、徐苏斌、王雪、张晶玫、孙淑亭、郝博、陈恩强、薛冰琳。

调研方法	调研对象	调查内容	获取数据
访谈法	园区管理人员、租户、居委会主任与居民	与产业园、社区负责人进行对接，获取棉三创意园区及周边基础的人口和产业数据。并获取基层工作的开展模式和基本内容，获取全市最新的基层工作指导文件	近百次深入访谈和简短访谈
比较分析法	社区规划案例	分析比较其他城市中工业遗产社区规划的经验，探寻可以在棉三工业区实施的规划措施，同时考虑是否可以推广到整个天津	3个案例分析

7.2 棉三产业园区调查[①]

7.2.1 政府创意政策与棉三

7.2.1.1 开发的背景

棉三是2013年天津市的四个重点开发建设地块之一，是具有市场开发性质的市级重点工程。棉三创意产业园以政府为主导，按照区域规划将部分土地出让给相关公司。政府通过立法、财政支持、政策促进、税收优惠、项目申报等方式进行支持。棉三项目具体是由发改委立项，由市规划局和市建委按职能分工负责。在棉三项目立项之前，原来拥有土地使用权的是天津纺织集团。政府与天津纺织集团通过土地置换将土地进行收储，而纺织集团进行了整体搬迁，而后政府委托天津住宅集团进行主导开发，多方共同成立了"天津新岸创意产业投资有限公司"作为项目开发公司。

棉三项目从开发模式上来定义，属于"行政划拨+公开出让"的混合开发模式。项目地块分为一期与二期两部分，一期地块位于海河沿岸，原为纺织厂仓库，改为新建区，根据规划属于经营性用途，需要更改土地性质；政府首先进行收储，再通过招拍挂的方式出让了地块的使用权；二期地块部分为工业遗产保留区，因项目立项符合划拨用地目录（《天津市人民政府办公厅关于印发天津市进一步激发社会领域投资活力实施方案的通知》），国土部门根据市发改委的项目立项和规划局的规划许可，拟定划拨用地方案，经过市政府审批后，划拨给了棉三项目开发公司。

本小节以棉三创意产业园作为主要研究对象，通过梳理整个项目在以"行政划拨+公开出让"的混合模式进行运作的过程中的各个环节来分析总结工业遗产在"保"和"用"两大部分中的运作机制，试图了解项目中各方利益相关者基于政策进行项目运作的架构；通过对项目运作过程的分析加上与其他省市相关政策的横向对比来聚焦天津关于文化产业发展与工

[①] 本节执笔者：曾程、张晶玫、吕志宸、徐苏斌、青木信夫。

业遗产再利用中相关政策的缺失和盲区。

　　项目初衷是"保"和"用"两部分环环相扣，前者为后者奠定了物质基础。"保"包括工业遗产身份认定，土地一级、二级开发，运营中的修缮维护保护；"用"包括旧厂房的改造再利用以及与之相关的文化产业政策执行情况。如图7-2-1所示，基于其中各个环节，我们可以去剖析项目的运作架构。

　　间接利益者关注工业遗产作为城市文化资源所包含的物质文化和精神文化，而直接利益相关者所关注的问题为工业遗产地块在进行项目运作后所带来的土地收益和税收。政府部门是工业遗产更新保护过程中的指导者，也是主要的参与者，在各个运作节点，政府部门都扮演着重要的角色，不仅制定运作规则，还深度参与到项目运作中。因此，研究在该项目中政府各个相关部门的运行、组织架构内容与研究整个项目的运作流程是并行的。不同的主管部门因为其自身的权责不同导致其关注的问题也不同，同时不同层级的政府所面临的问题也不相同。

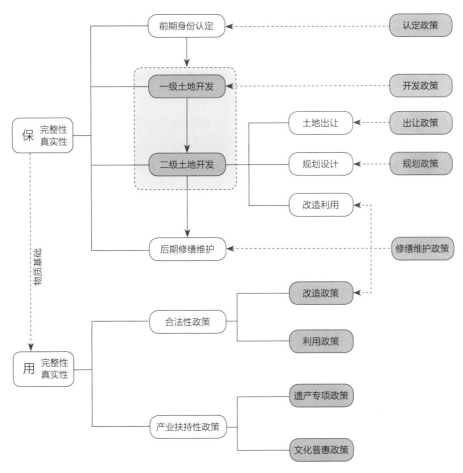

图7-2-1　项目运作环节与内在关系图

7.2.1.2　棉三土地运作方式

我们试图通过分析天津新岸项目公司的股权结构，并辅以相关的政策文件来推测土地与厂房要素的流转过程。

土地运作的参与者有政府机构、天津纺织集团、天津住宅集团。为了进行项目开发工作，三个参与者设立了天津新岸作为棉三项目的开发公司。天津纺织集团作为棉三厂区的持有者，拥有棉三的土地使用权和所有厂房建筑的所有权。棉三的土地是由政府无偿划拨的划拨用地，因此政府可以依据其用地属性进行无偿收回使用权；而地上建筑的所有权归属纺织集团，因此政府在收储一期土地时向原工业企业支付了一笔补偿费用。而后政府通过招拍挂的方式，将一期土地出让给天津住宅集团，获得土地出让金。二期的划拨工业用地并未改性，因此政府拥有二期划拨用地的所有权与使用权，与此同时天津纺织集团拥有二期保留地块上旧厂房的所有权和使用权。因此，在组建天津新岸创意产业投资有限公司项目开发公司中，天津市政府与河东区政府根据《天津市国有建设用地有偿使用办法》以国有建设用地的二期地块使用权作价出资的方式对棉三项目开发公司进行入股（市国资委背景的天津渤海国有资产经营管理有限公司占股17%，河东区政府背景的天津市嘉华城市建设发展公司占股3%），天津纺织集团以二期保留旧工业厂房的使用权进行作价出资入股占10%，天津住宅集团将一期新建建筑的使用权作价出资占股70%，但是新建建筑的产权还是归属天津住宅集团[①]（由于地上建筑物的所有权与土地使用权具有不可分割性，所以建筑物与其附属物所有权进行转让时，其所占的土地所有权也随之转让，反之也如此）。

透过股权结构，我们可以了解到土地与建筑两种要素在各方直接利益相关者中的流转过程，在此基础上进一步探讨为什么形成这样的股权结构。

7.2.1.3　棉三项目股权结构的核心因素

在7.2.1.2中，棉三项目的开发公司——天津新岸的股权结构展现了各方利益相关者的利益分配方式，各利益相关者都会在当时的政策环境下合理地谋取利益的最大化。通过以一、二期地块用地界限的划分作为切入点，来了解项目策划的流程，进而了解政府部门内部的运作架构。

在图7-2-2中可以很清晰地看出，在土地政策和市场环境相对不变的情况下，影响各方利益分配的唯一因素就是一期地块与二期地块的界限。一期地块与二期地块的界限（新建和保留）的界定并不是由政府部门单方面进行的，而是在规划之初，在政府主管部门、业主单位、设计单位经过反复多次的研究之后，谨慎全面地考虑现状情况所界定的。划分的依据是尽量保留工业遗产历史价值较高的建筑，新建区尽量成片，有利于土地出让与后期操作。

---

①　数据来源：https://www.tianyancha.com/company/213413992.

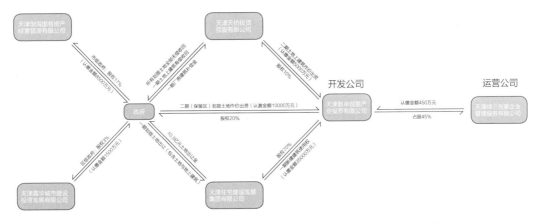

图7-2-2　棉三项目开发公司股权结构与土地、厂房建筑两要素的流转图

2012年天津市规划局组织工业遗产全面普查，2013年天津市城市规划设计研究院编制出了《工业遗产保护与利用规划》，图7-2-3是棉三的保护范围。这个保护范围没有考虑周边的住宅，主要是生产区。图7-2-4是2016年编制的《工业遗产保护与利用规划·说明书》中所示的范围。图7-2-5是实际建成的情况。两个图对比可以看出保留与新建分区图，与工业遗产类型分级图相吻合，保留区内皆为保护性建筑，包括不可移动文物、历史建筑与风貌建筑；而新建区取代了一般建筑。

因此，前期的工业遗产等级分类时，对历史风貌建筑和不可移动文物的认定，便已经定好整体的利益框架和分配比例；而相关政策的好坏是做好与做大整体利益的前提，并影响着后期改造建设与运营成本的各项支出比例。

图7-2-3　2013年制定的保护规划中棉三工业遗产
类型分级

图7-2-4　棉三工业遗产等级分类图

图7-2-5 棉三保留和新建分区

7.2.1.4 棉三项目中工业遗产身份认定

1）工业遗产普查与保护概况

天津关于工业遗产保护与利用的工作始于2010年，首先展开了天津滨海新区工业遗产的普查工作。2012年初，天津市规划局协同天津市规划院与天津大学等机构开始了全市范围内工业遗产的普查工作。普查工作结合了第三次文物普查的结果，选取了131处工业遗产进行普查，建立了"一厂一册"的普查图册，于2012年结束。

建立普查图册之后，2012年9月天津市制定了《天津市工业遗产管理办法》。与普查工作同时进行，由天津市规划局与天津市城市规划设计研究院对每一项工业遗产做详细的规划策划。对有代表性的工业遗产，于2013年编制出了《工业遗产保护与利用规划》，于2016年编制了《工业遗产保护与利用规划·说明书》。

2）工业遗产身份认定依据

《工业遗产保护与利用规划·说明书》（以下简称《说明书》）是从城市整体层面出发编制的城市专项规划，达到控制性详细规划的深度，是用于指导天津市工业遗产与保护再利用的法定性文件，为工业历史文化保护、城市建设和城市管理提供依据。对全市的工业遗产进行梳理，落实到建筑层面，以"保"为主，提出保护范围和保护要求，成为相关地区编制控制性详细规划和地块详细规划的依据。

2016年《说明书》依然将工业遗产分为了三个级别，其中一级工业遗产14处，二级工业遗产17处，三级工业遗产6处。一级工业遗产指国家级、市级、区级的工业遗产文物保护单位和受市重点保护的历史风貌建筑；二级工业遗产指认定价值较高、能体现特色的工业遗产，包括没有列入文物保护单位的不可移动文物和一般保护等级的历史风貌建筑；三级工业遗产指一般的工业遗产。并对每一级都提出了保护的内容和要求。

《说明书》中将保护建筑分为两类：重点保护建筑和特色保护建筑。重点保护建筑主要包括国家级、市级、区级文物保护单位，特殊、重点和一般保护等级的历史风貌建筑，以及厂区内历史、技术、社会、建筑等价值较高，能够体现天津特色，或具有重要纪念和教育意义的建筑；特色保护建筑包括厂区内在建筑风格、建筑结构、建筑装饰等方面具有一定价值，建筑空间再利用弹性较大的工业遗产建筑。

3）棉三工业遗产身份认定详情

根据《说明书》中对工业遗产级别的定义，棉三属于二级工业遗产。在此框架下，对棉三旧址内各个单体建筑进一步评定其级别分类。如图7-2-4所示，棉三中不可移动文物包括一布厂、一纺厂，历史建筑包括发电厂、烟囱、机修车间、办公楼、二布库房、铸造车间、焊工车间。对于工业遗产的保护，最为关键的是工业遗产的身份认定，如果缺失这一环的物质基础，之后的遗产保护与运作开发都无从谈起；而在此身份认定的基础上才能再探讨如何活用。

7.2.1.5　棉三项目运作各环节的保护架构与相关法规

天津住宅集团的《天津住宅建设发展集团有限公司主体与相关债项2018年度评级报告》中只提到了与棉三无关的五项专项的土地整理任务，但通过对项目前期资料进行分析，可以推测此项目应该属于一二级土地联动开发。

正常的土地开发流程应该是市级国土资源局根据市规划局所给出的文件，确定出让土地地块范围，进行一级土地开发。而后再根据规划局对该地块的性质和功能计算土地出让金，最后放在土地二级市场进行招拍挂。而棉三项目中，涉及土地变性的范围是由政府部门、业主单位、设计单位三方协商得出的结果。因此，在前期一级开发中，天津住宅集团或者新岸公司就已经介入。2012年，在政府的统筹下，棉三厂区进行了整体的规划设计，拆除了一期地块原有建筑物与构筑物，将土地进行了整理。

在遗产身份已经进行认定的基础上，项目运作环节总体来说分为三个大环节——一级土地开发、二级土地开发、后期运营。本小节通过项目运作中各个运作节点，了解工业遗产相关的直接利益者在其中的参与度和职权范围，试图去还原工业遗产在各个环节的保护状况。

1）一级开发——项目前期

土地一级开发[①]这个环节主要分为两部分，一是开发计划中的各项规划的制定，二是土地整理实施方案的制定与执行。土地一级开发是指由政府或其授权委托的企业，对一定区域

---

① 土地市场是土地及地上建筑物和其他附着物作为商品进行交换的总和。土地市场也称为地产市场。我国土地市场有三种运行模式：一级市场即政府出让市场，是指政府有偿、有限期的出让土地使用权的市场；二级市场是指土地的使用者将使用权转让市场；三级市场是指用地单位土地使用权的有偿转让。

范围内的城市国有土地、乡村集体土地进行统一的征地、拆迁、安置、补偿，并进行适当的市政配套设施建设，使该区域范围内的土地达到"三通一平"、"五通一平"或"七通一平"的建设条件（熟地），再对熟地进行有偿出让或转让的过程。

《天津市土地整理储备管理办法》规定，市土地行政主管部门负责土地整理储备的统一管理和土地整理贮备计划的编制工作。《天津市土地管理条例》中规定，由土地行政主管部门会同有关部门依据土地供应计划拟定出让方案，而后报人民政府批准，由市土地行政主管部门组织实施。

一级开发计划的内容包括城市控制性详细规划、城市修建性详细规划和配套专项规划。而城市控制性详细规划中，已经确认了建设地区的土地使用性质和使用强度的控制指标的规划要求。因此，在前期就已经介入的天津新岸创意产业投资有限公司应就一期新建地块中的使用强度、容积率等指标与政府进行协商，这个环节具有一定的弹性空间。

在各项规划已经得到审批通过后，土地整理相关工作陆续开始进行。在这个环节，土地储备开发实施单位需向市规划部门办理规划意见，向市国土部门办理用地手续，向市发展和改革委员会办理核准手续，涉及交通、园林、文物、环保和市政专业部门的，应按照有关规定办理相应手续。《市规划局关于加强天津市工业遗产保护与利用工作的通知》中对关于土地整理活动的审批机制和执行监督作出了具体阐述。关于审批机制，市规划局要求市城投集团、市土地整理中心、天津渤海国有资产经营管理有限公司和各相关区县土地整理中心在对涉及工业遗产土地进行土地整理时，须先书面征求各区、县规划（分）局的意见。各区、县规划（分）局在接到书面征求意见后，需要严格依据已批复的规划方案进行核实（天津的工业遗产保护规划只是经过市规划局批准，并没有获得市政府批准），并将规划确定的工业遗产保护对象、范围及相关要求书面反馈给各级土地整理部门，同时向市规划局报备。各级土地整理部门须严格依据规划部门的书面反馈意见开展土地整理工作。关于土地整理活动中的监督行为，要求各区县规划局要切实加强巡查和监管，确保《规划》实施。

2）二级开发——项目中期

土地二级开发[①]中分为三个环节：土地出让运作、场地规划与建筑改造设计、后期修缮维护。

（1）土地出让时的保护措施——运营管理与设计改造相结合

近年来，部分城市先后开展了土地带方案出让的试点探索。所谓带方案出让，即土地出让前，政府将城市设计、建设工程方案、功能运营、基础设施建设要求等相关条件予以明确，作为土地出让的前提条件，纳入土地出让合同；受让人在取得土地后，必须按照合同约定的条款

---

① 土地二级开发，是指土地使用者将达到规定可以转让的土地通过流通领域进行交易的过程。包括土地使用权的转让、租赁、抵押等。以房地产为例，房地产二级市场，是土地使用者经过开发建设，将新建成的房地产进行出售和出租的市场。即一般指商品房首次进入流通领域进行交易而形成的市场。

进行施工建设和经营，落实相关的条件和要求。根据所带方案的不同，土地带方案出让可分为带城市设计方案、带建设工程设计方案、带基础设施条件、带功能运营要求四种类型。

棉三土地的出让方式也是属于出让"土地+设计方案"。附带的设计方案中对一期新建部分提出了较详细的建议，对二期保留的工业遗产建筑的改建也提出了相应的功能业态建议。这些建议中的重点内容纳入到了土地出让条件的附图之中。正常来说，市级重点项目按照惯例会带着策划方案出让，在未来的建设单位介入之前，规划建筑方案已经基本成型。这种工作方式虽然确保了建筑立面形态的可控性和完整性，但对后期运营或销售带来一定的制约。往往已经确定的建筑立面和空间与后期的实际使用的需求不能很好地衔接。因此，棉三本次与土地出让附带的规划在设计之初就结合后期运营团队的建议，将招商运营前置，确保空间设计利于实际运营、使用。

（2）建设开发时的保护措施——场地规划设计和建筑改造

在进行前期的场地规划中，《天津市工业遗产保护与利用规划》中要求在认定的工业遗产的场地规划中设置建设协调区，要求那些能代表厂区历史特征及特色风貌，且在建设过程中需要与工业遗产相协调，具体包括需要与建筑物、建筑群体、道路骨架、公共开敞空间、生态绿色网等取得空间与风格等方面相协调的范围；而关于保留建筑的改造要求中，对每一栋建筑都制定了描述性的改造准则。市级规划局对开发商提交的方案进行审批，并且在建成后进行验收。

天津市城市规划设计研究院研究中心作为《天津市工业遗产保护与利用规划》的编制方，也作为棉三创意产业园的规划设计者。在棉三的改造设计中，能够准确地贯彻《说明书》中的各项要求。设计院在作为一个贯彻和融合各方利益的中间人，对于棉三项目起到了至关重要的作用。

（3）建筑完成后的保护措施——后期修缮与维护

在工业遗产改造、扩建环节，《天津市工业遗产保护与利用规划》规定，对于文物保护单位与历史风貌建筑，应对建筑原状、结构、式样进行整体保留，不得随意拆除。文物保护单位应符合《中华人民共和国文物保护法》和《天津市文物保护管理条例》的要求；历史风貌建筑应符合《天津市历史风貌建筑保护条例》的要求。而对于特色保护建筑，应该在保护外观、结构、景观特征的前提下，进行适应性改变，不可全部拆除。扩建和改建后需要体现原有的建筑特征与场所精神。

对于相关的消防审批，《天津市历史风貌建筑保护条例》规定，历史风貌建筑和历史风貌建筑区的消防设施、通道应当按照有关技术规范予以完善、疏通；确实无法达到现行消防技术规范的，应当由市房地产行政管理部门会同市公安消防机构制定相应的防火安全措施。

3）遗产后期维护

棉三产业园中的工业遗产被分为了不同的类型，包括不可移动文物、历史建筑、风貌建筑。因为不同的身份属性，拥有着不同的监督和保护主体。

在《天津市文物局关于加强我市不可移动文物审批管理的通知》中对修缮的审批机制和监督主体作出了认定。关于文物修缮，要求区县级文物保护单位和未核定为文物保护单位的不可移动文物修缮方案报所在区县人民政府文物行政部门批准。文物保护单位的修缮、迁移、重建，应由取得相应文物保护工程资质证书的单位承担。区、县级文物保护单位的保护工程方案，由区、县文物行政管理部门征求市文物行政管理部门的意见后予以审批。

关于文物后期使用监督主体，要求各区县文物行政部门要本着"属地管理"的原则，加强对本辖区不可移动文物保护修缮、消防安全、使用开发等工作的监督管理。加大对不履行报批手续、擅自修缮或在文物保护单位保护范围内进行建设施工的单位和个人的处罚力度，情节严重的，要依法追究其法律责任。对由于各区县文物行政部门不履行职责，造成不可移动文物损毁的，市文物局将依法追究有关部门的责任。

而关于历史建筑和风貌建筑，《天津市历史风貌建筑保护条例》中规定了，历史风貌建筑的保护利用、腾退、整理等工作由市人民政府授权的历史风貌管理机构（天津市历史风貌建筑整理有限责任公司）组织实施。历史风貌的所有权人、经营管理人和使用人应当对历史风貌承担保护责任。同时确定了修缮改造的依据《天津市历史风貌建筑保护图则》和《天津市历史风貌建筑保护修缮技术规程》。

我们调研了解到，棉三的风貌维护由棉三的运营方承担，通过将保护历史风貌的相关条例和准则加入到了与租户签约的合同单里的方法来达到对历史风貌的保护。

7.2.1.6　后期运营

1）文化项目审批

事实上，工业遗产在改造之后，由于改变了原有的使用功能，那么土地性质实际上已经发生改变（以规划部门的角度来看）。根据国家《城乡规划法》及国务院的相关规定，土地性质发生变化后应当向有关部门补交土地出让金，如出租应缴纳土地收益金。

土地性质的变更是项目引进和项目注册的重大障碍。利用老旧厂房转型文化项目，如果变更用地性质，高额的土地出让金会让企业难堪重负；不办理变更，后续改造中立项规划、建设施工、安监消防等一系列手续又遇到了审批难的问题。"两难"之中，多采取"一事一议"，甚至出现大量"未批即建"的情况，留下诸多隐患。

棉三运营方的副总经理L先生说到项目开发期间由市城乡建设和交通委员会副主任来协调各个部门，项目协调会在项目启动前期基本每周开一次，后期每个月对接开一次。在采访调研棉三个体租户的时候，贝思姆国际亲子游泳培养中心和天美国际艺术幼儿园（河东分院）两家负责人均表示因为用地性质的问题在办理消防审批的时候遇到了一些问题，包括日常运营的水电等基础设施的收费标准。幼儿园方是接到河东区教育局的邀请来棉三开设的，按规定，工业用地是不允许开设幼儿园的，因此教育局找河东区政府帮忙协调。区长来棉三园区视察后，开设协调会通过。在调研期间，我们还调研了天津河北区的1946创意产业园。该产业园原租赁给绿岭产业园管理有限公司管理，后来原企业收回自持经营，但也因为土地性质的问题，多种手续无法通过审核。

2）文化产业扶持政策

棉三创意产业园的文化产业的建设与扶持由市宣传部门与市文化广播影视局按职责分工负责。[①]《关于支持文化改革发展有关财税政策汇编》（津财税政〔2011〕30号）中对多种财政政策进行了汇总，涉及从土地政策到细分至多种类型的文化产业专项政策、税收政策。

对于棉三产业园区运营方，《天津市文化产业发展专项资金》为棉三新岸公司提供了3年总计6000万的项目专项基金，对运营方进行园区硬件设施与相关平台的建设给予补贴与资助。基金以项目补助、贷款贴息、项目奖励等方式进行支持。天津绿岭产业园事件反映出，对于运营方并没有有效的相关监督措施。为了防止运营方在政策有效期内只顾赚钱而忽视产业园的可持续发展，可以借鉴济南市的对项目进行考核的方式。《济南市关于利用旧厂房发展文化产业的实施意见》规定，由市文化体制改革和文化产业发展领导小组办公室牵头，组织有关部门对利用旧厂房发展文化产业的项目进行评价考核。项目评价具体考核内容包括产业政策执行情况、投资情况（含项目投资总额和单位用地面积投资强度）、土地产出效率（含产出投入比、亩均产值）、建筑和环境保护政策落实情况、产业集聚功能、园区管理和为企业服务情况等。经综合考核合格的项目，由市文改办出具项目考核书面意见，其中考核优秀的企业可在享受产业优惠政策上有优先权。评价考核不合格的企业，由市文改办出具限期整改意见，整改后仍不合格的，取消相关产业优惠政策和临时建筑物使用功能的延期申请资格。

对园区中的个体企业，《天津市文化产业发展专项资金》中对于那些有带动性和示范性并且取得了良好社会效益和经济效益的文化项目给予资金奖励。《市国土房管局关于转发支持新产业新业态发展促进大众创业万众创新用地意见的通知（国土资规〔2015〕5号）》（津国土房资函字〔2016〕107号）中对于创办3年内，租用经营场所的小型、微型企业，投资项目属于新产业、新业态的，可给予一定比例的租金补贴。鼓励地方出台支持政策，在规划许可的前提下，积极盘活商业用房、工业厂房、企业库房、物流设施和家庭住所、租赁房等资源，为创业者提供低成本办公场所和居住条件。

7.2.1.7　小结

前期身份认定——目前天津市通过普查，较完整地将具有价值的工业遗产进行了梳理和

---

① 市发展改革委关于印发《2015年天津市服务业发展工作要点》的通知（2015年7月9日）。

规划，形成了《说明书》。但是其中对于工业建筑的评级与认定还处在一个模糊阶段，只是将建筑分为重点保护建筑和特色保护建筑，并没有进一步细分为文保单位、文保点、历史建筑保护名录。这种身份层级的认定方式对于项目运作具有较大弹性空间，由于不是法定程序，其改变或撤销的随意性大，对建筑的保护约束力不强。目前还属于以个案专项认定形式进行，通过专家论证进行认定。因此，目前还需要文物局进行介入，对其中的重点建筑进行身份界定，进而形成新一版的《说明书》，并梳理出文保相关的建筑名录。

1）一级土地开发

在此项环节中，《市规划局关于加强天津市工业遗产保护与利用工作的通知》由市规划部门牵头，市国土部门与市发改委进行联合审批，其他相关部门配合。棉三项目中，由于是政府立项，因此在项目策划初期，政府、后期运营团队与开发商就已经开始进行论证遗产保护的相关准则了。

2）二级土地开发

二级开发分为三个环节：土地出让、前期规划、改造设计、审批环节。

在土地出让环节，基于在一级开发的保护上，政府通过"土地+设计方案"出让的模式，能够有效地保护好工业遗产。但是设计方案应该是由规划局委托设计院进行设计的，但是设计方案的标准和深度皆没有相关的标准可循。在招拍挂环节，土地的出让不宜采用价高者得的拍卖方式，事实证明这种方式不利于工业遗产的保护，建议采用招拍或者挂牌的方式。根据报价与方案综合评价确定中标者。此次棉三一期地块［津东海（挂）2012-142号］采用的是挂牌出让的方式，挂牌起始价为10.3亿元（该金额不含市政公用基础设施大配套费），最终，该地块由天津新岸创意投资有限公司以底价10.3亿元成交。[①]

前期规划环节，整个场地的设计主要遵循《说明书》中协调区的划定，这项规定具有一定的刚性和可操作性。厂区地块规划指标的相关法规和标准的缺失使其处于一种无序的状态。若规划局能根据不同的项目中对于工业遗产的保护力度设定一套评价标准，根据这个标准来给予开发商在地块容积率、建筑密度、建筑退让、绿地率、停车配建等指标上的一些鼓励和优惠政策，可以大大提高开发建设单位保护工业遗产的积极性。

改造设计环节，遗产内部改造要遵循《说明书》保护建筑的最基本要求。工业遗产大多数都是大空间、大跨度，比如棉三中的发电厂（目前内部还处于闲置状态，没有进行任何改造）、一纺厂，其空间的使用上有着较大的弹性空间，因此内部改造的时候必是会进行加建，加建之后往往涉及其所在地块的指标变动。

根据调研组在1946创意产业园的调研反馈中得知，现如今内部夹层、加建或加层等改造

---

① 数据来源：天津土地交易中心—土地出让结果公告［EB/OL］. http://www.tjsqgt.gov.cn/Lists/List113/DispForm.aspx?ID=380.

方法皆是通过报内部装修的形式，于天津的法律来说，处于一种灰色地带。相关部门虽认为此类方式不符合相关规定，却又因政府提倡和鼓励工业遗产再利用的政策便呈现一种默许的态度。应出台与建筑内部改造相关的条例，允许通过内部夹层、分隔增加部分建筑面积，因分隔所增加的建筑面积不计入容积率，也不办理产权。

审批环节，工业遗产的审批涉及发改委、规划、国土、建设、消防、绿化、文物部门、房管等众多管理部门，在缺乏相应的管理规定下，政策之间是相互打架的。各个部门私下是相互不会退步的，突破了目前的法律法规，意味着要承担相应的法律责任。因此很多项目都需要政府内部高层开设协调会来协调各个部门之间的对接，比如市建委副主任和区长开协调会。如果每一个项目都要特事特批，会严重浪费行政资源，而很多工业遗产项目并没有棉三项目中国企加持与政府立项的背景，很难特事特办。

规划用地性质的界定是审批环节中最为艰难的地方。因为规划局在确定用地性质之前需要首先确认建筑的使用功能，而工业遗产在功能调整后如何确定其地块的用地性质，是目前法规和规范难以解决的问题。这种文化企业自身性质和用地性质不匹配的现状造成：一方面，文创企业难以承担后补交用地费用；另一方面，政府又号召发展利用老旧厂房发展文创，相关部门只好睁一只眼闭一只眼。

在这方面可以借鉴杭州的相关经验（表7-2-1），杭州在《工业遗产建筑规划管理规定》（杭政办函〔2010〕356号文件）中明确了工业遗产建筑的用地性质分类，对涉及工业遗产地块的土地使用性质尾部加注"GY"，明确工业遗产用地性质的同时，明确建筑的使用功能，有效地指导工业遗产地块的规划编制，进一步理顺了与国土部门的审批关系。

杭州市工业遗产建筑用地性质和建筑功能对应表　　　　　　表7-2-1

用地类别			用地性质	建筑功能	备注
大类	中类	小类			
R-GY	R2-GY	R22-GY	居住区配套用地	配套服务建筑	农贸市场
C-GY	C1-GY	C12-GY	办公用地	办公建筑	
	C2-GY		商业金融业用地		
		C21-GY	商业用地	商业类建筑	艺术品拍卖业、艺术品交易业、艺术品会展业、工艺美术业
		C22-GY	金融保险业用地	金融保险类建筑	
		C23-GY	贸易咨询用地	贸易咨询类建筑	
		C24-GY	服务业用地	服务业类建筑	电子商务业、数字电视业
		C25-GY	旅馆业用地	旅馆建筑	
		C26-GY	市场用地	市场建筑	

用地类别			用地性质	建筑功能	备注
大类	中类	小类			
C-GY	C3-GY		文化娱乐用地		
		C31-GY	新闻出版用地	新闻出版类建筑	新闻出版业、全媒体业
		C32-GY	文化艺术团体用地	文化类建筑	演艺业
		C33-GY	广播电视用地	广播电视类建筑	广播影视业
		C34-GY	图书展览用地	图书馆和展览类建筑	会议及展览服务、博物馆
		C35-GY	影剧院用地	影剧院类建筑	
		C36-GY	公益性游乐用地	公益性游乐设施类建筑	文化宫、青少年宫、老年活动中心等
	C4-GY		体育用地		
		C41-GY	体育场馆用地	体育场馆建筑	球场、溜冰场等
		C42-GY	体育训练用地	体育训练建筑	训练基地
	C6-GY		教育科研设计用地		
		C61-GY	学校用地	学校建筑	
		C62-GY	科研设计用地	科研设计类建筑	动画制作、网络游戏、工业设计业、建筑景观设计业、广告业

《市国土房管局关于转发支持新产业新业态发展促进大众创业万众创新用地意见的通知（国土资规〔2015〕5号）》（津国土房资函字〔2016〕107号）中对于鼓励传统工业企业转型，或利用房产进行与新兴行业的融合，具体为："传统工业企业转为先进制造业，以及利用存量房产进行制造业与文化创意、科技服务融合发展的，可实行继续按原用途和土地权类型使用土地的过渡期政策。现有建设用地过渡支持政策以5年为限，继续保持土地原用途和权利类型不变，可实行继续按原用途和土地权利类型使用土地的过渡期政策。过渡期满，可根据企业发展业态和控制性详细规划，确定是否另行办理用地手续事宜。"

3）后期修缮维护

对于已经认定身份的工业建筑，《天津市历史风貌建筑保护条例》与《文物法》进行相关的审批和监督。因为不同身份认定的工业遗产，适用不同的法规，有着不同的主管部门。在执行上和审批上都形成了割裂，增加了项目审批过程中部门之间的协调难度，行政服务效率低，因此目前还缺少关于工业遗产后期运营修复专项的法律法规。《天津市重点文物保护专项补助资金管理办法》（津文广规〔2017〕11号）只针对市级重点文物保护提供专项的补助资金。

棉三项目运作过程中，政府对工业遗产的保护起到引导作用，能够有效地引导工业遗产的良性开发。如果是由开发公司或者是原企业来主导，政府就很难对其自身投资与建设进行有效的监管，容易造成再开发过程中的破坏。因此，工业遗产保护要在充分发掘政府主导作用的基础上，采用多种途径的保护方式，积极引导和鼓励企业参与，减轻政府在工业遗产保护资金上的压力，形成政府部门、市场投资开发主题、工业遗产所属企业三力合一的保护方式。

根据2016年天津城乡规划报告中，已经安排编制《天津市工业遗产保护规划方案》与《重点工业遗产保护与利用规划设计策划方案》（项目编号：JGDGP-2018-A-101，已实施）了。在老厂房利用层面需要处理的土地变性、建筑功能调整、设施施工、工程建设审批、安检消防、工业遗产统一管理认定、转型文化创意产业和公共文化服务空间等内容和环节，还缺少系统、规范、可操作的规则流程，亟须制定有针对性和可操作的专项政策。文章前面的分析中，国土局与规划局承担着主要的工作，建议由其两个部门牵头，组织市发改委、建委、经济、房产、文物等有关部门联合制定工业遗产保护规划实施管理规定，明确各部门的责任分工、审批流程，明确建筑功能与用地性质引导原则，并通过多种方式促进工业遗产的保护与有效利用。

7.2.2　棉三的开发模式分析

7.2.2.1　背景介绍

研究中心现有理论体系中，依据工业遗产土地使用模式而划分的工业遗产开发模式共有以下四种：

（1）以用地出让方式处置的工业遗产；

（2）以划拨工业用地使用权租赁方式再利用的工业遗产；

（3）以划拨工业用地使用权作价出资（入股）方式再利用的工业遗产；

（4）以保留划拨工业用地使用权方式再利用的工业遗产。

其中，对于第一种形式而言，由于出让导致的土地改性，使得土地性质上与其他商住用地无异，这种模式往往伴随着天价的出让金，迫使接手的开发商在后期开发规划中选择盈利较高的业态和建筑形式，而工业厂房这种大空间、高层高、低密度的固有属性极大阻碍了后期的发展和盈利，所以往往惨遭拆除。地块和工业遗产的联系就彻底切断（表7-2-2）。

所以，大多数工业遗产保护案例采用的都是第二到第四种模式。

7.2.2.2　棉三"双模式"选择的动因分析

1）"双模式"自身利弊

仅对于开发而言，像"棉三"一样，两种模式共同开发的现象在现有的工业遗产案例里也并不算多见。作为开发商，必定会综合现有基础和预期采取最为优化的方式进行土地开发。

国有资本参与下的开发模式：其他代表性案例和棉三的对比

表7-2-2

模式名称	原厂厂名	建厂时间	改造项目名称	开发时间	产业类型	当前用地性质	保留建筑面积（平方米，多为宫网约数）	改造工程投资（万元）	改造单价（元/平方米）	投资方	企业投资类型
划拨工业用地使用权	718联合厂，后分为798厂等	1957	798艺术区	2001年萌芽，2006年建立	产业园	工业用地	230000	主要由租赁者自发改造，价格基本达到国际水准10000~20000元/平方米①		北京798文化创意产业投资股份有限公司	原企业主导
工业用地使用权租赁	上海工部局宰牲场	1933	1933老场坊	2006	产业园	工业用地	32000	11000	3438	上海创意投资有限公司、上海锦江国际集团	国家参股，民营主导
重组后使用权作价出资	北京第二棉纺织厂	1955	北京莱锦文化创意产业园	2009	产业园	工业用地	99000	40000	4040	北京国棉文化创意发展有限公司	国有资本主导
重组后使用权作价出资	金陵机器制造局	1865	南京晨光1865创意产业园	2007	产业园	工业用地	90000	50000	5555	南京晨光一八六五置业管理有限公司	国有资本主导
从工业用地使用权划拨变工业用地使用权	天津纺织机械厂	1946	1946创意产业园区	2010年筹建，2016年租赁企业绿岭分开以后自持经营	产业园	工业用地	59900	3700（A2区和A5区的"首创SOHO"共20000平方米）	1850	天津纺织机械有限责任公司，曾为绿领产业园管理有限公司	从民营主导变为原企业主导

① 国际标准来源：聂波. 上海近代混凝土工业建筑的保护与再生研究（1880-1940）[D]. 上海：同济大学，2008.

模式名称	原厂名	建厂时间	改造项目名称	开发时间	产业类型	当前用地性质	保留建筑面积（平方米、多为官网约数）	改造工程投资（万元）	改造单价（元/平方米）	投资方	企业投资资本类型
出让+重组后使用权作价出资	天津第三棉纺厂/裕大纱厂	1958/1921	天津棉三创意街区	2013	产业园	商住性质+工业用地	53500	46000	8598	天津住宅建设发展集团、天津渤海国有资产经营管理有限公司，天津天纺投资控股有限公司，天津市嘉华城市建设投资发展有限公司	国有资本主导

采用"土地出让"的开发形式实际上是一种"定额租约"和"土地改性"的措施，棉三通过此方式高价（10.3亿）竞拍在期限内获得此土地使用权，并且将土地性质从"工业用地"转变为"商住用地"。对于土地使用权而言，直接拥有土地使用权主要拥有以下两点优势：①免去向他人租赁使用权时的租金花费；②可以私自拆除原有建筑或建造新建筑。

而"重组后使用权作价出资"的方式是常见的对工业遗产的处置方式。往往是政府、投资方和原工业企业商定股权配比后，重组成为一个新的开发管理单位。虽然投资方可以由此获得土地使用权，但对于土地性质而言并未改变，在后期建设经营过程中依旧要面对用地性质对项目建设的制约。但由于政府和原企业均有股权占比，所以相比"划拨工业用地使用权"的方式，产业在开发和后期建设过程中会获得政府和原企业的扶持。当然，政府和原企业也会得到股权分红和其他形式的收益。

2）"双模式"之于棉三的适应性分析

"棉三"地块开发时分为"一期"和"二期"。"一期"采用"土地出让"的开发模式，"二期"采用"重组后使用权作价出资"的方式。一期土地临近海河边缘和城市主干道，无论是从景观资源、旅游资源，还有人流和商业潜力上都具有得天独厚的优势，地块如果按照原有建筑规模，由于"棉三"沿河建筑物"低层低密"，而且"建成年代较新，缺少明显建筑特色和保护价值"，对于开展沿街临河商业非常不利。同时，对于开发商而言，沿河的商铺是整个地块崛起的重要先机，如果其形式不足以回本盈利，那么二期的开发压力会骤然增大，甚至拖累开发公司本身。根据以上表格可知，在土地使用权问题上，作为经济实力较为雄厚的跨国企业或大型国有、民营企业，可以承受巨大的土地转让金或租赁金，则倾向于选择"土地出让"和"使用权租赁"的方式。同时，待开发的工业用地和地上构筑物须处于利于开发盈利的状态：①地上构筑物没有较为突出的保护价值，建筑价值远小于土地价值。这种情况多采用土地出让转性后新建。②构筑物的建筑特点和保护价值比较突出，本身就可以作为一个观光景点独立运行，而且建筑本身形式也具有对其他现代功能的适应性。这种情况多倾向于"使用权租赁"的方式进行产业升级。总之，在开发的角度上，这两种方式都是在开发商受制于开发财力、相关行业政策和地上建筑规模较小的情况下倾向采用的，其开发先天条件好，自由度更高，后期经营多可达到自身获利的目的。

二期的土地开发条件相比一期逊色一些，首先地理位置上不和任何城市景观、城市干道相邻，周围被老龄化程度极高的原棉三家属老旧小区包围，一定程度上阻碍了有消费能力的目标人群的渗入。然而二期土地占地面积和建筑面积较大，许多工业遗产具有较高的保护价值和艺术性，"一拆了之"显然太为可惜，全部改造的投入非常巨大，后期预期收益由于建筑特点和地理位置的限制并不乐观，此时无论是自身难保的原企业还是负重前行的开发商都无法确保可以完成开发投入运营。此情况较宜采取强强联合的"重组后使用权作价出资"形式，将政府、开发商和原企业以股权呈现的利益联系起来，可以获得政府和原企业的立场和利益支持，更易确保开发的顺利进行。

7.2.2.3　国有资产股权对开发的影响

1）国有资本的介入形式

在工业遗产开发中，国有资产的参与对于整体开发进程的推进是有一定增益的。首先，由于大部分工业遗产都是国有资产，其本身开发就是建立在对国有资产合理利用的探索基础上的。其次，因为工业有关资产及其用地的原使用权往往归属大型老牌工业国企，如果不考虑他们的诉求和所处情况，开发很难推进。政府的支持是非常重要的，甚至重于其他各方，由于政府是政策的决策者、执行者和监管者，他们对于开发过程中许多关键问题具有决定性的影响，甚至可以阻断其他各方资本参与的可能性。所以，对于国有资本的决定性的讨论主要从政府和其他国有资本两方面入手。

政府资本主要以国家政府城投机关的形象出现，大多参有部分的股权。政府参股，首先可以看作除规定税收外，一种对场地"长期租金"的变相收取，作为土地使用者，如果并未进行土地改性，开发商应给土地所有者一定的租金或者回报性收益，可以采用一次性收取的方式，也可以采用入股分红的模式。长远来看，一次性收取对于政府本身而言意味着利益损失，地价的快速增长和对于原有土地遗产性质的开发挖掘所带来的收益都是此种方式不涉及的。所以，政府作为土地的主导者，采取拥有少部分股权获取分红是较为妥帖的。同时政府城投的参与使得开发过程和政府的联系更为紧密，也是政府对项目支持立场的一种体现。

其他国有资本的介入是复杂且有多面性的。除了对于大额私人投资进行限制作用的国有资本入股，更多则是属于不同国有企业的开发商和原有企业入股。虽然不排除国有资本相互对接更容易沟通接洽的事实，但作为开发商而言，国有资本的注入可以确保开发整体的可控性和合理性，降低了资金链断流、工期波动带来的风险。而原有企业入股多是一种补偿的体现，入股所得的收益大多用于原企业维持建设和相关员工的抚恤，这也是一种对于老牌工业国企转型的变相扶持。

2）国有资本多方介入的相关问题

如今工业遗产的开发任务重，内容复杂，企业很少是以一己之力去完成整个开发过程的，大多数采用多方入股组建专门用于开发的公司的方式。这样的多方参与的形式势必会带来需求的多样化，在最大限度满足各方需求的条件下，最终的开发方案上势必会产生很多实质的权衡和妥协。由于国有企业下设部门繁多，牵扯手续量大，办理时间长，各方内部也很难短期之内达成统一的意见，这会影响到开发进程的工期和效率。同时虽然最终的开发方案都以集体的名义公布，然而在制定过程中，每一个细节都需要各个股东方仔细商议作出决定。很显然，多方博弈势必会增加决策的推行时长和复杂程度，然而开发方案本来和实际还存在差距，在开发过程中遇见的每一个实际问题都需要被反馈讨论。若采取共同组建开发公司的做法，由多方股东派遣而来的组成人员在职能和责任分配上也容易引发争议，每一个问题和责任在层层传递的过程中，容易产生职权界定和责任归属的问题（表7-2-3）。

投资组成展示和国有资产股权比重　　　　　　　　　　表7-2-3

改造项目名称	投资方		所占股权	投资方性质	是否有政府介入	国有资产所占比重
798艺术区	北京798文化创意产业投资股份有限公司（组成如右）	北京七星华电科技集团有限公司	100%	国有独资企业	有	100%
		北京望京新兴产业区综合开发有限公司		国有独资企业		
1933老场坊	上海创意产业投资有限公司		100%	国家参股公司	有	65.4%（上海汽车资产经营有限公司）
	上海锦江国际实业发展有限公司		出租方	国有独资企业		
北京莱锦文化创意产业园	北京市国通资产管理有限责任公司		50%	国有投资公司	有	100%
	北京京棉纺织集团有限责任公司		50%	国有独资企业		
南京晨光1865创意产业园	南京晨光集团有限责任公司		65%	国有独资企业	有	100%
	南京秦淮科技创新创业发展集团有限公司		35%	国家政府机关城投		
1946创意产业园区	曾为天津市绿领产业园管理有限公司，现自己收回管理		100%	绿岭为非国有控股有限公司	有	15%（天津宏大纺织机械有限公司）
	天津纺织机械有限责任公司		出租方	非国有控股国家参股公司		
天津棉三创意街区	天津住宅建设发展集团		70%	国有企业	有	100%
	天津渤海国有资产经营管理有限公司		17%	国有投资公司		
	天津天纺投资控股有限公司		10%	国有独资企业		
	天津市嘉华城市建设投资发展有限公司		3%	国家政府机关城投		

3）双模式开发引起的现有问题

本调研小组深入棉三各个商户和来访人群，对于不同个人或商户代表进行了口头采访和问卷调研相结合的形式，一共收到有效口头采访8份，有效调研问卷52份，并整理出以下具有共性的问题。

（1）土地政策理解的误区

许多商家在受访过程中表示，由于土地性质的不同，给他们在商户装修、开门营业、后续经营、房屋维护等各方面带来一些困难。虽然并不是无解的命题，但是涉及政府相关部门和园区管理部门，解决时间相对较长，无形中又增大了维持经营的难度。同时，一些店长反映自己只是受聘于此并非商户的所有者，对于这些用地带来的问题也是第一回遇见，没有解决经验，也看不见园区和所有者签订的相关合同，在经营上遇见各种问题经常束手无策，刚开始甚至还因为园区对于内外两个地块故意区别对待而产生误会。虽然开发商将使用权转租给商户时签订了相关合同，也给定了相关政策，但是后续经营对政策的理解程度差异较大，在上下级传递中不可避免出现误差，多次的解答和协调也会增加园区的管理难度和成本。

（2）土地性质导致规范割裂

由于两个地块的土地性质不同，所以在水电、消防、天然气等一系列涉及改造的项目里所执行的国家规范也不尽相同，导致园区必须整理出相关的所有政策资料，并向后期租赁商户讲解清楚。由于租金的差别并不是很大（2.5～3元/平方米），但是相关室内改造难易程度差异巨大，所以若无特殊要求，中小型商户往往倾向于选择临街商铺。二期由于低层、低密的特色，许多大型设计公司、大型企业若想入驻则不得不选择改造难度大的二期。这对于企业的预期成本、前期投入、后期运营都有巨大的影响。所以对于开发规划而言，沿街商铺会变得越来越受欢迎，而工业遗产则相对难以出租。

（3）管理难度割裂

由于两块土地的国家规范和法律不尽相同，所以沿街的商铺完全按照普通商业用地的租赁规定，而内部的商铺则涉及商业和工业用地的双重限制，对于开发商而言，必须作出针对两方的管理模式、制度，甚至解决问题方式的区分。然而现有的管理中心从开发初期一直采用整套相同的模式进行管理，不作适应性区分，已经出现商户在受访时反应被区别对待引起的矛盾等问题。在开发伊始根据现状对后期进行预估性安排和调整，这样的开发模式容错性更高，更为周全和合理。

（4）不动产维护成本区分

由于土地性质的不同，一期的新建建筑完全是按照开发商的需求进行新建的，二期的建筑则需要遵守规定不能在建筑轮廓以及立面作任何改建。一期建筑在对新业态的适应性、整体空间布局的现代性和合理性、建筑的本身质量上都有不可比拟的优势。二期的老厂房改造项目虽然具有年代特色和大挑高的空间，进行内部装饰改造的灵活度更大，然而由于年限较久，许多设计并不能符合入驻的新功能的需求。在采访过程中我们发现由于老厂房原有结构的问题，房屋存在漏雨、室内地坪易积水等现象，对于商户的正常营业造成了极大影响。虽然物业对此类问题都进行了维修完善，但是明显缺少对于不动产属性不同造成的后期维护成本差异的预估。如果在开发时针对遗产现状统计加以分析，不难得出二者维护成本不同的结论，还应该在各项规定协议甚至定价上进行适当的区分。

（5）业态割裂

由于一期和二期从政策、环境到建筑实体都拥有巨大的差异，那么吸引的商业业态也会自主适应区分。沿街处多以设计公司聚集，而内部则分散着健身、游泳馆、幼儿园、按摩护理、画廊等受众固定的业态。沿街租金相对昂贵，但是胜在周边环境好，有利于自身宣传，所以需要打响知名度且盈利较高的广告、室内等设计公司纷纷入驻沿街商铺。内部则拥有租金相对便宜、空间大且相对之间独立的特点，吸引了一批具有规模和形式要求，且有固定受众的企业入驻。而对于具有带动力的餐饮企业而言，因为园区没有通气，明火成本较高，所以小餐厅反而成为几块产业密集区的配套，大多以西式简餐和冷饮、甜品为主，不具有较高影响力。所以对于具有文化磁力的特色文化产业，他们选择深入简出，而外部沿街的设计公司以及沿街立面缺乏广告宣传，容易让人忽视园区的文化内蕴而以为是一个普通的企业园。所以业态的选择割裂会使园区走出去的步伐变得更为艰难，进而加剧整个园区的两极分化。众所周知，具有文化磁力的产业是无法短期之内见成效的，如果把他们置身于相对封闭的园区内部，这对依靠口碑和慢慢养成受众的文化产业是非常残酷的挑战。如果全部更换为类似设计公司的商户，整个产业园区就更趋近于CBD，而大大削弱了文化影响力。如何平衡文化和商业的关系应该是开发者在初期就考虑到的关键问题。

（6）受众割裂，缺少完整产业体系

不同的业态具有不同的受众。当业态产生割裂，其园区受众也会相对割裂。随机采访的路人中，所有办公者都呈现出区域区分的明显特征。只在本相关区域活动，并不了解或去到其他相关区域。园区各类商户间联系淡漠，使园区缺乏一条明晰的产业链，从而各种受众群体到来之后只能各办各事，而不是"一条龙服务"。既没有形成完整闭合的商业模式，也没有深挖现有文化的各层级衍生，消费者到来后缺乏消费项目，无法长期停留。如果在开发时对受众有清晰的认识，并有意设置引入一些可以互相合作的产业，培养固定受众的产业体系，一旦形成主力产业，将会大大促进园区的发展和品牌形象的确立。

4）开发模式背景下，政策周期对工业遗产开发进程的影响

在文献资料的查找和调研过程中，调研小组发现开发模式也反受政策周期的影响。在国有资本主导开发的大趋势下，许多外资企业甚至私企主导的成功案例却屈指可数。随着我国文化建设水平的日益提高，对于工业遗产改造的文化产业园也提出了更高的要求，不仅仅停留在简单修缮的层面，更多的要追求风格质量，挖掘遗产本身的特色。

根据国内外多个工业遗产开发案例的比较，我国的工业遗产开发周期相对较短，国内开发单价也远低于国际平均单价。面对时代的要求，来自外资私企雄厚灵活的资金流正是遗产改造所亟须的。除此之外，由于我国遗产开发的政策条目较多，职能分散，具体到各地规则复杂，一般的鼓励性政策都有具体实施的时间区间。作为私营企业，更加注重以盈利为目的，许多国内案例也体现出私营企业以雄厚投资中标后为了在优惠年限内收回成本，对遗产进行了一些不可逆的破坏性改造。所以相比之下，国有企业的可靠稳定优势尽显。对于工业遗产的改造再利用领域，若想要将私人的雄厚资金和国有制企业的稳健经营进行优势组合，

政府可以创造合作的契机，以比例合适的股权和职责作为体现形式，并设立有效的专项监管模式。这样的组合具有可行性，在南方诸市已有较多实践经验（如上海1933老场坊），然而在北方鲜少出现，作为位于北方的国家中心城市之一，相对发达的天津可以参考引进。

7.2.2.4 业态回馈下开发定位和实际预期的差异

在相关业态的调研中，由于：①管理方将业态信息作为商业保密数据；②商户流动性大，业态更替较快；③产业园区部分建筑不是开放性商业，无法落实商户的具体门铺，许多商户虽然注册却并不在经营，属于无效力的商户。我们选择网络手段，通过开放地图平台和旅游生活平台，对有实际效力的入驻商家数目进行盘点预估，以下数据为不完全统计数据（表7-2-4）。同时，在开放园区周边100米之内各种类业态著名代表商户也算入表中。

产业设置清单①   表7-2-4

改造项目名称	附近现有业态数目统计（家）							
	餐饮业态		创意文化展场和工作室	教育机构	办公企业	娱乐健身	酒店民宿	婚庆摄影美容
	小型（以小吃、酒吧、简餐为主）	大中型（以热菜、中餐为主）						
798艺术区	共100余家，以西式简餐为主		170家画廊，200多家工作室	18	47	6	2	18
1933老场坊	5	3	9	2	1	4	0	1
北京莱锦文化创意产业园	10	16	0	0	20	0	1	0
南京晨光1865创意产业园	2	6	16	1	17	1	3	4
1946创意产业园区	5	7	8	4	5	7	0	2
天津棉三创意街区	5	3	37	3	50	5	1	5

各业态视角对开发的启示：

1）餐饮业

在相关国内政策的查找中，难以觅到政府对于"餐饮类"产业园的相关说法。在现代综合商业中，餐饮永远扮演一个驱动的角色，由于其吸引人流的特征，在业态平稳之后便会成为盈利的一大主力。相对国外开发出的有机绿色庄园——集种植采摘和烹饪一条龙，作为工

---

① 798艺术区资料来源：刘琛. 中国私人美术馆资金获取模式初探［D］. 北京：中央美术学院，2017.和网络数据；1933老场坊、北京莱锦文化创意产业园、天津棉三创意街区资料来源：官方部分公开数据和网络数据；南京晨光1865创意产业园、1946创意产业园区资料来源：网络数据，除此之外，还参考笔者团队对所有案例实地走访调研的不完全统计结果。

业遗产的本体由于自身结构特点和环保方面的考虑，大多并不适合这样的形式。但并不能就此忽视餐饮对于产业园的重要意义。在实际采访过程中，我们发现棉三现有餐饮存在两个问题：①小型餐饮的重要性被忽视。小型餐饮对于电、水、明火的使用要求相对较低，其中的甜品吧、咖啡馆、小吃店许多时候不仅是短时间就餐的场所，咖啡馆更是商务人士办公和私下会晤的绝佳场所，甜品吧、小吃店往往是大家加班赶时间的第一选择。②大型餐饮由于无法接入天然气管道，则难以存活，使得园区内聚会、宴请餐饮的需求难以满足，且周边100米范围内缺少丰富种类的大型餐饮区，使得公司企业办公的餐饮活动无法举办。

在前期规划中，如果可以对餐饮的数目、种类、辐射区域进行初步设定，可以避免这种随意入驻或者餐饮缺乏的现象。

2）创意文化展场和工作室

创意文化应该是最具文化凝聚力的内核部分，然而在采访几家产业园管理单位时，发现大家对于"创意文化"的理解不尽相同，但是有一点坚持是共同的，就是需要"自立"的文化产业，园区方不用为其盈利做太多的干涉和扶持。由于文化产业创业的"周期长、投入大、盈利难"的特色，能够入住的文化企业大多数都是已经拥有完备体系和稳定受众的企业。然而这样的企业，如果不是对于展览或者工作室有特别的偏爱，一般自持经营已经完全足够，没有多余的精力向大众作宣传，从而为园区的文化品牌加分。最为明显的就是798近几年甚嚣尘上的"商业化"之路，大批创业型艺术家因为高昂的房租和严格的园区管理条件，不得不迁出，移往宋庄，由于宋庄地理位置偏僻加上周边经济实力有限，大多数宋庄工作室都每况愈下。参考国外的艺术园区案例，如SOHO等，都会对文化产业的创业者做一些实质性的经济和资源补助。

然而补助的问题也会导致对文化产业创业者的再定义。究竟什么是文化产业？那些一味追求盈利，而在文化艺术上粗制滥造的"投机者"应该算入此类么？如果有这样的政策，会不会引起大型的成熟的文创公司关于"偏爱"的质问？在扶持弱小的道义下，成熟企业的权益保障将何去何从？这些需要相关部门专业政策制定者投入长期的跟踪调查和权衡，组织起相对公平完备的文化认定、保护扶持网络。

3）其他产业的此消彼长

其他列举产业都是文创园区内核背后的支柱，他们并不存在定论，但无比需要，用存在比例来体现着园区的需求和消费者的诉求。其中异军突起的婚庆摄影行业是工业遗产文创园区较为重要的一部分，由于工业遗产本身的建筑构件特色，容易塑造摄影的艺术氛围，建立一种特殊的历史和力量美，婚庆摄影在产业园中的兴起体现出顾客审美的提升和顾客需求的巨大潜力，同时这个行业和工业遗产本身又产生了密不可分的联系。如何在其他的行业与工业遗产之间找共性，做出特点和特色，挖掘出遗产的独特性，也是非主要元素的商业获得盈利的重要途径。政府应该对地块的遗产作出更为明确的评估结果，开发商也应该做好纽带的工作，对于以破坏遗产为代价、粗制滥造的产业进驻说"不"。

7.2.3 后期经营管理

在现有的对于产业遗存再利用的规划模式研究中，冯立等提出的按"土地性质是否改变以及是否进行重建"将产业遗存再利用规划模式分为两种：转变土地使用性质的正式更新及不转变土地使用性质的非正式更新。由于在棉三创意街区的更新中同时存在以上两种模式，也就直接地造成了在后期运营中必须用两种模式来回应。目前棉三的运营分为两个部分：其一是将保留下的工业遗产部分作为创意产业园，并以租赁的形式出租给文创企业；其二是将通过"招拍挂"获得的沿海河的用地，以住宅、公寓或商业的形式出售或长租。由于两个区域土地性质的不同，导致了在后期的经营管理中所遇到的问题也存在很大差异。

在报批的规划中，沿海河的棉三一期地块总用地面积为3.9公顷，其中包括了0.32公顷的住宅用地和3.28公顷的公建用地，其余为道路和绿化用地。建成后地上建筑面积10.3万平方米，包括2万平方米的住宅、4.2万平方米的酒店式公寓、2.7万平方米的商业及办公建筑以及1.4万平方米的酒店建筑（图7-2-6）。而位于园区核心的棉三二期地块总用地面积为6.9公顷，以保留其现存的工业厂房为主，维持原工业用地的用地性质和建筑规模，以支持创意产业园区的建设。

由于再利用模式的不同导致后期运营模式不同，因此在研究中需要分别对不同地块分层次分析，从微观、中观、宏观三个层面对棉三创意街区进行评价，微观层面是生产力评价，中观是影响力评价，宏观是驱动力评价，并在这三方面与国内若干同类型文创园进行比较研究，以期为园区的长远发展和天津市创意产业聚集提供决策支持。

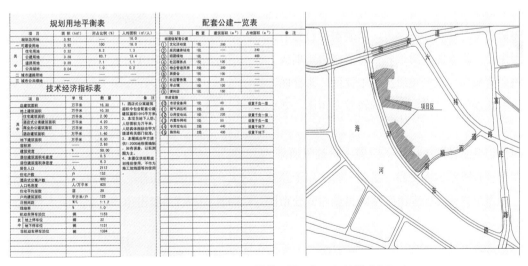

图7-2-6 棉三一期地块用地平衡及经济技术指标表

7.2.3.1 生产力评价

生产力层面评价主要指园区内部的基本情况，包括入驻企业状况、人员状况、园区条件三大方面。

1）入驻企业状况

整个棉三创意街区入住的企业数已达到200家左右，在这里办公生活的居民有将近1500人。在业态的规划上，采取的是双向互选的原则。首先，有污染的或加工制造企业，容易出风险的金融业以及采取P2P模式的企业是不受欢迎的。而与"文创街区"这一定位相近的，文化创意类或是科技类企业以及IT企业是较为优先考虑的，这类企业可以算作与文化创意类相关，是广义上的产出型企业。园区目前的租金水平在2.5～3元/平方米·天，在天津市内的写字楼中租金处于中上等水平。

而通过调研访谈发现，在棉三一期地块内，除去住宅及公寓外，目前的主要业态为办公，并辅以少部分商业。商业部分的整体开发入住程度较低，商业活力指数不乐观，只有个别几间底商（诸如园艺店、牛肉面餐厅等）面向园区道路开放。而棉三二期地块内，现阶段入住的业态相较于一期更为丰富，包括大型国企、艺术画廊、装饰设计公司、医疗护理诊疗所、幼儿园、幼儿游泳培训、咖啡厅等。园区内的企业多以独栋厂房整体租用的方式进行办公，营业面积也因厂房自身的大小而有所不同。在入住的企业当中，因老厂房特有的空间氛围而选址在此处的占据很大比例。

原有的工业厂房是整个棉三创意街区的文化磁力内核，是其固有价值的载体，入驻这一区域的企业在其原有遗存的基础上附加了新的商业价值，同时也借助建筑遗存的固有价值拓展了自身的企业价值。而其外围新建的商住部分则是借助了核心区域的价值基础从而提升了

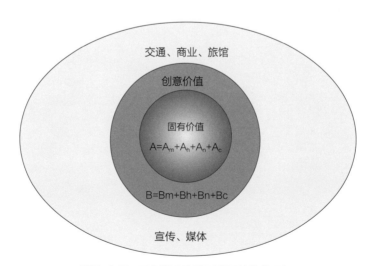

图7-2-7　工业遗产改造再利用的价值层级

自己的附加值。而在第三层级的交通、商业和媒体宣传方面，入驻的企业普遍认为整个街区在最外层较为欠缺，很难吸引到外围的人群入园休闲消费。

2）人员状况

目前园区内常驻的活跃人口数量在1500人左右，除了在天住领寓公寓里租住的400人外，在园区内的办公人员有1000人左右。由于企业性质相对固定，因此这里的办公人员也大多集中于设计类、文化类、技术类。对于园区内的办公人员而言，普遍认为园区在生活服务与交通设施方面可以有所提高，而对于这里的居住人员而言，餐饮、娱乐、社交等场所也是他们需求的重点。由此可见，工作者对于园区文化氛围与商业活力的需求就目前而言还无法得到满足。

棉三创意街区为已有的文创产业服务的配套十分匮乏，从开业至今已有3年，但其整体业态中居住和办公占了绝大部分，配套的交通、教育、金融、餐饮、娱乐、社交等服务十分稀少。这样的配套即使是在普通的产业园中也相差甚远，更不用说在以文化创意为核心竞争力的文创园。对于受过良好教育、拥有一定视野眼界并且躁动的文艺青年而言，良好的工作空间仅仅是最基本的生存需求，而位于马斯洛金字塔上部的归属感和自我实现才是其更高的精神需求。由此看来，以目前的状态很难有竞争力地吸引到新的人才入驻这里，而已经在这里办公生活的人也都对于现状有所微词。

3）园区条件

棉三创意产业街区位于海河经济发展黄金走廊，处于天津海河后5公里城市副中心建设的起点和东纵快速战略性节点位置。园区在改造过程中对整体环境景观的塑造较为重视，改造后的空间品质也得到了较大的提升，工作环境较为舒适。但在这样优越的地理区位和环境中最先起到制约作用的就是公共交通。棉三附近2公里范围内没有地铁站点，公交线路也只有3条，渡口更是在整个海河下游完全没有设立，在交通如此不便的背景下很难吸引到大量人流。其次是基础设施存在缺失，沿海河东路有天然气的很多断点，天然气接不进来，餐饮业的发展就极大地受限，同时对于居民生活而言也很不方便。最后是文创产业政策缺乏引导，政策对于棉三的导向仅仅停留在文创园的层面，而缺少对某一个领域给予一系列的政策引导。比如有着"硅丘"之称的奥斯丁（美国）打造的科技之城，或是深圳对于无人机产业的《深圳市航空航天产业发展规划（2013-2020年）》[①]，都是针对某些特定的产业给予优惠，并对其员工的子女就学、户籍等有相应的政策以吸引企业和人才。对于棉三的定位及发展还需要更具有针对性的政策加以引导。

---

① 《深圳市航空航天产业发展规划（2013-2020年）》（深府〔2013〕118号）："根据国家和广东省有关规划，瞄准国际航空航天产业发展前沿与趋势，结合深圳现有产业基础与优势资源，优先发展航空电子、无人机、卫星导航、航空航天材料、精密制造装备等五个产业领域，积极培育微小卫星、航天生态控制与健康监测、通用航空现代服务等产业"。

园区目前处于一种相关服务配套依旧存在较大缺口的状态，园区的满负荷承载量在3000人左右，而园区目前能够提供服务的相关配套却十分稀少，餐饮方面只有一间咖啡厅和一间集体食堂，生活服务只有一间花店，与儿童相关的只有一间幼儿园和一家幼儿游泳培训中心，此外还有两家艺术文化类场所——选矿厂和3·3画廊。面对3000人在各方面的消费需求，目前的商业配套显然是远远不够的，诸如便利店、药店、面包房、小酒馆等一些基本的生活服务配套也应参与到园区的服务分工当中。同时，由于用地性质不同的问题，老厂房改造的地块在后期经营中还存在诸多不便，例如在消防报批方面都需要入驻企业自行与相关部门联系，取得相应的规范要求并进行调整，而在这个过程中棉三创意公司并没有完成其作为开发与物业方的职责。此外在与市政部门对接方面，改造部分同样由于用地性质等原因导致天然气无法接入。

7.2.3.2　影响力评价

影响力层面评价包括经济影响力及社会影响力。经济影响力包括市场规模和层次，社会影响力包括改善环境和周边带动的状况。

1）经济影响力

棉三创意街区的运营模式决定了其资金回流的方式，外围的商住建筑主要以出售的方式获取利润，同时其办公建筑也可以自持后出租，收取租金，而内部的厂房只能以出租的方式收取租金和物业管理费用，从而导致了在没有地理边界的两块用地之间产生了经济成本差异。由于非正式更新模式需要在大量合约的约束下进行，相较于正式更新模式增加了许多内生交易费用，即利益主体之间谈判与博弈过程的机会主义与道德风险成本，从而直接导致两部分在运营中存在较大的成本差异。入驻非正式更新地块的企业，如果是餐饮等需要变更水电或是燃气的，都需要自行查找并按照相关标准规范装修，之后还需要自行联系消防审批部门进行报批，而入驻正式更新地块的企业则不需要相关手续和流程。究其原因，是经营方将内生交易成本转嫁给了租户，从棉三整体运营的角度来看是便于园区整体的管理，但相较于租户而言则额外增加了许多内生成本。

棉三内部吸纳的业态以文创类的办公为主，园区的定位、现有的人流状况和其租金价格决定了目前入驻企业的营收模式都不是依赖于园区的客流，而是拥有固定的客户群体（中医诊疗所）或大型国企（国家电力投资集团），抑或面向的是全国乃至国际的市场（选矿厂），而非棉三周边的流动人口。这虽然保证了棉三在初期运营中不必有太多人流就能维持，但同时也直接导致了园区内不会有固定的客流，只有在有活动的时候才会吸引大量参观人群，而在非活动日园区内的商业活力明显下降，甚至可以用"冷清"形容。

2）社会影响力

首先，棉三创意街区作为复合了文化遗产的综合社区，其承担的社会分工也应有所提升，棉三现阶段提供了近1000多个就业岗位，且岗位的类型较为集中，未来还应在岗位数量和岗位适应性方面进行权衡，避免产生因职住分离而导致的交通潮汐拥堵等社会现象。其次，一个区域的商业活力在一定程度上反映了其经济影响力的层次是否多元，同时也能体现出其在参与社会分工中所承担的角色。棉三虽然是开放式文创街区，周边居民能够自由地进入其中，但总体而言，棉三并不是一个对附近居民友善的街区。棉三街区在环境改善方面起到了极大的作用，但却缺少辐射周边居民的配套设施，有着优雅的环境却没有相应的服务，吸引来的也只能是缺乏消费需求的出来遛弯的老年群体。棉三需要的是整个社区的活力，而周边居民需要的是与之相匹配的服务设施。让来这里散步的老人感到惬意并吸引更多周边的年轻人，是棉三提高其社会影响力亟须解决的问题。

棉三纺织厂在修建时，由于工业用水及运输的需求，选择了在海河沿岸建造以利用其便利的水运资源。而新棉三创意街区在最初的规划时，也设立了和城市现有旅游资源接轨的方案，可惜在后期的开发过程中，原先规划的游船码头并没有修建起来，通过海河实现与中心城区串联的愿景也因此而中断。

3）驱动影响力评价

内容产出是内在驱动力的核心之一，在这个内容消费的时代，内容的质量与数量是决定用户群体活跃度的关键所在，而作为城市中文化产业聚集地的文创园，能否产出大量优秀的"内容"才应是其核心竞争力。相较于北京798、上海1933等，棉三创意街区所生产的内容不论数量还是质量都逊色很多。798虽然也是老工厂改造，但其靠着艺术家集群效应产出了大量的文化"产品"，例如艺术展览、艺术活动、艺术品及其周边产品等，这些产品又具有极强的传播作用，为园区营造文化氛围的同时极大地提高了自身的影响力。反观棉三，虽同样对工厂进行了改造设计，但剖开其建筑空间的表皮，在内容生产方面着实有些捉襟见肘，即使也有一些诸如艺术展览或是承接外部的活动，但其本质上并没有形成文化活动的体系或是某个文化群体的集群，在内容产出上过于分散，导致园区内整体氛围停留在空间舒适、尺度怡人的层面，而未形成文化产业的可持续发展，这也直接导致了招商引资缺乏动力。

7.3 棉三工业遗产社区调查①

7.3.1 棉三工业遗产社区现状情况调查

工业遗产虽然和整个城市的社会基础密切相关，但是最直接的还是以原有工厂"单位"

———————————
① 本节执笔者：孙淑亭、郝博、陈恩强、薛冰琳、徐苏斌、青木信夫。

发展而来的社区。目前就工业遗产社区的研究尚为数不多，中国知网检索"工业遗产社区"出现53条记录，其中包括了相关的一些研究，这些研究主要集中在最近几年，反映了近期对工业遗产社区关注度的提高。2005年张丽梅发表《社会调控体系下单位社区发展研究》，将西方的社区和中国的单位结合起来，探讨规划问题。[①] 单位社区包含各种类型的单位。2009年翁芳玲发表的《工业遗产社区转型建设发展之路——以南京江南水泥厂为例》[②]较早地提出了工业遗产类型的社区问题。这篇文章主要论及了工业遗产周边的工人社区，并将之以工业遗产社区命名。2012年何依、邓巍在《单位制视角下的工业遗产社区保护现状及趋势研究》中，提出"工业遗产社区是单位社区的一种，是我国计划经济时期社区组织的一种特殊模式，具有鲜明的本土特色"，[③]并提出了要保护单位空间结构、功能结构、社会结构。要素上要保护单位住宅、单位公共建筑。2015年刘丽华的《城市工业遗产社区保护的路径依赖及路径创新研究》[④]也研究了工业遗产社区，列举了中国13个被划为各级历史文化街区的工业遗产社区。这个研究依然延续了工业遗产社区指"工人村"、"工人新村"、"工业住区"的概念。刘伯英在2017年发表《工业遗产保护不应忽视工人社区》，论述了工人社区[⑤]，提出保护工人社区、工人社区改造的难点等问题。"工人社区"是"工业遗产社区"的另外一个称谓。

从上述一系列研究可以看出，"工业遗产社区"的概念是在2006年工业遗产的概念得到普及以后出现的，研究者们关注工业遗产生产区的同时也关注和工厂配套的住宅，关注人。从这些研究中可以总结出"工业遗产社区"是以工厂为组织原型的特殊形态的社区这样的定义。工业遗产社区主要指工厂附设住宅区，包括已经不生产的和正在生产的工厂附属住宅区，原则上不包括生产车间部分。严格地说，职工住宅区和生产区的总和才是构成"单位"的整体。目前一般生产区被改造为文化创意区，"单位"解体，职工住宅改名社区，归街道管理，文化创意产业园是否还能保持和住区的遗存关系不容乐观。

这些住宅曾经是国营企业的重要组成，体现了工业遗产的完整性。在工业遗产改造中往往针对工厂厂区部分进行改造，而忽视了住宅区的部分，忽视了人。这类社区具有很强的中国特色，即从单位制度转向社区制度，由企业管理转向街道管理，涉及了转型中社区的制度改革、集体记忆、场所与记忆、社区和产业园的关系、士绅化和"失所"问题等，这些人本主义保护问题都是国际遗产保护界最前卫的研究课题。工业遗产社区问题也和国家脱贫的大课题直接相关，应该关注城市工业遗产社区出现的新的贫困问题，以及和文化创意产业园的关系。

---

① 张丽梅. 社会调控体系下单位社区发展研究 [J]. 规划师, 2005 (10).该论文基于作者2004年华中科技大学同名硕士论文改写。
② 翁芳玲. 工业遗产社区转型建设发展之路——以南京江南水泥厂为例 [J]. 华中建筑, 2009 (12): 63-65.
③ 何依、邓巍. 单位制视角下的工业遗产社区保护 [J]. 山西建筑, 2012, 38 (32): 6-7; 何依, 邓巍. 工业遗产社区保护现状及趋势研究 [J]. 建设科技, 2012 (10): 30.
④ 刘丽华. 城市工业遗产社区保护的路径依赖及路径创新研究 [J]. 现代城市研究, 2015 (11): 15.
⑤ 刘伯英. 工业遗产保护不应忽视工人社区 [J]. 中国文物科学研究, 2017 (12): 15.

7.3.1.1 街区社会结构形态现状

1）街区人群社会关系变化

如果站在棉三的当下去理解，原住民住在社区的最内部，收入较低，老龄化严重，居住环境较差，自然是处在社区较为劣势的社会地位。但回顾新棉纺工业和社区的历史，棉纺工人的社会身份在百年间经历了四次巨变。如果可以将时代群体的变化具象到人，再去抽象，可能对社区居民现状的把握会更深刻，这四次身份转变分别是："外来村民——革命骨干——生产光荣——改革开放——下岗工人"。

2）社区居住人群构成现状

棉三社区目前总的登记在册的房屋户数是1358户，但是真正住有居民的房屋要少于这个数据。在2016年，统计的常住人口总共有998户。当时美岸名居（棉三创意街区新建住宅）刚刚建好，入驻了50户左右；现在美岸名居基本住得比较满，有152户，所以棉三宿舍和工房一共1310户（表7-3-1）。

社区人口统计表 表7-3-1

年份	总居住户数（户）	棉三宿舍（户）	美岸名居（户）
2016	998	948	50
2019	1158	1310	152
1358（登记在册总户数）			

3）社区居民年龄层次现状

（1）常住人口2400人左右，有老人也有小孩子。而我们经过走访社区街道办，查阅到天鼎社区户籍人口4523人，60～79岁之间的有1504人，80岁以上的有318人。这也就意味着社区老龄化程度较为严重，而这些老人的子女大多数在天津别的小区居住。

（2）社区中还有一部分是租户，租户大多数是本市人在这里住，外地人很少租住在这里。以前在四工坊的平房中，租户很多都是外地人，租金大约几百元一个月，现在整体租户人数不多，这也加强了老龄化的程度。

4）社区产权现状分析

本次针对棉三宿舍的调研考察区域如表7-3-2所示。

棉三宿舍基本情况 表7-3-2

楼号	建造年份	用途	产权
2、4、6、8#	1969	居民（8#单身公寓）	单身公寓企业产
10、12#	1989	托管中心占用，做办公用	托管中心企业产
14、16#	1989	已拆迁	托管中心企业产，私产
17、18、19、50#	1989	居民	托管中心企业产，私产
棉三四工坊	1989	居民	托管中心企业产，私产

　　一直作为宿舍性质的楼栋，都属于企业产权。一直供家庭居住的楼栋，因为国企房屋改制不完善，所以存在企业产权和私产混合存在的现象。另外还存在不少在房子间的空隙处搭建的小房子、窝棚等私产，属于私搭乱建（图7-3-1～图7-3-8）。

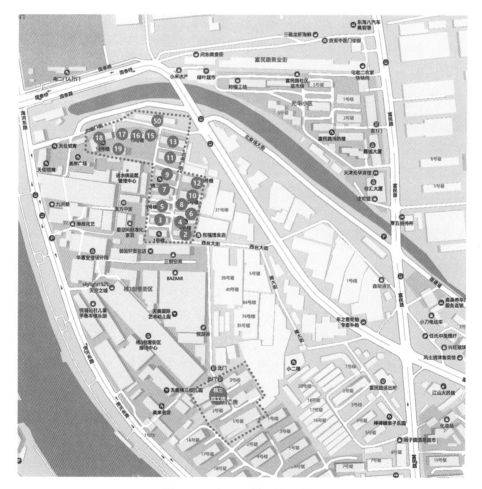

图7-3-1　调研区域及楼栋编号

218　　　　　　　　　　　　　　　　　　　　　　第五卷　从工业遗产保护到文化产业转型研究

图7-3-2 棉三宿舍

图7-3-3 棉三四工房

图7-3-4 棉三四工房远眺产业
园区住宅

图7-3-5 职工住宅区郑庄子已经拆迁

图7-3-6 居民平时的活动空间

图7-3-7 产业园和住宅区的隔墙

图7-3-8 调查小组合影

7.3.1.2 街区物质结构形态现状

1）街区基础设施现状调查

（1）给水排水系统过于陈旧，无组织排水及排水管阻塞等问题导致院中甚至室内常有积水现象，且供水系统暴露于室外，冬季供水管冻结使生活用水供给不能保证。

（2）部分社区的厨房及私人卫浴设施匮乏，需要到公共卫生间解决，所以导致居民日常生活极为不便。

（3）单身公寓，例如房龄最老的八号楼，居住空间过于拥挤，线路老化、外露。

（4）房屋普遍缺少保温措施，对于一个老龄化社区而言，对居民的生活产生了巨大的影响。

2）街区外部环境状况调查

（1）街区外部道路狭窄，随意停车，没有规划的停车位，阻碍道路车辆通行，有部分交通要道的宽度甚至仅有4.1米宽。

（2）街区外部绿化主要表现为每两栋之间的院落内部种植的树木，剩余的绿化基本都是居民自家的盆栽等，缺少绿化。

（3）经规划设计的公共空间偏少，目前的状况基本是，在某个大树下或者较宽敞的居民家前面自发形成的"公共节点"，居民也确实反映希望能够拥有公共交通空间，社区老人偏多，可以解决大部分居民的活动问题。

3）街区周边服务设施调查

（1）棉三社区周边毗邻棉三创意街区，创意街区主要针对的是高端层次消费人群，其中的产业包括餐饮服饰、文创摄影、展览等，与棉三主要居住人群的消费水平不对等，存在很大差异。

（2）周边有菜市场、派出所，街区内部有房管站等，可以满足基本生活需求。

（3）棉三周边的几条主要进出口道路，尺度不符合消防规范，对于可能会有紧急事故发生的住户，无法得到保障。

4）社区建筑现状调查

（1）棉三宿舍共有1~19号楼，其中2、4、6、8号楼是1969年所建，其余建于1989年。历经唐山大地震的几栋楼，其建筑本身都已经状况不佳。

（2）建筑光线昏暗、墙皮脱落、私拉电线，存在安全隐患。

（3）楼内没有卫生间，十分不方便。

（4）其中最近发生的建筑阳台整体掉落的事件，使得居民对于建筑安全问题更加担忧。

（5）建筑的门窗破败，密封性差，有居民强烈反映希望早日换新。

（6）楼梯踏步陡峭，不符合建筑规范，对于老人来说行走更加艰难。

（7）楼道内杂物堆积，没有人清扫。

7.3.2　社区与创意园区管理问题调查

7.3.2.1　基层管理问题

1953～1959年，棉三宿舍逐步建造完成，形成1～5工房。1969年加建了2、4、6、8号楼。1989年在原有平房基础上，将17、18、19、50号楼直接改造为多层楼房。直到现今，区域内总体肌理没有太大变化。受20世纪90年代市场开放和国有企业转型影响，棉三工厂于1998年停产。

从中华人民共和国成立后设立街道办事处起，棉三社区居民以及郑庄子一直都归富民路街道办事处（2000年前为郑庄办事处）下属的天鼎社区居民委员会（2000年前为棉三一五居委会）管理。棉三工厂及创业园区内部事务并不属于街道办事处的管辖范围，由自己管理。而在工厂倒闭后，组建托管中心负责解决企业遗留问题，例如棉三社区的房屋产权问题。托管中心的建立并不是转向社区，也不与街道办相关，它隶属于天纺集团（过去为纺织局），仅解决工厂倒闭的后续问题。

针对物业等房屋管理问题由民政局、房管局和街道办事处三方协同管理。

原本工厂有房管科或房管处，棉三社区的物业本应由工厂自身管理。在企业倒闭后，托管中心未进行有效干预，而后托管中心将产权委托给房管局。房管局下设有物业办，主管其产权范围内的旧楼改造和维修修缮事项，其中修缮资金据街道办人员描述可能存在两条路径，一是职工的公积金的补贴，二是国家相关规定的补贴。

民政局设有物业办，主管现今的准物业。2007年，天津市"创新创卫"，过去老居民区没有人管，所以商议成立一个准物业公司。棉三的物业费用为一户5元/月，包括了保洁人员和两个门卫。保洁人员由物业公司负责指派，工作主要是进行楼道清洁和室外整洁，收费低廉，属于社会福利的一部分。若是自身有引入物业的（例如美岸名居），则归属于街道办事处的物业管理科。

针对人事等社区居民问题也是由街道办和工厂一起处理。在过去，工厂制定职工的各种保障制度，例如医疗报销、困难补助等都较为完善，所有的资金都是来自于企业。但从1997年起，国家制定并推行了社会保障制度，成立了社保中心，居民除了可以从工厂获得相关补助外还通过参保获得相应的国家补助。

对于现今的老棉三内部退休工人，学生政审、大学生入党、档案和人事关系等都由托管中心负责，他们的关系仍然没有和工厂脱开。除了社会福利外，所有事项仍然要通过托管中心处理。

而对于买断的退休工人，则完全与工厂脱节，若仍然居住在此，则所有居民事项仅与居委会相关。比较特殊的是，街道办作为政府派出机构与工厂一起管理社区的党建与党组织。居委会正逐步改革，天津市也在对其统一管理和财政支出。针对棉三社区，居委会只管社区民情。

以上的分管情况也出现了很多问题。在社区中有居民提到小区门口的树每年都会生虫子，居民苦不堪言。树所在的地产权是棉三，但是树是园林局种的，所以两方都认为不是自己的管理内容，因而每年居委会只能自费打药。相似的问题还有：出于居民出行考虑，拆迁办将拆迁地围起来，导致了棉三四工房的唯一一条老路被堵住，而另外的路归产业园区所有，常年停满车辆，影响车辆和行人通行，同时也增加了出行距离。背后的原因还是分管的独立导致协调困难。

除此之外，还有一片拆迁区，原为城中村——郑庄子。其拆迁和安置工作由建设委员会和房管局负责，街道办与居委会都不了解具体情况。但由于户籍未转走，搬迁居民办理各种事务仍需返回富民路街道办事处。区域内整体的建设规划都是上级进行，基层不参与相关工作。显然这是一次典型的自上而下的建设。

7.3.2.2　街区公共活动管理问题

棉三产业园区在后勤管理上与街道办和居委会的平行关系，不仅造成了物质空间的割裂也造成了精神情感的割裂。

产业园区的改造在项目层面上是成功的，但是对于棉三的老职工和老居民来说，他们熟悉的空间已经被改变，新的人群和新的商业都让他们逐步丧失对老工厂的情感。而产业园为强化自身的商业价值，在管理中也没有对当地居民有所考虑，根本原因还是对文化磁力的重视度不够。老职工作为价值与历史的创造者，在新的遗产改造中被剔除在外，使建筑本身的意义也很难再现。我们在调研中发现，刚搬过来的居民甚至都不清楚棉三产业园是由老工厂改造而来，显然文化的价值应与居民一同展现才是最有效的宣传。

这里试图从公共活动管理上讨论问题所在。

产业园区和居委会的完全脱开，使居民的公共活动与产业园区的公共活动也尽可能被强制脱开。产业园区基于利润考虑，通过出租公共场地的方式举办一些商业活动，既不适合居民参与，也没有对居民有所优待。同时，除了居委会与街道办楼底下的小场地外，其余的场地使用等都需要与园区商量租借和提前预约，这样就将自身排除在社区情感维护之外，从细节处宣告自己商业项目的本质，不涉及社区义务。虽然园区没有限制进出，但是对于居民而言，其活动也仅限于散步、遛狗等，并不具有公共性。

居委会主办的居民活动较丰富。活动内容包括青少年教育、党建、市民教育、法律宣传、志愿者、健康教育六大类以及节假日的相关活动。由于老年人占多，大部分活动就近在居委会内的活动室和社区内部进行，与产业园基本没有关联。棉三宿舍区作为一个老工业社区，本应通过一些公共活动和集体记忆以促进社区内部的凝聚力，但是这样的活动却很少举办，居民述说个人记忆的意愿也不高。

综上，主要原因应是各方都缺乏对工业文化遗产成因和历史背景的较深认识，破坏了工业遗产在形态和内容上的完整性，因此企业缺少对工业遗产中遗产文化的挖掘，工人缺少对新社区的归属感，居委会在管理公共事务时由于职权分立问题颇感费力，导致了公共活动管理的偏差现象。

7.3.3 街区内居民访谈与问卷调查分析

7.3.3.1 共同记忆

在传统中国社会组织中，除了家庭和宗教外，还有一些结社具有超越亲属关系的社会与经济功能，这类结社能够为一部分人提供家族体系内难以得到满足的需求，具有某种功能性地位。从棉三宿舍职工的一些话语中，难免会让人怀疑，是否也存在某种复杂的社会关系，使得他们在几十年后的今天仍不愿脱离社区，不愿离开社区中那些熟悉的人。

据《天津工人》一书介绍，1945年国民党政府接管天津，生产逐渐开始恢复。以中纺三厂（棉三前身）为例，接收时中纺三厂共有职员67人、工人2962人，其中身负管理和技术的重要职员共14人，其余都是没有任何管理或者技术经验的普通工人。

他们曾一起经历过风起云涌的天津工潮，是当时罢工潮中的中坚力量。中纺五厂（棉五前身）、中纺四厂（棉四前身）作为工潮的活跃力量，先后开展了推翻旧工会破坏选举、全厂大罢工、筹建新工会的活动。1946年5月4日，以中纺四厂、中纺五厂为代表的纺织工人在与中纺五厂驻厂军警谈判中发生了工人被殴打刺伤的事件，新工会拉响防空警笛召集海河两岸的纺织、钢铁工人集体增援，最终赢得谈判。他们曾一起经历过1976年天津大地震，经历过房屋的损毁。他们曾一起经历过棉三锅炉房爆炸，现50岁的棉三职工子女如是说："火球冲天，比大地震都厉害"。60多岁的老大爷们围坐在一起时感叹道："一辈子生活在这里，现在老了，生活也没什么指望了，好在还可以和老邻居、老朋友聊聊天。"巨大灾难会刺激社区的共同意识，这一切都提醒着居民们整个社区正面临着一场共同危机，大家正采取集体行动以获得救助。个人安危与社区紧密凝聚在一起，让人们感觉到自己并不孤单，而是生活在社区这样一个有秩序的群体中。这样的案例或可类比中国广东。广东作为当时中国的丝织中心，工厂中存在着"互助会"这样的组织，"互助会"的成员共同生活，共同经历很多事情后，当一个成员死去，其所属团体的姐妹会供奉并祭拜她的灵位。这是中国社会中存在的许多拟似亲缘团体组织的一个典型实例。棉三亦同。

7.3.3.2 社会关系

在访谈中，人们还是能将这些祖祖辈辈传下来的史实甚至是其中的细节娓娓道来。段义孚曾在解释恋地情结时写道，恋地情结里有一项很重要的元素就是恋旧。宣扬爱国主义的文字往往都会强调某个地方是一个人的根。当人们试图去解释自己对一个地方的忠诚时，或会用生养的概念，或会诉诸历史。大多数人表示不愿意离开，因为生活了很久，已经熟悉了周边的环境，据负责棉一至棉四片区多年的天鼎社区居委会韩书记口述："很多已经搬走的居民，如果是办事还要回这个居委会办，因为他们大多数都不选择迁走户口，宁愿跑大老远回来办事也不拆迁，说是自己习惯了，很多居民每逢中元节，甭管多远还要回到这里来烧纸钱。"街道负责的具体事务其中一项是丧葬费、养老费用，据街道综合办刘主管解释："街道管的事多了，生老病死，比如老人的社保、企业保险都归街道管，企业也管。棉三还没破产，这个人就退休了，这个人他就得管，托管中心就得给丧葬养老的钱（过去企业给，现在归社保了），从社保给他领这个钱。"

关于棉三社区中葬礼与祭礼一事，据上文推断，这样的社区中存在着乡村式的亲眷关系与拟似亲缘团体的组织混合的社会关系。杨庆堃曾写过，在中国传统社会秩序中，葬礼与祭礼一定程度上用于展示家庭的富有和影响力，并重新确定了家庭在社区的地位。个人是非常依赖于家族的影响来寻求社会、经济帮助。棉三纺织厂中人们家中四、五辈都居住于此，亲属关系网必有众多分枝于此，故在社会交往有限的日常生活中，为了保持个人的家族群体意识，通过某些仪式不断追忆先祖，强化子孙间的血缘联系，以便使得由血缘联系带来的社会责任传递下去。

7.3.3.3　改造意愿

关于改造问题，韩书记表示，居民自愿改造的难度大，自愿改造出钱的居民大多数是退休职工，他们有一定的退休金和养老保险，身体还算健康，儿女也不用操心他们的生活，这算是居民中条件较好的一种，但是大部分居民的生活质量较差，也不同意政府民众合资进行改造。今年清片大伙儿都很积极搬走，因为之前拆迁后，这边没水、没电、没暖气，居民虽然能发一点儿补贴，但是根本不够负担这些费用。在民意调查中，也能听见一些积极的声音，居民愿意在力所能及的范围内出钱，但这个范围无法定义。而有些居民则表示，关注改造项目，有些项目可以合资改造，有些坚决不行。比如，居民认为连接小区的原有道路路灯拆除是政府的事情，但小区内房子道路老化卫生维护可以由居民出部分的钱。

7.3.4　解决方案设想

7.3.4.1　棉三民众主观能动性引入

在棉三项目里，棉三民众和棉三创意产业园的割裂是最为显而易见的。就像邻里关系，建设高墙隔开并不能避免所有的日常交往。虽然大多数产业园内部工作人员都对老棉三居民印象模糊，但他们每天上班下班、停车吃饭，都要经过、利用老棉三员工家属区，和棉三原住民打交道。同时，作为棉三原有的居民，反映最多的问题就是他们有表达的欲望，却没有人帮助他们表达或者把表达内容落实。在较为封闭的生活环境里，又要面对老龄化、身体不再健康、空巢化等自身问题，他们面对太多来自社会各界"敬而远之"的对待。工业遗产是工业遗产社区原住民的遗产，也是全体人民的遗产。如果没有认识到原住民的重要性，那么遗产性也要大打折扣。

引入棉三民众主观能动性，最主要的就是减少产业园和棉三居民区之间的隔阂，重塑厂与工人间的新纽带。作为条件较好的公共绿化场地，老棉三居民往往愿意走更远的路去他们理解的"公共空间"——富民公园，也不愿意去"商业项目"棉三产业园内。即使面对社区居委会的非营利性宣传活动，开发商也要按常价收取公共场地租赁费用。这些细节都在不断扩宽产业园和居民之间的距离。在开发商享受工业遗产土地开发的盈利之时，应该承担相应的维系居民记忆、生活方式等社区非物质文化遗产的义务，引入居民活动，在社区层级上提升居民维护家园的影响和权利，并采用网络公示、引入居民志愿者等方式使社区内部重新建立良性循环。

7.3.4.2　棉三民众管理决策发声

在棉三项目的后期管理中，出现了非常多令租户和开发商都非常头痛的问题，其中谈及率最高的是没有客户群。然而在采访中多数表示客户群体中并不包括棉三宿舍的居民。居民在谈及生活现状时也表示这种"忽视"带来的不便。他们多数文化程度不高，对外界新生事物学习能力较弱，不知道如何将自己的想法体现到实际管理中。

引入第三方管理是较好的解决措施，第三方来自高校、设计院、政府相关单位等具有较强的专业学习能力，可以将民众的诉求转化为较为科学的表达方式进行提交，反馈给开发商和政府相关部门进行参考。

7.3.4.3　政府针对老旧社区改造再利用的直接干预和全盘考虑

直接干预是指针对此项工作设立专门的部门和长期优惠政策。如果涉及多项单位事务，可以将涉及的有关部门成立一个专业的小组。长期优惠政策的金额可以随时间而降低，其他优惠补助的门槛需要随时间而变高，鼓励在工业遗产转化中维护遗产原有价值、维护社区整体稳定的良性转化。全盘考虑是指遗产保护再利用不是政府单方面的责任，需要全社会共同承担。开发商也需要承担一部分原住民社区活化的义务，需要提交如何保存遗产的特性、如何活化社区、如何进行自身经济周转等多项前期企划供政府评估。政府需要通盘考虑有哪些开发项目和业态可以引入，哪些不可以引入。

7.4 棉三工业遗产改造中出现的士绅化问题[①]

7.4.1 士绅化的诞生和中国士绅化研究现状

  1964年，英国社会学家鲁斯·格拉斯（Ruth Glass）[②]首次提出"士绅化"一词，用来描述在伦敦北部城区伊斯灵顿（Borough of Lslington）低收入原始住民被中产阶级通过街区进驻的方式驱赶的问题。士绅化的提出，从最开始就涉及城市、街区、资本和住民阶级替换等问题，这也体现出士绅化不仅包括肉眼可察的表征变化，更是一种社会结构全方位的替换甚至清洗。Palen、J. John[③]对士绅化成因进行归类时，对社会结构和变化导致的士绅化爆发作了重点的解读。而人类地理学家Neil Smith[④]、David Ley[⑤]、Chris Hamnett[⑥]和David Harvey[⑦]等人坚持从田野调查和资本的角度分析、解读和预测士绅化。除了学界经济角度和社会角度[⑧]的研究方式，由学界引导的社会舆论也对士绅化的利弊进行了双向的解读。对士绅化持宽容态度的观点往往倾向于相信士绅化是城市扩张（Urban Sprawl）链条中的合理环节，它的存在具有必然性：士绅的入驻并不抱有改变社会文化的初衷，而可能成为原有社会文化价值的延续[⑨]；士绅化引入的新住民和新文化某种程度上对原有社区带来积极良好的复兴[⑩]；士绅化有助于城市土地、房屋、社会等资本的正常合理运转，有助于资本的积累和再创造[⑪]等。同时，士绅化资本入驻带来的唯阶级划分、对低层人民的清洗、对社区风貌和文化的破坏等，也导致有"担当的人类学"[⑫]、"社区流失（community lost）"[⑬]等。

  "士绅化"一词于1993年首次经由中国语言学家介绍到中国，于1999年第一次出现在相

---

① 本节执笔者：张晶玫、徐苏斌、青木信夫。

② Glass R L. London: aspects of change [M]. London: MacGibbon & Kee, 1964.

③ Palen, J. John在*Gentrification, displacement, and neighborhood revitalization*一书中归纳士绅化的成因有五种解释，即：demographic-ecological, sociocultural, political-economical, community networks, andsocial movements.

④ Smith N. The new urban frontier: Gentrification and the revanchist city [M]. New York: Routledge, 2005.

⑤ Ley, David（June 1980）. "Liberal Ideology and the Post-Industrial City". Annals of the Associationof American Geographers. 70（2）: 238–258.

⑥ Hamnett C. Gentrification and the middle-class remaking of inner London, 1961-2001 [J]. Urban Studies, 2003, 40（12）: 2401-2426.

⑦ Harvey D. Consciousness and the urban experience: Studies in the history and theory of capitalist urbanization [M]. Johns Hopkins University Press, 1985.

⑧ economic process（production-side theory）和social process（consumption-side theory）。

⑨ Gentrification, displacement, and neighborhood revitalization [M]. New York: Suny Press, 1984.

⑩ Greer S A. The emerging city: Myth and reality [M]. Transaction Publishers, 1962.

⑪ Lees. L. Gentrification and social mixing: Towards an inclusive urban renaissance? [J]. Urban Stud., 2008, 45, 2449–2470; Bunce, S. Developing sustainability: Sustainability policy and gentrification on Toronto's waterfront.Local Environ [J]. 2009, 14: 651–667.

⑫ Herzfeld M. Cultural intimacy: Social poetics and the real life of states, societies, and institutions [M]. New York: Routledge, 2016.

⑬ Greer S A. The emerging city: Myth and reality [M]. Transaction Publishers, 1962.

关学术研究[1]中，而后数十年内，随着"gentry"一词的中译从最初的"中产阶级（medium income group）"逐步修正为现在较趋近原义的"士绅（middle class）"，我国的士绅化理论研究也从介绍西方士绅化的相关定义、过程、机制转变为本土化的理论和田野分析。截至2019年，中国的士绅化研究主要分布在以下四个方面[2]——命名、概念介绍、基于经验的相关研究、文献综述和理论研究，在对田野的深度挖掘、对相关基础数据（包括地理、历史文献、金融数据等）的统计分析、对互相作用机制的研究等方面仍旧相对匮乏。根据Palen和J. John给定的士绅化的定义及五大特点，可以确定棉三园区的确处于士绅化进程中，因此尝试选择天津棉三工业遗产区进行调查研究。

7.4.2 研究对象

为什么选择棉三为研究对象，是因为棉三项目本身资料比较完备，又具有以下研究价值：

（1）棉纺三厂的经历具有产业代表性。棉纺织业为中国旧有工业之一，初建成于19世纪末20世纪初，并于20世纪30年代形成稳定的"上青天"[3]格局。天津利用海港和租界的贸易繁荣，联通中国腹地的棉花、煤电资源，迅速崛起成为华北地区的棉纺织产业中心，形成了以裕大、华新等六大纱厂，仁立、东亚等新型纺织企业为核心的纺织业规模。[4]1936年，六大纱厂中规模较大的裕大、宝成两厂合并为天津纺织公司。1945年，中纺公司接手并更名为中国纺织建设公司天津第三棉纺织厂，即为天津棉纺三厂的前身。后经历一系列国企改制直至2013年宣告破产。

（2）棉三项目是士绅化正在作用的第一现场。棉三项目并不处于天津市市中心（以五大道租界区为中心的和平、河西区），也没有建立类似"798"艺术产业园区那样的文化品牌价值。此二者对士绅化模型的建立非常关键。市中心区域存在"旅游士绅化"、"超级士绅化"等现象，士绅化的社会矛盾非常容易激化；而已经完成首轮文化开发的区域，社会价值的评估更为复杂，容易影响对土地、遗产及开发者的原始资本循环的判断。

关于调查对象，笔者采取的方式为开放式访谈。笔者对棉三创意产业园开发人员、物业管理人员进行了多次采访，并于2018年、2019年多次到访棉三创意产业园，累计参与产业园文创活动3次，采访商家、游客共60人，棉三宿舍和棉三四工房的居民53人。

---

① 薛德升. 西方士绅化研究对我国城市社会空间研究的启示 [J]. 规划师, 1999（3）: 109–112.

② Liu, Fengbao, et al. Progress of Gentrification Research in China: A Bibliometric Review [J]. *Sustainability* 11.2, 2019: 367.

③ 1930年，上海纺锤占全国总数55.79%，青岛7.88%，武汉7.33%，天津5.70%。

④ 参见: 闫觅. 以天津为中心的旧直隶工业遗产群研究 [D]. 天津: 天津大学, 2015.

7.4.3 调研和分析

7.4.3.1 "单位"的解体

棉三作为老旧国企的社区，在社区结构上有不可忽视的转型不适应性。原有"单位"模式下，棉三的社区活动和生产活动紧密相连，社区就是价值生产并循环的场所。社区的行政和生活统一于同一系统，导致生产的剩余价值可以迅速投入大范围的社会支出，进行劳动力再生产[1]，使社区居民可迅速高效享受到资本的优待。能成为一个"单位人"，在20世纪90年代前都是值得骄傲的事。[2]随着单位资本的退出和社会结构的瓦解，"单位人"的生活质量急转直下。

棉三项目可抽象为人类实践创造的"物自体"[3]。在上一节提到"工业遗产社区"的定义是以工厂为组织原型的特殊形态的社区。工业遗产社区主要指工厂附设的住宅区，包括已经不生产的和正在生产的工厂附属住宅区，原则上不包括生产车间部分。严格地说，职工住宅区和生产区的总和才构成"单位"整体。这个"单位"就是一种"物自体"，涵盖了原来单位的整体，包括了生产区和住宅区。这里侧重考察的是"单位"的解体过程中两者的关系问题。

棉三项目可以把富民路天鼎社区居委会所辖的棉三创意街区、棉三厂家属区（包括棉三宿舍、棉三四工房）和郑庄子拆改棚户区隔离成为一个社区。由于周边水系和道路分布的原因，整个地块与其他社区三面隔离，所以无论在行政规划还是在空间形态上，棉三创意街区、棉三厂家属区和郑庄子棚户区是"工业遗产社区"。"工业遗产社区"的孤岛状态是论证有限人造资源被不同住民瓜分的重要前提。

棉三运营维护的主管部门在采访中指出，园区欢迎文化创意产业的入驻，包括新型设计产业、科技IT产业等，以形成特色新型的文化创意产业圈。在天津市统计局发布的2018年各行业平均工资中，文案策划、新媒体、平面设计、程序员等相关产业从业者人均收入排名位列前十。同时，棉三社区内部的天住领寓公寓规定：入住者须40岁以下，无儿童、无宠物的单人或者双人家庭。这些实例都与士绅化人口结构生态特征和内城时尚（inner-citychic）现象高度契合。

棉三开发部门和物业管理部门在采访中表示，对于原有住区和居民并不纳入他们日常运营的考虑范围。他们建起隔墙方便园区内部管理，也未有关于维持社区社会关系、给居民带来利益的相关规划。园区内所有受访商家在采访中明确表示他们需要加强对外宣传力度，现在的营业结构中顾客多为外来白领，对文化艺术、自身提升有着浓厚的兴趣和消费

---

① 马克思提出的资本的第三次循环，《资本论》第三卷，David Harvey进行改良。

② 单位对资源和生产的高度集中催生出一种垄断阶级的诞生。

③ "物自体"：可以抽象为绝对空间一片人造区域，不受到外部因素影响，只有内部因素互相作用。由David Harvey提出，类似理论也有London与Palen的Community-network。

意愿。

　　管理部门还反映许多棉三社区住民会聚集在棉三产业园公共活动空间，进行践踏草坪，使用健身休憩工具等，屡劝不止，大大影响了新居民正常社会活动的开展。为此他们不得不支付更高的维护运营费用。而在棉三工作和生活的新住民普遍反映老棉三家属并未对他们的生活造成较多影响。有90%的老棉三居民声称他们并不去棉三产业园开展锻炼休闲活动。居委会主任说如果他们要借用产业园内部场地举行社区活动，则需要按照市场价格缴纳场地租金。而调研显示占用公共空间进行大规模锻炼休闲活动的大部分是外来的人员（如武馆师生、舞蹈家、浩棋园游会），他们临时占用场地则不用交租金。

　　因此可以看到服务对象的改变带来了原来职工住宅区与产业园区的隔断（表7-4-1）。

棉三"物自体"社区隔离程度分析表

表7-4-1

	滨河庭苑	棉三创意街区	棉三宿舍	郑庄子拆迁片
墙高（毫米）	4.5	3	3	0/3（2019年重建）
墙厚（毫米）	250	250	180	180/250（2019年重建）
完整程度	完整	完整	较完整但破旧	破败/新旧交替
实景照片				

　　我们还通过问卷采访了棉三宿舍（原一工房与二工房）、四工房、产业园游客和上班族，这三组调查分别反映了不同人群的实际情况（图7-4-1）。

　　调查表明老棉三占了半数以上，说明在这里生活的人大部分都是棉三的职工。这个调查①是针对文创园（简称"棉三"）和社区的关系的，分为入住时间、休闲场所、居此优点、缺点、拆迁改造、对棉三的看法、政府民众集资管理等方面展开调查。

　　图7-4-2反映了53位老棉三居民对棉三宿舍的看法，他们对棉三的看法多表示与自己无关，有的表示"某某市长工程"和我们没有关系，之

单位来源

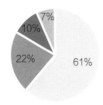

■ 老棉三　■ 钢厂　■ 棉三上班　■ 不在棉三上班

图7-4-1　棉三的就业状况

---

①　本调查问卷存在受访者因为记忆模糊或隐私问题部分保留答案的情况，因此统计数据上未作显示。

前上班的景象很怀念，但是已经改没了，不怎么去看，也有人表示怀念往昔，经常去看看。

图7-4-3反映了53位老棉三居民对棉三四工房的看法："市政工程与我无关"，之前上班的景象很怀念但是已经改没了；不怎么去看，有事过去（遛狗、送孩子、抄近道、办事），没事不去。

图7-4-4反映了产业园60个游客和上班族的情况。对老棉三居民的印象：没什么印象；不是我的客户消费群体。是否愿意做义工：愿意并做过，支持但有安全责任隐患。做义工帮助老棉三居民：不太愿意，他们和我的生活事业没有交集；如果有可以试试。

从调查中可以显示出园区和周边社区的分裂情况比较严重。

棉三宿舍问卷结果统计（N=11）		
类目	分类	人数比例
入住时间	1970年左右	36.4%
	1984—1986年	36.4%
	1988以后	27.3%
休闲场所	富民公园	27.3%
	小区内部花园	63.6%
	棉三产业园	9.1%
居此优点	邻里关系好	54.5%
	周边环境熟悉方便	45.5%
居此缺点（多选）	下水道问题	100%
	房屋支护结构垮塌	100%
	利老设施缺乏	72.7%
	电线电路隐患	36.4%
	卫生环境较差	18.2%
拆迁/改造	拆迁	100%
	改造	0
	无所谓	0
对棉三产业园的看法	情感上（多选）	没有关系也不关心	90.9%
		怀念改造前的棉三	54.5%
	实际行动	经常去看	90.9%
		几乎不去看	9.1%
政府和民众合资改造社区	愿意出承受范围内的钱	100%
	不愿意出钱	0

图7-4-2　棉三宿舍的调查表

棉三四工房问卷结果统计（N=40）		
类目	分类	人数
入住时间	1980—1989	52.5%
	1990—1999	40%
	2000年以后（多是租客和回迁）	7.5%
休闲场所	富民公园	82.5%
	小区内部花园	15%
	棉三产业园	2.5%
居此优点	邻里关系好	25%
	没有优点	75%
居此缺点（多选）	拆迁修改道路和指示灯	95%
	小区内物业不管理	95%
	棉三产业园乱停车	62.5%
	设施缺乏和老化	25%
拆迁/改造	拆迁	77.5%
	改造	5%
	无所谓	12.5%
对棉3产业园的看法	情感上（多选） 没有关系也不关心	82.5%
	情感上（多选） 怀念改造前的棉三	7.5%
	实际行动 经常去看	57.5%
	实际行动 几乎不去看	42.5%
政府和民众合资改造社区	愿意出承受范围内的钱	65%
	不愿意出钱	35%

图7-4-3　棉三四工房的调查表

游客和上班族问卷调查结果（N=9）		
棉三创意产业园优点（多选）	环境好	44.4%
	建筑有特点	55.6%
棉三创意产业园缺点（多选）	交通不方便	88.9%
	商铺太少，不景气	100%
	产权纠纷，物业管理体验差	44.4%
对棉三家属区（包括棉三宿舍和棉三四工房）的看法	不关注，没有印象	55.6%
	关注过，但不是我的潜在社交群体	44.4%
是否愿意尝试做义工	愿意并做过	55.6%
	愿意，但是担心责任隐患	11.1%
	不愿意	33.3%
做义工帮助老棉三居民	愿意	11.1%
	不愿意	88.9%

图7-4-4　产业园游客和上班族的问卷

7.4.3.2 商业开发与地租循环

在马克思主义最负盛名的资本循环中，资本家想要扩张并占取人造环境中的固定资本，往往采取通过一个稳定的功能性的资本市场（多是国家和金融机构）对人造环境进行投资的手段。这种循环的完成被称为资本的二次循环。[1]对于棉三项目而言，其土地使用权原属于天津棉纺织集团（国有企业），在地块的开发更新过程中，对于责任和虚拟价值的分配采用3：17：70：13的股权：代表河东区政府的城投公司占3%，国资委投融子公司占17%，天津房产集团占70%，天津棉纺织集团占10%。属于政府的投资占20%，属于国有大型企业的投资占80%。政府代表资本市场，直接参股出资，既作为信用担保二次循环的市场流通，又对开发商收取担保的费用。天津棉纺织集团的少量股份更像是对土地虚拟价值的预支（可以看作土地原使用者对地价逐年增长后的地租的预估）。作为开发商的天津房产集团在这次利益瓜分中并不占优势。棉三地块显而易见的"租差现象"显示土地资本的虚拟价值数量可观，且前期土地平整费用低廉（棉三产业园土地全部为棉纺三厂厂房用地，不涉及拆迁），一旦作资流入市场，盈利是必然。而对待原有土地所有者的温情（给予10%的股份）导致资本负重增大，利润减少。如果在资本主义社会，开发商逐利的本质导致先将土地竞拍后平整封存，再投机赚取最大利益。政府资本的注入强制延长了投机时间，减少了虚拟价值获得。对于二期地块的土地出让，还有银行的短期资金帮扶都可以看作是政府对开发商进行的利润补偿，也可以看作是对社会投资的吸引。但这种暂时性的小额补偿往往带有更多政策上的限制，且集中于前期开发，后期运营费用远高于前期盈利。而棉三产业园的客户群和周边割裂严重，非常容易在政策优惠结束后产生萧条。

政府资本的注入和对土地原使用者的有意帮扶大幅削减了开发商可赚取的价值，虽然可以一定程度上避免开发商前期获利后迅速撤资的逐利行为，但对开发商的限制使得其一旦拍得土地便被套牢，投资风险越来越高。虽然是与国有资本联手开发，但实际运作地块的开发商的开发灵活度和收益都非常有限，在后期运营时明显乏力，所以导致建立在稳定社会关系上的"垄断地租"、"级差地租"难以实现。

"棉三"地块（原生产区）开发时存在级差地租循环情况。地块分为"一期"和"二期"。"一期"采用"土地出让"的开发模式，"二期"采用"重组后使用权作价出资"的方式。一期土地的环境资本和位置等条件优于二期土地，因此预估"一类级差地租DR-i"[2]优于二期土地，因此在前期规划投资过程中，开发商倾向于选择以较大的成本投资"一期"地块（土地出让金10.3亿），以较小的成本投资"二期"地块（无出让金，整体改造费4.6个亿）。同

---

[1] 马克思《资本论》第二卷。

[2] David Harvey对马克思级差地租理论修正后并指出，一类级差地租DR-i：优质土地或优越地理位置上的生产者获得了相对最差位置最糟糕土地上的生产成本而言的超额利润；二类级差地租DR-2：土地生产价值的差异由投资资本特性造成的理想模型。

时，由于不同资金的注入，导致"二类级差地租DR-2"加剧了两块土地价值的差距。这种戏剧性的差异存在于同一项目中，导致整体棉三项目的主要盈利期许集中在一期地块，如写字楼出租费用、住房销售盈利。作为纯金融资本的土地被开发商根据原始优势无情分配所有超额利润，由于市场的投机性，导致开发商在定价上透支了未来可能的盈利，因此棉三项目的房屋租金会以周期（4年）上调的形式作为对虚拟资本的补偿。这样的角度导致"土地的开发捆绑于竞争"[①]。

棉三的症结就在于此。如若级差地租数值越大，则开发商应该逐利地加速，扩大开发的进程。而棉三开发时如此谨慎，精确地划分地块，不惜割裂用地性质来节流，这还是政府出于对二期工业遗产的保护，因为棉三被规划为工业遗产保护区域。作为2013年天津市四个重点开发建设地块之一，棉三开发的谨慎性还与信用制度挂钩，政府对于土地开发的补偿在年限和总额上有意缩短（连续3年，每年2000万），导致企业在开发未完成时将面临资金链断裂的危险。这种偏保守的导向导致而后的开发更趋于自保而不是盈利，因此，棉三对于滞销的棉三公寓的定价坚持也是它对DR-2及虚拟价值的坚持，这种坚持是危险而脆弱的，体现出棉三开发对原始价值的预估和社会大众产生了偏差。

7.4.3.3 士绅化进程现状

据实地调研数据表明，棉三创意产业街区内居民月薪平均4500元[②]以上，其中天住领寓、棉三公寓和水岸名居住户房租普遍在2500～3500元[③]/间·月。而居住于棉三厂家属区内多数为棉纺三厂离退休员工，其养老金平均约2000～3000元/月[④]，其中部分买断工龄、有重大疾病和残疾的居民月收入甚至更低[⑤]。之前居住于郑庄子的居民大多数为外来务工人员，人口流动性大，他们的月薪分布差值较大，稳定性差，但平均月薪普遍没有突破4000元。在与棉三创意产业园一墙之隔的棉三宿舍、棉三四工房和郑庄子拆迁片内，由于资金撤离留下的棉纺织三厂未善后的工业、住宅用地上，聚集着无经济能力搬迁的工人和私搭乱建的低收入人群，包括农民工、拾荒者、从事五金售卖和机修的个体户。郑庄子拆迁片在未拆迁完之前[⑥]，租金可低至1500元/年（除去非法居住者）。而棉三的天住领寓长租公寓的租金价格为48元/平方米·月，如果按照50平方米一间房出租计算就是28800元/年。形成了极大的租差现象。

在文献综述与实地调研的对比论证中，我们发现了地块内租差的明显存在。租差意味着投资者可以利用低价买下土地的使用权，并注入资本将其送入级差地租循环，获得盈利。如汤普金斯广场公园的克里斯托多拉公寓在短短十年内价格翻了1700倍。

①　马克思. 哲学的贫困 [M]. 北京: 人民出版社, 1949.
②　数据来自现场采访调研, 现样本总数73人, 其中在园区内工作的受访者21人。
③　数据来源: 链家, 安居客, 房产中介广告示牌。
④　数据来源: 天鼎社区居委会采访和居民实际访谈相结合。
⑤　天鼎社区居委会数据: 棉三厂家属区残疾人比例约为11%, 低保户和特殊人员供养比例约为10%。
⑥　郑庄子在2019年10月正式全部拆除。

调查发现从2013年营业伊始，棉三的利润每年不温不火地上涨，2018年已经达到盈利。不置可否，这种盈利受到经济发展常态的影响，但棉三街区的发展陷入了停滞甚至倒退。棉三住区开发的棉三公寓项目自2017年开盘后一直维持28000元/平方米的价格，但销售的势头却不容乐观。扩展到整个街区而言，整体业态的更新、住民阶级的替换不见进展，空房率依旧居高不下（图7-4-5）。对于社区文化的开发和建立也止步于口号和低频次的相关活动。笔者拟从资本的循环入手，串联起从土地、开发商到居民的主体关系，并从资本的流动说明各产业出现的"暂停的士绅化"现象。

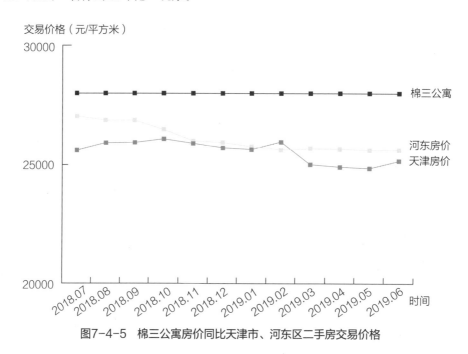

图7-4-5　棉三公寓房价同比天津市、河东区二手房交易价格

将棉三公寓的售价与邻近滨河庭苑小区的二手房售价进行对比（表7-4-2），会发现新入驻天鼎社区的居民和其他社区的差距不是很大，但租差只是士绅化产生的原因，并非士绅化完成的保证，周边原住民由于经济条件较差，和园区形成很大的差别是事实，士绅化在不同阶段有不同阶段的表现，各地发展不同，棉三是一个未完成的士绅化的案例。在棉三造成"暂停的士绅化"现象的原因主要为棉三项目对一期地块商业价值的苛刻条件。所有住宅开发为商住类别，不仅缩短了住宅的产权时间（从70年产权到40年产权），而且根据国家相关政策，无法提取公积金贷款购房，只可以使用利息较高、限制较严的商业贷款。对于年轻多变的士绅，严苛的购房条件很可能会成为阻碍选择房源的因由。另外区位也是原因之一，年轻的士绅阶层愿意选择更适合他们需要的区位（表7-4-2）。

棉三在售房产和临近小区房产比较 表7-4-2

名称	房龄	性质	景观	主力户型	内部装潢	产权	物业（元/平方米·月）	售价（元/平方米）	租价（元/平方米·月）
棉三公寓	2年	商住	河景房	中层低密度小户型（50～60平方米，4梯15户）	非毛坯	40年	4.7	28000	
天住领寓	2年	商住	河景房	高层高密中小户型租赁（35～114平方米）	家具齐全	40年	不详	不详	49（24小时后勤，每周一次打扫卫生和健身房）
美岸名居	3年	居住	河景房	高层低密度中户型（109～157平方米）	家具齐全	70年	4.7	29000～30100	46～80（免费高速WiFi，免费双周保洁）
棉三宿舍/棉三四工房	30年	居住	看不到河景	中层低密度奇怪小户型（20～40平方米，无电梯）	家具齐全	70年	5元每户	21550～28000	50～54（每周两次打扫卫生）
滨河庭苑	18年	居住	看不到河景	中层多户型（80～160平方米，无电梯）	家具齐全	70年	0.5	25200	49.96～56.3（每周两次打扫卫生）

7.4.4 结论

基于选取具有时代特色的经济转型典型案例棉三社区作为基本研究对象，本文调研并整理了其在"士绅化进行中"的相关资料获得了以下认识：

文化创意产业园区的社会价值基础来自于原来的工业遗产，老职工也是其中一个部分。但是在目前产业园的建设和周围社区之间，整体性被割裂，文化创意产业园面向士绅阶层和旅游者服务。这样的倾向在全国有一定的代表性，是今后产业园发展值得注意的问题。

棉三作为城市扩张的载体，在项目开发、经营和管理上体现出强烈的资本导向性。基于中国本土的土地政策和开发模式对棉三这样环境资源复杂的社区的发展具有约束和推动的双向作用，并给社区内部的居民阶层、社会结构、文化发展带来变化，是当代资本引导和社会约束下各方博弈的必然。在政府主导的前提下，应该尽力协调工业遗产保护和经济发展平衡，同时应该把"工业遗产社区"和"工业遗产保护"的问题都纳入到工业遗产保护的框架之下。这样有助于减少士绅化带来的"底层清洗"，发挥士绅化对区域开发的带动作用。

第7章 天津棉三创意街区调查报告   235

第 **8** 章 ——————————

从工业遗产到文化产业
的思考

本章集中针对工业遗产类文化创意产业园的问题进行研究。在这类遗产中，除了文化创意的问题之外，最值得关注的是工业遗产和文化产业如何双赢的问题。通过课题组的调查，笔者认为中国的工业遗产类文化创意产业园普遍存在如下问题：①优化产业园开发模式。目前中国的工业遗产园层出不穷，比较混乱，需要梳理并进一步比较，总结长短。②强化工业遗产文化产业园文化磁力。目前很多产业园缺乏文化氛围，文化产业园的文化磁力根源是价值，文化政策应该与保护价值结合起来。③推进从工业遗产到创意城市的系统化，实现城市复兴。

8.1　工业遗产类产业园开发模式[①]

8.1.1　中国常见的文化产业开发模式

总结上述一系列关于文化创意产业园的研究，我们基本可以梳理出目前中国国有企业转型文化创意产业园开发模式的谱系。我们希望从这个谱系中分析对工业遗产保护负担比较轻的模式。

在退二进三的政策下，原有企业（一般是国营企业）所有的工业用地以及工业建筑失去原有功能，或者仍然继续原有的企业生产，在这样的情况下有两种情况：一个是由原有国有企业继续经营；另一个是由政府收储（图8-1-1）。这其中涉及土地和房产两个方面的内容。

1）原有企业经营

原有企业的经营分为：土地使用权不发生变化，建筑产权不变或建筑产权发生变化。建筑产权保持不变也分为直接经营和间接经营。直接经营常见的有大型活动、博物馆、产业园。大型活动一般是为了宣传本企业而开展的活动。例如镇江香醋厂每年都开展"打酱油"活动。博物馆比较多，例如鞍钢博物馆就是代表，近期被评为国家二级博物馆。这个博物馆是由鞍钢直接管理的，其权限并不仅仅限于博物馆展示，还包括鞍钢的被指定为全国重点文物保护单位、国家公园两处遗产物象的保护工作。另外洋河大曲、镇江香醋厂都是国家工业遗产，都有自己的博物馆。在山西太原，山西兵工厂保留了老厂区，并将之开辟为文化创意产业园。这样的情况一般在国有企业十分有实力的情况下可以实现。博物馆可以是国有企业的一个部门，比如鞍钢博物馆属于鞍钢宣传部下属单位。也有新成立的一个公司，负责经营。常州的"运河五号"原来是常州第五毛纺厂，第五毛纺厂倒闭之后其上级部门常州产业

[①]　本节执笔者：徐苏斌、青木信夫。

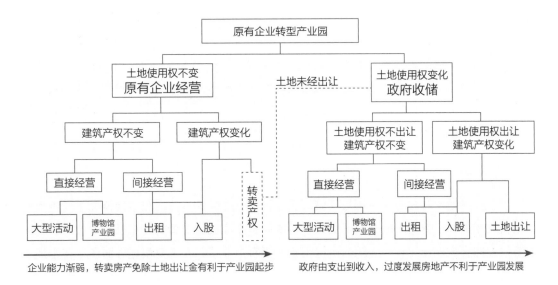

图8-1-1 国有企业转型文化创意产业园开发模式图

投资集团有限公司重新成立了常州运河五号创意产业发展有限公司。这个公司是常州产业投资集团有限公司下辖的一个企业，实际负责推进经营。天津纺织机械厂1946创意产业园也是由原有企业天津纺织机械厂组建的天津睿鼎之都资产管理有限公司来运营。

原有企业进行运营，由于经验较少多委托别的公司来负责，天津意库原来是天津外贸地毯六厂。天津市建苑房地产开发有限公司1997年成立，是一家经营范围为房地产开发、商品房销售、房屋租赁、设计咨询服务的小型房地产企业，2007年获得天津外贸地毯六厂的经营使用权，年内即完成改造工程，天津意库创意产业园成立开放，成为天津市首家结合历史建筑特点、正式挂牌的由旧工业厂房改造而成的现代创意产业园区。随着意库项目运营步入正轨，公司于2011年以同样的步骤取得原天津纺织机械厂厂址的使用权，完成绿岭项目。但是这个项目并没有出卖工业厂房的产权，由于经营不善，原企业在2014年收回产业园自己经营。

另外一种是建筑产权发生变化的情况，合作的方式是入股。比较典型的是北京的莱锦产业园。莱锦产业园原来是北京第二棉纺厂，北京京棉纺织集团有限责任公司是北京第二棉纺织厂上级单位。京棉纺织集团有限责任公司持有土地使用权和厂房的产权，2009年启动创办产业园。北京市国通资产管理有限责任公司合作注资5000万元，两者各持50%的股份。这样的合作比较容易解决资金不足的问题，也不需要出让产权。

发生产权转移还有一种情况就是企业向他人转卖产权。例如天津棉三工业遗产产权所有方是天津天纺投资控股有限公司，即天津第三棉纺厂的上级单位。所有地块分为两个部分，靠近海河沿岸的原仓库建筑被拆掉，而织布车间部分被保留，这个部分未经过政府的中间环节，直接由天津天纺投资控股有限公司和天津新岸创意产业投资有限公司交易，前者获得10%的股份，织布车间等二期范围的老厂房的产权被变相转卖。通常工业建筑是被拆掉的，拆除时的补偿费并不代表老厂房的价值，只是在棉三中认可了老厂房的一部分价值。

在企业直接经营博物馆、文化创意产业园时不发生建筑产权变更，但是转卖房产时则发生产权变更。这是土地的二级市场。在产业园进一步将用房出租时发生房地产三级市场交易。有很多企业与企业、企业与个人之间转卖房产时政府没有介入，例如天津的巷肆文化创意产业园也是用300万元支付了原来橡胶四厂老厂房的产权。这样小微产业比较容易发展文化创意产业。

2）政府收储

政府收储是政府先将工业用地收储，然后再进行保护的方法。在这种情况下发生土地使用权的变更和工业建筑的产权变更，就是从原有企业拥有土地的使用权变为政府所有或者第三方拥有土地使用权。建筑的产权不属于原有企业了，在工业用地方面还存在土地变性问题。

政府收储后的处理也有两种：政府保留土地使用权和建筑产权不变，即政府经营；另外一种是出让土地使用权，也包括建筑产权变化。

政府经营分为直接经营和间接经营。政府主导模式包括进行有政治意义的大型活动，前文提到的2010年上海世博会的经营就是最大的政府主导的经营，这类经营往往是对于大规模的、短时间的活动十分有效。另外也可以将工业遗产用作事业单位，中国沈阳工业博物馆[①]即是。

间接经营主要请其他运营公司运营。潍坊的大英烟草公司转型的1532产业园，由地方政府主导，并聘请运营公司经营。这样的情况政府掌握土地所有权，并且拥有建筑产权。

入股也是一种间接经营，但是土地使用权和产权被折成资本入股，入股的例子有天津棉三的案例，在这个案例中第二期是工业遗产改造，政府占20%股份（包括市政府17%和区政府3%），比原企业所占股份高一倍。这个股份是土地使用权换来的。从这个比例来看，土地使用权比工业遗产本身更值钱。而政府参与股份就意味着可以分红。

政府土地出让是一级土地市场，这个市场的服务对象主要是房地产商。

北京棉纺三厂是比较早的案例。1999年6月23日，京棉公司与中远房地产开发公司（后名称变更为远洋地产有限公司）签订了《原北京第三棉纺织厂生产区旧址转让协议书》（以下简称转让协议）。1999年7月22日，京棉公司与中远房地产开发公司又签订了《原北京第三棉纺织厂生产区旧址转让协议书的补充协议》（以下简称"补充协议"）。双方约定：①京

---

① 中国沈阳工业博物馆位于沈阳市铁西区，简称为中国工业博物馆，是对现有的沈阳铁西铸造博物馆进行改造、扩建而成，占地面积8万平方米，建筑面积6万平方米，是省市区政府联建的目前国内最大的综合性工业博物馆，填补了国内此类型博物馆的空白。2011年5月18日奠基开工，整体建筑采用新老建筑结合的方式。2012年5月18日博物馆一期开发了通史、机床、铸造三个馆。二期有冶金馆、重装馆、汽车馆、机电馆、香港馆、车模馆、铁西馆七个馆，并且在完善展馆功能的基础上，开设餐饮、休闲、体验、互动等区域，2013年9月1日对外开放。

棉公司将原北京第三棉纺织厂生产旧址的土地使用权和该宗地地上建筑物、其他附着物的所有权转让给远洋公司；②远洋公司支付转让费总额为11.7亿元，包括土地出让金、补偿费、地上物搬迁以及与搬迁有关的各项费用；③远洋公司支付转让费的计划——1999年内支付7亿元，2000年内支付1亿元，2001年内支付1.5亿元，2002年内支付1.5亿元以及2003年内支付0.7亿元。结果是棉纺三厂现在全部是高层住宅。棉纺二厂看到这样的结果才改进模式，保住了老厂房，就是现有的莱锦创意园。

最近土地出让也伴随着工业用地变性的问题，这样的土地变性不利于工业遗产保护。

8.1.2　各种文化创意园的开发模式比较和对工业遗产保护的影响

在原有企业自己经营或者政府收储的各种类型梳理中，我们可以看到文化创意产业园的经营难度变化。

图8-1-1左侧展示了企业从自己办博物馆到出租、入股、出卖产权这样一个经营产业园能力减弱的排序，原有企业自己经营博物馆或者产业园需要有一定的积累和实力。如鞍钢、镇江香醋厂、洋河大曲酒厂都是知名的大企业，有实力，可以承担博物馆的支出。鞍钢集团每年支持博物馆400万～500万元，这是一般企业做不到的。原有企业自己经营不存在房地产市场的问题，因此经济压力比较小，如果原有企业有能力的情况下，这是一个比较好的选择。但是也有不少倒产的企业被政府收储。

图8-1-1右侧展示了政府收储土地后的各种经营模式。土地是国家所有，政府通过收储土地的使用权进行再分配，以发展经济。当需要举办代表着国家、省、市等形象的大型活动则需要以政府投资为主。这样投资通常都是短期的活动，例如世界博览会。政府办工业博物馆在公有制国家中并不是很难的事情，上海市政府在世博会之后又建设了世博会博物馆。

合作经营是未来的方向。政府收储工业用地之后不能全部自己经营，全部经营是不可持续的，必须全社会共同参加。如果原有企业的资金不足以支持工业遗产保护，也可以采取扶持方式。

天津棉三二期项目中政府拥有20%的股份。实际上这是一种经济利益在起支配作用的做法。入股的方式并不是文化遗产保护应该提倡的方式，政府应该是监督方，而不是利益方。后文论及香港发展局也采取和企业合作的方式，但是不是以入股的方式进行。另外2018年北京出台的《关于保护利用老旧厂房拓展文化空间的指导意见》也强调了政府的指导作用。

最不可取的是房地产开发的模式。1999年北京京棉三厂拆毁所有的工业遗存是一个教训。

天津棉三第一期工程也是典型案例。政府将沿着海河的原仓库部分全部拆除，打造了棉三产业园一期。负责这个部分的房地产商花费10.3亿元支付了一期地块的出让金（其中也包括了土地变性费用、拆毁工业建筑的补偿费）。结果是建造了全新的房地产，包括酒店、住宅、办公。

工业遗产地块的土地出让环节，土地的出让不宜采用"价高者得"的拍卖方式，事实证明这种方式不利于工业遗产的保护。在天津拖拉机厂（简称"天拖"）地块的开发中，融创、天房、保利、招商等大房企进行争夺；最终于2013年9月18日，融创中国联合天房等竞争对手，在高达91.8亿元挂牌起始价的基础上以103.2亿竞得天拖地块。此举导致溢价率达12.4%，增大了项目的资金压力，因此必然需要通过提高容积率等方法才能达到财务平衡。

土地出让就伴随着土地变性，需要补交出让金和变性费用。因此房地产商在高压下很难自觉地考虑工业遗产的而保护。再加上招拍挂更是雪上加霜。因此可以看到棉三一期和天拖并没有保护工业遗产。棉三一期借助二期获得文化创意园的名字，实际上成为一个捆绑在工业遗产上的房地产开发项目。事实上，二期项目中的工业遗产并没有因为一期房地产开发而获益，反而一期用地拆掉了原有的工业遗存，破坏了完整性。因此，棉三是一个非常复杂的平衡经济利益关系的典型案例，而从遗产保护角度考虑，还有很多值得思考的问题。

8.1.3 政府主导，市场运作

在我们研究的政策中，全国性的政策是一个大的框架。2018年1月，北京出台《关于保护利用老旧厂房拓展文化空间的指导意见》（以下简称《指导意见》）更细致地规定了工业遗产的开发利用问题。这个意见十分落地，不仅在北京，而且在全国也具有参考价值。在《指导意见》中提到"坚持政府引导、市场运作"，明确了政府的定位。在上文中涉及政府参股的形式不应是受到鼓励的形式，政府的职能是监督，应该切实起到监督协调的作用。

在我们考察的很多文创园中，原有企业直接从事或者合作进行非营利的公共文化设施建设的案例比较多。例如，鞍钢建设了博物馆，博物馆的运营没有脱离鞍钢的整个运营，而成为鞍钢的宣传窗口，同时鞍钢也支持博物馆的建设。我们考察的洋河大曲和镇江香醋厂都配有博物馆，展示了该企业的历史，同时企业也积极支持博物馆。这些都是非营利的，甚至镇江香醋厂负责人谈到，每年举行万人打酱油大型活动，费用都是镇江恒顺醋业股份有限公司承担的（图8-1-2、图8-1-3）。

山西太原兵工厂厂区现在改为文化创意产业园，完好地保存了各个时期传承下来的机械，包括蒸汽时代的皮带轮带动的机械，十分少见。

在政府拥有产权的案例中，有大型活动如世博会的大型改造项目，也有沈阳工业博物馆那样的项目。潍坊的大英烟公司搬迁之后由政府承接并委托第三方运营。

在《指导意见》中，"第二条，鼓励非营利性公共文化设施建设。提出利用老旧厂房改建、兴办文化馆、图书馆、博物馆、美术馆等非营利性公共文化设施，依规批准后，可采取划拨方式办理用地手续。"这里提出"非营利性"如何运营，香港提供了一个参考。

图8-1-2　镇江香醋厂博物馆内部　　　　图8-1-3　山西太原兵工厂文化创意产业园完好地保存了
　　　　　　　　　　　　　　　　　　　　　　　　　各个时期的机械

　　香港的"活化历史建筑伙伴计划"是由香港特区发展局主持的一个典型的政府主导项目，市场运营的形式。这种模式有利于监督遗产保护的真实性和完整性，同时有利于市场运作，可持续发展。香港的文化遗产保护虽然时间不是很长，但是推出了相应的政府主导政策。香港的土地也是属于政府的，政府对于遗产也采用合作的方式，出租给伙伴，但是不同于一般房屋出租，政府有各种附加条件。

　　该计划的基本思想是将有公有产权的遗产委托给公共社会的代言者——非营利部门管理，用之于社会。其目的是：保存历史建筑，并以创新的方法，予以善用；把历史建筑改建成为独一无二的文化地标；推动市民积极参与保育历史建筑；创造就业机会，特别是在地区层面。运作模式为：物色适宜做活化的历史建筑纳入计划，非营利机构提供建议书，然后由活化历史建筑咨询委员会审查，并提出意见。文物保育专员办事处提供一站式服务，提供一次性拨款用于修复，征收象征性租金，再一次性拨款，上限为500万元，以应付社会企业的开办成本和最多两年运营期间出现的赤字。由政府及非政府专家组成的保育历史建筑咨询委员会将按照下列准则，评审和研究有关申请：彰显历史价值及重要性；技术范畴；社会价值及社会企业的营运；财务可行性；管理能力及其他考虑。[1]申请机构必须是《香港税务条例》第112章第88条所界定的具有慈善团体身份的非牟利机构。以个人名义提出的申请，恕不受理。[2]

　　另外香港对于各阶段监督也很严格，采用如下的操作模式：

①　http://sc.devb.gov.hk/TuniS/www.heritage.gov.hk/tc/rhbtp/faqs.htm.

②　http://sc.devb.gov.hk/TuniS/www.heritage.gov.hk/tc/rhbtp/application_arrangements.htm.

（1）物色适宜作活化再利用的政府历史建筑，以纳入该计划。

（2）非牟利机构获邀就如何以社会企业形式使用上述建筑物递交建议书，以提供服务或营运业务。在建议书中，非牟利机构须详细说明如何保存有关的历史建筑，并有效发挥其历史价值；社会企业将如何营运以达财务可行；以及如何令社区受惠。

（3）由政府和非政府专家组成的保育历史建筑咨询委员会，负责审议建议书以及就相关事宜提供意见。

（4）文物保育专员办事处会向成功申请的机构提供一站式咨询服务，以推行其建议计划，服务范畴涵盖文物保护、土地用途和规划、楼宇建筑以及遵从《建筑物条例》（第123章）的规定。

（5）若有充分理据支持，政府会在该计划下提供资助，包括：

①一次过拨款，以支付建筑物大型翻新工程的部分或全部费用；

②就建筑物收取象征式租金；

③一次过拨款，以应付社会企业的开办成本和最多在首两年营运期间出现的赤字（如有），上限为500万元，但先决条件是建议的社会企业预计可在开业初期后自负盈亏。

秘书处会提供一站式服务协助获选机构，这样可以保证机构顺利地推进，而且减少顾问费用。例如政府已分别为第六期活化计划的四幢历史建筑准备资料册，包括：引言；历史背景及建筑特色；用地资料；建筑物资料；周围环境及前往途径；保育指引；城市规划事宜；用地及/或树木保育事宜；斜坡及/或结构维修；以及符合可行用途的技术规格。申请机构可从网页下载资料册（http://www.heritage.gov.hk/tc/rhbtp/application_arrangements6.htm）。这为中选机构提供了方便，同时也提供了指导。

在执行过程中政府将密切监察有关社企的表现。若有关社企未能按照原先协议的建议书营运，以达至政府满意的程度，政府可要求有关机构改善情况。若机构未能答允政府的要求或未能在指定期限内改善情况，政府会决定是否终止协议并收回有关历史建筑。在此等情况下，有关获选机构不会获得补偿。

建筑物的租赁期一般为3～6年。特区政府会评核获选机构的表现，以及当时的其他因素，以决定会否对租赁协议予以续期。政府保留权利在租赁协议届满时不予续期。

在一般情况下，提出改建、加建或活化再利用历史建筑的建议书须要符合现时《建筑物条例》的设计及工程标准。申请机构须提交强而有力的依据，在不影响建筑安全及卫生标准的情况下，屋宇署将按每宗个案的个别情况考虑其申请。

由政府及非政府专家组成的保育历史建筑咨询委员会，按照下列准则，研究和评审有关申请：

（1）彰显历史价值及重要性；

（2）技术范畴；

（3）社会价值及社会企业的营运；

（4）财务可行性；

（5）管理能力及其他考虑因素。

这是一个十分综合的要求，发展局对于申请者进行了严格的选择。第一批开始于2008年，发展局共收到114份非牟利机构提交的首批活化伙伴计划书，为7幢历史建筑进行保育及活化工作。各幢历史建筑所接获的申请如下：旧大埔警署（23申请件数，以下同）、雷生春（30）、荔枝角医院（10）、北九龙裁判法院（21）、旧大澳警署（5）、芳园书室（8）、美荷楼（17）。这些计划书建议以不同形式活化再用有关历史建筑，包括博物馆、展览厅、教育中心、训练学院、旅舍、餐厅等。评审工作由2008年5月成立的活化历史建筑咨询委员会协助进行。发展局辖下文物保育专员办事处已成立特别小组评审这些建议书。文物保育专员办事处还提供详细的资料，甚至结构诊断书。为顺利推进提供最好的服务。

第一批审查评语是："计划由2008年2月开始接受申请，反应非常热烈，我们共收到114份申请书。经过活化历史建筑咨询委员会多月的努力，终于为计划首批7幢政府历史建筑，选出以下6个最合适的保育及活化方案（省略）。"[1]发展局精选了合作伙伴和方案，虽然有7幢政府历史建筑，但是没有合适伙伴的情况下只选了6个，说明选拔十分严格。

2010年第二批的审查结果是："计划由去年8月底开始接受申请，我们共收到38份申请书。经过委员会多月的努力，终于为计划第二批5幢政府历史建筑，选出以下3个最合适的保育及活化方案（省略）。"[2]只选择了3个。

2011年第三批审查结果是："活化历史建筑咨询委员会（委员会）已完成评审第三批就活化4幢政府历史建筑提交的建议书。发展局局长亦已接纳委员会的推荐，并向获选的非牟利机构发出了原则性批准。计划由2011年10月开始接受申请，我们共收到34份申请书。经过委员会多月的努力，终于为计划第三批4幢政府历史建筑，选出以下3个最合适的保育及活化方案（省略）。"[3]

2013年第四批审查结果是："计划由2013年12月开始接受申请，我们共收到26份申请书。经过委员会多月的努力，终于为计划第四批3幢政府历史建筑，选出以下最合适的保育及活化方案（省略）。"[4]这一期4个建筑只选了3个。

2016年第五批审查结果是："计划由2016年11月开始接受申请，我们共收到34份申请书。经过委员会多月的努力，终于为计划第五批4幢政府历史建筑，选出以下最合适的保育及活化方案（省略）。"[5]5个选了4个。

目前已经有5批22个历史建筑进入这个计划。正在推进第六期。政府十分谨慎地推进

[1] https://sc.devb.gov.hk/TuniS/www.heritage.gov.hk/tc/rhbtp/ProgressResult2.htm.

[2] 同上。

[3] https://sc.devb.gov.hk/TuniS/www.heritage.gov.hk/tc/rhbtp/selection_result3.htm.

[4] https://sc.devb.gov.hk/TuniS/www.heritage.gov.hk/tc/rhbtp/selection_result4.htm.

[5] https://sc.devb.gov.hk/TuniS/www.heritage.gov.hk/tc/rhbtp/batch5_scheme.htm.

这个计划，如果没有招聘到合适的伙伴便放在下一批中继续推进。其中景贤里是十分重要的法定古迹，建于1937年。在第三批中征集方案，没有合适的应募者，就转到第四批，第四批再次征集又没有理想的伙伴方案，仍没有立项。第五批放弃一次。第六批2020年8月再次征集。香港特区采取的政策是首先必须是非牟利机构承接，第二是宁缺毋滥。

这个计划依然处于探索阶段，但是的确有成功的案例，例如旧大澳警署获得联合国教科文组织颁发的亚太区文化遗产保护奖优异项目奖。[①]香港特区的经验告诉我们政府需要出台更为有利于遗产保护的文化政策。

从香港"伙伴计划"可以看到香港特区政府在保护的开发中扮演的角色是监督执行。和运营者的合作是委托，并不是入股。委托也类似出租，但不是一般建筑的出租，而是提供各种优惠的伙伴计划。第一，重视选择合适的合作伙伴，没有合适的伙伴宁可放在下一轮中再选拔；第二，政府一站式服务体系，提供各种资料和服务，为活化建筑遗产保驾护航；第三，建立监督机制，政府始终监督完全按照建议书实施。

8.2　工业遗产的文化磁力

在工业遗产改造的产业园中普遍存在着致命的弱点——缺乏文化磁力。缺乏文化磁力就会变为一个普通的商业设施。这个问题的原因是文化遗产本身固有价值的流失和创意价值的不足。

我们在第三卷研究过工业遗产的价值构成，工业遗产的价值框架可以用模式表示（图8-2-1），假设整体的固有价值为A，固有价值中的物质资本为A_p、人力资本为A_h、自然资本为A_n、文化资本为A_c，那么$A=A_p+A_h+A_n+A_c$，是这个工业遗产价值的核心。这个部分的价值相对稳定，我们评估世界遗产、全国重点文物保护单位的价值就是评估固有价值的部分。当然世界遗产、全国重点文物保护单位的价值评估是关于文化价值的评估体系。

在固有价值的外围是创意价值，用B代表，即表明遗产经过更新而新增的价值。创意价值也应该包含物质资本为B_p、人力资本为B_h、自然资本为B_n、文化资本B_c，创意价值$B=B_p+B_h+B_n+B_c$。这里我们纳入了戴维的四个同心圆构造，使得创意价值的层次更为精细。

整个模型好像一个鸭蛋：固有价值像蛋黄，创意价值像蛋清，而外溢效应就像蛋皮。

---

① 大澳警署建于1902年，以打击当时猖獗的海盗犯罪活动。在1997年以前，警署隶属香港水警管辖，并以舢舨在大澳小区巡逻。鉴于大澳罪案率后来日趋降低，警署于2002年正式关闭。旧大澳警署属典型殖民地风格的警署建筑。

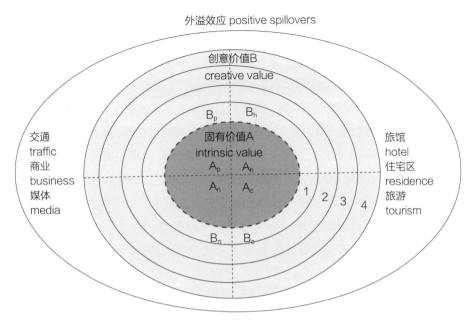

固有价值、创意价值和外溢效应所产生的价值构成工业遗产经济价值的核心。

图8-2-1　工业遗产价值构成框架模型

8.2.1　产业园因遗产赋予的固有价值

经济学将资本分为物质资本（Physical Capital）、人力资本（Human Capital）、自然资本（Natural Capital）、文化资本（Cultural Capital），联合国教科文组织关于固有价值（Intrinsic Value）的定义：固有价值是某种物品本身具有的价值，它具备的自然特性，对人而言十分重要。对于世界遗产而言，固有价值与"突出的普遍价值"概念息息相关。[①]以下将固有价值设置为A，物质资本A_p、人力资本A_h、自然资本A_n、文化资本A_c。

现代通用的"资本"一词，是由古典政治经济学的鼻祖亚当·斯密（Adam Smith）奠定的。之后马克思（Karl Marx）揭示了资本是能够带来剩余价值的价值，认为资本的本质是价值增值，可见资本的本质属性是价值型、收益性和存量性。

物质资本起源于经济学诞生那天，指的是像工厂、机器、建筑物等真正物质意义上的商品存量。

人力资本是体现在人身上的资本，即对生产者进行教育、职业培训等支出及其在接受教育时的机会成本等的总和，表现为蕴含于人身上的各种生产知识、劳动与管理技能以及健康

---

① L Pricewaterhousecoopers.The Costs and Benefits of World Heritage Site Status in the UK Full Report［R］. Pricewaterhouse Coopers LLP（PwC），2007.

素质的存量总和。[1]

自然资本是指能从中导出有利于生计的资源流和服务的自然资源存量（如土地和水）与环境服务（如水循环），包括可再生资源，不可再生资源，支持和维护土地质量、空气和水质的生态系统，所维持的巨大基因库即生物多样性。[2]中国于1994年发布《中国21世纪议程——中国人口、环境与发展白皮书》，以官方态度引入了自然资本的概念，此后我国也掀起研究浪潮。在工业遗产中，和土壤、水质、空气、资源相关的都是自然资本。

和传统经济学不同的是文化资本。文化资本的概念是20世纪80年代以来，特别是90年代兴起的一个国际性学术热点。上文提到皮埃尔·布迪厄（Pierre Bourdieu）拓展了资本理论的范畴，他将资本分为三种形态：经济资本、文化资本和社会资本。皮埃尔·布迪厄的理论开辟了资本理论的新天地，将文化视为一种资本，为文化的生产活动产品赋予了具体的形象。继布迪厄在文化社会学领域对文化资本的研究，戴维·思罗斯比（David Throsby）提出了经济意义上的"文化资本"的定义，他认为"文化资本"是以财富的形式具体表现出来的文化价值的积累。他指出："这种积累紧接着可能会引起物品和服务的不断活动，与此同时，形成了本身具有文化价值和经济价值的商品"。"财富也许是以有形或无形的形式存在"，"有形的文化资本的积累存在于被赋予了文化意义（通常称为'文化遗产'）的建筑、遗址、艺术品和诸如油画、雕塑及其他以私人物品形式而存在的人工制品之中"，"无形的文化资本包括一系列与既定人群相符的思想、实践、信念、传统和价值"。可见，这种关于"文化资本"的认识和理论，又比社会学概念的理论有所进步，且对于文化资本的来源、存在形式和积累的理论更能给人以启迪。他继承了皮埃尔·布迪厄的思想，将文化遗产看作经济形态和文化形态，这样比较全面地评价了作为文化资本的文化遗产的价值。

① 1776年亚当·斯密（Adam smith）的《国富论》（The Wealth of Nations）和威廉·配第（William Petty）的论断被视为人力资本理论的萌芽。19世纪40年代李斯特（Georg Friedrich List）和西尼尔（Nassau William Senior）提出精神资本和智力资本，马歇尔（Alfred Marshall）把人才和智能同其他资本并列。1867年马克思的《资本论》（Capital）中包含了丰富的人力资本思想。20世纪后，美国经济学家欧文费雪（Irving Fisher）首次提出人力资本概念，斯特鲁米林（Strumilin）、沃尔什（Walsh）、加尔布雷斯（John Kenneth Galbraith）都强调对人的投资能获得经济收益。人力资源论奠基者舒尔茨（Theodor W. Schultz）在1960年美国经济学年会上发表《人力资本的投资》代表现代意义上的人力资本理论正式形成，他被后人誉为人力资本之父。舒尔兹. 人力资本投资：教育和研究的作用［M］. 北京：商务印书馆，1990. 转引自：胡杨玲. 西方人力资本理论——一个文献述评［J］. 广东财经职业学院学报，2005，4（6）：83-86.

② El Serafy（1991）；Constanza and Daly（1992）；Folke et al（1994）；Barbier（1998）. 转引自：戴维·思罗斯比. 经济学与文化［M］. 王志标，等，译. 北京：中国人民大学出版社，2011：55.
随着人们对经济活动带来的环境影响问题越来越关注，经济学家逐渐接受了自然资本的理论：1789年怀特（Lynn White）提出自然资本思想萌芽，1948年美国自然学家福格特（William Vogt）提出了自然资本的耗竭。从此学界围绕自然资本展开了探索，1968年戴利阐述他对自然资本的范围和必要性，直到1991年戴利将自然资本进行定义，在这期间，1987年的《布伦特兰报告》（The Brundtland Report）和1990年皮尔斯（Pearce）与特伦纳（P.K.Turenr）的著作《自然资源与环境经济学》（Economics of Natural Resources and Environment）都提及了自然资本。1995年世界银行首次将自然资源纳入"财富指标"之中。1999年保罗·霍肯（Paul Hawken）的《自然资本论——关于下次工业革命》（Nature Capitalism Creating the Next Industrial Revolution）将自然资本理论推向成熟。

在戴维的《经济学与文化》第三章中提到布迪厄的社会资本概念的讨论，但是他表示怀疑社会资本是否能成为一种资本，因此并没有正式使用这个概念。[①]笔者认为，事实上文化遗产中的有关人的认识过程的"遗产化"问题就是社会资本的问题，但是这个问题是一个较难讨论的问题，可以放在以后深入探讨。

因为20世纪80～90年代对于文化遗产保护的经济预算减少，文化遗产管理者遇到困境，另外经济学者的建议更有利于达成遗产保护。[②]因此文化资本的理论现在被众多国际组织、研究机构以及学者所接受和引用，包括英国政府文化、媒体与体育部（Measuring the value of culture，Department for culture，media and sport，2010），美国盖蒂研究所，澳大利亚最大的经济及公共政策咨询公司艾伦咨询集团（The Allen Consulting Group）等，都有相关的报告。

工业遗产对上述这四种类型的资本几乎都涉及了。物质资本属于工业遗产的固有属性，包括遗产地的厂房、仓库、附属建筑、机器、相关设备等。人力资本与工业生产密不可分，人的知识、技术与劳动在生产中创造了重要价值，遗产背后的生产环节，所需的教育活动、创意等也属于人力资本，亦是遗产价值中重要的一环。在实际操作中由于大部分工业遗产是废弃的，已经没有工人在工作，这样的情况下就没有人力资本的计算，但是如果是依然在生产的情况，那么评估时应该计入人力资本。如果改造再利用为第三产业或者"2.5产业"（有一部分第二产业和一部分第三产业）则应该计入创意价值（图8-2-2）。

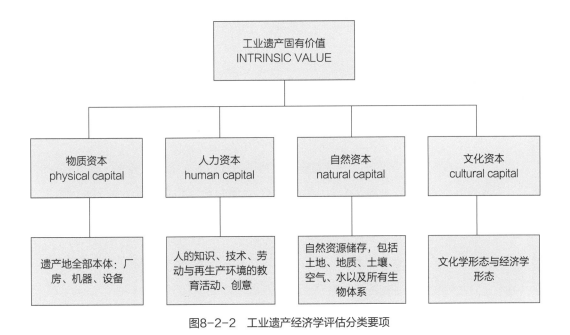

图8-2-2 工业遗产经济学评估分类要项

---

① 戴维·思罗斯比. 经济学与文化 [M]. 王志标，等，译. 北京：中国人民大学出版社，2011：51-54.
② 戴维·思罗斯比. 文化政策经济学 [M]. 易昕，译. 大连：东北财经大学出版社，2013：122.

2015年12月举办的"自然资本世界论坛"，定义自然资本为世界的自然资源储存，包括地质、土壤、空气、水以及所有生物体系。自然资本为人们提供了一系列免费的物质和服务，也就是所谓的生态系统服务。它作为经济和社会的基础支持，使人类得以生存。上述的物质、人力、自然这三种资本都是可以计算的，如建筑和设备可以出售，人力资本、矿山的资源也是可以计算的。

在中国，土地是一种特殊的资源，不允许买卖，但是土地使用权可以出让。1996年财政部发布关于印发《国有土地使用权出让金财政财务管理和会计核算暂行办法》的通知，详细规定了土地使用权出让金核算的办法，这是中国土地国有背景下的土地资源利用的特殊规定。20世纪80年代以后，中国对于国有土地的一系列新的政策给工业遗产带来了新的核算结果。例如，对于土地出让金制度的建立、对于土地性质的改变、招拍挂等政策使得土地成为远远超越物质资本的资源，以至于原来工业遗产的物质资本可以达到忽略不计的程度，一般都是当作废品处理。2014年，在天津有一篇报道引起震惊："2013年9月18日，融创中国联合天房等竞争对手，以103.2亿竞得天津天拖地块，刷新天津土地出让总价纪录，溢价率达12.4%。天拖地块位于南开区红旗路西侧，占据天津市中心稀缺地段，可建设用地面积37.40万平方米，规划地上总建筑面积达102.09万平方米。2013年11月1日，融创中国15.2亿元竞得天津南开区手表厂地块，溢价率32%，折合楼面价25082元/平方米，刷新了天津土地出让单价纪录。"[①]这两个地块都是工业遗产用地，天津拖拉机厂103.2亿和天津南开区手表厂102.09亿都是土地出让总价，并没有涉及厂房等物质资本。在这个基础上还有不菲的溢价率，可见土地成为工业用地的主要价值，比起工业遗产，土地才是主要价值对象，这样的现象在中国十分普遍。

文化资本十分特殊。按照戴维的理论，文化资本的定义为除了传统的三种经济学资本之外的另一种资产，除了可能拥有的全部经济价值外，文化资本还体现、贮存并提供文化价值。如果用鸭蛋的蛋黄断面来形象说明的话，固有价值模型可以表示为图8-2-3。

例如有新中国钢铁工业长子之称的鞍钢就包括了四种资本：有厂房设备（物质资本），有工人（人力资本），也有土地和矿山（自然资本），最近被工信部认定为第一批国家工业遗产，也是一种文化资本。

在工业遗产转型的文化创意产业园也有着四种形态，在进行出让的时候应该从四个方面进行评估。但是一般仅仅对于土地进行评估，基本不考虑文化资本的价值。关于物质资本、人力资本、自然资本的评估在第三卷有较为详细的说明，这里不再赘述。

---

① 财经网报道：融创天房20.86亿联手竞得天津天拖北地块，楼面价9034元/平方米，2014-01-28 13：43：02。
来源：财经网（北京）http://money.163.com/14/0128/13/9JMAB0IB00253B0H.html.

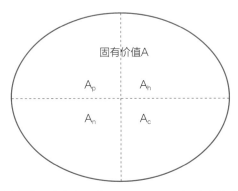

整体的固有价值为A，固有价值中的物质资本为A_p（physical capital）、人力资本为A_h（human capital）、自然资本为A_n（natural capital）、文化资本为A_c（cultural capital），那么$A=A_p+A_h+A_n+A_c$。

图8-2-3　工业遗产固有价值的构成

8.2.2　产业园因创意产生的创意价值

固有价值偏重于由于遗产本身产生的价值，而创意价值则强调新附加的价值。戴维在《经济学与文化》第六章中论述了创意经济，主要论述了当代艺术家的创意所产生的价值。为了对应"固有价值"，这里我们暂且称之为"创意价值"（creative value），界定为当代的创意所产生的价值。创意价值可能不因为遗产而产生。例如，利用旧工厂作为画室，创作的绘画作品的价值和工厂的固有价值没有关系；利用老工厂场地作为音乐表演场所，创作的音乐和工厂的固有价值也没有关系。但是新的绘画或者音乐创作却有创意价值。

我们尝试分析创意价值B中也包含了物质资本B_p、人力资本B_h、自然资本B_n和文化资本B_c，也可以理解为资本的状况都会随着时代的变化发生改变。这个变化带来的价值已经不是文化遗产本身所具有的固有价值，而是通过改造和再利用，通过文化产业的发展所获得的价值。

物质资本B_p表示新增建的厂房或者新增加的设备等。对于历史建筑需要追加资金进行修复，越是历史久远的建筑或者设备，改造的时候所追加的资金可能更多。值得探讨的是，维修应该属于固有价值还是创意价值？维修属于补偿由于时间因素而导致实体破败裂化的部分，严格地说修复的过程也是创造的过程，但是和更新利用的创意是有区别的。例如，利物浦船坞这样的世界遗产要求按照真实性、完整性的国际准则进行修复，而且是常年进行维护，笔者建议将这样的情况列为固有价值。而除了全国重点文物之外大部分工业遗产的改造都有适应性再利用部分，也是工业遗产保护和再利用研究探讨最多的部分，可以明确列入创意价值的部分。有的厂房状态完好，仍然继续使用，但是其作为文化资本的价值并不一定很高。在中国很多地方喜欢改造20世纪70年代以后的厂房，就是因为这些较新的厂房的物质资本的经济价值较高，改造时不用投资很多就可以使用。深圳的华侨城创意园就是基于20世纪80年代的厂房，几乎不用太大更新。如果从物质资本角度评估历史久远的厂房，其经济价值几乎为零，也正因为这个原因历史久远的厂房大量被拆除。但是文化价值的第一条就是历史价值，往往历史越久远，作为文化资本的价值有可能越高。工业遗产有各种不同的类型，应该分别论述。

人力资本 B_h 为新的服务行业部分。一般的工业遗产是从第二产业转型到第三产业，这种情况比较容易区分属于固有价值的原工厂的人力资本和转型以后的第三产业的人力资本。

自然资本为 B_n 表示为自然资源储存，包括可再生资源，不可再生资源，支持和维护土地质量、空气和水质的生态系统，所维持的巨大基因库即生物多样性等。成为工业遗产，一般意味着自然资源的减少或者生态系统的破坏，这是工业遗产的负面因素。不可再生资源是无法挽回的，但是有些生态系统则有可能改造，例如棕地的改造、空气质量的恢复、水质的改善、动植物生存环境的改善等都是目前工业遗产地的重大课题，通过改善可以增加价值，这个部分的价值可以列入创意价值。

土地是自然资源，在中国土地出让金可以列入自然资本，这个在固有价值部分也是同样分类的。资源枯竭的矿山从自然资本的角度来说已经没有价值，而其文化资本有可能增加，矿山公园就是将废弃的矿井或者露天矿场变为景观。这一点和物质资本的厂房建筑变为文化遗产是一个道理。例如上海佘山世贸深坑酒店是利用了日占时期天马山采石场遗留下来的80多米的深坑建设的新景观和旅馆。本来石料资源枯竭表明自然资本消耗殆尽，但是这里的历史景观成为吸引游客的文化资本，而旅馆的建设又增加了新的物质资本，新的物质资本和文化资本在一定程度上弥补了自然资本的劣损。

文化资本 B_c 表示以艺术创造为核心的价值，主要还是来自文化产业。戴维定义文化产业模型：以产生创意思想的条件为核心，不断与其他投入要素结合，以涵盖不断扩大的产品范围，以此向外辐射。[1]1983年英国大伦敦议会首次对"文化产业"这一概念下了定义："在我们的社会中，那些借助文化生产和服务的商业形式，生产和传播各种信息符号的专业组织。"[2]另一个有代表意义的定义由日本学者日下公人提出："文化产业就是创造一个文化符号，然后销售这种文化符号的产业。"[3]

中国对于文化产业的概念是由全国政协与文化部所组成的文化产业联合调查组提出的："文化产业是指从事文化产品和提供文化服务的经营性行业。文化产业是文化建设的重要组成部分，有关文化产业和公益事业两者共同构成了文化建设的内容。"

这些定义都阐释了文化作为生产对象的特点，就是创造文化。因此文化产业是创意经济的主要力量。如果不生产文化，那么文化产业就名存实亡了。

---

① 戴维·思罗斯比. 经济学与文化［M］. 北京：中国人民大学出版社，2011：122.

② Manuel Castells.The Information Age: Economy, Society and Culture［M］. Oxford: Blackwell，1996：19-34.转引自：侯艳红. 文化产业投入绩效研究［D］. 天津：天津工业大学，2008：6.

③ 日下公人. 新·文化产业论［M］. 东京：东洋经济新报社，1978.（日下公人. 新文化产业论［M］. 范作申，译. 北京：北京东方出版社，1989.）

从文化形态看创意价值中也有文化价值，而且十分重要，其中也包含艺术价值、科学价值、社会价值、文化价值，艺术价值体现在创意设计上，科学价值是指创造新的科技园区（如动漫园区）所包含的价值，社会价值是指社会关系的创建或者社区营建的贡献，文化价值是指文化磁力，如果没有这些内容就会变成纯商业设施。但目前对这个部分的评估并不是文化产业的重点，更多的评估还是考虑经济方面的效益。不过文化资本也需要从经济学角度评估。

8.2.3　确保综合文化磁力与推进文化政策

工业遗产文化创意产业园的核心价值是由固有价值和创意价值组成的，这两个部分价值越大，文化磁力也就越大。因此如何保护好这两个部分十分重要。

2005年10月，国际古迹遗址理事会（ICOMOS）在中国西安举行的第15届大会上作出决定，将2006年4月18日"国际古迹遗址日"的主题定为"保护工业遗产"。

2006年4月，国家文物局在无锡召开中国工业遗产保护论坛，通过《无锡建议》。

2006年6月，鉴于工业遗产保护是我国文化遗产保护事业中具有重要性和紧迫性的新课题，国家文物局下发《加强工业遗产保护的通知》。

2013年3月，国家发改委编制了《全国老工业基地调整改造规划（2013—2022年）》并得到国务院批准（国函〔2013〕46号），规划涉及全国老工业城市120个，分布在27个省（直辖市、自治区），其中地级城市95个，直辖市、计划单列市、省会城市25个。

2014年3月，国务院办公厅发布《关于推进城区老工业区搬迁改造的指导意见》，把加强工业遗产保护再利用作为一项主要任务。其中，"（八）加强工业遗产保护再利用。高度重视城区老工业区工业遗产的历史价值，把工业遗产保护再利用作为搬迁改造的重要内容。在实施企业搬迁改造前，全面核查认定城区老工业区内的工业遗产，出台严格的保护政策。支持将具有重要价值的工业遗产及时公布为相应级别的文物保护单位和历史建筑。合理开发利用工业遗产资源，建设科普基地、爱国主义教育基地等。"

2014年，国家发改委为了落实国务院的指导意见，组织实施了《做好城区老工业区搬迁改造试点工作》，包括首钢老工业区和重庆大渡口滨江老工业区在内的21个城区老工业区被纳入试点。

2018年住房和城乡建设部发布《关于进一步做好城市既有建筑保留利用和更新改造工作的通知》，提出：要充分认识既有建筑的历史、文化、技术和艺术价值，坚持充分利用、功能更新原则，加强城市既有建筑保留利用和更新改造，避免片面强调土地开发价值，防止"一拆了之"。坚持城市修补和有机更新理念，延续城市历史文脉，保护中华文化基因，留住居民乡愁记忆。

2020年6月2日，国家发展改革委员会、工业和信息化部、国务院国资委、国家文物局、国家开发银行联合颁发《关于印发〈推动老工业城市 工业遗产保护利用实施方案〉的通知》

（发改振兴〔2020〕839号），明确地说明制定通知的目的："为贯彻落实《中共中央办公厅 国务院办公厅关于实施中华优秀传统文化传承发展工程的意见》（中办发〔2017〕5号）、《中共中央办公厅 国务院办公厅关于加强文物保护利用改革的若干意见》（中办发〔2018〕54号）、《国务院办公厅关于推进城区老工业区搬迁改造的指导意见》（国办发〔2014〕9号），探索老工业城市转型发展新路径，以文化振兴带动老工业城市全面振兴、全方位振兴，我们制定了《推动老工业城市工业遗产保护利用实施方案》。"

这个文件体现了不同部门之间的协作。文化遗产保护是跨学科、多角度的事业，需要不同的部门共同协力，本文件是五个部门共同发表的文件，在六项任务中体现了不同部门的合作，管理、重点保护、博物馆、业态、生活空间、文明城市都不是一个部门可以完成的，而又与工业遗产保护直接相关的问题，相信该文件的推出将有力地推进老工业城市工业遗产保护工作。这个文件也体现了系统性。因为从工业遗产保护到城市可持续发展是一个系统工程，所以从第一项到第六项体现了完整的流程，通过这些措施的推进将有助于工业遗产保护和老工业城市的可持续发展。

在地方政策方面，北京和上海比较有代表性。以北京为例，2006年4月开始北京市地方政府出台了一系列政策措施，在大力促进北京市文化产业发展的基础上，引导鼓励工业资源向文化产业的历史转型。这些政策中有几项关键举措对这一进程起到了实质性的推动作用，包括：

2006年10月颁布的市委宣传部、市发改委研究制定的《北京市促进文化创意产业发展的若干政策》，明确市政府此后每年设立5亿元的文化产业聚集区基础设施专项基金，其中第二十六条明确鼓励盘活存量工业厂房、仓储用房等存量房地资源用于文化产业经营。

2007年9月由市工业促进局、市规划委员会、市文物局发布的《北京市保护利用工业资源，发展文化创意产业指导意见》（以下简称《指导意见》）则是将上条政策展开并落实为具体措施。其中提到了保护和利用工业资源应该坚持的原则，坚持政府引导、企业为主体、市场化运作的原则。并提出了保护和利用工业资源的推进措施，包括评价认定、土地性质、示范项目、引进人才、整合社会资源搭建平台、设立专项基金。

2009年2月同样由出台《指导意见》的三个部门联合发布《北京市工业遗产保护与再利用工作导则》对实际工作展开过程中遇到的不利于工业遗产保护的重要问题加以及时发现并补充相关规定，以求得实现产业发展与遗产保护的平衡。以上述"三步走"政策为主，辅以对文化产业集聚区的认定、文化产业分类标准的界定、工业遗产进入保护名录的确定，北京从政策层面构建了引导利用工业资源发展文化产业的路径。

2018年4月北京市人民政府办公厅印发《关于保护利用老旧厂房拓展文化空间的指导意见》。笔者认为这个文件推进了老厂房和文化创意产业之间的进一步衔接，对于保护老厂房的价值提出了具体操作措施。全文不到3000字，虽然篇幅不长，但都是"干货"和"实招"。①

---

① 北京市国有文化资产监督管理办公室主任赵磊，https://house.focus.cn/zixun/e651312b8eb7d19d.html.

2018年的《指导意见》中强调了保护利用的工作原则，提出"坚持保护优先，科学利用"，把保护放在首位，而不是把开发放在首位。第二点是"扎实做好保护利用基础工作"，就是普查、评估、规划、促进多元利用。这个基础工作的目的就是确保固有价值，尽最大可能保护遗产的真实性和完整性，并且进行修缮。在第三卷已经谈到全国各个城市的普查情况和评估情况，还有很多厂房未经普查和评估就被拆除了，甚至要求生地变熟地，彻底破坏了原有遗址的固有价值。例如2012年拆除了位于天津滨海新区商务中心的天津碱厂，使得这个在中国近代工业史上具有重要意义的遗址永远消失了。固有价值是脆弱的，一旦失去就不可复制，因此在评估国家工业遗产时应十分强调改造利用后的真实性和完整性。

创意价值是新的创造价值。戴维在《文化政策经济学》中更为宏观地描绘了文化产业的四个同心圆构造，这个关于文化产业的排序是按照创造性逐渐弱化的梯度排列的。[①]

第一层为中心的创造艺术，包括文学、音乐、表演艺术、视觉艺术；第二层是其他核心文化产业，包括电影、博物馆、美术馆、图书馆；第三层是广义的文化产业，包括遗产服务、出版和印刷媒体、录音、电视和电台、视频和电子游戏；第四层是相关产业，包括广告、建筑、设计、时装。我们把这个概念纳入我们的鸭蛋形构造中（图8-2-4）。

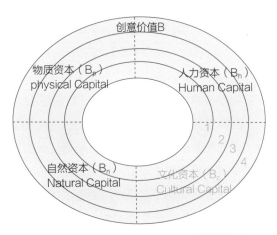

图8-2-4　创意价值的构造和创造性的梯度

在以工业遗产为核心的文化产业中也包含了这样的内容，只是当我们对比固有价值的时候，我们可以认为上述四层中都存在物质资本、人力资本、自然资本和文化资本。例如以798和751为例，第一层（图8-2-4中1）文学、音乐、表演艺术、视觉艺术的展示都是以工业遗产（物质资本）作为依托的，游客可以在历史建筑环境中享受艺术的大餐。也有进行艺

① 戴维·思罗斯比. 文化政策经济学［M］. 易昕，译. 大连：东北财经大学出版社，2013：99. 英文版在第92页，日文版在第105页。

术创作的艺术家和为展示服务的工作人员（人力资本），需要改善的环境（自然资本）和创造的艺术本身（文化资本）。第二层（图中2）为工业遗产博物馆，最近将工业遗产改造成博物馆成为热点，博物馆具有物质资本、人力资本，不过创造经济价值的还是博物馆的收藏，在中国作为遗产的博物馆是有料的，例如故宫年营销收入10亿元。第三层（图中3）包括遗产服务、媒体、出版等。

关于第四层（图中4）相关产业，可能与戴维解释的"设计"有不同的见解，因为设计中有创意，所以有些设计也应该放在第一层。但某些设计，诸如工业设计，其本质上是功能主义的，主要目的不是传播某种文化内涵，还有一些和商业开发有关，所以戴维认为应该放在同心圆的外围，即减弱重要性。建筑也和某些设计一样被列在第四层。这里要十分注意创意性强弱是决定文化产业品质的重点，国内很多文化创意园区变为商业操作，失去了创意园区的意义。

戴维所论述的文化创意的宏观量化评估可以从《中国文化产业发展报告》中看到。《中国文化产业发展报告（2015—2016）》[①]报告了2013年20个"高度关注"的文化企业的主要利润率指标。从高到低的顺序是互联网信息服务、专业设计服务、广告服务、印刷复印服务、建筑设计服务、文化贸易代理与拍卖服务、文化软件服务、广播电视服务、版权服务、电影和影视录音服务、广播电视传播服务、发行服务、会展服务、出版服务、文艺创作与表演服务、增值电信服务、景区游览服务、娱乐休闲服务、新闻服务，其中互联网信息服务利润率达到50.9%。

如果比较戴维的文化产业四个层次构造，我们发现上述文化企业大部分靠近偏外圈的部分，也就是说越是外围的产业效益越好。英国的皮考克（Peacock, A.T.）[②]提出了文化市场双重性的概念，即表演艺术、绘画等原创艺术属于一级市场，而由信息技术传播的复制艺术属于二级市场。这个概念对于文化产业十分重要，一级市场是二级市场的支持和来源，没有一级市场就没有二级市场。在中国这样的例子很多，例如天津杨柳青年画的复制品比原创更容易赚钱，但是如果没有原创也就没有复制品。因此需要制定政策时对于一级市场给予支持，如果任由二级市场的自由膨胀，园区将逐渐变质成为商业区。这方面需要有文化政策引导。

上述2018年北京的《关于保护利用老旧厂房拓展文化空间的指导意见》中强调了"坚持需求导向，高端引领"。聚焦文化产业的创新发展，让老房子对接高端项目资源。我们可以把"高端"进行一个梯队排序，也可以看到有一些原创产业是属于一级市场，这些可能并不如复制能获得更多的收入，但是原创是复制的源头，因此保护源头是文化政策的重点。在这

---

① 张晓明，王家新，章建刚. 中国文化产业发展报告（2015—2016）[M]. 北京：社会科学文献出版社，2016：77.

② 皮考克（Peacock, A.T.）英国经济学家，曾经在英国爱丁堡大学任教，也曾经在美国纽约大学任教并创建该校经济学院。其出版过很多专著，在《支付风笛手：文化，音乐和金钱》〈Paying the Piper〉（1993）中他运用经济学的方法来理解艺术。在《渴望做好事》（Anxious to do Good, 2010）中，他描述了他参与的公共政策，包括英国广播公司的融资等。

份指导意见中提到非营利问题就是指原创性很高的文化创意产业，支持一级市场在很多文创园中还没有做到，因此逐渐变为商业区域。例如天津的绿岭纳入各种业态，包括一系列汽车修理商店，于2014年倒闭。

总之，固有价值+创意价值是创意产业园文化磁力的源头，最大限度保护和伸展价值，才能使得创意园可持续发展，促进高端产业的发展。

在《经济学与文化》中戴维还提到了外溢效应（positive spillovers），即影响其他经济人的收益外溢或成本外溢。位于市区的博物馆可以为周边企业和居民创造就业机会、收入机会以及其他经济机会，这些效应在当地经济或者区域经济评估中可能是重要的，但是这种计算却是很困难的。[①]例如，交通、商业、旅馆经济等都是由于文化遗产而引起的，都要计算。

在《文化政策经济学》中戴维再次提到外溢效应："文物建筑可以产生正面外溢效应（positive spillovers），例如，如果路人通过其美学和历史性的观察而获得一种愉悦，那么文物建筑就产生了正面外溢效应；再如，人们行走在罗马和巴黎大街上可以享受到他们身临其中的历史建筑、古迹和广场所带来的视觉盛宴。理论上，这些效益的经济价值可以估计到，但是它们是暂时性的，事实上对于个人来说，正面外溢效应可能是一个可识别的且具有重大价值的文物遗产。"[②]

外溢效应位于价值框架的什么地方？戴维把文化资本的经济价值分为使用价值、非使用价值和外溢效应。笔者认为虽然戴维所说的外溢效应是针对固有价值的，但是创意价值也会产生外溢效应，所以可以把外溢效应放在创意价值的外圈中表示。当然戴维提到文化资本的外溢效应很难计算，在这里可能更难分别算出固有价值的外溢效应和创意价值的外溢效应。我们可以考虑将外溢效应纳入工业遗产的价值体系中，相当于蛋壳部分（图8-2-5）。但是如果计算创意价值的绩效时，应该说明是否包括外溢效应，建议单独计算。应该说明的是外溢效应本来应该主要是由文化价值而产生的，画在四种资本的外围只是一个示意。另外什么内容可以是外溢效应也要根据不同研究所定义的宽泛程度而定。

外溢效应可以从旅游者身上看到。我们曾经对798的访客进行调查（见丛书第三卷），大部分旅游者表明愿意支付798的非使用价值部分。研究结论可以供决策部门参考。[③]由于旅游过度开发也会影响遗产的价值，因此应该注意防止过度商业化的影响，以不破坏遗产的固有价值为前提。

这个框架模型的研究有利于我们认识工业遗产的价值构成，有利于分解计算工业遗产的经济价值，进而为决策提供依据。对于物质资本、人力资本和自然资本的计算基本依托市场

---

① 戴维·思罗斯比. 经济学与文化 [M]. 王志标，等，译. 北京：中国人民大学出版社，2011：41-85；戴维·思罗斯比. 文化政策经济学 [M]. 易昕，译. 大连：东北财经大学出版社，2013：120.
② 戴维·思罗斯比. 文化政策经济学 [M]. 易昕，译. 大连：东北财经大学出版社，2013：121.
③ 陈佳敏. 改造后工业遗产文化资本经济价值评估——以798艺术区为例 [D]. 天津：天津大学，2017；阎梓怡. 中国工业遗产经济价值评估——以北洋水师大沽船坞为例 [D]. 天津：天津大学，2017.

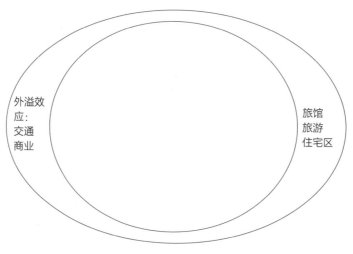

图8-2-5 外溢效应的图示

的计算方法，而对于文化资本的价值则需要精细分解，按照非市场的方法计算。

文化创意产业园可以没有工业遗产，可以没有博物馆这样的内核，但是如果有内核则价值更高。因此如何保护好固有价值、发挥好创意价值是鉴别文化创意产业园的重要指标，也是保持文化磁力的关键。

8.2.4 保护固有价值，发挥创意价值——常州运河五号创意产业园的实践

2019年，常州运河五号获得"国家工业遗产"的称号。运河五号作为工业遗产并不是最为突出的案例，但是作为产业园注重工业遗产的真实性和完整性是产业园获得"国家工业遗产"称号的重要原因。这也是其他很多工业产业园没有做到的。这个案例给我们的启示是文化产业园固有价值和创意价值的兼顾。

常州运河五号创意产业园原为恒源畅厂，创建于1932年。中华人民共和国成立以后，恒源畅经过社会主义改造转变为公私合营的恒源畅染织厂，1966年，工厂转变为完全国营的常州第五棉织厂。1980年，考虑到产品的更新和丰富，再度更名为常州第五毛纺织厂。2006年常州市在全国较早进行工业遗产普查，恒源畅厂是普查中的重要物象。2008年，结合古运河申遗，常州申报国家历史文化名城，围绕"运河文化、工业遗存、创意产业、常台合作"四大主题，通过"抢救、保护、利用"的办法，常州产业投资集团有限公司（原常州工贸国有资产经营有限公司）将原第五毛纺织厂改造成运河边的创意街区，成为古运河上一道独特的风景。恒源畅厂旧址于2010年被列入江苏省"首批古运河沿线重点文物抢救工程"。2011年12月江苏省人民政府又在街区内单个市级文保建筑的基础上扩展范围，将整个恒源畅厂旧址公布为江苏省文保单位。

2015年10月常州钟楼区获省国土资源厅批复成为工业用地出让方式改革试点，在低效产业用地再开发上作文章。按照省政府《关于促进低效产业用地再开发的意见》要求，钟楼区在摸底城镇低效建设用地基础上，鼓励利用现有房屋和土地，兴办文化创意、科技研发、健康养老、工业旅游、众创空间、生产性服务业、互联网+等新业态。同时，采取收购储备、鼓励流转、协议置换等多种方式实施低效产业用地再开发。

园区占地面积36388平方米，建筑面积32000平方米（其中公益展馆12000平方米），从"古运河畔老工厂"到"常州文化新码头"，依托恒源畅厂旧址建立的运河五号创意街区成了常州工业遗存整体保护利用再生的点睛之笔。园区将原厂区厂房、办公楼和配套设施打造成设施完备、功能完善、服务全面、氛围独特的吸引设计类创意人才和企业创业发展的平台。整个街区内从20世纪初起，经30年代、40年代、50年代，直至90年代，每个年代都有其代表建筑和所承载的工业遗存和文化遗迹（图8-2-6～图8-2-8）。

具体物象包括20世纪30年代民族工商业主建造的办公楼、"近代工业之父"盛宣怀及家族举办慈善事业的老人堂、木结构锯齿形厂房等7幢民国时期典型江南民居建筑，完整保留了原厂区内的锅炉房（含地磅、锅炉、烟囱）、水塔、烟囱、纺织厂特有的连排锯齿型厂房、消防综合楼、机修车间、经编车间、医务室、食堂、浴室等建筑物；原址保留梳毛机、水喷淋空调装置、1332M槽筒式络筒机、纡子车、定型设备、印染轧机、和毛机等纺织厂的特征设备和文物资料；20世纪30年代股份制公司的各类资料、著名爱国将领冯玉祥题写的"恒源畅染织股份有限公司"厂名题词、清朝时期的土地交易契约、获得国家纺织工业部颁发的优质产品奖的"童鹰"牌毛毯，以及从建厂初期至今的近7万份史料、手稿、图书资料等。厂内的建筑，从20世纪30年代到50、60年代，70、80年代，90年代的建筑都保存完好，可以说这里是近现代民族工业发展的缩影。①

从2006年开始常州市对市区范围内的工业遗存进行了大面积的普查，大明厂的水塔、东方厂的竞园、名力厂20世纪30年代的建筑群等都进入了普查人员的视野。不久前，工业遗产普查人员在有百年历史的戚墅堰机车厂内，又发现了一批老建筑，以及服役了100多年、至今仍在运转的老机器。这不仅丰富了常州的工

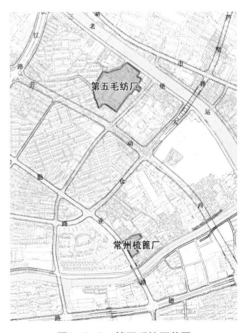

图8-2-6　第五毛纺厂范围

① 笔者2019年9月考察常州运河五号，并采访王必健原厂长以及相关人士。

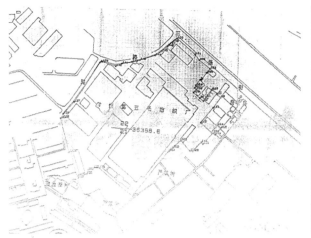

五毛厂保护利用规划意象图

图8-2-7　1997年常州第五毛纺厂总平面　　　　图8-2-8　第五毛纺厂（运河五号）保护规划

附录：常州市区工业遗产建构筑物保护利用建议一览表

序号	工厂名称	建厂年代	地址	工业遗产名称	遗产年代	建筑面积（平方米）	保护范围	建设控制地带	工业遗产建构筑物保护模式	保护利用方法建议		
										工业遗产建构筑物	工业地段	保护利用模式
1	恒源畅厂旧址（现第五毛纺织厂）	20世纪40年代初期	三堡街141号	办公楼	30年代初期	964	办公楼本体	—	修复改善	手工艺展示	三堡街工业遗产地段	创意产业园区
				厂房	初期	136	厂房本体	—	修复改善	文化展示		
				医务室	民国	120	医务室本体	—	整治改造	文化展示商业开发		
				厂房	1975年	8713	厂房本体	—	整治改造	设计工坊		
				厂房	1979年	2748	厂房本体	—	整治改造	设计工坊		
				厂房	20世纪80年代	6414	厂房本体	—	整治改造	创意工坊		
				烟囱	20世纪50年代初期	—	烟囱本体	—	保养维护	文化旅游景点		
				水塔	20世纪70年代	—	水塔本体	—	保养维护	文化旅游景点		
				石磨	清朝	—	石磨本体	—	保养维护	文化旅游景点		

图8-2-9　保护规划中建议保留的物象

业遗产内容，同时也是一段历史的真实记录。[①]

　　从《常州市区工业遗产保护与利用规划》中可以看到普查的表格，表明了建议保留的物象（图8-2-9）。

　　在实际操作中完全按照规划将原厂区保护下来。在现场可以看到从完整性角度考察该建筑群，基本保留了各个时期所有的工业建筑，甚至保留了原来的职工浴室、锅炉房、烟囱等（图8-2-11～图8-2-13），此外还保留了设备，并且小范围地展示设备运转（图8-2-14），注重了工业遗产完整性。

————————

① 报道见http://www.jscj.com/forum/9/946/94609_1.html（2007年9月4日）。

图8-2-10　恒源畅厂昔日

图8-2-11　恒源畅老办公室

图8-2-12　老厂房屋架

图8-2-13　保留下来的水塔

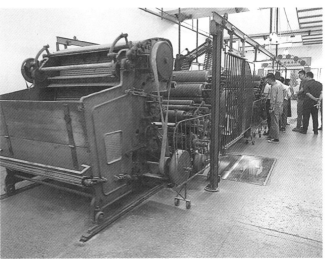

图8-2-14　梳毛机

贡献最大的是建立了档案馆，保护了7万件档案。2009年，常州市档案局、市国资委、产业投资集团（原工贸国资公司）经过多次协商，决定创新理念，整合资源，联手开展工业遗存和工业档案的抢救、保护和开发。经过两年的艰苦努力，一幢8000平方米的档案大楼改造完成，先后接收、整理破产关闭企业档案60万卷，征集到老照片1100余张、产品实物200多件，为濒危的破产、关闭企业档案"安了个家"，形成企业档案集中保管、统一开发利用的新格局（图8-2-15）。

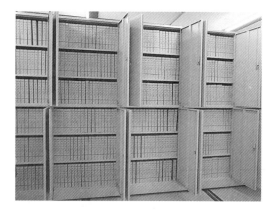

图8-2-15 保存的档案

在运河五号物象上还反映出很多特点。运河五号的确是一个反映工业遗产的博物馆（其中公益展馆12000平方米），保护了遗产的固有价值，同时也是创意产业园，吸引了画家、设计者，还开办改造原有建筑为餐厅、旅馆、酒吧等，创造创意价值（图8-2-16）。

2018年，园区管理公司年营业收入663万元，其中包括房租收入520万元、物业费18万元、停车费59万元、各类项目引导资金50万元、活动收益16万元，全年支出672万元（包括人员工资、维修维护费、税金、广告宣传费等），基本能实现收支平衡。这是很多文化创意产业园做不到的。投资集团的领导认为一方面是努力经营的结果，另外一方面是土地产权并没有出让才能实现。

图8-2-16 锅炉房改造为酒吧

1998年中国出台政策允许出让划拨土地使用权，因此很多工厂出让了土地使用权，之后土地性质发生转变，造成大量拆除工业遗存而建造商住用房，否则无法平衡高昂的出让金。这种方法一般不能保护工业遗产。

常州运河五号是另外一种模式。常州产业投资集团有限公司（全资国有公司）从原来第五毛纺厂收回土地，然后交付给新成立的常州运河五号创意产业发展有限公司经营，中间没有出让金的问题。另外产业园的前期投入是不可避免的，前期由母公司常州产业投资集团投入1.2亿元打造，另外得到省和市发改委、宣传部、文广旅局等部门的支持，获得相关引导资金近4000万元。经过近10年的调整、发展，目前街区已形成"运河记忆、工业遗存、创意产业、常台合作"四大主题，吸引近90家文创类工作室和公司入驻（含20家台青创业项目），汇聚500多名创业青年，平均每年吸引70多万名参观游客、近100个创意团队，年营业收入达6000多万元。至此，运河五号摆脱了依靠政府办产业园的境地。

和其他很多工业遗产相比，全国将毛纺厂改造为文化创意产业园的案例很多，但是该园既保持了真实性和完整性，同时也精心经营，努力提高创意价值，实现收支平衡，为可持续发展奠定基础。并且提示了很多值得思考的问题：怎么样才能办好文化创意产业园？第一，文化需要扶持，如果当初常州毛纺厂被拆除就没有运河五号产业园，这是常州十分重视用文化打造"运河文化长廊，百年工业遗韵"，申请大运河世界遗产的结果。第二，应该尽量减小土地出让金、土地变性带来的负担，由政府主管土地划拨，以无偿用于公共事业为主，并投入一定的前期资金，保证产业园成长起来。第三，做好工业遗产保护总体规划，结合世界遗产大运河规划一起规划工业遗产，将运河沿岸的工业遗产串联起来，打造一个文创集聚区。常州运河五号完全按照规划的要求推进，保持原有风貌。而在很多地方，即使有工业遗产保护规划，也没有认真执行。

8.3 从工业遗产到创意城市

8.3.1 从文化遗产到创意城市的体系思考[①]

8.3.1.1 工业遗产类型城市复兴的背景

工业遗产和城市复兴是涉及所有进入后工业时代的国家的重要问题。英国20世纪70年代开始启动工业遗产改造和城市复兴策略，城市复兴策略为20世纪80年代的经济复苏战略奠定了基础。整个80年代，英国城市复兴策略的主题为"以地产开发为导向的城市复兴策略"

---

① 本节执笔者：徐苏斌、青木信夫。

（property-ledregeneration strategy），进入90年代，"以文化为导向的城市复兴策略"开始得到推广，这一策略主要被应用于废弃工业区的再利用与复兴。

20世纪80年代末，创意的概念开始兴起，当时所探讨的关键用语包括文化（culture）、艺术（the arts）、文化规划（cultural planning）、文化资源（cultural resources）与文化产业（cultural industries）等。创意是个内涵很广的概念，直到20世纪90年代中期，它才摆脱专业用语的角色，成为一种新型的共识。接着在2002年又出现了创意经济（creative economy）与创意阶层（creative class）的概念。

代表人物是查尔斯·兰德利（Charles Landry）、约翰·霍金斯（J. Howkins）、理查德·佛罗里达（Richard Florida）等。创意城市理念的创始人查尔斯·兰德利早在1978年就成立了英国创意城市研究机构"传通媒体"（Comedia），主要是从事城市生活、文化和创造相关的项目，成员是不断变化的，目前已经完成了世界上500多个城市规划项目，出版了100多种出版物，已经是具有国际影响的团队。创始者查尔斯·兰德利等于1995年出版了小册子《创意城市》①，在此基础上兰德利2000年又出版了《创意城市：如何打造都市创意生活圈》②。后者针对解决城市问题提出"创造性风土"如何创造，如何运营，还有如何持续的问题，为现实如何具体操作提出了"创造城市政策论"。

2001年约翰·霍金斯（J. Howkins）出版了《创意经济》，2002年第二版。③他认为凡是产出的产品具有产权和经济部门都是创意产业。只是产权分为四个大的生产部门，每一个部门都有对应的创意产业，这些部门合起来就构成了创意经济。④目前"创意经济"这一术语被国际社会广泛接受，经由联合国贸发会议在其主编的2008年和2010年两册《创意经济报告》中确立，后续联合国教科文组织等机构也沿用了这一术语。

2002年，理查德·佛罗里达（Richard Florida）出版了《创意阶层的崛起》（*The Rise of the Creative Class*）一书。⑤佛罗里达描述了一个创造精神越来越占主导地位的社会。创意阶层的兴起记录了人们选择和态度的持续变化，不仅展示了正在发生的事情，而且还展示了它是如何从根本的经济变化中产生的。创意阶层现在占全部劳动力的30%以上。 他们的选择

① The creative city. Bournes Green, near Stroud, Gloucestershire：Comedia，包括四册论文：Artists and the creative city / Lia Ghilardi Santacatterina. ——Comedia, 1995.（The creative city; working paper 4）; Indicators of a creative city: a methodolgy for assessing urban vitality and viability / Franco Bianchini and Charles Landry. —— Comedia, 1994. ——（The creative city; working paper 3）; Concepts and preconditions of a creative city / Ralph Ebert, Fritz Gnad, Klaus Kunzmann. —— Comedia, 1994. ——（The creative city; working paper 2）; Key themes & issues / Charles Landry and Franco Bianchini. —— Comedia, 1994. ——（The creative city ; working paper 1）.

② The creative city: a toolkit for urban innovators / Charles Landry. Bournes Green, near Stroud, Gloucestershire：Comedia, London: Earthscan, 2000. 该书已经翻译为中文. 查尔斯·兰德利. 创意城市: 如何打造都市创意生活圈 [M]. 杨幼兰, 译. 北京: 清华大学出版社, 2009.

③ John Howkins. The Creative Economy [M]. The Penguin Press, 2002.

④ John Howkins. The Creative Economy [M]. The Penguin Press, 2002: 19-20.

⑤ Florida R. The Rise of the Creative Class: And How It's Transforming Work, Leisure, Community and Everyday Life [M]. New York: Basic Books, 2002; 中文版: 理查德·佛罗里达. 创意阶层的崛起 [M]. 司徒爱勤, 译. 北京: 中信出版社, 2010.

已经产生了巨大的经济影响。该书获得2002年华盛顿月刊年度政治图书奖，具有全球性的影响力。

在政府的操作层面，1997年5月，英国工党首相布莱尔听从包含约翰·霍金斯在内的顾问团建议，推动创意产业，并由此启动了英国经济转型升级之路。首相布莱尔为振兴英国经济，提议并推动文化、媒体和体育部（DCMS）专门成立了"英国创意产业特别工作小组"（CITF），该小组于1998年和2001年两次发布研究报告，分析英国创意产业的现状并提出发展战略。在1998年发表的报告中首次对创意产业进行了定义：创意产业"是源自个人创意、技巧及才华，通过知识产权的开发和运用，具有创造财富和就业潜力的行业"，具体包括广告、建筑、艺术品和古董交易、工艺品、设计、时装、电影、电子游戏、音乐、舞台艺术、出版、软件、广播电视等十三个行业。[①]英国推进创意城市也引领了世界的创意城市发展。

英国创意城市的研究机构Comedia的创始人兰德利认为，城市要达到复兴只有通过城市整体的创新，而其中的关键在于城市的创意基础、创意环境和文化因素。因此，任何城市都可以成为创意城市或者在某些方面具有创意[②]。本研究针对所研究的工业遗产思考从工业遗产保护到创意城市推进的相关问题。

8.3.1.2 "文化文本——文化资本——文化产品——文化产业——创意城市"体系

在本课题的研究设定第一到第五个子课题时，笔者试图将从工业遗产保护到创意城市作为一条逻辑线索连贯思考的。这条线索也是具体推进创意城市运动的策略，说明工业遗产保护的目标。目前工业遗产研究状况碎片化比较严重，研究文化遗产、适应性再利用、文创产业、创意城市都有不少研究成果，但是需要从一个系统的角度思考文化遗产保护、市场、创意产业和创意城市。关于系统地思索从工业遗产到创意城市这个方面，台湾的王玉丰等在《揭开昨日工业的面纱——工业遗址的保存与再造》中提出了文化遗产保护系统的概念，即把从文化文本到文化产业共分为"文化文本——文化资本——文化商品——文化产业"四个阶段，[③]该系统给予我们一定启发。当前中国工业遗产保护、创意产业、创意城市的推进呈现出十分繁荣的景象，笔者认为有必要将从工业遗产到创意城市视作一个有机的整体，将这个过程看作是"文化文本—文化资本—文化产品—文化产业—创意城市"体系（图8-3-1）。每个过程需要推进的工作分析如下：

---

① HALL P. Creative Cities and Economic Development [J]. Urban Studies, 2000, 37（4）: 641。转引自：李明超. 创意城市与英国创意产业的兴起 [J]. 公共管理学报，2008（04）.

② Charles Landry. The creative city: a toolkit for urban innovators [M]. London: Earthscan, 2000: 167。转引自：李明超. 创意城市与英国创意产业的兴起 [J]. 公共管理学报，2008（04）.

③ 王玉丰. 揭开昨日工业的面纱———工业遗址的保存与再造 [M]. 高雄：科学工艺博物馆，1993: 18.

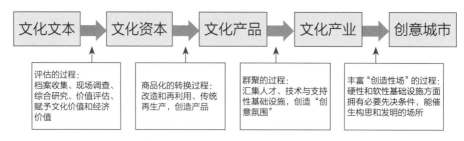

图8-3-1 从文化遗产到创意城市的体系

第一个过程是从文化文本到文化资本。

从文化文本到文化资本是一个价值评估的过程。例如工业文化文本原本是具有工厂企业自身附带的价值，并没有进行文化资本的评估，人们往往不是很清楚其是否具有文化价值，需要通过档案收集、现场调查、综合研究、价值评估来定位其文化价值。新的评估既可以从文化学角度评估，也可以从经济学角度评估，本套丛书第三卷已经探讨了文化学角度的评估和经济学角度的评估。

"传统媒体"（Comedia）能提出创造城市的概念，是基于他们早期大部分工作是在英国对文化产业进行调查和可行性研究，这使他们对文化的亮点有最深刻的了解，同样之于文化遗产，不论物质还是非物质资源都要有充分的了解。建筑遗产有不同的等级，有重点文物保护单位，有属于地方体系的历史风貌建筑，也有不在体系内的历史建筑。对于重点文物保护单位进行评估，结论可能是每个部件都具有重要保留价值，但是对于不在体系内的历史建筑，我们也应该把它看作是一种资源，同样要进行价值评估，保护其中具有历史价值、社会价值、科学价值、艺术价值的部分，并且在如此前提下发挥更多创造力。查尔斯·兰德利认为，"城市必须重新评估自身的资源与潜能，继而促成必要的全面改造流程，而这本身就是个充满想象力与创造力的行动。"[1]

第二个过程是从文化资本到文化产品。

这个转换是文化遗产进入经济循环的关键。查尔斯·兰德利认为"以创意为通货"，这是"创意城市"最为突出的特色，即"在崭新的城市架构下，创意是主要的通货之一"[2]。

从文化资本向文化市场转换涉及创意、生产、销售等环节，而创意是文化产品和一般商品最大的不同，对于文化遗产而言，其本身已经存在资本的价值，在保证本来的价值不降低的前提下，通过创意实现价值增长可能更为复杂，这也正是本研究所强调的。

在历史建筑改造问题上，1977年《马丘比丘宪章》提出了"适应性再利用（Adaptive Reuse）方法是适当的"。1979年《巴拉宪章》明确了"适应性再利用"的概念：对某一场所进行调整使其容纳新的功能，其关键在于为建筑遗产找到适当的用途，这些用途使该场所

---

① 查尔斯·兰德利. 创意城市：如何打造都市创意生活圈［M］. 杨幼兰，译. 北京：清华大学出版社，2009.

② 查尔斯·兰德利. 创意城市：如何打造都市创意生活圈［M］. 杨幼兰，译. 北京：清华大学出版社，2009：5.

的重要性得以最大限度的保存和再现，对重要结构的改变降低到最低程度，并且这种改变可以得到复原。"适应性再利用"的提出拓展了文化遗产保护的外延，使得文化遗产保护和文化产品相连接，进而和创意产业建立了联系。本套丛书第四卷研究了城市和建筑的适应性再利用的现状和问题，强调了应该在保护真实性的前提下进行创意设计。中国的工业遗产设计有两个极端的倾向，或者是博物馆式的保护，或者是完全按照新建筑设计，缺乏价值评估。笔者认为本来遗产的价值并不因为是否具有文物身份而改变，因此在进行适应性再利用的时候应该注意既保护真实性价值，也发挥创意。

查尔斯·兰德利提出"文化深度"（cultural depth）的概念，意指文化遗产是有文化深度的资源，是长期积累形成的，是其他城市不可取代的城市特征定位标志。但是也并不是说新兴文化产业不能建立文化深度，比如电影与媒体产业，还有信息科技经济组织，都是在洛杉矶和硅谷等新兴地区生的根，但是比较起来，"某些地方有源自历史的文化深度。而借由确立特色，让城市运用成年累月的古色古香感，以及靠市民自豪感所激发的信心，都能使历史焕发新生。它能赋予机构权威感与可信度，就如波士顿坐拥哈佛大学、麻省理工学院等群聚学府般，这让它变得具有自我强化能力。由于声誉，尤其是教育界的声誉需要长时间建立，因此不会轻易被新兴的城市或机构所夺走。"[1]比如天津曾经有九国租界，也是近代工业先驱城市之一，北京则是古都，它们的城市特征并非新兴城市所能取代的。不仅要保持文化遗产所具有的文化深度，还要使之增值。创意是实现保值和提升文化资本价值的过程。所谓增值是在文化遗产原有的价值基础上添加新的价值。

在适应性再利用中应该提倡创意，如果"以创意为通货"，那么创意在改造中十分重要，创意的优劣决定着产品新的价值定位。芝加哥大学教授契克森·密哈伊（Czikszent Mihalyi）曾说"创意等于文化的基因变化过程"[2]。从历史角度来看，使城市命脉得以存续的，正是能挑战传统界限的创意。霍布斯鲍姆在1983年出版的《传统的发明》一书中认为传统当然不全是真理，许多传统的确含有谎言的成分，但是不断重复会使它们变得珍贵与崇高，关键不在于它们曾经是谎言，而在于它们从谎言变为传说的过程。[3]文化遗产现在的价值定位也包括今天人们的认识过程，而这个过程还在延续，创意就是延续传统的过程。

戴维·思罗斯比曾在《文化经济学》一书中将文化遗产的价值分为使用价值和非使用价值，非使用价值中则包括有创造性价值，也就是说文化遗产赋予了创造者想象和创造的空间，[4] 这是一个全新的设计所没有的，是遗产对于创意的恩赐。那么，该如何处置遗产所内含的资产？"在某个人手里，它们会爆发潜能，但在另一个人手中，它们则遭到闲置，或是

① 查尔斯·兰德利. 创意城市：如何打造都市创意生活圈 [M]. 杨幼兰，译. 北京：清华大学出版社，2009.
② Czikszentmihalyi M. Creativity: Flow and the Psychology of Discovery and Invention [M]. New York: Harper Collins Publishers, 1996.
③ E.霍布斯鲍姆, T. 兰格. 传统的发明 [M]. 顾杭，庞冠群，译. 南京：译林出版社，2004.
④ Throsby D. Economics and Culture [M]. Cambridge University Press, 2001.

一事无成"。①所以创意是与人才有关系的。

第三个过程是从文化产品到文化产业。

从文化产品到文化产业是群聚的过程。

在英国、澳大利亚、新加坡多用"创意产业"，在日、韩多用"文化产业"。在中国有"公共文化事业"和"文化产业"两个概念，这是中国的特色。公共文化事业是指政府或者公共团体出资的非营利的再利用部分，如利用为博物馆等，这样减弱了单独由文化产业带来的对文化遗产的利益追求的强度，但是不论哪种出资形式，被利用的文化遗产都是消费的场所，博物馆也是文化商品，不论应用于文化产业还是公共文化事业的遗产，都需要对文化遗产进行保值和增值。一系列文化产品的连锁构成文化产业。

英国是最早将创意产业定位为国家战略的国家。"英国创意产业特别工作小组"（CITF）于1998年发表的报告，首次对创意产业进行了定义：创意产业"是源自个人创意、技巧及才华，通过知识产权的开发和运用，具有创造财富和就业潜力的行业"。②

查尔斯·兰德利在2000年出版的《创意城市：如何打造都市创意生活圈》前言提到群聚与创意区。在富有创意的地方，群聚（clustering）举足轻重，而这些地方往往被称为创意特区（creative quarters）。对"创意经济"与创意氛围（creative milieu）来说，最重要的就是人才、技术与支持性基础设施的汇集。而诸如设计、生物科技或教育等空间群聚（spatial cluster）活动，或产业的集中，都是城市资产。任何有关城市活力与繁荣的讨论重心，都在于群聚，而其中的主张也让人耳熟能详：财务、技术及精神上的相互支持；提高市场效率；媒合买卖双方；在相近领域或可利用的卓越中心间形成重叠，并促进竞争，以制造"乘数"效应，促成协作性互补交流与资源的交换。群聚并非新事物，自从交易开始，其中的便利就显而易见。随着真实与虚拟世界在创意空间被结合，群聚正在改变，但重要的面对面接触仍是关键。③

查尔斯·兰德利在本书第六章专门论述了创意氛围，他提出："创意氛围是一个场所在'硬性'和'软性'基础设施方面（creative infrastructure）催生构思和发明所拥有的先决条件。它可以是一个建筑组团、城市的一部分，一整座城市或者一个区域。它是这样的取值环境：为大量的企业家、知识分子、社会活动家、艺术家、管理者、针织掮客或学生提供一个思想开放的、世界性的环境；在那里，面对面的互相交流创造出新的构思、艺术品、产品、服务和机构，也因此带来经济效益。"④

较早研究创意产业（creative industries）的理查德·凯夫斯于2001年出版《创意产业：

① 查尔斯·兰德利. 创意城市：如何打造都市创意生活圈［M］. 杨幼兰，译. 北京：清华大学出版社，2009.
② HALL P. Creative Cities and Economic Development［J］. Urban Studies，2000，37（4）：641.
③ 查尔斯·兰德利. 创意城市：如何打造都市创意生活圈［M］. 杨幼兰，译. 北京：清华大学出版社，2009：23.
④ Charles Landry. The Creative City: a toolkit for urban innovation［M］. London: Earth scan，2000. Routledge，2012：133.

艺术和商业之道》，作者认为文化创意产业的经济活动会影响现有的文化产品的产销关系和市场价格。[①]

2002年理查德·佛罗里达在《创意阶级的兴起》一书中，阐述了对一个创意城市应该有创意阶层的支持。[②]创意阶层包括设计师、科学家、艺术家与脑力劳动者等，也就是在大家眼中需要用创意来从事自身工作的人。创意阶层（creative class）是创意产业的支持。

所以从文化产品到创意产业是一种从单体到群体，创意氛围培养的过程，这个过程直接影响到产销关系和市场价格，影响了创意经济。

第四个过程是从文化产业到创意城市。

创意城市不是严格的学术概念，而是一种推动城市复兴和重生的模式。上文提到的查尔斯·兰德利所论述的创意氛围，就是包括了创意城市在内的所有创意环境。

也有学者认为创意城市（The Creative Cities）是在经济全球化的背景下，由产业转移和产业升级推动、伴随城市更新和创意产业兴起而出现的一种新型的城市形态，是建立在消费文化和创意产业基础上向社会其他领域延伸的城市发展模式，是科技、文化、艺术与经济的融合。[③]"创意、创意产业和创意城市之间呈现出一种难度递增、发展递进的关系：创意形成创意产业，创意产业构筑创意城市；创意城市又促进创意产业，萌生新的创意，创意产业与创意城市之间存在着明显的依存关系。"[④]

关于创意城市的特点学者兰德利（C. Landry，2000）、霍斯彭思（J. Hospers，2003）、佛罗里达（R. Florida，2002）、格莱瑟（E. Glaeser，2004）都曾经进行过描述。陈旭归纳了不同学者对于创意城市的类型、发展阶段、等级、评估等的研究，有助于深入了解创意城市和进行比较研究（表8-3-1）。[⑤]

兰德利的关于创意城市发展等级可以提供我们对于所处创意城市的阶段的判断和努力的方向（表8-3-2）。

① 理查德·凯夫斯（Richard Caves）.创意产业：艺术和商业之道［M］.孙绯，等，译.北京：新华出版社，2004.
② Florida R. The Rise of the Creative Class：And How It's Transforming Work，Leisure，Community and Everyday Life［M］. New York：Basic Books，2002.
③ 李明超. 创意城市与英国创意产业的兴起［J］. 公共管理学报，2008（04）：94.
④ 同上.
⑤ Charles Landry. The Creative City：a toolkit for urban innovation［M］. London：Earth scan，2000. Florida R. The Rise of the Creative Class：And How It's Transforming Work，Leisure，Community and Everyday Life［M］. New York：Basic Books，2002；Gert-Jan Hospers Creative Cities in Europe：Urban Competitiveness in the Knowledge Economy［J］. Intereconomics，2003，38（5）：260-269；Glaeser EL. Book Review of Richard Florida's "The Rise of the Creative Class".2004.［J/OL］. https://scholar.harvard.edu/glaeser/publications/book-review-richard-floridas-rise-creative-class. 参考：汤培源，顾朝林. 创意城市综述［J］. 城市规划学刊，2007，3（169）；陈旭，谭婧. 关于创意城市的研究综述［J］. 经济论坛，2009，3（453）.

研究代表人物	理论	主要内容
兰德里 （C.Landry，2000）	7要素理论	创意氛围（the creative milieu）建立在人员品质、意志与领导素质、人力的多样性与各种人才的发展机会、组织文化、地方认同、都市空间与设施、网络动力关系这七大要素上
霍斯彭思 （J.Hospers，2003）	3要素理论	集中性（concentration）：体现在人口数量上以及人口交互的密度上； 多样性（diversity）：包括城市居民在知识、技能和行为方式方面的个体差异，还扩展包括了城市里意象与建筑的不同； 非稳定状态（instability）：引发创意
佛罗里达 （R. Florida，2002）	3T理论	技术（technology）：一个地区的创新和高科技的集中表现； 人才（talent）：创意阶层，指那些获得学士学位以上的人； 包容度（tolerance）：对少数民族、种族和生活态度的开放、包容和多样性
格莱瑟 （E. Glaeser，2004）	3S理论	技能（skill）、阳光（sun）和城市蔓延（sprawl）

C.Landry的创意城市发展等级　　　　　　　　　　　　　　　　　　　　　　表8-3-2

创意城市发展阶段	特征与过程描述
停滞阶段 （第一级）	创意未被视为与城市发展相关或重要的事务，存在非常简单的创意活动，各公共部门与个人的创新意识微弱
萌芽阶段 （第二级或第三级）	城市决策者开始意识到创新的重要性。但城市的组织和管理偏向因循传统的运作方式，没有全盘的创新发展战略。城市留不住人才的现象仍然非常明显
起飞阶段 （第四级）	产业和公共部门开始关注创意，大学或进行一些具前瞻性的研究，城市出现另类文化，创意者开始具有工作契机，创意人才的流失与回归并存
活跃阶段 （第五级或第六级）	城市地区通过商业公司、教育部门及非政府组织获得一定程度的自主能力，具有促进创意的基础设施，个别创意者得以实践创意。城市开始吸引创意人才，并受到模仿
普及阶段 （第七级或第八级）	公共和私人部门都意识到创意能力的重要性。城市在策略层次上强调整体的创意计划，创意的自发机制和周期循环得以维持并不断更新。城市可以培养一些创意者，并让大多数人实践创意，并吸引创意人才，但缺乏高级创意人才
创意中心形成阶段 （第九级）	城市成为全国和国际知名的创意中心，其拥有的设施和优势足以吸引创意人才以及专业人士，重要机构和创意公司在此设立。城市已能够轻易为创意本身提供大多数的附加价值服务
创意城市形成阶段 （第十级）	城市已建立高效的创意发展循环周期，吸引大量创意人才，并不断增强创造附加价值的能力。城市拥有高水平的设施，与所有类型的专业服务，是策略决策中心，有能力与国际上任何城市竞争

　　2004年联合国教科文组织（UNESCO）发起"全球创意城市网络"（Creative Cities Network），旨在通过对成员城市促进当地文化发展的经验进行认可和交流，从而达到在全球化环境下倡导和维护文化多样性的目标。被列入全球创意城市网络，意味着对该城市在国际化中保持和发扬自身特色的工作表示承认。创意城市网络每两年一评，提出申请的城市应致力于将创意作为城市可持续发展战略的关键要素。"创意"涵盖七大门类，分别是文学之都、电影之都、音乐之都、手工艺与民间艺术之都、设计之都、媒体艺术之都和美食之都。

到2019年，评选了116个创意城市。这项活动推动了城市向文化创意方向发展。

中国是最热心加入全球创意城市网络的国家之一。截至2019年，我国已有15个城市成功申报该项目，包括深圳（设计之都2008）、成都（美食之都2010）、上海（设计之都2010）、哈尔滨（音乐之都2010）、北京（设计之都2012）、杭州（民间手工艺之都2012）、苏州（民间手工艺之都2014）、顺德（美食之都2014）、景德镇（民间手工艺之都2014）、长沙（媒体艺术之都2017）、武汉（设计之都2017）、澳门（美食之都2017）、青岛（电影之都2017）、2019年南京（文学之都2019）、扬州（美食之都）等。其中，设计之都包括深圳、北京、上海、武汉。

8.3.2　中国工业遗产保护到创意城市发展的问题[①]

回顾本套丛书的第一卷至第五卷的全部研究情况，可以按照不同的阶段考察中国的工业遗产向创意城市发展的相关问题。

1）对第一个过程的考察

目前存在着基础调查研究不够、资源管理以及评估不够的问题。因此丛书第一卷至第三卷针对这些方面进行了研究。

针对技术史研究的不足，《第一卷　国际化视野下中国的工业近代化研究》关注了技术史的视角和国际交流，但是还是依然需要有更为深入的研究。从全国的工业遗产研究成果考察来看，对于工业遗产，设备技术史研究、人物研究、国际技术研究等都十分薄弱，这些研究成果将对于评估起到积极作用。

现在国内尚未进行统一的普查，各个城市进展情况不一。《第二卷　工业遗产信息采集与管理体系研究》侧重数据调查和管理。2007～2012年中国开展了全国性的三次文物普查。中国普查进行得比较早的城市在2006年《无锡建议》以后就开始了。无锡于2007年推出《无锡市工业遗产普查及认定办法（试行）》，从2007年开始对本市的工业遗存情况进行了摸底调查，并公布了第一批无锡工业遗产保护名录20处，第二批14处。常州从2006年就有了工业遗产普查。北京从2006年开始对本市的工业建筑遗存情况进行了现状的摸底调查，2007年公布的《北京优秀近现代建筑保护名录》（第一批）中包含了6项工业建筑遗产。上海作为近代工业最发达的城市之一，工业遗存数量较多，其在工业遗产保护的理念、政策和实践方面都走在全国前端，2007年上海开展的第三次全国文物普查发现了200余处新的工业遗产。杭州2010年发布《杭州市工业遗产建筑规划管理规定（试行）》。重庆从2007年开始，由重庆市规划局牵头开展了重庆工业遗产保护利用专题研究，普查了本市工业遗存

[①]　本节执笔者：徐苏斌、青木信夫。

的状况，提出了60处工业遗产建议名录。2011年南京市在"南京历史文化名城研究会"的组织下，展开了为期4年的南京市域范围内工矿企业的调查，并提出了50余处工业遗产建议保护名录。武汉市于2011年组织编制了《武汉市工业遗产保护与利用规划》，经过调研推选出了27处工业遗存作为武汉市首批工业遗产。天津市从2011年开始在天津市规划局的组织下对天津市域的工业遗存进行了较全面的调查研究，并列出了120余处建议保护名录。在第三卷中讨论课题组选择了北京、上海、南京、重庆、无锡、武汉和天津7个有代表性的城市，研究其对工业遗产的价值评估情况。但是这个覆盖面还差得较多，还有很多工作需要继续深入。突出问题表现在对评估重视不够，评估的标准不统一。研究团队对过去十年近代建筑改造案例进行了研究和分析，撰写了《我国工业遗产改造案例之研究》，我们发现大部分案例缺乏历史调查、价值评估的过程，从统计的结果来看，50个案例中仅有8个案例对改造对象的价值评估信息进行了明确的介绍，其余案例仅是对其价值进行了概述，甚至并未有提及。[①]

我们在《第三卷　工业遗产价值评估研究》中探讨了如何在国家层面的《中华人民共和国文物保护法》的下位建立针对不同类型的遗产的二级标准，以及如何判断工业遗产的价值问题。本课题组参考了国内外的各种法规和有关研究者的研究成果，提出了一个包括文化评估和经济评估的总体框架，并在此框架下制定了《中国工业遗产价值评价导则》（详见第三卷）。这是中国关于工业遗产价值评估导则的首次尝试。同时尝试了从经济学和文化学两个方面探讨工业遗产的价值。在提出导则的同时我们也提出了相应的建议：

（1）必须系统地思考工业遗产的价值，思考固有价值和创意价值的构成；

（2）提出文化价值和经济价值并举；

（3）针对目前的问题强调保持"文化磁力"与制定文化政策的重要性。

2）对第二个过程的考察

第二个过程的问题主要是对工业遗产的固有价值和创意价值最大化的问题。一方面对于固有价值挖掘不够，另外一个方面是创意不够，影响工业遗产价值的最大化发挥。

《第四卷　工业遗产保护与适应性再利用规划设计研究》主要从工业遗产的保护和再利用状况的调查、多规合一面临的困惑、工业遗产保护再利用的案例、建筑师采访等多角度考察和研究中国的工业遗产保护和再利用的现状和问题。包括了工业遗产再利用案例的空间分布、保护规划、设计类型分析、改造方法、修复技术等，为具体了解中国工业遗产再利用的现状以及借鉴已有的经验教训提供参考。第三卷认为在工业遗产改造和再利用设计时应遵循的原则是，在固有价值的基础上进行有创意价值的建筑设计是使固有价值+创意价值达到最

---

① 郝帅，薛山，陈双辰，杜欣. 我国工业遗产改造案例之研究［M］//中国建筑学会工业建筑遗产学术委员会等编. 2012中国第3届工业建筑遗产学术研讨会论文集——中国工业建筑遗产调查、研究与保护. 哈尔滨：哈尔滨工业大学出版社，2012.

高峰的佳作，是工业遗产改造和再利用的目标。因此，课题组以工业遗产改造案例中改造和再利用的真实性与创意性作为标准。

通过这些具体措施来实现价值的最大化，顺利实现从文化资本到文化产品的转化。

3）对第三个过程的考察

在这个过程中，主要问题是需要文化政策的全面支持，亟须懂得文化遗产保护知识的创意人才，也需要更加广泛的市民参与。

在中国的特殊语境下推进工业遗产和文化创意的文化政策是十分必要的。本卷对我国工业遗产作为文化创意产业的案例进行调查和分析，探讨了如何将工业遗产可持续利用并与文化产业结合，实现保护和为社会服务双赢这一亟待解决的问题，探讨了土地政策、文化创意政策和工业遗产政策，各种政策需要结合在一起。在我们的调查中发现北京、上海、广州等地在文化产业和工业遗产方面的文化政策走在全国的前面。但是各地的政策多是文化产业和工业遗产保护分开的，2018年北京出台的《关于保护利用老旧厂房拓展文化空间的指导意见》细致地规定了工业遗产保护和文化产业发展的双赢政策，值得全国学习。

在调查中我们发现中国的文化产业需要提升整体的文化磁力，防止文化产业园向一般商业建筑群发展。目前很多文化产业园区虽然位于文化产业区，但是和创意并不直接相关，更有很多工业遗产群即使已经被认定为第三次全国普查成果或者被列入工业遗产名单也会被房地产项目所取代，文化产业园区名不符实。这是因为在中国房地产是地方财政收入的主要来源，高度经济压力下没有创造一个很好的创意氛围，因此为了保护工业遗产和发展创意城市，需要有上位政策的支持。

关于创意人才问题也是值得重视的。目前中国各地十分关注人才的引进，但是比较侧重经济和科技人才，比较忽视创意人才。在我们的调查中发现创意人才在文化产业园的建设中起到先驱作用，很多大学参与了产业园的建设。这说明创意人才十分重要。就文化遗产的再利用而言，中国还缺乏既懂得文化遗产保护又懂得创意设计这样两者兼顾的人才。文化遗产的跨学科特征需要从事文化遗产类创意设计者具有跨学科知识，但是目前无论是大学教育还是设计单位都不具备这样的条件。目前学科之间的界限依然十分严格，不能满足文化遗产保护对于跨学科人才的要求。就建筑学本身而言，大多数高校以往建筑设计和城乡规划教育与文化遗产保护脱节，新建筑设计和历史建筑修复设计没有实现很好的对接。大部分设计优秀的学生不愿意进入与建筑历史相关的研究室深造，计算机辅助设计课程也是为了新建筑设计设置的。这种现象也在逐渐改善，据不完全统计中国目前有60多个学校成立遗产保护的专业学位。例如，同济大学在本科就设置文化遗产保护专业，北京建筑大学也开始这样的尝试，西北大学设置了侧重考古学的文化遗产学院。

另外，社区参加文化产业是目前的薄弱环节，存在着士绅化的问题，应该注重每一个人参与创意城市的运动。"人们是平等的，无论穷人或富人，一个创意城市要给每个人机会。"①

4）对第四个过程的考察

从2008年深圳第一个申请成功世界创意城市后，各地都在推进创意城市运动，2012年开始建立了"中国城市创意指数"（CHINESE CITY CREATIVITY INDEX，简称CCCI），这是国内首个跨城市对比的文化产业竞争力指数，已连续8年。

中国城市创意指数可以从横向和纵向两个角度量化地方政府发展文化创意产业的工作绩效，为提升城市创意指数和城市治理提供参考依据。项目组以钻石模型、系统论等作为理论基础，结合已有的指数模型，构建了中国城市创意指数模型。CCCI指标体系涵盖了要素推动力、需求拉动力、发展支撑力和产业影响力4大变量，11个二级指标和28个三级指标。2019年的CCCI研究对中国50个大中型城市（含省会城市、港澳台、直辖市、副省级城市及经济较发达的城市）进行了评估，同时还首次针对粤港澳大湾区的11个城市进行了单独评估，形成了粤港澳大湾区城市创意指数报告。指标原始数据均来源于城市统计年鉴、统计公报及相关政府公开数据等来源，体现了客观性和权威性。②

该研究公布了十项结论，其中第二点认为："我国城市创意指数稳步提升。在评估的50个中国大中城市中，除天津和澳门外，其他城市的CCCI都有不同幅度的提升，其中，北京、深圳和上海的CCCI增加幅度排名前三位，说明强者恒强。"第三点，"我国城市文化产业发展态势良好。大部分城市的文化产业增加值占GDP的比重都在稳步提升。比如北京文化产业增加值占GDP的比重已接近10%（9.64%）。"③说明了中国文化产业的前景。

但是也有一些问题，第四点，"我国文化产业发展仍呈现出严重的区域发展不均衡。根据CCCI聚类中心值，所有城市可被划分为三个梯队。处于第一梯队的城市仅有北京和上海，其CCCI均超过90分；处于第二梯队的城市共有13个，仅有深圳和香港得分超过80分；第三梯队有35座城市，占比70%。从CCCI指数来看，各梯队各城市之间差距甚大。"④

第七点，"在全力推进粤港澳大湾区建设的时代背景下，本次CCCI与时俱进地将粤港澳大湾区纳入重点关注。报告发现，一方面，2018年及2017年粤港澳大湾区城市创意指数表现均高于榜单所有城市的平均水平；另一方面，2018年及2017年粤港澳大湾区城市的需求拉动力与发展支撑力远远高于榜单所有城市的平均水平，这说明粤港澳大湾区城市消费需求旺盛，并拥有良好的基础设施、政府政策、发展机会等支撑城市的文化产业发展，未来的发展

---

① 金元浦. 中外城市创意经济发展的路径选择——金元浦对话查尔斯·兰德利［J］. 北京联合大学学报（人文社会科学版），2016（3）：19-23.
② "2019中国城市创意指数发布，北上深港广杭稳居前六" https://www.sznews.com/news/content/2019-12/08/content_22685234.htm.
③ 同上.
④ 同上.

表8-3-3

2018年中国城市创意指数排名梯队

梯队	聚类中心值	城市	累计数量
第一梯队	93.49	北京、上海	2
第二梯队	74.70	深圳、香港、广州、杭州、苏州、重庆、成都、南京、台北、天津、武汉、长沙、西安	13
第三梯队	65.26	青岛、宁波、东莞、无锡、温州、长春、佛山、合肥、哈尔滨、郑州、沈阳、南通、济南、泉州、常州、福州、石家庄、潍坊、厦门、大连、烟台、澳门、昆明、南昌、贵阳、唐山、南宁、太原、兰州、银川、海口、西宁、呼和浩特、乌鲁木齐、拉萨	35

势头强劲。"[1]

以上内容反映了文化产业在中国第一梯队和第二梯队的部分城市、粤港澳大湾区都在快速发展。并且,其创意水平和这些城市的经济发展水平相一致。[2]

天津是中国代表性城市,以下以天津为例考察创意城市推进问题。从调查可见,在第二梯队中深圳、杭州、成都、南京、武汉、长沙都是世界创意城市,天津、广州、西安、重庆是目前还没有申请成功世界创意城市。本次调查结果显示在其他城市CCCI都有不同程度提升,但是天津CCCI没有提升。而天津从近代开始就是很有特色的工业城市,在上海之后居全国第二位。中华人民共和国成立以后进一步发展了工业城市的特色,因此从本课题的角度考察是工业城市振兴的典型案例。

2012年,天津大学中国文化遗产保护国际研究中心向天津市提出"关于推动天津'创意城市'建设开展工业遗产保护和利用的建议",获得天津市的批准。随后天津市在工业遗产保护方面进行了普查,并在普查的基础上进行了保护规划。从2019年开始,天津筹备申请世界创意城市,政府层面目前正在积极推进。本课题组成员作为天津市设计之都专家咨询委员会成员参加了资料的收集工作。从去年的调查可见天津正在从实体经济向创意经济转变。

产业政策方面,文化创意领域产业政策不断完善。在《天津市文化产业振兴规划》2010年颁布,其中在重点发展的产业中特别提到了工业和建筑设计、文化科技、时尚设计、咨询策划、艺术创作等行业。2015年天津市发布了《天津市推进文化创意和设计服务与相关产业融合发展行动计划(2015—2020年)》,2017年发布《天津市智能文化创意产业专项行动计划》。全市实施文化创意大发展、大繁荣攻坚战,累计推出了8批,共486个项目,总投资达1813亿元。由此可见,文化创意产业已成为天津市政府支持和发展的重点产业。

设计业作为文化创意产业的核心,其增加值在天津文化创意设计产业中排行第三,正在

---

[1] 2019中国城市创意指数发布,北上深港广杭稳居前六[EB/OL]. https://www.sznews.com/news/content/2019-12/08/content_22685234.htm.

[2] 2019年,全国GDP排名前十名为:北京、上海、广州、深圳、武汉、天津、成都、南京、杭州、重庆。2020年为上海、北京、深圳、广州、重庆、苏州、成都、杭州、武汉、南京。

成为支持天津创意设计产业发展的主导力量之一，其未来发展大有可为。目前，天津市已经具备了良好的发展基础，建有完整的设计产业链条和繁荣的产业生态。据不完全统计，天津市2016年设计业上下游企业的收入超过700亿元，整体设计产业规模居全国第四。拥有天辰、中国铁路设计集团公司两家国内工程设计十强企业，聚集了水泥院、中交一航院等一批设计龙头企业。由市设计企业牵头的多个项目获国家科技进步一、二等奖等多个国家级科技奖项。同时，天津企业也是国际设计大奖的"常客"，天津深之蓝"白沙MAX"、天津科技大学"The Friendly Umbrella"获2017年德国"红点"设计大奖；天津市建筑设计院获得全球AEC（工程勘察设计）卓越BIM大赛可持续设计二等奖和建筑设计二等奖，是全球唯一获得双奖的团队，也是中国区唯一获此殊荣的设计单位。此外，南海吹填岛礁、珠港澳大桥、雄安新区铁路网规划等重大工程均凝聚了"天津设计""天津智慧"。

在专业活动方面，2017年举办了"首届世界智能大会"，以"迈向大智能时代"为主题，来自全球17个国家和地区的1200多名中外政要、著名企业家和院士专家，深入对话和交流，共享产业创新合作成就。此外，天津连续多年举办"天津国际设计周"。2015年天津国际设计周期间，开启了设计竞赛作品征集活动，设计竞赛以"记忆与梦想"为主题，邀请世界著名建筑与工业设计师黑川雅之担任设计竞赛评委会主席。竞赛共征集了建筑设计、工业设计（服装设计除外）参赛作品近500幅。由天津开发区政府支持，开发区1984文化创意设计产业园主办的2015年"走向国际"文化创意设计策略讲座暨"泰达杯"青年创意设计进阶赛于2015年4月7日在泰达启动。经"台湾国际学生创意设计大赛"创办人标磬耸先生授权，泰达杯"进阶赛"成为"台湾国际学生创意设计大赛"的一个分赛事，近5000名学生参加了赛事。

2015年，天津市文化创意设计企业达22640家，其中初具规模的文化创意企业1086家，占全市企业总数近10%，保持了快速发展的态势。2016年文化创意设计产业增加值超过784亿元，是"十一五"初期80.21亿元的9.8倍，是"十二五"初期303.01亿元的2.6倍（图8-3-2）。文化创意设计产业从业人员已经超过20万人，是"十一五"初期的23倍，是"十二五"初期的2倍（图8-3-3）。目前，天津市文化创意设计产业已接近成为支柱产业，是"国家级文化和科技融合示范基地"，拥有文化创意产业园区35个，其中国家级文化创意产业园区8个，市级文化创意产业示范园区19个，示范基地47个。

申请世界创意城市使得天津重新思考城市的定位和差距。和创意城市的理念相比较还存在如下问题：

天津独有的文化定位需要准确，需要有独自的全盘发展战略。成都是美食之都、景德镇是手工业之都是十分明确的。"近代中国看天津"，洋务工业、码头、仓库、面粉、化工、纺织这些给天津奠定了良好的产业基础，天津在中华人民共和国成立以后也有很多全国第一的品牌，例如手表、自行车、拖拉机等，是一个十分典型的工业城市，但是目前依然没有明确的定位，很多工业遗产都在消失。

资源整合与优化不够。每一个城市都有多元化的发展，对于资源的整合取决于定位的方

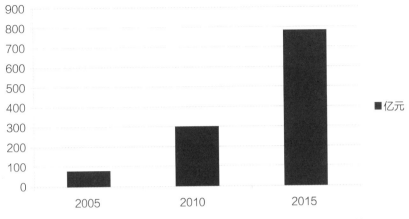

图8-3-2 "十五"至"十二五"期间天津市文化创意产业增加值

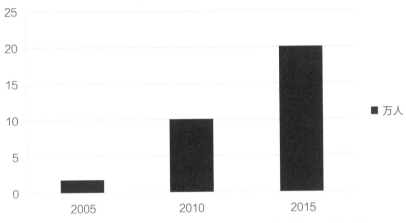

图8-3-3 "十五"至"十二五"期间天津市文化创意产业从业人数

针，需要整合自己最突出的特色，这取决于研究的深度和对整个城市资源把握的平衡。从上述关于天津创意城市基础调查结果中可见文创产业侧重新的创意设计，需要进一步挖掘城市文化遗产根基。

集聚程度低，在国民生产总值中占比相对较小，CCCI的2019年调查结果说明了天津和全国比较的情况。例如，六号院原为怡和洋行仓库，改为文化创意园区后缺乏周边创意氛围的支持，孤立存在。六大棉纺厂仅仅留下半个，第三棉纺厂仅仅一半被改造为产业园，也因为周边各个棉纺厂拆迁不能形成规模。目前对于工业资源的保护受房地产挤压的现象严重。大沽船坞是洋务时期的遗物，虽然已经被列为全国重点文物保护单位，但是由于房地产的压力，其完整性受到严重威胁。天津拖拉机厂已经变为房地产开发项目。

产区的产业链条不完善，市场化程度不高。

领军企业和文化创意名牌缺失。目前的文化创意产业原创动力不足，创意水平相对较低，文化资源优势没有转化成产业优势。

这些问题如果按照上文查理斯·兰德利发展进程理论，天津兼有创意城市第二级到第七、八级之间的现象："城市决策者开始意识到创新的重要性。但城市的组织和管理偏向因循传统的运作方式，没有全盘的创新发展战略。城市留不住人才的现象仍然非常明显。""城市地区通过商业公司、教育部门及非政府组织获得一定程度的自主能力，具有促进创意的基础设施，个别创意者得以实践创意。城市开始吸引创意人才，并受到模仿。""产业和公共部门开始关注创意，大学或进行一些具前瞻性的研究，城市出现另类文化，创意者开始具有工作契机，创意人才的流失与回归并存。""公共和私人部门都意识到创意能力的重要性。城市在策略层次上强调整体的创意计划，创意的自发机制和周期循环得以维持并不断更新。城市可以培养一些创意者，并让大多数人实践创意，并吸引创意人才，但缺乏高级创意人才。"[①]创意水平介于中间状态，这是很多城市共同的问题，需要不断克服困难，提升创意等级。

8.3.3　工业遗产转换文化创意产业园区创新发展模式与优化路径的研究[②]

中国工业遗产转换成文化创意产业园区发展要实现向新阶段的迈进，必须要通过运营模式的转型升级与发展能力的全面提升，以向"质"的提升和优化进行能级跃迁，以"质"的优势去赢得市场竞争发展能力。

8.3.3.1　实现发展模式的转型升级

中国文化创意产业发展的初期主要依赖于地方政府管理和政策的强力支持，其动力模式主要基于外在性的政策红利驱动主导，带动地方文创产业的快速发展。这种基于外在驱动的发展机制模式不具有可持续性，从上到下的协调方式也存在明显的局限。园区组织及企业主体内生动力的市场机制效应较弱，主体的活力与创新意识不强，缺乏可持续性动力机制。随着文化创意产业集群的成长，政府的角色及政策作用应依据文化创意产业发展的规律与时俱进地进行适应性调整，探索新阶段政府作用与市场机制有效协同的创新模式。要通过制度和机制创新，积极转换政府的职能及与市场的角色关系，要将政策导向的顶层设计与以市场为基准的生存法则相适应，在文化创意产业园区发展中更大程度上运用市场化手段以激发经济主体活力与动力。通过积极营造市场环境，强化运营主体市场能力，推进市场内生动力机制主导模式形成，从以往主要依赖于政策性红利的外源性动力机制模式，真正转换为依赖于政策引导和制度性红利的内源性动力机制模式，由此形成我国文化创意产业可持续发展的驱动模式。

---

①　Charles Landry. The Creative City: a toolkit for urban innovation [M]. London: Earth scan, 2000.
②　本节执笔者：王琳。

8.3.3.2　文创产品转化为市场价值链模式

文创产业是一种新兴的、特殊的产业类型，有着独特的产业价值链和成长方式，是促进国家经济、文化发展的新动力。因此，在国家政策导向上明确了文化创意产业在整个文化产业链中的地位和作用，旨在要求不断提高文创产品的内涵和质量，还能通过市场机制，将文创产品转化为相应的价值链，并拉动相关产业的发展，最终实现价值链的不断增值和扩展，成为拉动产业结构升级、实现转型发展的新动力。

做大做强文化创意产业，一方面要加强文化创意产业链中的各个环节的关联性；另一方面也要努力使文化创意与本土资源高度融合，把文化创意产业发展成为城市经济发展的产业支柱。政府应当通过政策来激励、扶持文化创意产业发展，比如重点培养创新型、复合型人才，为文创产业提供相应的创意人才渠道；采取相应的优惠政策，大力吸引文化创意人才和创意团队，构建更为完整的文创产业生产研发系统；大力保护知识产权，促进文化创意产业由"制造"不断向"智造"转变；设立文创产业基金会，从而保证为文创产品的研发提供资金保障；应高度重视园区公共服务平台的建设，不断完善园区体制，促使文创产业更全面的发展。

8.3.3.3　打造高效率的园区运营组织模式

园区资源体系、园区运营组织的优化，可以使文化创意产业园区适应中国新阶段的经济发展，成为引领都市创意产业成长和都市创意经济发展的核心载体和驱动平台。园区资源体系、园区运营组织的存在，有利于调动和发挥各方面的资源优势和专业的力量，可以更大程度上运用市场化的手段来扩大文创产业的价值链，会不断激发经济主体活力和动力；园区资源体系的整合和园区运营的组织，可以由文化创意产业的发展带动各类产业的创新和升级，从而推进社会经济的转型；园区资源体系的整合和相关制度的完善，也会对于创意人才产生极大的吸引力，从而形成创意阶层的聚集，有利于形成强大的创意生产能力、完整的创意生产规模；当园区资源体系和园区组织构成较为完善时，就会营造一种适合创意生产和创意生活的环境和氛围，使人们产生高度的文化认同和共鸣，进而激发人们的创造力，便会鼓励更多的人参与到创意文化中去，更有利于创建都市创意经济生态系统。因此，不断地实现从以往推进园区规划和建设的发展模式，转向都市创意经济生态的优化、园区资源体系的整合与集成的优化和园区运营组织与治理的优化，对于文化创意产业的发展至关重要。

8.3.3.4　加快构建创新发展的模式与体系

在新的阶段要实现"升级版"的跃迁，实践要求中国文化创意产业必须构建创新型发展模式。

第一，专业化发展。文化创意生产的专业化和市场运营的专业化，这是文化创意企业主体或园区组织做强、做精产业的基本要求。文创园区组织需要重点发展特色优势文化产业。只有提升这两方面的专业化水平，才能在市场和区域分工中形成特色优势，并确立在相关领域的竞争优势。聚焦全球文创产业发展，技术领先和专业化发展是文化创意企业拓展国际市场的内生动力。在"一带一路"的引领下，中国文化创意产业国际化发展迅猛，但特色优势文创产业和极具竞争力的企业并不多，一些企业产品同质化、创意匮乏、专业化程度低。因此，要实现专业化发展，中国文化创意企业主体或园区组织需要精准特色定位，融合中华文化元素，打造区域特色文化品牌；重视人才、技术等要素在文创产业发展中的角色，完善人才激励和知识产权保护机制。

第二，集群化发展。文化创意产业集群化发展应利用群内的资金、信息、资源、品牌等核心要素进行优势互补，为创新生产形成有利条件的途径和基本方式，光有企业集聚空间形态而没有内在集群系统关系，其效能最多是简单叠加，只有通过群落分工合作和协同关系的深化，内生出1+1>2的系统效应，将人才、创意等生产要素的空间向扁平网络型集聚，转化为集成系统创新效应，才能真正发挥文创园区的集群化协同功效。首先，集群化发展要吸引高度专业化的机构、服务商、供应链上下游企业及客户在一定区域内集中，群体之间相互依存，为集群内企业提供技术创新的物质基础和信息渠道。其次，应为文创产业集群化发展构建开放的沟通平台，通过促进创造、创意交流的机会，构建文创产业创造主体与创意主体的交流渠道，融合销售渠道及客户集群，能够实时调整企业的市场经营策略。

第三，集团化发展。文化创意产业在组织形态上是以少数大型集团化公司为核心引领、众多中小企业或工作室围绕其发展的产业链生态为特征，都市文化创意产业国际化品牌及竞争优势的形成，除了所在都市自身品质影响外，很大程度上是依托这类强大集团化公司的有效运作，特别是文化创意产业的盈利模式，主要是依托创意产品一旦市场成名后就可能形成巨大的衍生品市场，而这种高附加值创意产品的创造、生产及后续的大规模营销，都依赖实力雄厚的资金、科技以及营销资源支撑，故需要在新阶段以此为抓手，依托集团化拓展国际国内市场，引领和带动文化创意园区向高地迈进。

第四，集约化发展。集约化是在规模效益的基础上优化资源配置，实现高效、优质、高产的目标，是产业成长到一定阶段，需要突破原有发展瓶颈的必然要求。集约化发展本身就是文创产业高附加值、高品质需求等特质的基本要求，集约化发展要求在品质优化及资源要素效率提升上狠下功夫，这样才能使中国文化创意产业克服资源日益稀缺的限制，通过制度创新、科技创新和运营模式创新，拓展新的发展空间和激发新的发展动力；故应不断推动文化与科技、生产制造等产业的融合，加快健全文化产权制度，为集约化发展提供动力。

第五，品牌化发展。文创产业的持续发展需要不断打造具有核心竞争力的文化产业链。品牌化发展是增强产业核心竞争力、拓展更大市场发展空间的基本途径。品牌是文化传播的影响力来源，优质内容则是品牌形成的基础。文化创意产品是生产精神领域的产品，透过强化品牌符号意识，可以成为赢得引导市场的标杆，从而可以借助品牌不断拓展相关衍生产业链。中国文化创意产业的集团化、市场化、国际化发展以及发展水平的提升，都有赖于品牌化的推进。因此，应围绕中国优秀文化元素，创建核心支柱文化品牌，充分发挥规模效应，走创新发展的模式。

第六，市场化发展。市场化发展是驱动文化创意产业发展的基本动力，也是内生的可持续发展的动力源泉。中国在文创产业振兴发展初始的特定时期，通过政府的政策主导，大力推进遗产转换园区的建设发展，这是当时的主动选择。但产业成长的持续发展还是需要以内源性动力机制为基础，这要依靠市场化发展才能逐步形成。所以，只有不断推进市场化并提升市场化水平，这是强化中国文化创意产业园区和企业发展能力、激发更多新生动力和增强主体活力、形成可持续发展内生动力机制的根本途径。

第七，国际化发展。国际化发展是获取更大发展空间和更强发展能力的必经之路。当今世界文化创意产业发展趋势的突出特点就是国际化、品牌化，要取得市场竞争优势，确立创意都市的发展地位，就必须要以国际化的城市形象和品牌实力，实现市场需求与要素供给（特别是高端人才、技术），在开放条件下与国际资源充分对接。当今世界创意经济的竞争格局中，这是能够进入产业发展前沿、强化发展能力和竞争优势的根本途径。

第八，智慧型发展。这是适应信息化、互联网与大数据时代特性，融合新技术、新理念、新业态，优化文化创意产业园区发展模式与提升整体功效的趋势性要求。产业集聚的演进规律及其轨迹表明：沿着资源集聚区（要素集聚）——生产集聚区（分工系统）——科技集聚区（创新系统）——创意集聚区（创意系统）——智慧集聚区（智能系统）的方向不断演进升级。智慧型发展的基本特征就是创意化、信息化、网络化、集成化、协同化、生态化。

总之，文化创意产业发展的专业化、集群化、集团化、集约化、品牌化、市场化、国际化以及智慧型发展程度，基本代表了其国家创意经济的总体发展水平和竞争实力。作为创意经济的有机系统，其整体推进是一个系统工程，需要顶层设计和统筹实施，还要实现政策导向与市场机制的有效协同。

8.3.3.5 文化创意产业转型升级的优化路径

中国文化创意产业园区发展要实现新阶段的升级版，必须要通过园区运营模式的转型升级与发展能力的全面提升，向质的提升和更高能级跃迁，以"质"的优势去赢得园区的市场竞争发展能力。根据国外创意产业发展的趋势性特征以及园区运营发展模式基本经验，结合中国现阶段文化创意产业发展的新时期要求，当前中国文化创意产业园区优化升级的核心：一是从文化创意的产业化集聚实现向文化创意产业园区与地方经济深度融合的产业创意化演进；二是从传统园区实现向基于信息化的文化创意与科技深度融合的智慧型园区演进；三是从基本建设者实现向市场化、专业化、高端化运营商主体的转换；四是从自发发展实现向主动引领发展的创新驱动中心演进。

1）深化文化创意产业发展的理念认识

文化创意产业发展是一种复杂系统的演进过程。中国文化创意产业园区要进一步发展，首先要与时俱进地推进认识的深化和理念的升华，从创新驱动与可持续发展的战略高度筹划城市文化创意产业园优化发展的路径模式。其一，在发展机制的选择上，要依据文化创意产业不同发展阶段的驱动模式要求，在创新动力机制模式上深刻认识政策引导与市场内源驱动力主导作用的必要性。其二，在发展模式的理念上，要从以往园区建设发展阶段的思维模式转换为新时期园区运营模式优化的创新理念，特别是要深化认识园区组织作为文化创意资源的整合者和文化创意服务的集成商，担负着区域经济发展与创新驱动引擎的重要功能。文化创意产业园区的价值更多地体现在对区域创新、创意、创业及转型升级的引领作用，这是实现倍增效应的动力源泉。其三，要摆脱以往基于新兴产业或未来支柱产业的单纯产业观，要从产业融合发展和创意经济引领作用的理念，以社会经济大产业格局的视野看待其功能作用。从当今世界发展趋势及国内外各都市的实践来看，随着文化创意产业经济潜在功能的逐步显现，文化创意产业在经济社会发展中的功能作用，已显现出"端产业"引领、带动这种基本动力要素的特点。因此在未来发展中必须要树立并强化创意与科技融合等智慧型创新驱动的意识和理念，从而在政策制定上需要从原先的单向推进转化为系统协同导向模式。

2）优化文化创意产业园区的运营主体

国内外典型经验表明，运营主体在很大程度上成为决定文创园区发展成败的关键因素。如今中国文创产业园区大多是以原有建设者为运营主体的管理模式，不论是从园区运营的专业化能力、内部集成管理能力，还是从外部市场化能力来看，都难以适应新阶段的使命。因此，要使文创产业园区在市场竞争中具有较强的运营能力和运营水平，必须创新运营治理模式，通过体制机制创新，培育和引进具有专业化水平、市场化能力和创新意识的运营团队，强化"选商、润商和富商"的理念，促成智慧、价值和能量的集成运用，促使园区不断优化运营模式、强化运营能力和提升运营水平，使之成为真正引领都市文创产业成长和都市创意经济发展的核心创新平台。

3）创新文创产业园区发展的体制机制

文化创意产业是新兴经济形态，原有政府派出机构直接运营管理模式，已成为制约文创产业融合发展、园区整合与集成发展的突出问题。为此，要进一步创新文创产业园区的管理体制机制。其一，要积极创新统筹管理与协调体制。根据"文化+创意+科技"深度融合的特性，打破行政区划、行业分割，形成跨区域、跨部门统一监管和统筹协调的组织体制。其二，积极创新驱动机制模式。从以往政府主导——外源性驱动发展模式转换为市场主导、政策引导、园区运作和企业自主的内源驱动运营模式。通过制度和机制创新，积极转换政府职能定位，将政策导向的顶层设计与以市场为基准的生存法则相适应，在更大程度上运用市场化手段激发经济主体活力。为此要积极营造市场环境，强化运营主体市场能力，推进市场内生动力机制主导模式形成。其三，为保证政策效应，要建立和完善政策性扶持的绩效评估及反馈机制，从而适应性地优化政策体系，真正发挥政策导向杠杆效应。

4）推进文化创意产业园区的资源整合

为适应新的发展要求，城市应在空间布局和功能定位上进行优化调整。一是要对未来优先发展的重点领域及方向进行合理定位。根据自身资源基础和发展能力确定优先发展领域。二是针对城市各区域同质化发展，从而导致无序竞争下的资源低效配置现象，要依据地区资源禀赋和产业基础等条件，根据优先发展的行业特性，促使各类资源进行有效配置和整合利用，在特定区域形成有序汇集的集成化系统，有利于文化创意产业在特定领域做强、做大，从而形成区域性龙头地位和品牌效应。三是针对文创产业园区具有促进经济效益增长和带动社会经济发展的双重属性，要对各类园区所应承担的孵化器、创业扶持、平台服务等社会功能进行定位，特别是政府重点投资扶持的园区，应更多承担引领经济、创新驱动和服务社会的基础平台功能。

5）探索文化创意产业园区发展的多元模式

文化创意产业发展的更高层次和更大意义是产业的创意化，也就是带动各类产业创新升级，从而推进社会经济的转型升级。中国大量的园区都是依托都市经济发展形成的独立型文化创意产业园区，与传统产业处于相对分离的状态。如今在传统产业集聚区也出现了一些与当地产业紧密融合的内生型创意园，这对于大都市以外（比如城市中心城区以外区县）的地方经济和特色产业区转型升级，具有更加直接的融合带动作用。为此，要重视培育地方产业集聚区的内生型创意园，比如可以通过产业园区的研发中心强化创意与科技融合的功能，还可以推进大型龙头企业集团内的传统研发中心转型升级为智慧型创新创意中心。在现代互联网时代，还要积极探索和培育虚拟网络社区型的创意园形态，可在城市物理空间资源日益稀缺的约束条件下，以互联网思维的创新理念，探索建构可共享服务的虚拟网络化社区运营平台，这是基于互联网经济的文创产业园区新型发展模式。总之，为了适应经济转型升级和融合发展，要努力建构形成以都市文化创意产业园区为龙头、产业区内生创意园为骨干、企业创意中心为基础和虚拟网络创意社区为补充的多元化、多层次文化创意产业园区体系。

6）夯实文化创意产业园区发展的科技支撑

现代社会创意与科技的高度融合，充分证明创意与科技相互促进、交融发展是驱动社会进步的历史规律。从国内外文化创意产业发展可以看出，一个重要动因就是现代信息数字及网络科技为创意生产和消费创造了极为有利的条件，促成了文创新型业态的形成。故而世界各国都极为重视利用数字技术、网络技术和软件技术等现代信息技术手段推进向智慧型园区的升级，这已是国内外园区"升级版"的发展趋势。在新常态阶段，科技支撑力和信息化水平的提升，对文创产业园区取得竞争优势尤为重要。第一，要大力加快引进国际性高端人才团队和高层次研究院所，以改善一些大学及科研院所资源不足的现状；第二，进一步加大科技研发投入，通过财政支持和政策激励，引导和调动社会资源积极参与科技创新，特别要鼓励大型企业集团或龙头企业加大研发投入比重；第三，通过制度创新形成有效的产学研协同机制，提高对现有大学、科研院所等科技资源的整合利用水平。

7）重视创意设计资源力量的整合提升

在文化创意产业的演进发展中，伴随着消费需求升级和产业升级而广泛兴起的是创意设计服务产业，并且随着经济结构从依托"制造"向融合"创造"模式的转型升级，创意设计在各国经济发展中的突出作用日益显现。联合国贸发组织（UNCTAD）在《2010创意经济报告》中提到，创意设计既是"消费者服务业"（产出品），也是"生产者服务业"（投入品）。从国际经验看，现代创意设计是从一个主要满足最终消费需求的产业，越来越走向满足生产者服务的产业。因为"设计"类的创意产品是人类将创意内容、文化价值和市场目标结合在一起的知识经济活动产物，作用不仅体现在自身直接的产值上，更对经济和社会发展有重大的溢出效应。创意设计已被公认为是国际竞争和技术成功的关键要素，在未来有很大发展空间。因此，各国的新政策的主要着眼点也是力求促进和激励创意设计服务业的发展。唯其如此，中国创意产业发展较快的主要中心城市，其园区业态类型大多都是以创意设计为主。同时，在新近公布的国家级16个文化与科技融合示范基地中，表明已有较多城市明确把创意设计作为重点建设的发展领域。但是必须看到，很多城市的创意设计类园区大多处于小、散、弱的状态，品牌效应和设计能力较为有限，即使是新建设的高端创意设计园区或基地，也处在起步发展阶段，国内外市场认可度和竞争实力还难以体现。为此，在推进中国文化创意产业园区优化升级中，建议把创意设计资源力量的整合集成、培育提升和有效利用作为一项重点工程加以筹划。一是要在园区层面、重点企业层面和高等学校层面建立和完善创意设计中心平台，通过合作机制形成各种有效协同，以此强化创意设计业的发展基础；二是要通过引进国内外高端人才团队和机构，创建国际化水平的高端创意设计中心；三是实现文化与各类产业的深度融合，使创意设计立足当地、服务区域、面向全国、走向世界。

8）关于发展文化创意都市建设的对策建议

中国在推进文化创意经济发展的进程中，文化创意都市的建设也实现了跨越式发展。但是，面对新的机遇和挑战，各地必须要在先前发展基础上向更高的发展目标迈进，这就是要从整体上建设创意都市系统，从而在城市发展中促使创意经济释放更大的潜能、发挥更好的功效。推进创意都市的建设是一项复杂的系统工程，而钱学森城市学思想可为实现这一建设目标提供有益的启示。

第一，要充分认识创意都市的复杂性生态系统特性。根据联合国贸发会议（UNCTAD）的定义，创意经济是指创意资产拥有促进经济增长和发展的潜能。一是它可以创造收入、扩大就业及增加出口收益，同时促进社会包容、文化多样性和人类发展；二是它包含了经济、文化和社会方面与技术、知识产权和旅游目标之间的互动；三是一系列以知识为基础的经济活动，具有发展维度，并与整体经济在宏观和微观层面上有交叉联系；四是一种可行的发展选择，要求创新的、多领域的政策回应和跨部门的协调行动；五是创意经济的核心是创意产业。由于城市人的智慧、想象力和创意，正在替代地理位置、自然资源和市场渠道成为城市活力的关键，决定着未来的成功（钱学森语）。当具备某种创意特质的人才和组织汇集而成群落时，就会营造出"创意氛围"，继而使城市变成"创新枢纽"。所以创意城市就是以整体城市系统为载体和平台，为创意生成及创意经济发展提供优良土壤和环境的生态系统。钱学森在20世纪80年代就前瞻性地预见到创意时代的到来，认为21世纪将是智力战时代，一个国家、一个民族是否赢得竞争优势而自立于世界民族之林，将取决于科技和文化力量。因此，钱学森城市学思想的系统观和发展观及价值观，对认识和解决创意都市系统的发展问题具有重要的启示意义。

第二，要运用系统工程方法构建创意都市的生态系统。从本质上讲，创意城市是一个复杂适应性系统，而系统性的创造力在整个社会中能够起到杠杆作用，这种环境也创造了城市的氛围及其文化。这种复杂系统的形成可以有两种路径，一种是完全依靠自发性的自然作用促使系统发生演化，但这需要很长的演进过程，演化结果很不确定。二是可以发挥人的智慧和主观能动性，遵循规律去创造有利的内在因素，积极培育系统内在机制，从而实现人类的进步设想。这正是钱学森所开创的运用定性定量相结合的综合集成法，解决开放性复杂巨系统问题的系统工程方法："定性定量相结合的综合集成方法，就其实质而言，是将专家群体、数据和各种信息与计算机技术有机结合起来，把各种学科的科学理论和人的经验知识结合起来。"这个方法的成功应用，就在于发挥这个系统的整体优势和综合优势（钱学森语）。它给我们的启示是，在推进创意经济发展和创意都市建设过程中，应很好地运用系统工程科学方法科学进行整体政策性顶层设计，构建都市创意系统的体制机制和运行平台，更好地发挥市场及经济系统的内在动力和自组织机制作用，促使创意都市生态的形成并发挥系统性倍增效应。

第三，推进创意都市发展模式的探索创新。在各地文化创意都市建设中，要根据当今文创经济系统融合发展、协同发展和生态发展的时代要求，在理论和实践上以系统思维进行理念、方法论及发展模式的创新，力求形成适应新形势和新阶段要求的创意经济优化发展模式——系统性发展理念、综合性理论体系、统筹性管理体制和协同性运行机制。如在发展模式的理念上，要从以往建设园区阶段"粗放式扩张"的思路，转换为优化运营阶段"集约化创新"的理念：在主导机制的选择上，要依据创意产业不同发展阶段对驱动模式的不同要求，深刻认识政府与市场的相互关系，充分发挥政策的引导作用和市场的内源性驱动作用；在功能作用的认识上，要摆脱单一产业观的束缚，建立融合发展和创新驱动"中端产业"引领作用的理念。政策模式也需要从原先的单向推进转化为系统协同导向的模式。在空间布局和功能定位上，要对创意产业及其资源进行整体的整合优化。根据创意产业发展趋势及新的竞争格局，对未来都市创意产业优先发展的重要领域及方向，按照系统结构及功能优化的要求进行合理定位，对稀缺资源进行系统集成利用，从而使其发挥出最大的潜能和功效。

8.3.4　工业遗产转换文创产业园区创新发展的对策——以天津为例[①]

工业遗产转换文化创意产业园区是中国城市转型升级的重要一环，也是国家"十三五"时期文创产业成为国民经济支柱产业的重要关键时期。因此要确立文创产业园区是创新驱动的重要着力点观念；是国家推动文化产业大发展的重要抓手和孵化器概念，是推进文化创意产业大繁荣大发展的重要载体观念。应当以提升竞争力为核心，力争在投资、贸易、金融、税收、技术创新等政策调整上向工业遗产转换的文创园区适当倾斜。

8.3.4.1　发展工业遗产文创园区顶层设计的对策

1）制定五年中长期示范园区发展规划

对全国工业遗产转换的文创产业园区的产业定位进行全面梳理，科学规划，本着地域特色、文化资源优势、市场需求、产业升级换代要求、交通通达性等要素进行科学规划与调整。主要在"十三五"中国城市发展规划纲要和文化产业发展规划基础上，研究制定《工业遗产转换文化创意产业园区中长期总体规划（2018—2022）》，确定区域总体布局，结合各区域产业导向，明确文化创意产业园区产业布局，联手构建以文化创意产业园区及园区企业为主体的创新集成网络。如天津市和平区6号院（前身为近代英国怡和洋行仓库）目前进入了内部结构调整时期，其高大的LOFT空间可调整，布局艺术设计、城市视觉设计、艺术品展览展示展卖等产业。再如该市1946创意园（前身为原天津纺织机械厂）开发后空置率较高，依据坐落地点和地区产业结构可主要聚集为工业企业服务的上游工业设计、为市民健身逸养文化服务的文化体育业、文化娱乐业等。而天津和平区先农大院（近代先农工程有限公司）随着二期工程的完成，则可布局博物馆、展览馆、文化特色餐饮、文化旅游体验项目等。

2）推进遗产文创示范园区的顶层设计

工业遗产转换文创园区后，经过数年经营，形成了各自的特色和产业集群，很多具备申

---

① 本节执笔者：王琳。

请本地区"文化创意产业示范园区"的资格，因此应对示范园区的管理体制、管理架构进行顶层设计。督促现有园区管理公司，健全现代企业制度和管理体制，制定产业发展中长期规划，形成成熟的商业模式、盈利模式、服务模式。政府则根据"定位不同，政策不同"的原则，将有限的政策资源倾斜于原创型、平台型、孵化型、科技竞争力型工业遗产的文创示范园区；同时研究建立各园区间、园区内外、区域城市之间文化企业的互通合作机制，打造地区文创产业的完整产业链，以有利于提升地区文创产业发展总体水平，有利于推动工业遗产文化产业示范园区更好、更快地发展。

8.3.4.2 加快推进工业遗产文创园区政策配套体系建设

1）加大财政资金支持

通过宏观调控和政策引导，以龙头企业、重大项目为依托，培育壮大文化内容突出、特色鲜明、创新发展、符合市场需求的工业遗产文创产业园区。对通过文化行政部门审核、国内外影响较大、文化含量高、规模效益好、管理规范、示范引导和辐射作用强的文化产业示范园区及园区内文化企业实行重点扶持。按照财政部和文化旅游部《文化产业发展专项资金管理暂行办法》有关政策，积极支持其申报贷款贴息、项目补助、绩效奖励等资金。研究制定优胜劣汰机制，给优秀的遗产文创园区以名誉与资金上的奖励。

2）加大投融资政策扶持力度

中国文化部要求，"要通过宏观调控和政策引导，以特色文化资源优势和科学技术的结合，以龙头企业、重大项目为依托，培育壮大文化内容突出、特色鲜明、创新发展、符合市场需求的文化产业园区。对通过文化行政部门审核，国内外影响大、文化含量高、规模效益好、管理规范、示范引导辐射作用强的文化产业园区、基地及园区内文化企业要重点扶持，按照财政部《文化产业发展专项资金管理暂行办法》（财教〔2010〕81号）和地方有关政策，积极支持和帮助其申报贷款贴息、项目补助、绩效奖励等资金；按照《关于金融支持文化产业振兴和发展繁荣的指导意见》（银发〔2010〕94号），在投融资方面对文化产业示范园区、基地进行重点扶持，优先将示范园区、基地内有贷款需求的企业和项目推荐给予文广部门建立合作机制的银行机构，积极促成优质文化项目进入文化产权交易市场进行融资，大力培育、辅导并推荐符合条件的文化企业上市融资，联合金融机构探索针对文化产业示范园区、基地内文化企业的信用评级制度。"

3）建设遗产文创示范园区品牌

各地区各城市的工业遗产转换到文创产业后，涌现出一批优秀的品牌，可依据这些优秀园区构建遗产文创园区品牌工程。可研究制定文化创意产品和服务政府采购模式，除了法律法规禁止领域，一切政府购买的文化创意产品和服务，必须实行公开采购，采购中倾斜于园区企业，文化创意产品和服务市场竞争力强的优先考虑。制定鼓励各园区与地区或者所在地创办各类大型活动对接办法，打造和提升遗产文创产业示范园区品牌。研究制定鼓励遗产文创示范园区率先探索建立国际合作交流的平台，规划引进国内外知名创意机构，着力打造若干家与国际接轨的遗产文创示范园区品牌。

4）构建"遗产文创示范园区综合评价指标体系"和"竞争力评价指标体系"

积极支持天津市文广政府部门建立"遗产文创示范园区综合评价指标体系"和"遗产文创示范园区竞争力评价指标体系"，从文化内涵、经济实力、产业结构、人才状况、研发创新能力、集约程度、行业影响、社会贡献和管理效能等方面构建指标体系，对遗产文创示范园区建设发展情况进行全面评估，依据评估结果有针对性地对其进行监督指导。

5）建立适度的退出机制

为加强政府管理部门对遗产文创示范园区的规划、指导和监管，对存在严重问题或已不符合条件的，要及时将有关情况上报领导小组并提出处理建议；对本地区文广部门命名的遗产文创示范园区要严格开展定期考核，实施动态管理，建立退出机制；对经营不善、难以发挥示范作用的遗产文创园区要发出"限时整改"行政通知书，"限改"后仍不能达标者撤销其命名。

8.3.4.3 提升遗产文创园区综合竞争能力的对策

1）积极提升经济效益盈利能力

积极促进遗产文创产业园区提升经济效益产出能力。可通过帮扶措施，在地区范围内调整遗产文创园区产业结构，针对区域内市场需求推进文化产品供给侧改革，从消费上游提供丰富的文化产品，有效提升市民终端文化消费热情；另一方面在原有市场份额已趋于饱和的状态下，可培育新业态，充分吸引、凝聚新资源，在保持原有优势的同时，向文化+科技、文化+贸易、文化+旅游、文化+创意设计、文化+农业等领域进行融合延伸，挖掘新增长空间，提高经济效益和效率，从而加大遗产文创园区营收能力，增加上缴利税份额，提升经济贡献能力，为推动"十三五"时期中国文化创意产业成为支柱产业夯实基础。

2）大力推进创新能力建设

创新能力建设动力来源于科技创新与制度创新、管理创新三者。首先，要有计划地支持科技创新建设，例如针对天津的文化创意产业园，支持遗产文创园区与国际合作步伐，积极引进国际先进的3D影视制作技术，开发覆盖全球的网络信息技术，引进先进的印刷材料及装备制造业和软件控制技术，积极发展手游高科技播放平台等，以科技创新支撑遗产文创园区的可持续发展；其次，从制度创新突破进一步发展的瓶颈，包括出台遗产文创园区中长期发展规划，规范园区管理制度，从产业创新角度搭建各种创新服务平台；再次，推进与国际文创先进科技对接平台建设，从"走出去"到"引进来"，形成完善的创新产业链和创新模式。

3）加快推进知识产权保护体系建设

加强知识产权保护是遗产文创产业园区健康发展的必由之路。途径是进一步完善对知识产权和执法体系的管理，建立与知识产权制度有关的市场秩序。在园区设立知识产权保护服务机构，对文创企业和产业项目提供知识产权保护等综合服务。建立遗产文创产业园区知识产权交易平台，完善知识产权交易体系，为文创企业提供高效、便捷和规范的服务。完善园区内文化创意研发企业的知识产权保护和资助制度，重视对新兴的文化创意产业中小企业的知识产权服务。

4）加快推进文化创意人才培养

遗产文创园区的健康发展离不开文化创意人才。可选择优秀园区作为试点单位，研究实施文化创意人才专门培训计划，根据文创产业园区的发展实际，探索设立文化创意职称系列与岗位资格证书；培养懂文化、懂管理的高端经理人才；在遗产文创产业园区投资建设集文化与艺术、艺术家与设计师、创意研发人士、企业家、大众居住空间为一体的文化创意生态体系，构建为国内外创意高端人才提供安居乐业的生活服务示范区发展支持中心，为吸引高端创意人才提供宜居服务与职业支持示范。

5）全力打造公共智力服务平台

第一，加强遗产文创园区公共服务平台建设，引进国内著名和实力雄厚的文化企业和公益性文化机构入驻，提供专业服务平台，加强和改善"智力性服务"，构筑资源共享模式，为园区企业和机构提供技术支持、资讯服务、无形资产评估、知识产权保护、担保机制及投融资辅助等各种服务，形成结构合理、分工明确、功能互补的专业服务网络。比如构造一个园区内企业集群融资的内部金融市场，群内企业通过该平台从事汇集和重新配置企业的剩余资金、筹集资金、集中交易、监督管理、咨询、中介、担保活动，实现资金资本在园内企业之间的低成本、高效率的配置。

第二，以高端信息系统为主，打造遗产文创园区和企业之间一对多的信息服务与交流平台，实现园区智能化、数据化、价值化三位一体的可持续发展。应用线上和线下相结合的方式，实现园区和企业的信息互动，不但使企业能够共享最新的政策、信息、服务，提高企业协调配合能力来形成完善的产业链，还可加强对企业的集中管理，更好地为企业服务。

6）广泛开展协作交流

积极开展地区间遗产文创企业之间的协作关系，重视市场和产品的开发与推广，满足文化企业因知识、技术含量高而广泛开展技术协作的需求。在园区内建立各种互动渠道平台和交流机制，形成一个有机的系统，激活人才资源要素在园区企业之间的合理流动，举办企业与政府主管部门、业内专家的解读会、咨询会等。

附录 调研项目溯源①

说明：各项目相关信息、数据来自多方渠道，包括各类文献、网站、调研采访等，经笔者归纳梳理后制成表格。资料来源的繁杂不易表示，因此不再针对每一条信息作"注释的注释"。

北京项目溯源

编号	改造项目名称	历史沿革	
		时间节点	历史事件
1	798艺术区/大山子艺术区	1952年	筹建北京华北无线电联合器材厂（718联合厂），1954年开工，国家"一五"期间156个重点项目之一
		1957年10月	建成投产
		1964年4月	撤销718联合厂建制，成立706厂、707厂、718厂、797厂、798厂及751厂
		1995年	中央美术学院雕塑系租用706仓库用作制作大型雕塑作品，此后陆续有艺术家租用厂房作为工作室
		2000年12月	原700厂、706厂、707厂、718厂、797厂、798厂等单位整合重组为北京七星华电科技集团有限责任公司（北京电子控股有限责任公司持股53.35%，中国华融资产管理公司持股45.24%，中国信达资产管理公司持股1.41%）。为了配合大山子地区的规划改造，集团将部分产业迁出，并将这闲置厂房进行出租
		2002年	一批艺术家和文化机构成规模地租用和改造空置厂房
		2004年	由于艺术区蓬勃的发展态势对七星集团造成了压力，并影响集团对这一区域规划的实施，集团拒绝将厂房继续出租。北京市人大代表、清华美术学院教授李象群在北京市人大会议上，提出了《保留一个老工业的建筑遗产！保留一个正在发展的艺术区！》的提案
		2006年	北京市政府通过反复调研论证和整体统筹运作，最终同意将"798艺术区"列为北京的创意产业集聚区。挂牌
		2007年2月	4个厂房被收录进《北京优秀近现代建筑保护名录（第一批）》
		2007年9月	七星集团与朝阳区国资委直属企业北京望京综合开发有限公司联合成立"798文化创意产业投资股份有限公司"，成为"北京798艺术区"的品牌持有者和管理者

---

① 由仲丹丹制作。

编号	改造项目名称	历史沿革	
		时间节点	历史事件
2	751D·PARK北京时尚设计广场	1952年	筹建北京华北无线电联合器材厂（718联合厂），1954年开工，国家"一五"期间156个重点项目之一
		1957年	建成投产
		1964年4月	撤销718联合厂建制，成立706厂、707厂、718厂、797厂、798厂及751厂各厂独立经营
		2000年底	除751之外的其余5厂整合重组，而751厂则自主发展，并改称为现在的"北京正东电子动力集团有限公司"
		2003年	煤气生产退出运行，原热电厂改用清洁能源，仍旧在园区内部部分区域继续运行
		2006年	正东集团举行研讨会，会后决定利用751除热电厂以外用地发展为文化创意产业
		2008年7月	北京正东电子动力集团有限公司为运营751D·PARK北京时尚设计广场而设立的全资子公司"北京迪百可文化发展有限责任公司"
3	莱锦文化创意产业园	1953年	筹建北京第二棉纺织厂。是"一五"计划中156项重点工程之一
		1955年3月	北京第二棉纺织厂建成投产。我国第一个以全套国产设备装备的现代化大型棉纺织厂
		1997年8月	原北京第一、第二、第三棉纺织厂联合组建为由国家控股的公司制法人实体——北京京棉纺织集团有限责任公司
		2008年	京棉集团宣布放弃原来的房地产开发计划，意欲将二厂改建为文化产业园
		2009年2月	北京市国通资产管理有限责任公司注资5000万元，北京京棉纺织集团有限责任公司以土地作价入股，成立"北京国棉文化创意发展有限责任公司"，展开总投资4个多亿的保护性改造再利用工程
4	北京尚8-CBD文化园	1936年	前身北京电线厂是北京解放初期由十几个私营小厂合并后逐渐发展起来的
		1957年10月	更名为"公私合营北京电线厂"
		1958年	于项目地块投资新建生产车间，同年11月，改名为"北京电线厂"
		1959年	北京电缆厂筹建并入该厂
		1978年4月	以北京电线厂为基础，与另外7户企业组成"北京市电线总厂"
		1992年5月	更名为"北京市电线电缆总厂"，归属北京京城机电控股有限责任公司［北京市机械工业管理局是由北京市人民政府出资设立，由北京机电工业控股（集团）有限责任公司（原北京市机械工业管理局）更名而来的国有独资公司］
		2007年3月	尚巴（北京）文化有限公司在京运营的首个创意产业园区项目

编号	改造项目名称	历史沿革	
		时间节点	历史事件
5	新华1949文化创意设计产业园	1938年8月	日伪创办新民印书馆
		1945年	被国民党政府接收，改名为"正中书局北平印刷厂"。解放前夕，驻场国民党军队将厂房和机器全部焚毁
		1949年4月	以包括正中书局北平印刷厂在内的6个单位为基础，加上迁京的十几个小印刷厂，合组成"北京新华印刷厂"。是我国组建的第一个最大的国营书刊印刷厂
		1984年4月	进行体制改革，由原来的一个厂分为北京新华印刷厂、北京新华彩印厂和北京新华印刷器材厂
		2003年2月	根据中国印刷集团公司对印刷资源整合重组方案，完成与北京第二新华印刷厂和北京新华彩印厂生产经营的整合，成立"中国文化产业发展集团公司"（以下简称"中国文发集团"）
		2010年10月	完成对北京新华印刷厂搬迁，进入新厂址。中国文发集团决定将原厂区打造"新华1949"文化创意产业集聚区
		2011年11月	中国印刷集团与西城区在第六届中国北京国际文化创意产业博览会上签订战略合作协议
		2013年6月	竣工。中国文发集团现主要从事文创园区开发经营、文化产业投资、传媒咨询服务、印刷出版发行、技术研发与应用、文化金融服务等文化产业相关业务
6	酒厂·ART国际艺术园区	1958年	轻工业部将北京酿酒厂下放给北京市第二地方工业局。7月，北京市第二地方工业局又将北京酿酒厂下放给朝阳区工业局
		1975年8月	在广营公社东响大队（现项目所在地块）建朝阳区酿酒厂，加工灌装红星二锅头酒
		1988年5月	北京酒精厂承包经营朝阳区酿酒厂，逐渐成为具备一定贮存原酒规模，集勾兑、灌装于一体的红星二锅头酒专业厂
7	方家胡同46号	1929年	1921年美国长老会教徒投资创办海京洋行后改名海京铁工厂，迁至此处
		1938年	被日本机器工业财阀小系原太郎兼并，小系重机株式会社
		1945年	国民党接收，北平第一机器厂，后改为"北平市企业公司机器厂"
		1948年	被国民党华北"剿总"民间武器调查管配委员会接管，改为"第六修械所"
		1949年6月30日	华北机器制造公司北平机器总厂将此处选为厂址，后改名"北京机器总厂"
		1950年8月	改名为"北京机器厂"
		1953年7月	北京机器厂划分为北京第一机床厂和北京第二机床厂，这里成为第一机床厂厂址。隶属第一机械工业部第二机器工业管理局

编号	改造项目名称	历史沿革	
		时间节点	历史事件
7	方家胡同46号	1958年3月	北京第一机床厂迁至建国门外豫王坟新厂
		1958年7月	北京第一机床厂下放到北京市，由北京市第三地方工业局管理
		1959年5月	北京第一机床厂成立北京铣床研究所，研究所办公用房
		1962年2月	北京第一机床厂隶属关系又改为一机部直属企业
		1972年	北京第一机床厂下放到北京市机械工业局主管
		2008年	北京现代舞团的总监张长城发现此地，利用其最大的车间作为北京现代舞团的排练厅
8	竞园·北京图片产业基地	可能20世纪60年代	建成
		1995年	仓库开始面向社会出租库房
		1997年7月31日	北京棉麻公司百子湾仓库注册成立
		2002年	北京市供销社将包括棉麻仓库在内的几家仓库整合，成立东方信捷物流有限责任公司
		2006年	2005年，随着北京城市化进程的加快，百子湾仓库发展物流遇到了难以逾越的瓶颈。此时公司意识到必须对百子湾仓库的发展方向进行重新定位。2006年，决定进军文化创意产业。《关于成立北京图片产业基地（竞园）的项目申请》，被北京市文化创意产业领导小组列为2006年北京市文化创意产业重点项目，并享受政府文化创意产业重点项目专项资金支持。年底，公司提出建立"北京图片产业基地"的设想，经过朝阳区宣传部牵线，《竞报》主动提出合作方案，双方共同合作，利用百子湾仓库改造成以图片为主的产业基地，定名"竞园"
		2007年4月	朝阳区文化创意产业领导小组办公室正式批复竞园视觉（北京）文化传播公司
		2007年5月	北京市供销合作总社在下属百子湾分公司的基础上，成立东方信捷竞园文化公司
9	金地国际花园	1945年5月	建厂
		1954年	轻工业部投资筹建新厂，是新中国自行设计、自行建造的第一家葡萄酒厂
		1955年	建成投产，定名为"北京东郊葡萄酒厂"，后并入北京酿酒厂成为北京酿酒厂果酒车间
		1965年	果酒车间恢复"北京东郊葡萄酒厂"名称，归北京酿酒厂领导
		1985年	体制改革，划归北京市第一轻工业总公司直接领导和管理
		1990年	并入北京酿酒总厂

编号	改造项目名称	历史沿革	
		时间节点	历史事件
9	金地国际花园	1992年	与美国奥格公司合资，成立北京康丽斯酒业有限公司。更名为"北京夜光杯葡萄酒厂"，并入北京酿酒总厂
		20世纪90年代中期	20世纪90年代中期北京夜光杯葡萄酒厂产生的废水对环境产生污染，厂区搬迁到顺义
		2002年	金地集团持股70%、北京一轻控股有限责任公司持股30%（作价入股）将原厂址开发成金地国际花园项目
10	北京焦化厂工业遗址公园	1959年3月	以"国庆工程"名义建设的一期工程动工
		1959年8月	"北京炼焦化学厂"第一座焦炉告竣，11月投产隶属北京市化工集团
		2006年7月	为迎接北京奥运会正式停产，搬迁
		2007年	北京市"两会"期间，共计50余位市人大代表、政协委员针对北京焦化厂工业遗址保护和开发利用问题提出了6个人大建议和政协提案，一致认为应对北京焦化厂工业遗产资源进行保护和再利用。2月，北京市规划委致函北京焦化厂暂停了拆除工作，为焦化厂的抢救性保护奠定了基础
		2007~2008年	搬迁后的北京焦化厂污染土壤面积为34.2万平方米。北京市环保局委托北京市环境保护科学研究院等单位完成了"北京焦化厂场地风险评价"课题，基本确定了该场地土壤和地下水的修复目标与修复范围

上海项目溯源

编号	改造项目名称	历史沿革	
		时间节点	历史事件
1	1933老场坊创意产业集聚区	1931年	由上海工部局在虹口沙泾路购买土地
		1933年	由工部局出资兴建宰牲场。由英国建筑设计大师巴尔弗斯（Balfours）设计，由当时蜚声沪上的余洪记营造厂建造
		1934年	投入使用，是当时远东地区最大的宰牲场，也是全世界最先进的三大现代化宰牲场之一
		1937年8月	侵华日军强占宰牲场，改称"市立第一宰牲场"
		1945年	上海市卫生局接管宰牲场，更名为"上海市第一宰牲场"
		1949年5月	中国人民解放军上海军事管制委员会派员进驻上海市第一宰牲场。并于6月8日起，由军管会财政经济委员会卫生处派员正式接管该场

编号	改造项目名称	历史沿革	
		时间节点	历史事件
1	1933老场坊创意产业集聚区	1958年	宰牛场搬迁至徐家汇,原址改为东风肉类加工厂
		1970年	东风肉联厂停产。原厂址先后被上海长生食品厂、上海肉类食品厂、上海市食品研究所、上海市食品综合机械厂、上海长城生化制药厂租用
		2002年	完全停产。原上海市房地局高级工程师、社会科学院副研究员薛顺生开始关注这栋建筑
		2005年	列入第四批上海市优秀历史建筑
		2006年8月1日	上海创意产业投资有限公司(国家参股公司)与上海锦江国际实业发展有限公司(国家参股公司)与上海食品(集团)有限公司签订原工部局宰牲场地块15年的租赁合同,正式启动1933老场坊创意产业集聚区的建设
		2014年	被列为第八批上海市文物保护单位
2	同乐坊	20世纪20年代	开办有森泰机器铣牙厂、金属丝厂
		20世纪40年代	开办有毛纺厂。根据的1947年英制地图记载,此区域坐落有中国钢铁工厂、中国钢品厂、马宝山糖果饼干制造厂、增泰纺织染厂、三元橡皮印刷厂、兴业化学工厂、公用电机制造厂、友联建筑公司工场、新恒泰铁工厂、兴昌漆作、上海锡纸厂等。1947年共有60家
		20世纪60年代	开办有模具厂、益民食品七厂、凹凸彩印厂
		2004年4月	静安区开始对这一地块进行初步综合整治。取缔61家"四小企业"、两个废品回收站、两个农民工聚集地,初步改善该处环境
		2004年12月	静安区政府成立同乐坊开发建设管理委员会,负责协调和管理同乐坊项目;之后,由主管的江宁路街道以"统租统借"形式向厂方业主租赁下该处的土地及房产,进行下一步规划
		2005年2月	由政府搭台,实施"租赁,改造,经营"模式。通过招投标,五位年轻的高学历"儒商"共同出资组建了上海同乐坊文化发展有限公司,全面负责此地块规划、改造和后期运营
		2005年4月	改造正式启动,成为首批上海18家创意产业集聚区之一
		2008年	将多国化的餐饮路线重新定位为"静安产业孵化园",专注提供办公场所

编号	改造项目名称	历史沿革	
		时间节点	历史事件
3	M50创意园	1917年	上海春明粗纺厂前身——青岛华新纱厂建成
		1937年	"七七事变"爆发,徽商周志俊决定迁场内地(重庆),后因交通堵塞,临时决定改迁上海,同年12月以股本250万元,用英商注册,在莫干山路50号开设"英商信和纱厂"
		1941年12月	太平洋战争爆发,日军进入租界,接管该厂
		1943年3月	周志俊通过史镜清(其夫人为日籍)的关系用巨款将"信和纱厂"从日本人手里赎回,改为华商经营
		1951年1月	更名为"信和棉纺织厂"
		1961年	经上海市纺织工业局批准更名为"上海信和棉纺织厂"
		1966年	变更为全民所有制企业,并更名为"上海第十二毛纺织厂"
		1994年8月	更名为"上海春明粗纺厂"
		1999年底	根据上海纺织产业结构调整,春明厂停产、转制。普陀区政府将地块批租转让给天安中国投资有限公司,开发商取得土地之后成立子公司(凯旋门企业发展有限公司),作整体的开发改造方案
		2002年	被上海市经委命名为"上海春明都市型工业园区"
		2004年	更名为"春明艺术产业园"
		2005年	上海市经济委员会授牌为第一批创意产业聚集区
		2009年	上海纺织控股(集团)公司(春明粗纺厂原为其成员单位)正式以原厂所在土地作价入股其新设企业上海纺织时尚产业发展公司
		2011年	正式更名为"上海M50文化创意产业发展有限公司"
4	上海滨江创意产业园	1921年	美国通用公司在亚洲建立的最大电子工厂,用于生产电风扇
		20世纪50年代初	作为国营上海锅炉厂
		1980年	上海锅炉厂一分为二,杨树浦路厂区成立了上海电站辅机厂
		2000年	建筑师登琨艳开始关注这片闲置厂房
		2004年	"上海滨江创意产业园"挂牌成立。该创意产业园区倡导者、中国台湾建筑师登琨艳荣获联合国教科文组织"亚太文化遗产保护奖"
		2010年	登琨艳被迫迁出
5	新十钢上海创意产业集聚区(红坊)	1956年2月	由39家小型钢厂合并发展成为上海第十钢铁厂
		1996年10月	更名为"上海十钢有限公司"(国有独资)。开始实施产业结构调整,坚定地推进"优二进三"、"退二进三"、"进三优三"的企业发展战略

编号	改造项目名称	历史沿革	
		时间节点	历史事件
5	新十钢上海创意产业集聚区（红坊）	1999年初	实施退出钢铁主业、向第三产业进军的"退二进三"战略，将产品没有市场、资产质量差、扭亏无望的单元陆续关停，充分发挥黄金地段的优势
		2002年6月	随着年产30万吨热轧带钢的热带厂正式停产，十钢从钢铁业中全身而退
		2005年	十钢紧紧抓住上海大力发展现代服务业的契机，以市、区两级规划为指引，联手上海市规划管理局、上海市城市雕塑委员会办公室、上海红坊发展有限公司等，于同年11月上海城市雕塑艺术中心（原七车间厂房）开馆
		2006年1月	上海红坊文化发展有限公司成立，专业从事工业遗产再利用、城市更新、文化产业及相关领域的投资、策划、运营和管理。对钢厂旧址进行了一系列的升级改造
		2006年5月	"新十钢"被市经委命名为第三批"上海创意产业集聚区"
6	上海8号桥创意园	不详	旧属法租界旧厂房
		中华人民共和国成立后	上海汽车制动器公司
		2000年	企业重组
		2003年6月	上海华轻投资管理有限公司与上海汽车制动器公司签订租赁协议，正式接手建国中路8号的老厂房
		2003年12月	上海华轻投资管理有限公司与时尚生活（香港）策划公司签订了合作开发建国中路8号的协议
		2004年	定名"8号桥"
		2005年	"8号桥"与制动器公司签订了延长租赁期限的补充协议，又签订了建国中路25号（与建国中路8号合为一期）、丽园路501号（"江南智造"创意产业集聚区）的租赁协议
		2012年	上海八号桥投资管理（集团）有限公司成立（上汽集团土地入股，华轻公司控股）
7	8号桥二期	1960年	上海复印机厂
		1973年	归入新成立的"上海电影照相器材工业公司"
		1987年	上海电影照相器材工业公司改名为"上海申贝办公机械公司"，成为上海轻工控股（集团）公司全资子公司
		2004年10月	和原上海轻工系统的上工股份有限公司经资产重组后建立上工申贝（集团）股份有限公司。浦东新区国资委占26.4%，为第一大股东

编号	改造项目名称	历史沿革		
		时间节点	历史事件	
8	8号桥三期	1956年	设立汇明电池厂	
		1990年	汇明电池厂与原上海电池厂、上海电池配件厂和上海电池配件二厂合并为上海电池厂	
		1997年	由祥生公司对上海电池厂实施动态兼并	
		1999年5月	在上海轻工控股（集团）公司主持下，上海制皂（集团）有限公司和上海祥生金属有限公司双方合资组建"上海白象天鹅电池有限公司"	
		2002年12月	上海白象天鹅电池有限公司被上海制皂（集团）有限公司整体收购	
9	上海世博园旧工业遗产改造（以江南造船厂为例）	1865年9月	江南机器制造总局在上海虹口原美商旗记铁厂设立	
		1867年	制造局正式迁往高昌庙	
		1872年	世博保留构筑物船坞码头建成	
		1905年4月	局、坞正式分家，取名"江南船坞"，隶属海军	
		1911年	更名为"江南造船所"	
		20世纪30年代	世博保留建筑飞机库、厂部办公楼、海军司令部、将军楼修建	
		1949年	国民党撤离上海，将此处的船坞、船台、发电机和主要车间炸毁，更使其丧失了基本生产能力	
		1953年	正式更名为"江南造船厂"	
		1996年	改制为中国船舶工业集团公司旗下的江南造船（集团）有限责任公司	
		2000年	江南造船（集团）公司与求新造船厂资产重组	
		2008年	上海申博成功，根据世博会的总体规划，江南造船将整体搬迁至长兴岛，原厂址被征用	
		2009年	由江南造船（集团）有限责任公司作为甲方负责原址绿化、修缮、安保、迁建及展品仓储工	
10	M50半岛（BAND）1919文化创意产业园	1919年	筹建，曾经作为中国第一纱厂——吴淞大中华纱厂	
		1920年	创建华丰纱厂（与大中华纱厂共同为"上海第八棉纺织厂"前身）	
		1921年6月	华丰纱厂投产	
		1922年4月	吴淞大中华纱厂投产	
		1923年	华丰纱厂停产，抵押于日本东亚公司	
		1924年	吴淞大中华纱厂破产，出售给永安组织公司经营	
		1925年1月	吴淞大中华纱厂改名为"永安第二纱厂"	
		1926年	日华纺织株式会社收买华丰纱厂，改名为"日华纺织株式会社第八厂"	

编号	改造项目名称	历史沿革	
		时间节点	历史事件
10	M50半岛（BAND）1919文化创意产业园	1931年	日华纺织株式会社第八厂改称"华丰工场"
		1932年	华丰工场改称"吴淞工场"
		1942年8月	永安第二纱厂与日商裕丰纱厂合并，组成永丰纱厂
		1945年	永丰纱厂回归永安公司。吴淞工场作为敌产由政府接收，改称"中纺八厂"
		1950年	中纺八厂改称"国棉八厂"
		1955年	公私合营，永丰纱厂定名为"永安二厂"
		1958年	永安二厂和国棉八厂合并，更名为"上海第八棉纺织厂"
		1984年	上海棉纺织行业的机构开始进行重大改革
		1986年	上海申达纺织服装（集团）公司成立[①]
		1992年	改制为股份制企业"上海申达纺织服装股份有限公司"（国家控股）
		1995年5月	上海市人民政府撤销上海市纺织工业局，把上海市纺织国有资产经营管理公司改为上海纺织控股（集团）公司，进行纺织工业的调整和国有资产的优化重组
		2008年	上海纺织控股（集团）和上海红坊文化发展有限公司合作
		2008年8月	半岛1919滨江文化创意园开园
11	上海国际时尚中心	1916年	选址
		1922年	由日商大阪东洋株式会社建厂"裕丰纱厂"
		1945年9月	国民党政府接收
		1946年3月	更名为"中国纺织建设公司上海第十七纺织厂"
		1949年5月	上海市军管会接管了工厂，改名为"国营上海第十七棉纺织厂"，成为全国第一家批量生产棉型腈纶针织纱的企业
		1992年6月	因改制更名为"上海龙头（十七棉）股份有限公司"，成为上海纺控成员企业
		2007年	设备搬迁至江苏大丰
		2009年	动工。上海纺织控股集团公司以"科技与时尚"为发展理念、积极响应上海市政府大力发展现代服务业号召和对接世博会的要求，为契合市政府将上海打造成继美国纽约、英国伦敦、法国巴黎、意大利米兰和日本东京全球五大"国际时尚之都"之后的"第六时尚之都"的目标诉求，决定利用厂房基地，将其打造成时尚创意园区。由法国夏邦杰建筑设计机构担任概念设计

[①]《上海申达纺织服装股份有限公司股票上市报告书》公告日期1992-06-18。

编号	改造项目名称	历史沿革	
		时间节点	历史事件
11	上海国际时尚中心	2010年底	一期竣工
		2011年	二期竣工
		2013年	整体竣工
12	尚街Loft时尚生活园区	1921年	于庭辉创建"上海莹荫针织厂"
		1937年	"三枪"品牌注册
		1954年	公私合营,成为"公私合营莹荫针织厂"
		1966年	改名为"国营上海针织九厂"
		20世纪80年代	厂区重建
		1994年11月	发展成立"上海三枪(集团)有限公司"
		1998年	集团以优质资产整体进入上海龙头股份有限公司(上海纺控成员企业)
		2006年	开始保护性改造再利用,由上海现代建筑设计院设计
		2007年7月	"尚街Loft时尚生活园区"开盘
13	尚街Loft上海婚纱艺术产业园	1946年	民族企业家强锡麟建立"上海华丰第一棉纺织厂"
		1971年	转产化纤,更名为"上海第五化学纤维厂"
		2000年	与中原经济园区联手成立了中原经济园区军工路工业园
		2007年	向创意产业园转型。创意园转型规划由同济大学国家历史文化名城研究中心、上海创集文化传播有限公司策划
		2010年7月	园区归入上海纺织时尚产业发展有限公司旗下,进入"尚街Loft"品牌园区系列
14	上海创意仓库;四行仓库抗战纪念地	1931年	作为金城、盐业、大陆、中南四大银行共同出资创建的联合仓库
		1937年10月26日～11月1日	四行仓库(光一库)保卫战结束标志着中国抗日战争中的一场重大战役淞沪会战的结束,日军接管仓库
		1945年	恢复商用
		1952年	军管转为民用,所属上海商业储运有限公司做仓储用途
		1985年	上海市文物保管委员会正式将四行仓库其命名为"八百壮士四行仓库抗日纪念地"
		1994年2月	被上海市人民政府评为"优秀历史建筑"
		1999年	留美回国的建筑设计师刘继东,以144万/年的租金向百联集团租下四行仓库光二分库,用作开设设计事务所。改造后租金逐渐递增为400万/年

编号	改造项目名称	历史沿革	
		时间节点	历史事件
14	上海创意仓库;四行仓库抗战纪念地	2003年4月	经过合并重组归属到上海百联(集团)有限公司
		2005年	创意仓库(光二库)被指定为第一批"上海创意产业聚集区"。
		2014年4月	上海市委专门召开常委会,对世界反法西斯战争胜利70周年纪念活动作出安排,上海的三个重点是宝山、金山两个日军登陆地和四行仓库抗战纪念馆的建设。为坚决贯彻落实市委常委会有关精神,配合纪念中国人民抗日战争暨世界反法西斯战争胜利70周年活动,全面落实四行仓库抗战纪念地建设的政治任务,百联集团按照市委宣传部的安排部署,在市国资委、闸北区区委、区政府及相关职能部门的大力支持下,推进落实四行仓库(光一库)的租户清场、纪念馆的修缮扩建各项工作流程。集团投入了一千余万元资金,主动承担了要求客户提前退租的违约责任和要求客户加快搬离的奖励补偿费用。经过3个月,于2014年10月31日前租户全部搬离。 百联集团置业有限公司党委书记、董事长许国良说:"百联集团的态度是不计较经济利益,全力支持纪念馆建设,这是对历史的尊重,也是对这座遗址的爱护,更是企业应当承担的社会责任。"
15	创邑·老码头创意园	—	—
16	创邑·河	1932年	日商丰田纺织二厂
		1945年抗战胜利	由国民政府经济部接收
		1946年1月	一厂、二厂合并改名为中国纺织建设公司上海第五纺织厂
		1950年7月	新中国成立后由上海军管会接管。改名为"国营上海第五棉纺织厂"
		1990年	和上海针织九厂等9家针织厂联合组建上海针织内衣(集团)公司
		1994年11月	更名为"上海三枪(集团)有限公司"
		1998年	进入上海龙头股份有限公司
		2006年1月	改造为创意园区
17	弘基创邑·国际园	1937年	上海怡和药厂,中国第一批民族大输液专业化制药企业
		1998年	上海长征制药厂与上海富民制药厂合并,成立上海长征富民药业有限公司
		2003年5月	被华源集团收购,更名为"上海华源长富药业(集团)有限公司"
		2007年10月	华润医药[华润(集团)有限公司根据国务院国资委"打造央企医药平台"的要求,在重组央企华源集团、三九集团医药资源的基础上成立的大型药品制造和分销企业]分拆重组上海长征富民金山制药有限公司
		2011年	由华润双鹤正式收购,成为华润双鹤旗下的全资子公司

编号	改造项目 名称	历史沿革	
		时间节点	历史事件
18	创邑·幸福湾	1958年	由上海市综合联社的新成、卢湾区摩托车修理合作社与上海市石油公司杨树浦油库摩托车修理部合并组成上海摩托车厂
		1959年	并入宝山农机厂
		1964年4月	由宝山农机厂、上海自行车二厂和宝山五金配件厂合并改组，成立了上海摩托车制造厂，建厂此处
		1979年12月	改名为"上海摩托车厂"
		1985年1月	上海市拖拉机汽车工业公司与泰国正大集团所属香港易初投资有限公司合资经营，成立上海易初摩托车有限公司
		1986年1月	上海动力机厂并入
		1999年	转制为"上海幸福摩托车总厂"，将成为国有企业。为上海汽车（集团）全资公司
		2008年	上海弘基企业·上海创邑投资管理有限公司投资8100万元进行改建
19	创邑·源	不详	大明橡胶厂
		2010年	开发为创意产业园
20	创邑·金沙谷	不详	上海离合器总厂
		2006年年底	上海弘基企业向上海汽车工业（集团）总公司签下20年的租赁权
		2007年	被改造为创意产业园

广州项目溯源

编号	改造项目 名称	历史沿革	
		时间节点	历史事件
1	羊城创意园区	1958年	广州化学纤维公司建厂
		1999年	羊城晚报业集团先买下化纤厂东侧地块用作印刷厂扩产、办公用地，之后兼并化纤厂西侧地块，为工业用地
		2000年	经国家经委批准，羊城晚报业集团正式兼并了该厂
		2007年	受上海文创产业项目启发，集团领导确定利用旧厂房引入文化创意产业，与自身资源相关的。羊城创意产业园建设启动
		2011年	成立运营公司
2	红专厂艺术创意园区	1893年	世界上第一罐"豆豉鲮鱼"在国内最早的罐头食品厂——广州广茂香罐头厂诞生（罐头品牌诞生时间）
		1956年	苏联与中国经济合作的165个重点项目之一，由轻工业部筹建

编号	改造项目名称	历史沿革	
		时间节点	历史事件
2	红专厂艺术创意园区	1958年6月	投产，大型罐头食品加工企业，亚洲最大罐头厂
		1960年底	广奇香罐头厂并入广东罐头厂，广东罐头厂生产"鹰金钱"牌豆豉鲮鱼罐头
		1994年	广东罐头厂更名为"广州鹰金钱企业集团公司"
		1995~2005年	市场竞争越来越激烈，罐头行业已经变成了一个完全市场化的竞争产业，鹰金钱显出一定的劣势，一是历史负担大，当时在职员工与离退休员工的比例为1：3，甚至达到1：10；二是由于种种原因，鹰金钱承担了不少的债务；三是机制也存在不少的问题。所以从20世纪90年代中期一直到2005年这段时间都是相当困难的，整个企业都是忙于去解困，在那个时间段整个企业发展缓慢，甚至走下坡路
		2003年	租给广东省集美设计工程有限公司（广州美术学院校属企业）
		2005年	上级——广州轻工工贸集团有限公司深入分析了如何使鹰金钱发展得更好这一问题后，有了一个明确的方向
		2008年	所在地块由广州市土地开发中心回收，委托鹰金钱管理
		2009年	红专厂艺术创意园区正式成立
3	信义·国际会馆	1960年	广东省水利水电机械厂建厂
		20世纪90年代	停产
		2004年	立项，由广东源天工程公司、广东明辉园投资管理有限公司合作开发
		2005年11月	因毗邻德国信义会教堂，正式更名为信义国际会馆
		2008年	成为广州滨水创意产业带的龙头
4	广州T.I.T纺织服装创意园	1956年3月	国家对私营工商业进行社会主义改造的高潮中，由分散在广州市区的梁林记、天良、同乐、权记、李嵩记、新宇宙、叶泰记等七家经营纺织机械的私营机械厂及志成等几家生产针织机械的小厂，合并而成"公私合营梁林记机械厂"。稍后，私营"劳仁记电机制牧场"、个体户"何良记"一同并入，从而奠定了广州纺织机械厂的基础
		1961年	广州纺织机械厂与"志成"、"华建"合并
		1996年	生产能力达到鼎盛时期，从此下滑
		1998年8月	因连续亏损3年，按照市政府规定"连续三年亏损的企业，实现关、停、并、转"政策，并入广州第一棉纺织厂
		2002年	停产
		2007年	广州纺织工贸集团（占股35%）积极响应广州市政府"退二进三"政策，与深圳市德业基投资集团有限公司（占股65%）合作成立广州新仕诚企业发展有限公司，决定将纺织机械厂旧厂区打造为专门以服装创意为主题的时尚产业园
		2010年8月6日	广州T.I.T创意园正式挂牌开业

编号	改造项目名称	历史沿革	
		时间节点	历史事件
5	中海联·8立方创意产业园	2008年	万宝冰箱厂搬迁，中海联集团接手
6	太古仓码头创意产业园	1904～1908年	由英国太古洋行修建
		1928～1933年	陈济棠主粤期间，太古仓码头区又进行过改造和扩建
		日本侵华时期	日军军事物资和人员重要的转运基地
		1953年2月24日	广州市军事管制委员会奉命征用太古仓，收归国有，相继由广州港务局及广州港集团经营管理至今
		2003年12月	时任广州市市长张广宁到提出了太古仓在今后保护、转型、开发、利用的总体设想，由此拉开太古仓开发转型的序幕
		2005年	被定为广州市文物保护单位
		2007年	时至2007年6月，太古仓码头一直是国家对外开放的一类口岸。由于近年来城市发展，广州港的货物运输逐渐东移，太古仓的货物吞吐量也日渐衰落，码头功能面临新的调整发展
		2008年	太古仓1、2、4、5、6、7仓外墙修缮工程完工
		2010年	将太古仓转型改造项目树立为全省"三旧"改造的典范
7	1850创意产业园	—	—
8	宏信922创意社区	1912年	前身是清宣统三年（1911）由陈沛霖、陈拔廷在芳村大涌口开办的协同和碾米厂，1912年与何谓文合股扩大，创建协和同机器厂
		1915年	成功仿制中国第一台船用柴油机
		1922年	原址主要厂房建成
		1966年	改名为"广州柴油机厂"
		2009年	在市、区政府对芳村地区的发展规划下，围绕"退二进三"的产业发展策略，以广州柴油机厂旧厂区地块建设、发展922创意社区
		2010年	更名为"广州柴油机股份有限公司"，中国华南地区最大的中速柴油机生产专业厂家

天津项目溯源

编号	改造项目名称	历史沿革	
		时间节点	历史事件
1	红星·18创意产业园A区，天明创意产业园	1953年2月	前身铁道部华北设计分局成立
		1956年1月	铁道部撤销华北设计分局，在其基础上成立"铁道部第三设计院"，5月由北京迁至天津河北区中山路10号
		1970年7月	随着铁道部并入交通部，铁道部第三设计院更名"交通部第三铁路设计院"
		1975年2月	恢复"铁道部第三设计院"名称
		1978年3月	更名为"铁道部第三勘测设计院"
		1984年1月	因上一年开始实行技术经济责任制，更名为"第三勘测设计公司"，对外称"中国渤海工程咨询公司"
		1985年9月	恢复"铁道部第三勘测设计院"名称
		1989年7月	铁道部撤销基建总局，成立中国铁路工程总公司，铁三院归其领导
		2001年2月	更名为"铁道第三勘察设计院"
		2001年4月	由事业单位正式改为企业单位，全称"铁道第三勘察设计院集团有限公司"
		2011年	由天津市河北区政府牵头，联合区工商联、商委，铁三院将园区A区地块的使用权租给天津天明创意产业园投资管理有限公司（民营企业）
2	华津3526创意产业园	1938年	日占时期药厂
		中华人民共和国成立后	3526军队驻津药厂
		2008年	原址资产划归国资委管理，土地性质也随之由军用变为民用。国资委授权给二级国企新兴际华集团有限公司（由解放军总后勤部原生产部及所辖军需企事业单位整编重组脱钩而来），将其用作华津制药有限公司的厂房。主要生产部门搬迁至在天津市经济开发区投资建设的新厂
		2008~2010年	将部分厂房租给邻近的天津美术学院用作宿舍
		2011年	厂方为利用闲置的厂房，开始招商。其中，2/3的建筑面积36000平方米由华文商务园以更低价格承租，进行修葺改造后，转租给小企业使用
3	绿岭产业园—环渤海低碳经济产业示范基地	1946年	中国纺织建设总公司将平津两地日资企业，包括钟渊、昭和、富源、大和、谦宝、大信兴、安源、昭通等8个铁工厂拨给天津分公司，成立中国纺织建设公司天津分公司第一机械厂
		1952年	将第一至第四工厂集中于现址

编号	改造项目名称	历史沿革	
		时间节点	历史事件
3	绿岭产业园—环渤海低碳经济产业示范基地	2011年初	天津市河北区加大力度促进科技型中小企业发展，吸引来国家级科技企业孵化器，经河北区政府批准，绿领管理公司与天津纺织机械有限公司达成合作，整体租赁该闲置资源，用于都市经济载体建设
		2011年4月	动工
		2011年8月	投入运营
4	巷肆创意产业园	1956年	天津市橡胶制品四厂
		2012年底	天津市福莱特装饰设计工程有限公司出资对原厂房进行保护性改造，并成立巷肆创意产业园有限公司
5	意库	1953年	建厂
		20世纪90年代后期	天津地毯工业行业亏损严重
		2002年	正式停产
		2003年	天津的9家地毯厂联合组建的天津隆兴集团地毯有限公司
		2007年	参考上海8号桥创意园区的建设经验进行改造，9月正式开园。是天津市首家通过工业遗存改造而成的创意产业园
		2010年2月	获得"天津市工业旅游示范点"
		2012年9月	作为天津创意产业首个国家级科技企业孵化器，揭牌
6	6号院创意产业园	1921年	英国怡和洋行天津分行建设仓库
		新中国成立后	由天津市一商局接管，作为天津文化用品采购供应站仓库。后划归天津一商集团有限公司，用作文化用品市场
		1999年	天津美院画家邓国源入驻园区
		2000年	开始有艺术家在此集聚
		2007年	开始改造
7	辰赫创意产业园	20世纪70年代	天津内燃机磁电机厂改制，更名为天津内燃机磁电机有限公司，归入天津汽车工业（集团）有限公司
		2008年7月	"天津辰赫创意产业园"成立。12月完成改造工程
8	艺华轮创意工场	1909年	德国人兴建的"津浦路西沽机厂"，俗称"津浦大厂"
		不详	后为铁道部天津机车车辆机械工厂
		2007年	市自行车行业协会与天津机车车辆厂联合创办"艺华轮创意工场"（靠近南路口的一座3层楼，建造年代不详。建于1909年的机修车间已被列为"重点保护等级历史风貌建筑"和"天津市文物保护单位"）

编号	改造项目名称	历史沿革	
		时间节点	历史事件
9	美院现代艺术学院	1922年	属于江西督军蔡成勋的"蔡家花园"西院动工
		1926年	竣工
		1938年	日本侵占天津期间，成为"北洋株式会社"军工厂
		1945年	成为国民党的军用铁丝网厂
		新中国成立后	改名为"天津联合网厂"
		不详	更名为"天津第一金属制品厂"
		2002年	作为天津美院现代艺术学院新校区
10	天津电力科技博物馆	1904年4月	"比商天津电灯电车公司"成立，由比利时世昌洋行获准在天津投资经营的最早运营的公共交通公司
		1937年	建筑改名为"华北电力公司天津分公司"
		1943年	日军接收，改称"军管天津电车电灯公司"
		1945年	改名为"南京国民政府冀北电力有限公司天津分公司"
		1949年	由天津市人民政府电力部门使用
		2008年10月	为庆祝天津有电120年，用作天津电力科技博物，是国内第一家融博物馆与科技馆于一体的电力科博物馆
		2013年	被政府列为"一般保护等级历史风貌建筑"和"天津市文物保护单位"
11	南开创意工坊	1946年	天津仪表厂建厂
		2008年11月	南开区科技园管委会与天津滨海联创投资基金管理有限公司签署了关于创意产业园项目服务协议
		2009年5月	天津滨海联创投资基金管理有限公司选中地块，改造后的"C92创意工坊"一期开园
		2014年5月	北京中关村东城园区旗下东方嘉诚文化产业发展有限公司与天津仪表集团签约，启动建设C92二期天津文化产业园项目
12	老棉三	1920年	建厂
		1921年	"裕大纱厂"建成投产（"宝成纱厂"与其一墙之隔）
		1933年	裕大纱厂转卖给日资"东洋拓殖会社"
		1935年	宝成纱厂转卖给日资"伊藤忠商事会社"
		1945年	国民党政府接收在津的纺织企业，组成中国纺织建设公司天津分公司，其间名"中纺三厂"
		1949年后	改名为"天津棉纺三厂"
		2005年	厂区搬迁至滨海新区

编号	改造项目 名称	历史沿革	
		时间节点	历史事件
12	老棉三	2012年	地块被纳入河东区提升改造的名单
		2013年5月	改造工程开始动工
		2014年6月	"棉三创意街区"完工
13	融创天拖	不详	天津汽车制配厂
		1956年1月	更名为"天津拖拉机制造厂"
		1996年12月	改制为"天津拖拉机制造有限公司"
		2013年6月	原厂整体搬迁至天津市宝坻区低碳工业区

重庆项目溯源

编号	改造项目 名称	历史沿革	
		时间节点	历史事件
1	S1938创意产业园	不详	中渡口机修厂,市公安局下属集改单位
		1966年9月	移交给市日用品工业公司
		20世纪70年代	开始生产缝纫机
		1980年	更名为"重庆缝纫机总厂"
		1986年前后	随着大量成品衣服的面世,缝纫机从必备品变成累赘,销量直线下降
		1995年11月	"重庆缝纫机工业公司"的厂名被最终注销,转型成立"重庆专用机械制造公司",开始生产机械设备
		2002年	停产进入"三类"特困企业
		2008年	地块通过联合产权交易所拍卖,被重庆轻纺控股集团收购
		2014年	被列为"2014磁器口古镇开发及沙磁文化产业带重点项目"
2	坦克库·重庆当代艺术中心	1940年	李有行、沈福文等教授创办"四川省立艺术专科学校",后多次更名为"成都艺术专科学校"、"成都艺术专科学校"、"西南美术专科学校"
		1959年	更名为"四川美术学院",此地块归学校使用
		20世纪60年代	地块被重庆空压厂(余家坝纺织机械厂1952年迁建九龙坡后改建的高射机枪和生产坦克的军工厂)征用,并建造为军用仓库
		2000年	四川美术学院斥资750万元完成对地块及其仓库的回购
		2001年	探索性地将仓库部分改造成教学空间,供雕塑系泥塑等课程教学使用

编号	改造项目名称	历史沿革	
		时间节点	历史事件
2	坦克库·重庆当代艺术中心	2003年	制定完整系统的改造计划,实施从功能到形态的文化改造
		2005年	"坦克库"投入运行
		2006年	正式更名为"坦克库·重庆当代艺术中心"
3	501艺术基地	20世纪60年代	作为战备仓库建立
		不详	"重庆市商业储运公司"九龙坡分公司501仓库
		2003年	公司改制,职工出资购买了501仓库全部资产,组建"重庆市华宸储运发展有限公司"
		2006年	由重庆市国有文化资产经营管理有限公司牵头,公司与艺术家签订了5年的租期合同,并确定了3年的租金。作为"文化产业专项资金"扶持项目,"重庆501艺术基地"成立,10月正式挂牌,成为重庆市创意办首批授牌的"重庆市创意产业基地"
4	102艺术基地	不详	"重庆港务物流集团"仓库
		2007年	由重庆港务物流集团旗下的重庆金属材料股份有限公司小额供应站将原库房改建为以油画、雕塑为主要表现形式的青年艺术家原创基地
5	重钢集团型钢厂	1890年	前身汉阳铁厂创办
		1938年	西迁重庆
		1942年	新厂建成
		解放战争期间	改称"二十九兵工厂"。曾更名为"西南工业部101厂"、"西南钢铁公司"、"重庆钢铁公司"
		1995年6月	改制为重庆钢铁集团有限责任公司
		2006年底	重庆市启动了工业投资"一号工程"的重钢环保搬迁工程
		2007年5月	重钢集团与渝富资产经营管理集团签署《重钢资产收购协议书》,重钢集团的土地由渝富集团收购储备,共计7446.22亩
		2010年	市政府决定利用重钢环保搬迁遗址,修建重庆工业博物馆及文化创意产业园,该项目被列为重庆市"十二五"社会文化事业的重点发展项目
		2011年9月	重钢环保搬迁工程建成投产,同时,大渡口老区钢铁产能全面关停
		2015年1月	重庆工业文化博览园项目建设正式启动

青岛项目溯源

编号	改造项目名称	历史沿革	
		时间节点	历史事件
1	青岛啤酒博物馆	1903年	日耳曼啤酒公司的德国、英国商人为适应占领军及不断增加的侨民对啤酒的需求，合资创办了"日耳曼啤酒公司青岛股份有限公司"
		1916年9月	"大日本麦酒株式会社"以50万银圆将日耳曼啤酒公司青岛股份公司买下，更名为"大日本麦酒株式会社青岛工场"
		1945年8月	南京国民政府接管了工厂，并更名为"青岛啤酒公司"
		1947年	改名为"青岛啤酒厂"
		1993年6月	由原青岛啤酒厂作为独家发起人，并在吸收合并原中外合资青岛啤酒第二有限公司、中外合作青岛啤酒第三有限公司及国有青岛啤酒四厂的基础上，创立了青岛啤酒股份有限公司
		2003年8月	青啤百年华诞之际正式对外开放，总投资5000多万
		2013年	投资1000多万进行升级改造
2	创意100产业园	1954年5月	以民光、恩光两个刺绣工艺社为主，组成"青岛市刺绣供销生产合作社"
		1956年	青岛市刺绣供销生产合作社在吸收了更多的个体刺绣业户入社后，更名为"青岛市刺绣生产合作社"
		1958年12月	青岛市刺绣生产合作社与青岛市麻布绣花生产合作社合并，成立"青岛刺绣厂"，成为中国机绣行业中建厂最早的企业
		2000年	迁出市区，厂房闲置
		2005年	由青岛麒龙文化有限公司对厂房进行租赁
		2006年11月	改造工程竣工，并于当年开放
3	良友国宴厨房	1932年	民族工商业者曹海泉、李俊亭等7人创建"同泰胶皮工厂"
		1937年	由日本"牛岛洋行"强行入股，变成了"中日合资"企业
		1945年	由南京国民政府经济部鲁豫晋区特派员办公处当作"敌产"接收，直到1947年归还原主
		1947年	因无力经营而与亿中实业股份有限公司合并，更名为"同泰胶皮厂股份有限公司"，生产"骆驼牌"自行车胎、手推车胎
		1952年	手推车胎生产设备迁往第三分厂（青岛第六橡胶厂前身，即项目地址）
		1954年	实现公私合营，易名为"公私合营青岛同泰橡胶厂"
		1956年	复兴祥等14家橡胶制品厂与该厂合并，成立"同泰橡胶总厂"
		1957年	化工部将青岛第六橡胶厂车胎车间并入该厂
		2006年	由山东省鲁邦房地产开发有限公司筹建，邀请日本著名设计师三浦荣先生主持设计
		2007年11月	青岛良友饮食股份有限公司正式控股国宴厨房
		2013年5月	实施爆破拆除

编号	改造项目名称	历史沿革	
		时间节点	历史事件
4	青岛奥帆中心	1898年	德国造船技师奥司塔斯成立的修船所（前身），后发展成为"青岛船坞工艺厂"
		1905年	更名为"青岛红星造船厂"
		1978年	大港扩建，厂址从新疆路迁往燕儿岛，改名为"北海船厂"
		1991年	北海船厂原址受规模和条件所限，已不适应未来的市场竞争，开始选择新址
		1996年3月	中国船舶工业总公司与青岛市政府研究确定了青岛北海船厂的整体搬迁及北海船今后发展问题，商定在青岛市黄岛区海西湾建设一个新的大型修造船基地
		1998年	青岛市将北海船厂搬迁列为政府重点办理实事之一
		2001年10月	经国务院批准，由国家开发银行、中国华融资产管理公司、中国船舶重工集团公司对青岛北海船厂进行资产重组，成立青岛北海船舶重工有限责任公司（中国船舶重工股份有限公司控股）
		2001年	专门成立奥运场馆开发建设指挥部和东奥开发建设集团公司，具体负责场馆建设的组织和实施。12月，青岛市奥运场馆开发建设指挥部与北海船厂进行搬迁谈判
		2003年2月	市奥运场馆开发建设指挥部、北海船厂和青岛东奥集团三方正式签订《企业搬迁协议》
		2003年底	奥运场馆建设用地基本搬迁完毕
		2004年4月	迁址青岛经济技术开发区海西湾
		2008年3月	竣工
5	中联U谷2.5产业园	—	—
6	中联创意广场	—	—
7	青岛卷烟厂	1919年	大英烟公司（为前"英美烟草股份有限公司"改称）在青岛商河路大港车站对面设驻青岛办事处，承转海陆运输烟叶任务
		1923年	办事处在原址购地，造造临时工房，开始生产卷烟。同年底，在青岛市孟庄路、下洼路、埕口路一带，租地约130亩建设新厂
		1924年	迁厂，定名为"大英烟股份有限公司青岛分公司"
		1934年12月	更名为"英商颐中烟草股份有限公司"
		1935年4月	再度更名为"颐中烟草股份有限公司"，并吸收部分华商股份
		1941年12月	被日本军管会接管，改名为"大日本军管理颐中烟草公司青岛事务所"

编号	改造项目名称	历史沿革	
		时间节点	历史事件
7	青岛卷烟厂	1945年8月	恢复了"颐中烟草股份有限公司青岛分公司"的名称
		1952年1月	人民政府接管,更名为"国营青岛颐中烟草公司"
		1953年1月	改为"国营青岛卷烟厂",隶属轻工业部领导;1958年,下放到山东省工业厅
		1959年	更名为"青岛第一卷烟厂"
		1962年11月	更名为"山东青岛卷烟厂"
		1964年1月	更名为"青岛第一卷烟厂"
		1994年1月	青岛烟草分公司、青岛卷烟厂按照市场规则实施了资产重组,联合烟台烟草分公司和烟台卷烟厂组建了"青岛烟草集团公司"
		1995年6月	集团实施现代企业制度改革,重新启用老字号,将名称规范为"颐中烟草(集团)有限公司"
		2006年	青岛卷烟厂进行技改,由市北区迁至崂山区
		2009年9月	由青岛创意投资有限公司(前身为青岛港濠实业发展有限公司)开发,"1919创意产业园"正式开园
		2010年4月	"青岛烟草博物馆"开放
8	青岛纺织博物馆	1917年3月	日本商人铃木格三郎创立"铃木丝厂"
		1920年	再次改组易名为"日华蚕丝株式会社",后来又改称"日华兴业株式会社"
		1945年10月	国民政府青岛市党政接收委员会派出的工作组接管了丝织厂
		1946年8月	该厂成为当时的中国丝绸总公司青岛办事处第三试验绸厂
		1949年6月	丝织厂由山东省人民政府生产部接管,后移交山东省工业厅、青岛市纺织管理局。先是"山东丝织总厂"、"山东第一丝织厂",后改为"国营青岛丝织厂"
		1980年	更名为"青岛丝织厂"
		20世纪90年代	逐渐失去市场竞争力
		2009年5月	青岛市市北区人民政府联合青岛纺织总公司利用原址(非原建筑)建设"青岛纺织博物馆",9月建成开馆
9	联城置地红锦坊住宅区商业配套	1919年9月	日商筹建"大日本纺绩株式会社青岛大康纱厂"
		1921年10月	开工投产
		抗战结束后	由中国纺织公司青岛分公司接收,更名为"中国纺织建设公司青岛第一棉纺织厂"

编号	改造项目名称	历史沿革	
		时间节点	历史事件
9	联城置地红锦坊住宅区商业配套	1949年	改称"国营青岛第一棉纺织厂"
		2002年	改制后为"青岛纺联集团一棉有限公司"
		2007年	整厂搬迁
		2008年	联城海岸置业有限公司在原厂址上投资兴建"联城·红锦坊"住宅区项目,保留原国棉一厂细纱车间用作小区商业配套设施
10	红星印刷科技创意产业园	1956年	台东化工厂
		1966年	更名为"青岛红星化工厂"
		1992年	组建了"青岛红星化工集团公司"
		2009年	李沧区文化局和青岛红星化工厂确立了利用现厂址及旧厂房建设印刷科技产业园的意向
		2010年4月	由青岛红星化工厂和李沧区经济开发投资公司共同出资成立"青岛红星文化产业有限公司"
		2011年	"红星印刷科技创意产业园"开园
11	青岛工业设计产业园	1900年10月	德国人在修筑胶济铁路的同时,开始兴建"胶济铁路四方工厂"
		1912年	建成
		1913年	投入使用
		1912年	日本侵占青岛后占有四方工厂
		1923年	北洋政府接管工厂
		1938年	日本再次侵占四方工厂
		1945年	国民政府接管四方工厂
		中华人民共和国成立后	直属中央人民政府铁道部,后又分别隶属过第一机械工业部、铁道部机车车辆工业管理局、交通部工业局、铁道部工业局、中国铁路机车车辆工业总公司
		2002年7月	改制,由中国南方机车车辆工业集团公司等8家法人单位共同发起设立"南车青岛四方机车车辆股份有限公司",南车集团公司以四方机厂的主业资产入股,占总股本69.48%
		2011年	部分厂区开辟为"青岛工业设计产业园"
12	青岛橡胶谷一期综合交易中心	—	—

编号	改造项目名称	历史沿革	
		时间节点	历史事件
13	M6创意产业园	1921年	日商建"钟渊纱厂"
		1923年4月	开工投产
		1931年	改名为"钟纺公大第五厂"、"中纺青岛六厂"
		1937年12月	被国民党炸毁
		1938年	日本第二次侵占青岛后，重修，厂名"公大纱厂"
		1949年6月	定名为"国营青岛第六棉纺织厂"
		2002年	改制后为"青岛纺联集团六棉有限公司"
		2012年	原厂整体外迁。青岛城市建设投资（集团）有限公司、青岛华通国有资本运营（集团）有限责任公司、青岛国信发展（集团）有限责任公司和李沧区的一个公司，共同投资入股，成立青岛海创开发建设投资有限公司，接盘国棉六厂，将其改造成为"青岛国棉六虚拟现实产业园"
14	青岛纺织谷	1934年3月	日商福昌公司建设"上海纱厂"
		1935年5月	建成投产
		1937年12月	被国民党炸毁
		1938年10月	日本重修上海纱厂
		1946年1月	中国纺织建设总公司青岛分公司接收，并改名为"青岛中纺五厂"
		1949年6月	"国营青岛第五棉纺织厂"
		2002年	改制后为"青岛纺联集团五公司"
		2013年6月	"青岛纺织谷"项目签约

西安项目溯源

编号	改造项目名称	历史沿革	
		时间节点	历史事件
1	贾平凹文学艺术馆	1974年	"文化大革命"期间，学校工农兵学员自己动手设计和施工建造了印刷厂
		20世纪90年代	新一轮高校建设热潮开始，学校拆除印刷厂一部分
		2001年	行政楼重建，印刷厂老建筑又作为行政办公临时使用
		2006年5月	筹建贾平凹文学艺术馆
2	西安半坡国际艺术区	1956年	国营西北第一印染厂开始建设。国家"一五"期间重点建设项目之一，在苏联帮助下设计与建设。当时亚洲地区规模最大的印染厂

编号	改造项目名称	历史沿革	
		时间节点	历史事件
2	西安半坡国际艺术区	1960年7月	建成投产
		1998年底	全面停产。被中国华诚集团兼并，划归至中国华诚集团在陕西的全资子公司——唐华集团（央企）（在纺织行业"压锭减员、兼并重组"的产业结构调整中，原西北国棉三厂、西北国棉四厂、西北国棉六厂、陕棉十一厂、西北第一印染厂等5户省属企业，被央属企业华诚投资管理有限公司以承债方式兼并，并以上述5户企业的实收资本之和组建了陕西唐华纺织印染集团有限责任公司）。更名为"陕西唐华一印有限公司"
		2007年2月	11名西安艺术家进驻，"纺织城艺术区"正式启用
		2008年10月	唐华集团申请政策性破产[①]。由市国资委出资设立了5家新企业：三、四、六、大华棉纺织有限责任公司和西安欣隆公司，外迁到灞河东岸工业园。其中西安欣隆公司即原陕西唐华一印有限公司
		2009年11月	将5家企业整合为西安纺织集团
		2008年	西安纺织城艺术区
		2012年	陕西经邦文化与灞桥区政府联手开发半坡国际艺术区项目，187亩，比原纺织城艺术区面积扩大了约60亩
3	大华·1935	1934年	大兴第二分厂建厂，西安最早的现代棉纺织企业
		1935年	开始筹建并于当年底正式发电的大华电厂（为厂区供电）
		1936年	更名为"长安大（兴）华（裕）纺织厂"
		1937年6月	第二次扩建
		1939年10月	遇日军空袭，11月停产，并将工厂西迁
		1941年	西安工厂再次遭袭，清花车间、职工食堂、棉花库房被毁
		1942~1948年	生产时断时续
		1951年	实行公私合营，并更名为"公私合营大华纺织股份有限公司秦厂"
		1953~1955年	将纱厂西厂房房顶部由平齐改为锯齿形
		1964年3月	更名为"陕西公私合营大华纺织厂"
		1966年12月	更名为"国营陕西第十一棉纺织厂"（国棉十一厂）
		20世纪80年代	开始亏损

---

① 政策性破产，又称"计划内破产"，是指国务院有关部门确定的纳入国家破产兼并计划并享受相应优惠政策的国有企业的破产。国有企业破产时，将其全部财产（包括担保财产）首先用于清偿职工债权和安置破产企业的失业职工，而不是优先用来偿还企业所欠的债务。

编号	改造项目名称	历史沿革	
		时间节点	历史事件
3	大华·1935	1998年底	被中国华诚集团兼并，划归至中国华诚集团在陕西的全资子公司——唐华集团（央企）
		2001年6月	改制成为现在的陕西大华纺织有限责任公司，恢复原"大华"名称
		2008年10月	唐华集团申请政策性破产
		2010年7月	西安纺织集团整合原有厂房土地1000亩，交当地灞桥区政府进行土地开发储备，利用土地级差筹措新厂区建设、企业搬迁、设备更新所需资金
		2011年1月	经市政府同意，大华纺织公司全部资产（含非经营性资产）和人员（含离退休人员），进行国有资产整体划转移交至西安曲江新区管委会所属的西安曲江大明宫投资（集团）有限公司
		2011年6月	2011年6月30日，西安曲江大华文化商业运营管理有限公司正式成立，负责大华·1935运营管理
		2011年9月	大华纱厂厂房及生产辅房改造工程开始招标
		2013年11月	西安大华博物馆面向社会免费开放、小剧场开始投入使用
4	西安华清科教产业（集团）有限公司	1958年	东北建厂
		1964年	为了支援大西北和三线建设，本溪钢厂迁厂西安。作为保密单位，为导弹、卫星生产钢铁材料，与陕西钢铁研究所和西安冶金机械制造厂一起，称作"52总厂"。后更名为"陕西钢厂"
		1998年	停产
		2002年5月	政策性破产
		2002年10月10日	西安建筑科技大学是原冶金部重点院校。西安建筑科技大学联合陕西龙门钢铁（集团）有限公司、陕西长城建设有限责任公司等单位成立西安建大科教产业有限责任公司。公司通过竞拍的方式以2.3亿元的价格成功收购了当时按政策性破产处置的原陕西钢厂破产资产，并同时接收原陕西钢厂2500名职工
		2010年5月	更名为"西安华清科教产业（集团）有限公司"
		2012年9月	西安世界之窗产业园投资管理有限公司与西安华清科教产业（集团）有限公司合作签约，启动联合开发老钢厂
		2013年7月	西安华清创意产业发展有限公司成立注册，与西安华清科教产业集团联合开发老钢厂设计创意产业园

编号	改造项目名称	历史沿革	
		时间节点	历史事件
1	福州芍园1号	1953年	13名木工组织成生产自救小组
		1958年1月	"福州市第一家具厂"建厂
		2009年底	鼓楼区将厂区规划成文化创意园进行招商，最终福建汇源投资有限公司中标，并成立芍园一号创意产业园有限公司进行后期运营
		2010年5月	建成开园
2	闽台A.D创意产业园	不详	新店镇溪里村所属的旧工业厂房
		2012年	福建众杰投资有限公司进行投资改建
		2013年	一期主体工程完工
3	福百祥1958文化创意园	1958年2月	"福州市丝绸印染厂"筹建，地点原设在福州香料厂
		1960年2月	该厂在福马路南侧破土动工
		1960年12月	上海裕成昌丝织厂和鼎顺染整厂两家公私合资企业迁来福州并入福州市丝绸印染厂，成为"福州市丝绸印染联合厂"
		1961年初	建成投产
		1989年6月	由于丝绸行业市场滑坡，该厂利用改革开放后的优惠政策，与香港万利国际事业公司、台湾森杰纺织企业股份有限公司、上海金山石化总厂兴成实业开发公司合资，成立"金利森纺织有限公司"
		1990年9月	与台湾德山纺织有限公司联合投资组建"福州德福纺织印染有限公司"
		1993年12月	与金利森纺织有限股份公司合作成立"鑫利森纺织有限公司"
		1994年4月	与福州衡钫纺织有限公司、福州兴榕纺织有限公司合作成立内联企业"福州钫丝榕纺织有限公司"。至此，全厂形成一厂多制、全面合资的机制
		2010年7月	正式开园
4	福州海峡创意产业园	1992年	原金山投资区一、二期厂房
		2012年4月	投资兴建"福州海峡创意产业园"
		不详	获"福州市第二批文化创意产业示范园区"
5	榕都318文化创意艺术街区	不详	日本厂房（不确定）
		2010年	福建榕仕通实业有限公司斥资5000万取得厂房使用权
		2010年9月	开业

编号	改造项目名称	历史沿革	
		时间节点	历史事件
6	马尾造船厂一号船坞遗址	1887年12月	清船政大臣裴荫森决定动工修建
		1888年8月	建成，能修理清海军最大军舰。福建省马尾造船股份有限公司
		2007年	马尾造船厂与平潭利亚船厂合作控股
		2014年	完成对连江冠造船厂的股权认购，原船厂主体部分将逐步迁往连江县粗芦岛
7	新华文化创意园	不详	省军区汽车连营房
		不详	新华职业技术学校
		2009年	刘经锋（现为创意园总监）和几个青年艺术家将其作为工作室
		2010年12月	创意园建成

图表来源

编号	名称	资料来源
图1-1-1	文献检索数据	截至2015年1月29日基于CNKI检索数据库得到的搜索结果
图1-1-2	文献检索数据	此数据为截至2015年10月13日以CNKI为检索数据库得到的搜索结果
图1-1-3	文献检索数据	此数据为截至2015年10月2日以CNKI为检索数据库得到的搜索结果
图1-2-1	上海创意产业园空间载体比例图	2006～2008年《上海创意产业发展报告》作者自绘
图2-3-1	2002—2012年天津市人均GDP及人均文教娱乐消费增长情况	根据中国创意产业发展报告（2014）表3-2，P60提供数据绘制
图5-4-2	青岛交通商务区核心区功能定位示意图	青岛市李沧交通商务区建设办公室综合部
图7-1-1	1953年棉三地图	《在四区郑庄子建宿舍》天津市档案馆 档案号：X0154-C-001033-001绘于1954年5月4日，绘制者李治，张晶玫重绘
图7-2-3	2013年制定的保护规划中棉三工业遗产类型分级	天津市城市规划设计研究院编制出了《工业遗产保护与利用规划》2013
图7-2-4	棉三工业遗产等级分类图	天津市政府《工业遗产保护与利用规划·说明书》2016
图7-2-5	棉三保留和新建分区	天津市政府《工业遗产保护与利用规划·说明书》2016
图7-2-6	棉三一期地块用地平衡及经济技术指标表	《津棉三厂新建及改造项目方案》天津博风建筑工程设计有限公司
图7-2-7	工业遗产改造再利用的价值层级	天津大学建筑文化遗产保护国际研究中心提供
图7-3-8	调查小组合影	天津电视台
图7-4-5	棉三公寓房价同比天津市、河东区二手房交易价格	线上房源交易网站统计，作者自绘2019年
图8-2-6	第五毛纺织厂范围	《常州市区工业遗产保护与利用规划》2009
图8-2-7	1997年常州第五毛纺厂总平面	常州运河五号产业园提供
图8-2-8	第五毛纺厂（运河五号）保护规划	《常州市区工业遗产保护与利用规划》2009
图8-2-9	保护规划中建议保留的物象	《常州市区工业遗产保护与利用规划》2009
图8-2-10	恒源畅厂昔日	常州运河五号产业园提供
图8-3-2	"十五"至"十二五"期间天津市文化创意产业增加值	天津市科技局提供
图8-3-3	"十五"至"十二五"期间天津市文化创意产业从业人数	天津市科技局提供
表2-1-1	从国家层面到地方层面对文化产业的定义	作者根据文件和文献整理自绘

编号	名称	资料来源
表2-2-1	中国部分城市创意产业发展水平	以《中国创意产业发展报告2011》P725中国部分城市创意产业发展梯队图所示数据为基础绘制
表2-2-2	中国部分城市 创意产业发展水平	来自文献和官方报告，作者自绘
表2-2-3	调研城市项目分布	来自文献和官方报告，作者自绘
表2-3-1	调研城市的区域功能定位	根据《全国主体功能区规划》（2010）相关内容整理
表2-3-2	北京市项目调研信息整理	作者依据资料自绘
表2-3-3	上海市项目调研信息整理	作者依据资料自绘
表2-3-4	园区产业链各环节企业分布	作者依据资料自绘
表2-3-5	广州市项目调研信息整理	作者依据资料自绘
表2-3-6	天津市项目调研信息整理	作者依据资料自绘
表2-3-8	重庆市项目调研信息整理	作者依据资料自绘
表2-3-9	青岛市项目调研信息整理	作者依据资料自绘
表2-3-10	西安曲江新区管委会架构	根据曲江大明宫投资（集团）有限公司网站、曲江新区网站相关信息整理
表2-3-11	西安市项目调研信息整理	作者依据资料自绘
表2-3-12	福州市项目调研信息整理	作者依据资料自绘
表3-1-1	针对利用旧工业用地发展文化产业的政策分析	作者依据资料自绘
表3-2-1	北京部分文化产业园容积率	作者依据资料自绘
表3-2-2	产业氛围优势样本列举	作者依据资料自绘
表3-4-1	2013年主要城市工业用地占城市建设用地百分比一览表	中华人民共和国住房和城乡建设部《中国城市建设统计年鉴》年鉴社，2013年
表4-3-1	青岛市工业遗产保护再利用项目情况	笔者根据2014年10月在青岛调研所搜集的实际数据进行整理
表5-1-2	保护再利用现状调查	笔者根据2013年3月至2015年6月的实地项目调研所得资料整理
表5-2-2	江南造船厂部分保护再利用建筑现状	冯玉婵于2015年6月6日拍摄
表5-3-3	原址工业企业转型升级背景下的工业遗产保护特点	图1 夏天，屈萌，杨凤臣. 顺理成章地发生——莱锦创意产业园设计［J］.建筑学报，2012（1）：73. 图2 作者自摄 图3 2014年2月27日的实地调研中由莱锦产业园方面提供资料 图片来源：图7、9、11百度图片；其他作者自摄
表7-2-1	杭州市工业遗产建筑用地性质和建筑功能对应表	《工业遗产建筑规划管理规定》杭政办函〔2010〕356号文件
表7-2-2	国有资本参与下的开发模式：其他代表性案例和棉三的对比	各企业官网、企查查和政府备案，作者整理

图表来源

编号	名称	资料来源
表7-2-3	投资组成展示和国有资产股权比重	各企业官网、企查查和政府备案，作者整理
表7-2-4	产业设置清单	798艺术区资料来源：刘琛. 中国私人美术馆资金获取模式初探[D]. 北京：中央美术学院，2017.和网络数据；1933老场坊、北京莱锦文化创意产业园、天津棉三创意街区资料来源：官方部分公开数据和网络数据（2018）；南京晨光1865创意产业园、1946创意产业园区资料来源：网络数据（2018）网络数据来自大众点评、美团、百度。除此之外，还参考笔者团队对所有案例实地走访调研的不完全统计结果
表7-4-1	棉三"物自体"社区隔离程度分析表	数据来源2019年，作者自绘
表7-4-2	棉三在售房产和临近小区房产比较	线上房源交易网站统计，作者自绘2020年一月
表8-3-1	创意城市形成的重要因素的主要理论	陈旭，谭婧. 关于创意城市的研究综述［J］. 经济论坛，2009，（5）：26-29. DOI:10.3969/j.issn.1003-3580.2009.05.010.
表8-3-2	C.Landry的创意城市发展等级	陈旭，谭婧.关于创意城市的研究综述[J].经济论坛,2009,(5):26-29. DOI:10.3969/j.issn.1003-3580.2009.05.010. 总结整理自Charles Landry. The Creative City: a toolkit for urban innovation[M]. London: Earth scan,2000
表8-3-3	2018年中国城市创意指数排名梯队	2019中国城市创意指数在深发布，北上深港广杭稳居前六［EB/OL］. https://www.sznews.com/news/content/2019-12/08/content_22685052.htm

注：其他未注明出处的，为作者自绘、自制或自摄。

参考文献

期刊文章

[1] Charpain C，R Comunian. Enabling and inhibiting the creativee-conomy：the role of the local and regional dimensions in England[J]. Regional Studies，2010（6）.

[2] Grabher G. Cool projects，boring institutes：temporary collaboration in social context [J]. Regionalstudies，2002（3）.

[3] Nonini D. Is China becoming neo-liberal [J]. Critique of Anthropology，2008（28）.

[4] 毕波，高舒琦. 不同保护主体下城市文化遗产保护实例评析[J]. 北京规划建设，2013（4）.

[5] Harvey D. From Managerialism to Entrepreneurialism：The Transformationin Urban Governance in Late Capitalism [J]. Geografiska Annaler，1989，71（1）：3-17.

[6] Smith N. Towarda Theory of Gentrification A Backto the City Movement by Capital，not People [J]. Journal of the American Planning Association，1979，45（4）：538-548.

[7] Atkinson R. Introduction：Misunderstood saviour or vengeful wrecker：The many meanings and problems of gentrification [J]. Urban Studies，2003，40：2343-2350.

[8] 仲丹丹，徐苏斌，王琳. 划拨土地使用权制度影响下的工业遗产保护再利用——以北京、上海为例[J]. 建筑学报，2016（3）：24-28.

[9] 冯立. 以新制度经济学及产权理论解读城市规划[J]. 上海城市规划，2009（3）：8-12.

[10] 邱爽，左进，黄晶涛. 合约视角下的产业遗存再利用规划模式研究——以天津棉纺三厂为例[J]. 城市发展研究，2014，21（3）：112-118.

[11] 刘晓东. 城市工业遗产建筑保护与利用规划管理研究——以杭州市为例[J]. 城市规划，2013，37（4）：81-85.

[12] 毕景刚. 高校服务地方文化产业的功能优势与发挥[J]. 吉林师范大学学报（人文社会科学版），2013（9）.

[13] 卜令英. 利益相关者的资产专用性分析[J]. 中国农业会计，2006（6）.

[14] 蔡旺春，李光明. 中国制造业升级路径的新视角：文化产业与制造业融合[J]. 商业经济与管理，2011（2）.

[15] 陈永杰. 东北老工业基地基本情况调查报告[J]. 经济研究参考，2003（7）.

[16] 程振华. 世界之最的中国纺织工业[J]. 中国国情国力，1996（3）.

[17] 杜钟，凌宁，赵力祥. 北京工业发展的历史和现状[J]. 城市问题，1986（3）.

[18] 冯立，唐子来. 产权制度视角下的划拨工业用地更新：以上海市虹口区为例[J]. 城市规划学

刊，2013（5）.

[19]　高富平. 国家所有权实现的物权法框架[J]. 理论前沿，2007（8）.

[20]　耿慧志. 论我国城市中心区更新的动力机制[J]. 城市规划汇刊，1999（3）.

[21]　龚维忠. 论高校文化产业的现状与整合[J]. 求索，2003（4）.

[22]　顾江. 我国省际文化产业竞争力评价与升——基于31省市数据的实证分析[J]. 福建论坛. 2012（8）.

[23]　韩福文，佟玉权. 东北地区工业遗产保护与旅游利用[J]. 经济地理，2010（1）.

[24]　洪启东，童千慈. 从上海M50创意园看城市转型中的创意产业崛起[J]. 城市观察，2009（6）.

[25]　侯方伟，黎志涛. Loft现象的建筑学研究——以苏州河沿岸为例[J]. 新建筑，2006（5）.

[26]　胡惠林. 区域文化产业战略与空间布局原则[J]. 云南大学学报（社会科学版），2005（10）.

[27]　黄筱彧，朱艳，韦素琼. 福州城市文化产业空间分布特征研究[J]. 亚热带资源与环境学报，2014（12）.

[28]　季宏，徐苏斌，闫觅. 从天津碱厂保护到工业遗产价值认知[J]. 建筑创作，2012（12）.

[29]　季宏. 天津近代城市工业格局演变历程与工业遗产保护现状[J]. 福州大学学报（自然科学版），2014（5）.

[30]　姜长宝. 论区域特色文化产业集聚的动因及其培育[J]. 商业时代，2009（2）.

[31]　姜长宝. 区域特色文化产业集聚发展的制约因素及对策[J]. 特区经济，2009（9）.

[32]　孔建华. 二十年来北京文化产业发展的历程、经验与启示[J]. 艺术与投资，2011（2）.

[33]　李蕾蕾. 逆工业化与工业遗产旅游开发：德国鲁尔区的实践过程与开发模式[J]. 世界地理研究，2002（9）.

[34]　李良杰，戴雪荣. 上海市工业化与城市化的历史演变[J]. 国土与自然资源研究，2004（12）.

[35]　厉无畏，于雪梅. 关于上海文化创意产业基地发展的思考[J]. 上海经济研究，2005（8）.

[36]　刘伯英，李匡. 北京工业建筑遗产保护与再利用体系研究[J]. 建筑学报，2010（12）.

[37]　刘伯英. 关注工业遗产更要关注工业资源[J]. 北京规划建设，2009（1）.

[38]　陆邵明. 是废墟，还是景观？——城市码头工业区开发与设计研究[J]. 华中建筑，1999（2）.

[39]　栾峰，王怀，安悦. 上海市属创意产业园区的发展历程与总体空间分布特征[J]. 城市规划学刊，2013（3）.

[40]　潘慧明，饶洪军，常亚平. 纺织上市公司1998年资产重组回顾及其启示[J]. 中国纺织经济，1999（1）.

[41]　青木信夫，徐苏斌. 天津以及周边近代化遗产的思考[J]. 建筑创作，2007（6）.

[42]　阙维民. 世界遗产视野中的中国传统工业遗产[J]. 经济地理，2008（11）.

[43]　阮仪三，张松. 产业遗产保护推动都市文化产业发展——上海文化产业区面临的困境与机遇[J]. 城市规划汇刊，2004（4）.

[44]　阮仪三. 论文化创意产业的城市基础[J]. 同济大学学报（社会科学版），2005（1）.

[45]　石建国. 东北工业化研究综述[J]. 党史研究与教学，2005（10）.

[46]　孙洁. 创意产业空间集聚的演化：升级趋势与固化、耗散——来自上海百家园区的观察[J].

社会科学，2014（11）.

[47]　佟贺丰. 英国文化创意产业发展概况及其启示[J]. 科技与管理，2005（1）.

[48]　王缉慈，童昕. 简论我国地方企业集群的研究意义[J]. 经济地理，2001（5）.

[49]　王建国，戎俊强. 城市产业类历史建筑及地段的改造再利用[J]. 世界建筑，2001（6）.

[50]　王洁. 我国创意产业空间分布的现状研究[J]. 同济大学学报（社会科学版），2007（3）.

[51]　王树林. 软实力：北京发展经济的比较优势[J]. 新视野，2005（5）.

[52]　王子岩. 青岛中联创意广场[J]. 城市建筑，2012（3）.

[53]　文宗瑜. 中国后工业化时代的企业转型路径及财务战略[J]. 财务与会计（理财版），2010（7）.

[54]　吴海宁. 上海国有纺织产业升级多元路径的形成和启示[J]. 科学发展，2013（11）.

[55]　吴浩军，邹兵. 城市转型期的城市总体规划策略——以深圳城市总体规划（2009—2020）为例[J]. 规划师，2010（3）.

[56]　夏天，屈萌，杨凤臣. 顺理成章地发生——莱锦创意产业园设计[J]. 建筑学报，2012（1）.

[57]　谢丹丹. 划拨土地使用权市场化的法律研究[J]. 北京大学法学院房地产法研究中心，2007（3）.

[58]　徐苏斌，仲丹丹. 高校带动下的文化产业与工业遗产再利用协同发展[J]. 城市发展研究，2015（11）.

[59]　徐苏斌，仲丹丹，胡阔雷. 工业遗产保护再利用模式的选择机制研究：以青岛市为例[J]. 工业建筑，2016（2）.

[60]　严巍，董卫，叶如博. 以文化为导向的城市经营模式研究——以西安为例[J]. 现代城市研究，2014（12）.

[61]　杨保军，董珂. 滨水地区城市设计探讨[J]. 建筑学报，2007（7）.

[62]　杨心明，郑芹. 优秀历史建筑保护法中的专项资金制度[J]. 同济大学学报，2005（12）.

[63]　杨一帆. 中国城市在发展转型期推进滨水区建设的价值与意义[J]. 国际城市规划，2012（4）.

[64]　姚建强，沈红斌. 低密度办公建筑研究[J]. 华中建筑，2007（9）.

[65]　衣保中. 建国以来东北地区产业结构的演变[J]. 长白学刊，2002（3）.

[66]　玥清. 第2.5产业论[J]. 上海综合经济，2004（6）.

[67]　臧旭恒，何青松. 试论产业集群租金与产业集群演进[J]. 中国工业经济，2007（3）.

[68]　展望. 纺织业资产重组向纵深发展[J]. 中国纺织，1998（7）.

[69]　张涵. 文化产业与信息产业、知识产业、创意产业的联系和区别[J]. 东岳论丛，2008（11）.

[70]　张松. 上海产业遗产的保护与适当再利用[J]. 建筑学报，2007（8）.

[71]　张松. 上海黄浦江两岸再开发地区的工业遗产保护与再生[J]. 城市规划学刊，2015（3）.

[72]　张文彬，黄佳金. 1988—2003年中国制造业地理集中的时空演变特点[J]. 经济评论，2007（1）.

[73]　张忠民. 上海经济的历史成长：机制、功能与经济中心地位之消长（1843—1956）[J]. 社会学，2009（11）.

[74]　赵金凌. 上海创意产业发展策略研究[J]. 地域研究与发展，2010（6）.

[75]　赵荣，李宝祥. 论大旅游与西安市旅游业再发展[J]. 经济地理，1999（4）.

[76]　赵万民，李和平. 重庆市工业遗产的构成与特征[J]. 建筑学报，2010（12）.

[77]　赵燕菁. 城市增长模式与经济学理论[J]. 城市规划学刊，2011（11）.

[78]　赵燕菁. 城市制度的原型[J]. 城市规划，2009（10）.

[79]　赵燕菁. 从城市管理走向城市经营[J]. 城市规划，2002（11）.

[80]　赵燕菁. 存量规划：理论与实践[J]. 北京规划建设，2014（4）.

[81]　仲丹丹，徐苏斌，王琳，胡莲. 划拨土地使用权制度影响下的工业遗产保护再利用——以北京、上海为例[J]. 建筑学报，2016（3）.

[82]　周灵雁，褚劲风，李萍萍. 上海创意产业空间集聚研究[J]. 现代城市研究，2006（12）.

[83]　周尚意，姜苗苗，吴莉萍. 北京城区文化产业空间分布特征分析[J]. 北京师范大学学报（社会科学版），2006（11）.

[84]　周毅，白文琳. 欧美信息内容产业的发展：内涵、路径及启示[J]. 国外社会科学，2010（5）.

[85]　周政，仇向洋. 国内典型创意产业集聚区形成机制分析[J]. 江苏科技信息，2006（7）.

[86]　訾德祯. 析解困思路话重组[J]. 中国纺织，1998（2）.

[87]　邹兵. 增量规划、存量规划与政策规划[J]. 城市规划，2013（2）.

[88]　Harvey D . The urban process under capitalism：a framework for analysis[J]. International Journal of Urban & Regional Research, 2010, 2（1-4）：101-131.

[89]　Liu F, Zhu X, Li J, et al. Progress of Gentrification Research in China：A Bibliometric Review[J]. Sustainability, 2019, 11（2）：367.

[90]　黄幸，杨永春. 中西方绅士化研究进展及其对我国城市规划的启示[J]. 国际城市规划，2012（2）：54-60.

[91]　青木信夫，闫觅，徐苏斌. 天津工业遗产群的构成与特征分析[J]. 建筑学报，2014（2）：7-11.

[92]　Xue W, Nobuo A. Paradox between neoliberal urban redevelopment, heritage conservation, and community needs：Case study of a historic neighbourhood in Tianjin, China[J]. Cities, 2018：S0264275118302191.

[93]　胡杨玲. 西方人力资本理论——一个文献述评[J]. 广东财经职业学院学报，2005, 4（6）：83-86.

[94]　李明超. 创意城市与英国创意产业的兴起[J]. 公共管理学报，2008（04）.

[95]　金元浦. 中外城市创意经济发展的路径选择——金元浦对话查尔斯·兰德利[J]. 北京联合大学学报（人文社会科学版），2016（3）：19-23.

专（译）著

[1]　Baldwin. Richard Eetal, Economic Geography and Publicpolicy [M]. Princeton：Princeton University Press, 2003：33-36.

[2]　Florida R. The Rise of the Creative Class：And How It's Transforming Work, Leisure, Communityand Everyday Life [M]. New York：Basic Books, 2002.

[3] 法律出版社法规中心. 建设用地法律全书：审批、出让、划拨、转让[M]北京：法律出版社，2014.

[4] 戴维·思罗斯比. 经济学与文化[M]. 王志标，张峥嵘，译. 北京：中国人民大学出版社，2011.

[5] 斯图亚特·坎宁安. 从文化产业到创意产业：理论、产业和政策的涵义[M]. 北京：社会科学文献出版社，2004.

[6] 约翰·哈特利. 创意产业读本[M]. 曹书乐，包建女，李慧，译. 北京：清华大学出版社，2007.

[7] 弗里德里希·李斯特. 政治经济学的国民体系[M]. 陈万煦，译. 北京：商务印书馆，2012.

[8] 马克斯·霍克海默，西奥多·阿道尔诺. 启蒙辩证法[M]. 渠敬东，曹卫东，译. 上海：上海人民出版社，2006.

[9] 简·雅各布斯. 美国大城市的生与死[M]. 金衡山，译. 南京：译林出版社，2006.

[10] 艾伦·J·斯科特. 城市文化经济学[M]. 董树宝，张宁，译. 北京：中国人民大学出版社，2010.

[11] 奥利弗·E·威廉姆森. 市场与层级制：分析与反托拉斯含义[M]. 蔡晓月，孟俭，译. 上海：上海财经大学出版社有限公司，2011.

[12] 奥利弗·E·威廉姆森. 资本主义经济制度：论企业签约与市场签约[M]. 段毅才，王伟，译. 北京：商务印书馆，2014.

[13] 保罗·海恩，等. 经济学的思维方式[M]. 史晨，主译. 北京：世界图书出版公司北京公司，2012.

[14] 保罗·克鲁格曼. 发展、地理学与经济理论——国际经济学译丛[M]. 蔡荣，译. 北京：北京大学出版社，2000.

[15] 哈罗德·德姆塞茨. 所有权、控制与企业论经济活动的组织[M]. 段毅才，等，译. 北京：经济科学出版社，2000.

[16] 卡罗尔·贝伦斯. 工业遗址的再开发利用：建筑师、规划师、开发商和决策者实用指南[M]. 吴小菁，译. 北京：电子工业出版社，2012.

[17] 理查德·E·凯夫斯. 创意产业经济学：艺术的商业之道[M]. 孙绯，等，译. 北京：新华出版社，2004.

[18] 诺斯. 制度、制度变迁与经济绩效[M]. 刘守英，译. 北京：生活·读书·新知三联书店，1994.

[19] 沃尔特·艾萨德. 区位与经济空间[M]. 杨开忠，沈体雁，方森，等，译. 北京：北京大学出版社，2011.

[20] 日下公人. 新文化产业论[M]. 范作申，译. 上海：东方出版社，1989.

[21] 馺田井正，浦川康弘. 文化时代的经济学[M]. 尹秀艳，王彦风，译. 北京：经济科学出版社，2013.

[22] 巴克. 文化研究理论与实践[M]. 北京：北京大学出版社，2013.

[23] 霍金斯. 创意经济：人们怎样用想法挣钱[M]. 洪庆福，孙薇薇，刘茂玲，等，译. 上海：上海三联出版社. 2006.

[24] 吉姆·麦奎根. 重新思考文化政策[M]. 何道宽，译. 北京：中国人民大学出版社，2010.

[25] 马歇尔. 经济学原理[M]. 朱志泰，陈良璧，译. 商务印书馆，1997.

[26] 藤田昌久，保罗·克鲁格曼，安东尼·J·维纳布尔斯. 空间经济学——城市、区域与国际贸

易[M]. 梁琦，主译. 北京：中国人民大学出版社，2011.

[27] 《中国"非零点项目"项目研究——文化力量与国运复兴》课题组，卢希悦. 中国文化经济学——思维的醒悟与经济的崛起[M]. 北京：经济科学出版社，2009.

[28] 陈郁. 企业制度与市场组织[M]. 上海：上海人民出版社，1996.

[29] 陈志楣，冯梅，郭毅. 中国文化产业发展的财政支持研究[M]. 北京：经济科学出版社，2008.

[30] 戴元光，邱宝林. 当代文化消费与先进文化发展[M]. 上海：上海人民出版社，2009.

[31] 单霁翔. 文化遗产保护与城市文化建设[M]. 北京：中国建筑工业出版社，2009.

[32] 当代上海研究所. 当代上海城市发展研究[M]. 上海：上海人民出版社，2008.

[33] 冯健. 转型期中国城市内部空间重构[M]. 北京：科学出版社，2004.

[34] 顾江. 文化遗产经济学[M]. 南京：南京大学出版社，2009.

[35] 国家新闻出版广电总局发展研究中心编，杨明品. 中国广播电视发展报告[M]. 北京：社会科学文献出版社，2014.

[36] 贺雪峰. 地权的逻辑：地权变革的真相与谬误[M]. 北京：东方出版社，2013.

[37] 胡惠林. 我国文化产业发展战略理论文献研究综述[M]. 上海：上海人民出版社，2010.

[38] 黄虚峰. 文化产业政策与法律法规[M]. 北京：北京大学出版社，2013.

[39] 李道增. 环境行为学概论[M]. 北京：清华大学出版社，1999.

[40] 李东生. 大城市老工业区工业用地的调整与更新——上海市杨浦区改造实例[M]. 上海：同济大学出版社，2005.

[41] 李清娟. 大城市传统工业区的复兴与再开发理论·策略·案例[M]. 上海：三联书店出版社，2007.

[42] 刘伯英，冯钟平. 城市工业用地与工业遗产保护[M]. 北京：中国建筑工业出版社，2009.

[43] 刘光亚，鲁岗. 旧建筑空间的改造和再生[M]. 北京：中国建筑工业出版社，2006.

[44] 刘鹤，杨伟民. 中国的产业政策-理念与实践[M]. 北京：中国经济出版社，1999.

[45] 卢现祥，朱巧玲. 新制度经济学[M]. 北京：北京大学出版社，2012.

[46] 马萱. 我国区域文化产业竞争力研究[M]. 北京：社会科学文献出版社. 2011.

[47] 聂武钢，孟佳. 工业遗产与法律保护[M]. 人民法院出版社，2009.

[48] 彭翊. 中国省市文化产业发展指数报告—2014[M]. 北京：中国人民大学出版社，2014.

[49] 彭翊. 中国城市文化产业发展评价体系研究[M]. 北京：中国人民大学出版社，2011.

[50] 阮仪三. 城市遗产保护论[M]. 上海：上海科学技术出版社，2005.

[51] 上海市经济委员会，上海创意产业中心. 创意产业[M]. 上海：上海科学技术文献出版社，2005.

[52] 盛洪. 现代制度经济学[M]. 北京：中国发展出版社，2009.

[53] 石忆邵. 产业用地的国际国内比较分析[M]. 北京：中国建筑工业出版社，2010.

[54] 谭庆刚. 新制度经济学导论-分析框架与中国实践[M]. 北京：清华大学出版社，2011.

[55] 汪敬虞. 上海近代工业史资料：第二辑：上册）[M]. 北京：科学出版社，1957.

[56] 王建国. 后工业时代产业建筑遗产保护更新[M]. 北京：中国建筑工业出版社，2008.

[57] 王琳. 文化产业的发展与预测[M]. 天津：天津社会科学院出版社，2005.

[58] 王琳. 文化创新视角下的中国文化产业战略[M]. 天津：天津社会科学院出版社，2002.

[59] 王琳. 中国大城市文化产业综合评价体系研究[M]. 长沙：湖南人民出版社，2003.

[60] 王小强. 产业重组时不我待[M]. 北京：中国人民大学出版社，1998.

[61] 王秀模. 中国区域性支柱产业成长研究[M]. 北京：中国经济出版社，2005.

[62] 文婧，胡兵. 中国省域文化创意产业发展影响因素的空间计量研究[M]. 经济地理，2014.

[63] 吴元中. 中国近代经济史[M]. 上海：上海人民出版社，2003.

[64] 谢鲁江，刘解龙，曹虹剑. 国企改革30年（1978～2008）——走向市场经济的中国国有企业[M]. 湖南：湖南人民出版社，2008.

[65] 许东风. 重庆工业遗产保护利用与城市振兴[M]. 北京：中国建筑工业出版社，2014.

[66] 薛艳杰. 上海经济转型发展研究[M]. 上海：上海社会科学出版社，2014.

[67] 杨敏芝. 创意空间文化创意产业园区的理论与实践[M]. 台北：五南图书出版股份有限公司，2009.

[68] 杨小凯. 当代经济学与中国经济[M]. 北京：中国社会科学出版社，1997.

[69] 叶朗. 中国文化产业年度发展报告2013[C]. 北京：北京大学出版社，2013.

[70] 叶辛，蒯大申. 上海文化发展报告——构建公共文化服务体系[M]. 北京：社会科学文献出版社，2007.

[71] 喻国民，张小争. 传媒竞争力：产业价值链案例与模式[M]. 北京：华夏出版社，2005.

[72] 袁庆明. 新制度经济学教程[M]. 北京：中国发展出版社，2011.

[73] 袁为鹏. 聚集与扩散：中国近代工业布局[M]. 上海：上海财经大学出版社，2007.

[74] 岳宏. 工业遗产保护初探：从世界到天津[M]. 天津：天津人民出版社，2009.

[75] 张京成，刘利永，刘光宇. 工业遗产的保护与利用——"创意经济时代"的视角[M]. 北京：北京大学出版社，2013.

[76] 张五常. 中国的经济制度[M]. 北京：中信出版社，2009.

[77] 赵黎明，景春华. 城市经营系统[M]. 天津：天津大学出版社，2005.

[78] 周其仁. 改革的逻辑[M]. 北京：中信出版社，2013.

[79] 周其仁. 产权与制度变迁中国改革的经验研究[M]. 北京：北京大学出版社，2004.

[80] 祝慈寿. 中国近代工业史[M]. 重庆：重庆出版社，1989.

[81] 左鹏. 中国城居民文化产品消费行为研究[M]. 上海：上海财经大学出版社，2010.

[82] 左琰. 德国柏林工业建筑遗产的保护与再生[M]. 南京：东南大学出版社，2007.

[83] Glass R. Introduction [M]// Centrefor Urban Studies（Ed.）. London：Aspects of Change. London：Mac Gibbonand Kee，1964.

[84] Smith N. The new urban frontier [M]. New York：Routledge，1998.

[85] Ley D. The new middle class and the remaking of the centralcity [M]. Oxford：Oxford University Press，1996.

[86] 郭万超，张京成. 北京文化创意产业发展白皮书（2016）[M]. 北京：社会科学出版社，2016.

[87]　张京成，刘利永，刘光宇. 工业遗产的保护与利用—创意经济时代的视角[M]. 北京：北京大学出版社，2013.

[88]　施卫良，杜立群，王引，刘伯英. 北京中心城工业用地整体规划研究[M]. 北京：清华大学出版社，2010.

[89]　Harvey D. Labour，Capital，and Class Struggle Around the Built Environment in Advanced Capitalist Societies[M]// Classes，Power，and Conflict. Macmillan Education UK，1982.

[90]　Gentrification，displacement，and neighborhood revitalization[M]. New Yorle：Suny Press，1984.

[91]　Harvey D. Consciousness and the urban experience：Studies in the history and theory of capitalist urbanization[M]. Baltimore：Johns Hopkins University Press，1985.

[92]　Herzfeld M. Cultural intimacy：Social poetics and the real life of states，societies，and institutions[M]. New York：Routledge，2016.

[93]　马克思. 资本论：第二卷[M]. 北京：人民出版社，1975.

[94]　马克思. 资本论：第三卷[M]. 北京：人民出版社，2004.

[95]　Manuel Castells.The Information Age：Economy，Society and Culture[M]. Oxford：Blackwell，1996.

[96]　Charles Landry，Bournes Green，near Stroud，The creative city：a toolkit for urban innovators Gloucestershire：Comedia[M]. London：Earthscan，2000.

[97]　John Howkins. The Creative Economy[M]. The Penguin Press，2002.

[98]　Florida R．The Rise of the Creative Class：And How It's Transforming Work，Leisure，Community and Everyday Life[M]. New York：Basic Books，2002.

[99]　戴维·思罗斯比. 文化政策经济学[M]. 易昕，译. 东北财经大学出版社，2013：122.

[100]　查尔斯·兰德利. 创意城市：如何打造都市创意生活圈[M]. 杨幼兰，译. 北京：清华大学出版社，2009.

[101]　理查德·佛罗里达. 创意阶层的崛起[M]. 司徒爱勤，译. 北京：中信出版社，2010.

[102]　日下公人. 新·文化产业论[M]. 东京：东洋经济新报社. 1978.

[103]　张晓明，王家新，章建刚. 中国文化产业发展报告（2015-2016）[M]. 北京：社会科学文献出版社，2016：77.

[104]　王玉丰. 揭开昨日工业的面纱———工业遗址的保存与再造[M]. 高雄：科学工艺博物馆，1993.

[105]　贺萧. 天津工人——1900—1949[M]. 天津：天津人民出版社，2016.

论文集

[1]　CoeNJJohns.Beyond production clusters，toward acritical political economy of net work sin the film and television industries[C]//PowerD，ScottA.Cultural Industries and the Production of Culture. Oxon：Routl edge，2004：188-204.

[2]　冯玉婵，仲丹丹. 天津工业遗产保护再利用的问题及策略探讨[C]//京津冀地区高校"城乡建设与管理"领域2015年（首届）研究生学术论坛会议论文集，2015：109-112.

[3] 顾家龙，余佳. 资产专用性对深圳产业转型的影响[C]. 中国经济特区研究，2010:175-187.

[4] 刘伯英. 中国工业遗产研究的未来——我们的任务[C]//中国工业建筑遗产调查、研究与保护（五）——2014年中国第五届工业建筑遗产学术研讨会论文集. 北京：清华大学出版社，2015：3-11.

[5] 徐苏斌，仲丹丹. 工业遗产保护再利用应纳入城市存量规划目标[C]//2015年中国第六届工业建筑遗产学术研讨会论文集. 北京：清华大学出版社，2015：81-85.

[6] 张雨奇. 青岛工业遗产调查报告——适应性再利用的特征及成因研究[C]//中国工业建筑遗产调查、研究与保护（五）——2014年中国第五届工业建筑遗产学术研讨会论文集. 北京：清华大学出版社，2015：107-117.

[7] 仲丹丹，胡莲. 浅析原址大型国有企业作为工业遗产的保护再利用主体的趋向[C]//2014年中国第五届工业建筑遗产学术研讨会会议论文集. 北京：清华大学出版社，2014：74-85.

[8] 仲丹丹，胡莲. 天津市河北区工业遗存保护再利用项目的调研与思考[C]//天津市社会科学界第九届（2013）学术会年会天津大学分会暨第二届天津城市建筑文化遗产保护国际研讨会会议论文集. 天津：天津人民出版社，2013.

[9] 仲丹丹，徐苏斌. 谈工业遗产研究与产业经济关联研究的必要性[C]//2015年中国第六届工业建筑遗产学术研讨会论文集. 北京：清华大学出版社，2015：445-450.

[10] 张蓉. 创新工业遗产再利用模式——以津棉三厂规划为例[C]. //2015中国城市规划年会论文集. 北京：中国建筑工业出版社，2015：1-7.

学位论文

[1] 蔡海燕. 老工业区结构转型中的空间规划研究[D]. 上海：同济大学，2007.

[2] 陈建华. 入世后中国传统工业企业的整合分析[D]. 成都：西南交通大学，2002.

[3] 陈洁. 基于地价组成因子的城市用地规模合理度研究[D]. 杭州：浙江大学，2010.

[4] 陈科. 基于"城市经营"理念的历史城市保护策略与实施途径[D]. 重庆：重庆大学，2007.

[5] 褚劲风. 上海创意产业集聚空间组织研究[D]. 上海：华东师范大学，2008.

[6] 崔元琪. 上海市创意产业的空间集聚研究[D]. 上海：华东师范大学，2008.

[7] 龚清宇. 大城市结构的独特性弱化现象与规划结构限度——以20世纪天津中心城区结构演化为例[D]. 天津：天津大学，1999.

[8] 黄斌. 北京文化创意产业空间演化研究[D]. 北京：北京大学，2012.

[9] 黄琪. 上海近代工业建筑保护和再利用[D]. 上海：同济大学，2007.

[10] 黄翊. 工业遗产上的文化创意产业园区建设研究[D]. 北京：中央美术学院，2010.

[11] 姜琳. 产业转型环境研究[D]. 大连：大连理工大学，2002.

[12] 蒋慧. 城市创意产业发展及其空间特征研究[D]. 西安：西北大学，2009.

[13] 矫伶. 上海苏州河（普陀段）沿岸产业空间结构演化研究[D]. 上海：华东师范大学，2009.

[14] 李华. 西安市人才吸引力评价及比较研究[D]. 西安：西安理工大学，2010.

[15] 李建柱. 基于新经济增长点的东北地区文化产业发展研究[D]. 吉林：吉林大学，2014.

[16] 李金奎. 从旧工业建筑改造到高校建筑空间拓展的初探[D]. 长沙：湖南大学，2011.

[17] 李静. 关于曲江新区开发实践中的城市经营理论探索[D]. 西安：西北大学，2007.

[18] 林海燕. 打造福州特色文化品牌研究[D]. 福州：福建师范大学，2014.

[19] 刘晓彬. 中国工业化中后期文化产业发展研究[D]. 成都：西南财经大学，2012.

[20] 刘雪美. 游客感知下的传统旅游城市工业遗产旅游研究[D]. 杭州：浙江工商大学，2012.

[21] 逯正宇. 天津近代纺织行业遗产研究[D]. 天津：天津大学，2013.

[22] 吕梁. 创意产业介入下的产业类历史地段更新[D]. 上海：同济大学，2006.

[23] 马骏. 天津渤海国有资产经营管理有限公司产融结合路径研究[D]. 天津：天津大学，2013.

[24] 倪尧. 城市重大事件对土地利用的影响效应及机理研究[D]. 杭州：浙江大学，2013.

[25] 潘天佑. 天津产业建筑更新中创意产业类型选择和布局研究[D]. 天津：天津大学，2009.

[26] 沈葆菊. 城市经营视角下的城市设计策略研究[D]. 西安：西安建筑科技大学，2011.

[27] 孙磊磊. 高校交往空间模式研究[D]. 南京：东南大学，2003.

[28] 王记成. 基于当代教育理念的高校教学建筑空间适应性研究[D]. 长沙：湖南大学，2013.

[29] 王美飞. 上海市中心城旧工业地区演变与转型研究[D]. 上海：上海师范大学，2010.

[30] 王楠. 国有土地有偿使用制度研究[D]. 青岛：中国海洋大学，2009.

[31] 卫芷言. 划拨土地使用权制度之规整[D]. 上海：华东政法大学，2013.

[32] 吴芳. 天津传统产业改造战略研究[D]. 天津：天津大学，2011.

[33] 辛杨. 新经济增长点开发理论与方法研究[D]. 吉林：吉林大学，2006.

[34] 许晓东. 从旧工业厂区到高校校园外部开放空间营造——以西安建筑科技大学陕钢校区为例[D]. 西安：西安建筑科技大学，2007.

[35] 杨瑾. 面向文教类的旧工业建筑改造[D]. 西安：西安建筑科技大学，2013.

[36] 杨洵. 城市更新中工业遗存再利用研究[D]. 重庆：重庆大学，2009.

[37] 张慧丽. 工业遗产保护与利用研究——以青岛为例[D]. 青岛：中国海洋大学，2009.

[38] 张雯雯. 昨日辉煌：中国纺织工业"上、青、天"地理格局中的青岛[D]. 青岛：中国海洋大学，2009.

[38] 赵星. 我国文化产业集聚的动力机制研究[D]. 南京：南京师范大学，2014.

[39] 赵云静. 大力调整产业结构和企业布局，加速天津纺织集团转型升级[D]. 天津：经营与管理，2015.

[40] 赵哲. 西安工业发展与城市空间结构之关系研究[D]. 西安：西北大学，2005.

[41] 周均旭. 产业集群人才吸引力及其影响机制研究[D]. 武汉：华中科技大学，2009.

[42] 周陶洪. 旧工业区城市更新策略研究[D]. 北京：清华大学，2005.

[43] 庄简秋. 旧工业建筑再利用若干问题研究[D]. 北京：清华大学，2004.

[44] 刘琛. 中国私人美术馆资金获取模式初探[D]. 北京：中央美术学院，2017.

[45] 侯艳红. 文化产业投入绩效研究[D]. 天津：天津工业大学，2008：6.

[46] 陈佳敏. 改造后工业遗产文化资本经济价值评估—以798艺术区为例[D]. 天津：天津大学，2017.

[47] 阎梓怡. 中国工业遗产经济价值评估——以北洋水师大沽船坞为例[D]. 天津：天津大学，2017.

报纸文章

[1] 陈海燕，张海林. 北京居民消费结构不断升级[N]. 人民日报海外版，2009-8-81.

[2] 郑振源. 私房土地使用权的历史沿革[N]. 中国经济时报，2003-6-4.

[3] 天安中国内地囤地调查[N]. 21世纪经济报道，2011-3-16.

[4] 张文. 市旅游局谋划加快今年旅游业发展，打造大旅游产业格局[N]. 西安日报，2013-1-4.

[5] 葛超，王晶. 大明宫遗址区精心打造北城又一文化亮点，大华·1935将变身工业遗存历史文化街区[N]. 西安日报，2014-4-5.

[6] 石英婧. 天安中国内地项目频打擦边球遭质疑[N]. 中国经营报，2015-2-27.

报告

[1] 广州市社会科学院. 广州蓝皮书：广州文化创意产业发展报告2014[R]. 北京：社会科学文献出版社，2014（8）.

[2] 李江涛，刘江华. 中国广州经济发展报告（2011）[R]. 北京：社会科学文献出版社，2011.

[3] 张京成. 中国创意产业发展报告（2007）[R]. 北京：中国经济出版社2007.

[4] 张京成. 中国创意产业发展报告（2008）[R]. 北京：中国经济出版社，2008.

[5] 张京成. 中国创意产业发展报告（2011）[R]. 北京：中国经济出版社，2011.

[6] 张京成. 中国创意产业发展报告（2013）[R]. 北京：中国经济出版社，2013.

[7] 张京成. 中国创意产业发展报告（2014）[R]. 北京：中国经济出版社，2014.

[8] 张京成. 中国创意产业发展报告（2015）[R]. 北京：中国经济出版社，2015.

[9] 张晓明，胡惠林，章建刚. 2008年中国文化产业发展报告[R]. 北京：社会科学文献出版社，2008.

[10] 张晓明，胡惠林，章建刚. 2009年中国文化产业发展报告[R]. 北京：社会科学文献出版社，2009.

[11] 张晓明，胡惠林，章建刚. 2010年中国文化产业发展报告[R]. 北京：社会科学文献出版社，2010.

[12] 张晓明，胡惠林，章建刚. 2011年中国文化产业发展报告[R]. 北京：社会科学文献出版社，2011.

[13] 张晓明，王家新，章建刚. 中国文化产业发展报告2012—2013[R]. 北京：社会科学文献出版社，2013.

[14] 张晓明，王家新，章建刚. 中国文化产业发展报告2014[R]. 北京：社会科学文献出版社，2014.

[15] 《天津住宅建设发展集团有限公司主体与相关债项2018年度评级报告》

[16] 《2016年天津城乡规划报告》

[17] L Pricewaterhousecoopers.The Costs and Benefits of World Heritage Site Status in the UK Full

Report[R]. PricewaterhouseCoopers LLP（PwC），2007.

法律文件、技术文件

[1]   《天津市国有建设用地有偿使用办法》

[2]   《天津市工业遗产保护与利用规划》

[3]   《天津市工业遗产保护与利用规划·说明书》

[4]   《天津市土地整理储备管理办法》

[5]   《市规划局关于加强天津市工业遗产保护与利用工作的通知》

[6]   《中华人民共和国文物保护法》

[7]   《天津市文物保护管理条例》

[8]   《天津市历史风貌建筑保护条例》

[9]   《天津市文物局关于加强我市不可移动文物审批管理的通知》

[10]   《关于支持文化改革发展有关财税政策汇编》

[11]   《市国土房管局关于转发支持新产业新业态发展促进大众创业万众创新用地意见的通知（国土资规〔2015〕5号）》津国土房资函字〔2016〕107号

[12]   《市规划局关于加强天津市工业遗产保护与利用工作的通知》

[13]   《工业遗产建筑规划管理规定》

[14]   《天津市重点文物保护专项补助资金管理办法津文广规〔2017〕11号》

[15]   《关于印发〈推动老工业城市工业遗产保护利用实施方案〉的通知》（发改振兴〔2020〕839号）

[16]   《关于保护利用老旧厂房拓展文化空间的指导意见》

网络资源

[1]   毛少莹. 中国文化政策30年[EB/OL]. http://www.ccmedu.com/bbs35_75790.html，2008-11-11.

[2]   贾斯廷·奥康纳：《欧洲的文化产业和文化政策》[EB/OL]. http://www.mmu.ac.uk/h-ss/mipc/iciss/reports/

[3]   2013年北京市文化创意产业实现增加值2406.7亿元
       [EB/OL]. http://www.cnwhtv.cn/show-72549-1.html，2015-5-10.

[4]   TIT创意园网站：http://www.cntit.com.cn/cn/Parkprofile/ParkPlanning/

[5]   2013年青岛GDP突破八千亿增长10%[EB/OL]. [2014-1-24]. http://news.qingdaonews.com.

[6]   2013年，西安市游客接待量首次突破1亿人次，2014年上升到1.2亿人次
       [EB/OL]. [2015-1-23]. http://www.baogaobaogao.com/C_QiTaBaoGao/2015-01/2014NianXiAnJie
       DaiYouKeQingKuangFenXi.html.

[7]   2013年福州市国民经济和社会发展统计公报[EB/OL]. [2014-7-4]. http://tjj.fuzhou.gov.cn/njdtjsj/
       201407/t20140704_808429.htm.

[8]   新华房产深度调查：福州文化创意产业园的围墙之困（一）

      [EB/OL]. [2014-12-15]. http://news.xinhuanet.com/house/fz/2014-12-15/c_1113637027.htm.

[9]   http://www.cityplan.gov.cn/news.aspx?id=111.

[10] 北京市文物局官方网站http://www.bjww.gov.cn/wbsj/bjwbdw.htm.

[11] 青岛交通商务区网站http://www.qdhaichuang.com/project/n12.html.

[12] 上海联合产权交易所网站

      http://www.suaee.com/suaee/portal/member/memberdetail2012.jsp?mmemberuid=0251.

[13] 上海市国有资产监督管理委员会网站

      http://www.shgzw.gov.cn/gzw/main?main_colid=12&top_id=1&main_artid=17971.

[14] 新秦综合研究所统计数据http://www.searchina.net.cn/

[15] 天眼查：天津新岸创意产业投资有限公司https://www.tianyancha.com/company/ 213413992.

[16] 发现与再生——天津市工业遗产保护利用规划

      https://mp.weixin.qq.com/s?__biz=MjM5NjQxMTMyNg%3D%3D&idx=1&mid=400424009&sn=77
      8078e2dcbdcc420481427ba4b460f0.

[17] 小议工业遗产建筑的保护与利用. https://www.taodocs.com/p-23479775-2.html.

[18] 北京如何利用老旧厂房，将文化优势转为发展优势?_搜狐财经_搜狐网

      http://www.sohu.com/a/227393702_152615.

[19] 范周 | 保护利用老旧厂房拓展文创空间，挣脱桎梏全面释放文创活力

      http://www.sohu.com/a/215418228_182272.

[20] "2019中国城市创意指数发布，北上深港广杭稳居前六" https://www.sznews.com/news/content/
      2019-12/08/content_22685234.htm.

[21] "2019中国城市创意指数在深发布，北上深港广杭稳居前六" https://www.sznews.com/news/
      content/2019-12/08/content_22685052.htm.